U0920770

中国国家标准汇编

2008 年修订-24

中国标准出版社　编

中国标准出版社

北京

图书在版编目（CIP）数据

中国国家标准汇编：2008 年修订．24/中国标准出版社编．—北京：中国标准出版社，2009

ISBN 978-7-5066-5539-2

Ⅰ．中…　Ⅱ．中…　Ⅲ．国家标准-汇编-中国-2008

Ⅳ．T-652.1

中国版本图书馆 CIP 数据核字（2009）第 190930 号

中国标准出版社出版发行

北京复兴门外三里河北街 16 号

邮政编码：100045

网址 www.spc.net.cn

电话：68523946　68517548

中国标准出版社秦皇岛印刷厂印刷

各地新华书店经销

*

开本 880×1230　1/16　印张 37.25　字数 1 130 千字

2009 年 11 月第一版　2009 年 11 月第一次印刷

*

定价 200.00 元

出 版 说 明

1.《中国国家标准汇编》是一部大型综合性国家标准全集。自1983年起，按国家标准顺序号以精装本、平装本两种装帧形式陆续分册汇编出版。它在一定程度上反映了我国建国以来标准化事业发展的基本情况和主要成就，是各级标准化管理机构，工矿企事业单位，农林牧副渔系统，科研、设计、教学等部门必不可少的工具书。

2.《中国国家标准汇编》收入我国每年正式发布的全部国家标准，分为"制定"卷和"修订"卷两种编辑版本。

"制定"卷收入上年度我国发布的、新制定的国家标准，顺延前年度标准编号分成若干分册，封面和书脊上注明"20××年制定"字样及分册号，分册号一直连续。各分册中的标准是按照标准编号顺序连续排列的，如有标准顺序号缺号的，除特殊情况注明外，暂为空号。

"修订"卷收入上年度我国发布的、被修订的国家标准，视篇幅分设若干分册，但与"制定"卷分册号无关联，仅在封面和书脊上注明"20××年修订-1，-2，-3，……"字样。"修订"卷各分册中的标准，仍按标准编号顺序排列（但不连续）；如有遗漏的，均在当年最后一分册中补齐。需提请读者注意的是，个别非顺延前年度标准编号的新制定的国家标准没有收入在"制定"卷中，而是收入在"修订"卷中。

读者配套购买《中国国家标准汇编》"制定"卷和"修订"卷则可收齐上一年度我国制定和修订的全部国家标准。

3. 由于读者需求的变化，自1996年起，《中国国家标准汇编》仅出版精装本。

4. 2008年制修订国家标准共5946项。本分册为"2008年修订-24"，收入新制修订的国家标准16项。

中国标准出版社

2009年10月

目　　录

GB 4706.89—2008　家用和类似用途电器的安全　工业和商用高压清洁器与蒸汽清洁器的特殊要求 …… 1
GB 4706.90—2008　家用和类似用途电器的安全　商用微波炉的特殊要求 …… 19
GB 4706.91—2008　家用和类似用途电器的安全　电围栏激励器的特殊要求 …… 37
GB 4706.92—2008　家用和类似用途电器的安全　从空调和制冷设备中回收制冷剂的器具的特殊要求 …… 67
GB 4706.93—2008　家用和类似用途电器的安全　工业和商业用湿式和干式真空吸尘器的特殊要求 …… 99
GB 4706.94—2008　家用和类似用途电器的安全　带有电气连接的使用燃气、燃油和固体燃料器具的特殊要求 …… 143
GB 4706.95—2008　家用和类似用途电器的安全　商用电动抽油烟机的特殊要求 …… 154
GB 4706.96—2008　家用和类似用途电器的安全　商业和工业用自动地板处理机的特殊要求 …… 169
GB 4706.97—2008　家用和类似用途电器的安全　电击动物设备的特殊要求 …… 196
GB 4706.98—2008　家用和类似用途电器的安全　闸门、房门和窗的驱动装置的特殊要求 …… 213
GB/T 4712—2008　自动化柴油发电机组分级要求 …… 235
GB/T 4728.6—2008　电气简图用图形符号　第6部分:电能的发生与转换 …… 239
GB/T 4728.7—2008　电气简图用图形符号　第7部分:开关、控制和保护器件 …… 303
GB/T 4728.8—2008　电气简图用图形符号　第8部分:测量仪表、灯和信号器件 …… 391
GB/T 4728.9—2008　电气简图用图形符号　第9部分:电信:交换和外围设备 …… 429
GB/T 4728.10—2008　电气简图用图形符号　第10部分:电信:传输 …… 479

ICS 13.120
K 09

中华人民共和国国家标准

GB 4706.89—2008/IEC 60335-2-79:1995

家用和类似用途电器的安全 工业和商用高压清洁器与蒸汽清洁器的特殊要求

Household and similar electrical appliances—Safety—Particular requirements for high pressure cleaners and steam cleaners, for industrial and commercial use

(IEC 60335-2-79:1995,IDT)

2008-06-13 发布 2009-07-01 实施

中华人民共和国国家质量监督检验检疫总局
中国国家标准化管理委员会 发布

前　言

GB 4706 本部分的全部技术内容为强制性。

本部分等同采用 IEC 60335-2-79:1995《家用和类似用途电器的安全　第 2 部分:工业和商用高压清洁器与蒸汽清洁器的特殊要求》(1995)第一版及其修改件第一号(2000)。

本部分应与 GB 4706.1—1998《家用和类似用途电器的安全　第一部分:通用要求》配合使用。

本部分中写明“适用”的部分,表示 GB 4706.1—1998 中的相应条文适用;本部分中写明“代替”的部分,则应以本部分的条文为准;本部分中写明“修改”的部分,表示 GB 4706.1—1998 相应条文中的相关内容应以本部分修改后的内容为准,而该条文中的其他内容仍适用;本部分中写明“增加”的部分,表示除符合 GB 4706.1—1998 的相应条文外,还应符合本部分中增加的条文。

为了与国际电工委员会(IEC)的规定保持一致,本部分中关于压力单位,在采用国际单位制(Pa)的同时,保留了原版文件中的压力单位(bar)并用括号括起,放在国际单位制(Pa)之后。

另外,为了符合国家符号使用规则,将本部分在 22.106 原文中的公式所用符号进行了如下修改:原文为“$W=\sqrt{200\times\Delta P}$ 式中:W 是水的出口速度,m/s;ΔP 是额定压力,bar。”现改为“$\nu=\sqrt{0.002\times\Delta P}$ 式中:ν 是水的出口速度,m/s;ΔP 是额定压力,Pa。”其中,系数 200 根据额定压力单位的变化改成了 $200/10^5=0.002$。同样,22.106 原文中的公式“$F=\frac{W\times Q}{60}$”变成了“$F=\frac{\nu\times Q}{60}$”,而原文中的公式“$T=F\times l\times \sin\alpha$”变成了“$M=F\times l\times \sin\alpha$”(力矩符号 T 用 M 代替)。

本部分正文中非标题的黑体字在第 2 章中定义。

本部分的附录属性按 GB 4706.1—1998 中的附录属性的规定。

本部分增加的条文、注释和图表自 101 起编号。

本部分由中国轻工业联合会提出。

本部分由全国家用电器标准化技术委员会商用电气饮食加工服务设备分委员会归口。

本部分起草单位:北京市服务机械研究所、浙江工商大学。

本部分主要起草人:李继萍、刘旭、张诚彬、吴林书、洪咏平、尚卫东。

IEC 前言

1) 国际电工委员会(IEC)是由各会员国电工委员会(IEC 各国家委员会)组成的全球性标准化组织。IEC 的任务是促进电工和电子领域中与标准化有关的一切议题的国际合作。为此目的,除了开展其他活动外,IEC 还颁布国际标准。其制定工作委托给各技术委员会。任何对所涉及问题感兴趣的 IEC 国家委员会均可参与这项工作。与 IEC 联系的国际组织、政府机构和民间团体,也可以参加。IEC 与国际标准化组织(ISO)根据两个组织间的协议所规定的条件密切合作。

2) 由所有对此关切的国家委员会的代表参加的技术委员会制定的 IEC 有关技术问题的正式决议或协议,尽可能接近地表达了对所涉及的问题在国际上的一致意见。

3) 所发布的标准、技术报告或导则以推荐的形式供国际上使用,并在此意义上为各国家委员会所接受。

4) 为了促进国际上的统一,IEC 各国家委员会同意尽可能地将 IEC 国际标准明白无误地应用到国家和地区标准中去。IEC 标准与相应国家或地区标准之间的任何不一致,均应在国家或地区标准中明确指出。

5) IEC 不提供认可标记,也不对任何声称同其标准之一相符合的设备承担责任。

国际标准 IEC 60335 的本部分由 IEC 第 61“家用和类似用途电器的安全”技术委员会所属第 61J“商用电动清洗器具”分委员会制定。

本标准构成 IEC 60335-2-79 的第一版。

本标准的文本以下述文件为依据:

DIS	表决报告
61J(CO)/17	61J/37/RVD

关于表决批准本标准的全部材料,可在上表所示的表决报告中查明。

本第二部分要与 IEC 60335-1 的最新版本及其修改件结合使用,它是在该标准第三版(1991 年)的基础上制定的。

本第二部分补充或修改 IEC 60335-1 的对应条款,以便转换为 IEC 标准:工业和商用电动高压清洁器与电动蒸汽清洁器的安全要求。

如第一部分的个别条款在本第二部分中未提到时,如果合理,该条款仍然适用。在本标准说明“增加”、“修改”或“代替”时,第一部分中的有关正文应作相应修改。

注:

1) 采用下列印刷字体:

——要求本身:罗马体;

——试验规范:斜体;

——说明事项:小号罗马体。

正文中的黑体字在第 2 章中定义。当第一部分的一个定义涉及一个形容词时,在本第二部分中这个形容词及其相关的名词也要用黑体。

2) 对第一部分增加的条款和图表应自 101 起开始编号。

在某些国家中存在下列差异:

——第 1 章:采用不同的压力范围(美国)。

本标准不适用于专供家用的器具(意大利)。

——第 3 章:限制器具中性线上的直流元件(澳大利亚)。

——6.1:额定电压等于或低于 250V 的单相器具需要有接地故障电流中断器(美国)。

——第 9 章:采用不同的起动要求(美国)。

——11.101:燃烧器的烧损受到控制(德国)。

对烟斑的要求不同(美国)。

——20.103:油箱容积可能被限制(美国)。

——21.101、21.101.2 及 21.102:需作不同的燃烧器试验(美国)。

——24.1.3:采用不同的开关试验(美国)。

——25.7:PVC 电缆不适合在室外低温下使用(瑞典、芬兰)。

要求有不同的电源软线长度(加拿大、美国)。

——第 32 章:总水管连接机构须经调整(加拿大)。

家用和类似用途电器的安全 工业和商用高压清洁器与 蒸汽清洁器的特殊要求

1 范围

GB 4706.1—1998 中的该章除下述内容外，均适用：

该章增加下述内容：

本部分适用于压力不低于 25×10^5 Pa(25 bar)也不高于 250×10^5 Pa(250 bar)的高压清洁器，其高压泵传动装置的输入功率不超过 10 kW。本部分也适用于水箱有效容积等于或大于 1.5 L 的蒸汽清洁器，即使其压力低于 25×10^5 Pa(25 bar)。

本部分还适用于上段所述范围内的固定式器具。

本部分也适用于采用其他能源形式代替电动机的器具，但必须考虑其效应。

修改：

用下述内容替代注 3 的最初两段：

——包含在加工设备中的器具；

——打算使用在经常发生腐蚀性或爆炸性气体(如蒸汽或可燃气等)特殊环境场所的器具。

2 定义

GB 4706.1—1998 中的该章除下述内容外，均适用。

2.2.9 该条用下述内容代替：

正常工作 normal operation

器具供电电压为额定电压，以额定流量及额定压力工作，且装上制造厂规定的喷嘴和软管；滤网及过滤器均处于干净工作状态，卸载阀调整到额定压力。热水器，如果装有，以最大功率工作。

2.101

卸载阀 unloader valve

当泵压超过预定值时，将剩余流体送回输入系统的压力操作的阀。除此之外，当输出流量关掉时，它将全部泵流降压走旁路排出。

2.102

安全阀 safety valve

当泵或蒸汽清洁器的压力超过预定值时，将剩余流体或蒸汽送回输入系统或排入大气的压力操作的阀。

2.103

额定压力 rated pressure

制造厂给器具指定的泵或蒸汽清洁器处的最高压力。

2.104

许用压力 permissible pressure

使器具或器具的部件能不削弱其协调性而工作的极限压力。

2.105

额定流量 rated flow

制造厂给器具指定的额定压力下的喷嘴流量。

2.106

热水器 water heater

用电、煤气、液体燃料或热交换器将水或清洗剂加热的装置。

2.107

清洗剂 cleaning agent

添加了或不添加可溶的或易混合的化学制品的水。

2.108

压力开关 pressure switch

根据变化的液压，一到预定值就起控制作用的装置。

2.109

流量开关 flow switch

根据变化的液流速度，一到预定值就起控制作用的装置。

2.110

主安全控制装置 primary safety control

直接对火焰特性起反应以断定存在火焰，并在出现点火失败或非故障熄灭现象时促使安全停机的控制装置。

注：主安全控制装置也叫做火焰切断装置。

2.111

触发喷枪 trigger gun

假如触发器不在工作位置，一种使流体停止流经其出口的装置。

2.112

连续点火 continuous ignition

靠一种在燃烧器整个使用期间，不管燃烧器着火与否，都能不断地连续维持的能源进行的点火方法。

2.113

额定温度 rated temperature

制造厂指定的清洗剂的最高温度。

2.114

笔形喷嘴 pencil jet nozzle

提供集中平行水注的喷嘴。也称作针状喷嘴、密实喷嘴或0°喷嘴。

2.115

水喷洗器 water jetter

由高压软管端部的一个喷嘴构成的高压管子清洗装置。

3 总体要求

GB 4706.1—1998 中的该章内容，均适用。

4 试验的一般条件

GB 4706.1—1998 中的该章除下述内容外，均适用。

4.1 该条增加下述内容：

燃烧器在额定输入功率下工作。打算以一个以上额定输入功率工作的器具则在最不利功率下作附加试验。

如果提供了燃烧器空气的调节装置，将其调到能产生使用说明书中推荐的燃烧性能的那个空气燃油混合比上。燃烧性能可由火焰的状态，CO_2 在废气中的百分数或其他方法确定。

将一节烟道固定到打算带着烟道使用的器具上，废气的测定就在这节烟道内进行。

将通风装置调到使用说明书推荐的那个强度上。

5 空章

6 分类

GB 4706.1—1998 中的该章除下述内容外，均适用。

6.1 该条用下述内容代替：

在电击防护方面，器具应属于Ⅰ类、Ⅱ类或Ⅲ类(见 6.2 的表格)。

通过视检和有关试验来确定是否合格。

6.2 该条用下述内容代替：

防护等级和对水有害侵入的防水等级至少应符合下表要求：

器具种类		防护等级(电击防护)	防水等级 GB 4208—1993
蒸汽清洁器	仅供室内使用	Ⅰ-Ⅱ-Ⅲ	IPX3
	供室外使用	Ⅰ-Ⅱ-Ⅲ	IPX5
	手持式部件	Ⅱ	IPX7
		Ⅲ	IPX3
高压清洁器	手持式器具	Ⅱ-Ⅲ	IPX7
	其他型式器具	Ⅰ-Ⅱ-Ⅲ	IPX5
	手持式部件	Ⅱ-Ⅲ	IPX7

但是，规定安装在单独一间不易发生漏水或溅水的房间内的固定式器具，至少应是 IPX0 级。

通过视检和有关试验来确定是否合格。

7 标志和说明

GB 4706.1—1998 中的该章除下述内容外，均适用。

7.1 该条增加下述内容：

——额定压力，单位为：帕 Pa [或巴 bar]；

——许用压力，单位为：帕 Pa[或巴 bar]；

——最大额定流量，单位为：升/分(L/min)；

——最高额定温度，在 50 ℃以上；

——编号；

——生产年份，生产年份可用该年份的最后二位数表示；

——最高进水压力，单位为：帕 Pa [或巴 bar]，如安装说明书中未提供；

——热水器的最大功率，单位为 kW；

注 101：为电热器规定了输入功率，为燃气或燃油加热器规定了输出功率。

——必须将与图 101 一致的显示警告符号本质的具有黑色线条的黄色标签永久地固定在器具上。

所有耐压软管应标明许用压力单位 Pa(或 bar)及最高使用温度(单位℃)，并应标明制造厂名及生产日期。可将这些数据编码。

触发喷枪与喷杆应标明许用压力单位 Pa(或 bar)及最高使用温度(单位℃)还有一个表示触发喷枪的制造厂的商标。

注 102：建议安全阀应标有识别标志。

热水器排放废气的烟道或导管的表面温升超过 60 K 时，高温表面附近应贴上警告语，说明：

“**警告！** 高温，不可触及”或 GB/T 5465.2—1996 的 5041 号符号。

字体高度不得小于 4 mm。

7.12 该条增加下述内容：

使用说明书的封面应包含如下内容：

“**警告！** 未经阅读本说明书请勿使用本器具。”

7.12.1 该条增加下述内容：

使用说明书应包括下述要点：

——电源连接应由合格的电工完成且应符合 IEC 60364。

注 101：建议本器具的电源应包括剩余电流装置，当漏到地面的电流超过 30 mA，时间达 30 ms 时能中断供电；或包括能检验接地电路的装置。

——**警告！** 本器具已指定与制造厂提供或推荐的清洗剂一起使用。使用其他清洗剂或化学制品可能对器具的安全有不利影响。

——**警告！** 除非人员穿戴防护服，否则在他们的活动范围内不要使用本器具。

——**警告！** 高压喷雾器如果使用不当有时会是危险的。不准将水流射向人员、带电的电气设备或器具本身。

——不要为了清洗衣服鞋袜而将水流射向自己或他人。

——进行用户维护之前，切断电源。

——儿童或未经培训人员不应使用高压清洁器及蒸汽清洁器。

——为了确保器具安全只使用制造厂提供或认可的配件原物。

——**警告！** 高压软管，管接头对器具的安全是重要的。只使用制造厂推荐的软管与管接头。

——如果器具的电源线或重要部件，例如安全装置、高压软管、触发喷枪等损坏，不要使用本器具。

——如果使用延长软线，则插头与插座必须是防水结构的。

——**警告！** 使用不适当延长的软线可能是危险的。

——使用气态或液态燃料时，其正确的技术规格以及如下警告：

“**警告！** 不应使用不正确的燃料，因为它们可能造成危险。”

——对于没有主安全控制装置的燃油器具，应标注：

“本器具工作时必须有人看管。”

——器具的预定用途。

——对于燃气或燃油加热的器具，提供充分的通风并确保废气彻底排放是重要的。

——有关器具开/停及保管的详细资料。

——对于打算在干燥单独的房间中使用的固定式器具和打算仅供户外使用的蒸汽清洁器而言，安装说明书应包括以下注意事项：“不要溅湿或冲洗。”

——关于要使用的喷嘴，打开触发喷枪时，在喷射组件上的反冲力及突加力矩的危险等的充足资料，如果反冲力超过 20 N，必须在说明书中给出。

——安全装置，如安全阀、流量开关、压力开关等的功能。

——有关用户维修保养的充足资料。

——有关故障的充足资料。

——为远程信号传输制作的装置，必须参照本国的布线安装要求。

——有关与总水管连接的充分资料，包括最大进水压力，如果铭牌上未标明。

——应给出水喷洗器（如可适用）的使用说明，如“在开动器具之前将软管插到红色标记处”。

8 对触及带电部件的防护

GB 4706.1—1998 中的该章内容，均适用。

8.1 该条增加下述内容：

注 101：水及带水的清洗剂被认为是导电的。

8.1.4 该条最后一段增加下述内容：

由 18 至 24 节酸性或碱性电化学电池组成的独立电池系统，包括干电池，如满足下述条件应视为Ⅲ类：

——每节电池的最高充电电压不超过 2.7 V；

——没有接地部件(见第 27 章)；

——导电部件不能落在带电部件上，因而不会跨接极性相反的带电部件(见第 22 章)。

9 电动器具的启动

GB 4706.1—1998 的该章内容不适用。

10 输入功率和电流

GB 4706.1—1998 的该章除下述内容外，均适用。

10.101 正常工作时，压力偏差不应大于额定压力±10%，且不应超过许用压力。

注：燃烧器性能按制造厂说明书调整。

11 发热

GB 4706.1—1998 的该章除下述内容外，均适用。

以“11.2 至 11.7 和 11.101 至 11.104”代替“11.2 至 11.7”。

11.4 该条作如下修改：

以“电加热器具”代替“加热器具”。

11.101 废气最高温度不应超过 400 ℃。

器具的任何一个测试输入均应记录需要的测试观察结果。工作 15 min 后应在烟道出口与烟橱通风罩之间一处采取废气的试样。如果连续三次间隔 15 min 的取样显示一致的分析值，则认为工作是稳定的。

废气中烟尘量不应超过以下值：

——对于喷雾燃烧器及墙装燃烧器，相当于 2 号谢尔-巴卡拉克 Shell-Bacharach 烟斑的量；

——对于汽化式燃烧器，相当于 2 号谢尔-巴卡拉克 Shell-Bacharach 烟斑的量。

废气中 CO 的量不应超过无空气和无水分时的 0.04%(容积百分比)。

通过测量来确定是否合格。

11.102 内装清洗剂的软管、喷杆和管接头的温度不应超过额定温度。

通过测量来确定是否合格。

11.103 构成燃烧室排气管或烟道一部分的外壳的温升及废气的温升没有限值。

应确保对防止用户意外触及金属部件的适当保护措施。

保护装置的温升不应超过 60 K。

通过测量来确定是否合格。

11.104 当使用液体燃料时，如果有与油气混合物接触的点火源，则油箱中燃料最高温度应低于燃点温度 10 K。

通过测量来确定是否合格。

12 空章

13 工作温度下的泄漏电流和电气强度

GB 4706.1—1998 的该章内容，均适用。

14 空章

15 耐潮湿

GB 4706.1—1998 的该章除下述内容外，均适用。

15.1.2 不适用。

15.2 该条用下述内容代替：

器具在结构上应使由于正常工作所造成的液体溢出、过满及因不稳定的器具和手持式器具的翻倒所造成的液体溢出都不影响其电气绝缘。

注：如在器具顶部按最不利的水平方向施加 180 N 的力时器具翻倒，则该器具被认为是不稳定的。该器具放置在与水平面倾斜 10°的支承面上，其液体容器加注到使用说明书指示液位的一半。

通过下述试验来确定是否合格。

带 X 型连接的器具，除带有专门制备的软线器具外，其他都应装有表 11 中规定的最小横截面积允许的最轻型柔性软线。

带有器具输入插口的器具，可将相配用的连接器插装到位，或不插装连接器进行试验，二者中取最不利者。

将人工注水器具的容器，用含约 1% NaCl 的水溶液注满，然后再用等于容器容量的 15%，或是 0.25 L 同浓度水溶液，二者中取量多者，在 1 min 的时间内持续地注入容器。

手持式器具和不稳定的器具，其容器如有浮箱则装满液体，如有洗涤剂箱则装满导电性最好的洗涤剂，并盖好盖子，将其从最不利的正常使用位置翻倒，并留在该位置 5 min，除非器具自动返回其正常使用位置。

每次试验后，器具应经得住 16.3 的电气强度试验，试验电压为：

——基本绝缘：1 000 V；

——附加绝缘：2 750 V；

——加强绝缘：3 750 V。

视检应表明在绝缘上没有能导致爬电距离和电气间隙降低到低于 29.1 中规定限值的水迹。

15.3 该条作如下修改：

用(93±6)%取代值(93±2)%。

16 泄漏电流和电气强度

GB 4706.1—1998 的该章内容，均适用。

17 变压器和相关电路的过载保护

GB 4706.1—1998 中的该章内容，均适用。

18 耐久性

18.1 器具的结构应使其在正常使用时不会有足以影响与本标准符合的电气或机械故障。绝缘不应损坏，而触点与接头不应因发热振动等导致松脱。

此外，过载保护装置及安全阀在正常工作状态下不应动作。

对于电动器具，经受 18.2 和 18.6 的试验，如果适用还经受 18.3 至 18.5 的附加试验，来检查其合格性。

18.2 器具在正常工作状态下以额定电压工作 96 h，缩短第 11 章和第 13 章的试验所需工作时间。

器具连续运行，或运行相应次数的周期，每一周期不少于 8 h。

指定的运行时间是实际工作时间。如果器具装有一台以上的电动机，则指定的运行时间分别应用于每台电动机。

用未经加热的清洗剂进行试验。

在此试验过程中，将所有软管盘绕在混凝土上。

18.3 器具在正常工作状态下以额定电压 1.1 倍电压启动 50 次，并以额定电压 0.85 倍的电压启动 50 次，每次供电持续时间至少等于全速启动所需时间的 10 倍，但不少于 10 s。

在每一运转周期之后，插入一个足以防止过热的间歇，且至少等于供电时间的 3 倍。

18.4 装有离心式或其他型式自动启动开关的器具，在正常工作状态下以额定电压 0.9 倍的电压启动 10 000 次，操作周期规定在 18.3 中。

必要时可应用强制冷却。

18.5 装有自复位热断路器的器具以额定电压 1.1 倍的电压供电，在上述负载下会使热断路器在几分钟内启动，直到热断路器完成了 200 个工作周期为止。

18.6 在 18.2 和 18.3 的试验中，过载保护装置和安全阀不应动作。

在做完 18.2 至 18.5 的试验后，器具经受第 16 章的试验。

接头、手柄、保护装置、刷罩及其他配件或组件不应松脱，且不应有在正常使用中影响安全的损伤。

19 非正常工作

GB 4706.1—1998 的该章除下述内容外，均适用。

19.1 该条增加下述内容：

燃油燃气的器具要另外经受 19.101，19.102 和 19.103 的试验。

19.11.2 该条增加下述内容：

注 101：如果有关 IEC 标准包括了器具内出现情况，符合这些标准的接触器不开路或短路。

然而，把一个在正常使用中用来接通和断开电热元件的接触器主触头锁定在“通(on)”的位置应认为是故障条件，除非该器具装有至少二组串联连接的触头。例如，装有两个彼此独立工作的接触器，或装有一个接触器，它由两个独立电枢操作两组独立的主触头。

19.101 燃油与风扇助推的燃气器具：

当供给一台有风扇助推通风装置的器具的燃烧空气受到限制时，器具应继续工作，以免产生危险情况，切断燃料供应或扑灭火焰。

19.101.1 排气管道用一块面积足以覆盖整个孔径的金属平板封堵，以最不利方式放置在管道的顶端。

通过 11.101 的试验来确定是否合格。

19.101.2 在器具正常工作状态下，限制燃烧空气的进入量。用一块尺寸适当的厚绒布毫不用力地将燃烧器组件的进气口封堵。

通过 11.101 的试验来确定是否合格。

19.102 常压燃气器具

19.102.1 在烟橱通风罩出口堵住的情况下，当器具在正常供氧的大气中作试验时，废气的无空气样品中一氧化碳的浓度不应超过 0.04%。

器具在正常试验压力下至少工作 15 min。随后堵住烟橱通风罩出口，并采集废气的样品加以分析。

通过 11.101 的试验来确定是否合格。

19.102.2 烟橱通风罩出口处施加的总倒灌风压力值在 0 Pa～13 Pa 之间时，不应使主燃烧器火焰熄灭；也不使火舌回闪、消散、飘扬、在器具外燃烧，在有正常供氧的大气中试验器具时，也不引起废气的无空气样品中一氧化碳浓度超过 0.04%。

器具以正常试验压力工作至少 15 min。直径适当，长度至少等于管径 10 倍的烟筒直线段直接安装到烟橱通风罩的出口处，并与鼓风机的出口连接。总气流压力在烟筒直线段两端中点处以 1 Pa 的分辨力进行测量，以便使测试头与烟筒轴线相一致。

使烟筒中的气流从最低总压变更为规定的最大值，并注意其效果。采集废气的样品并加以分析。

通过 11.101 的试验来确定是否合格。

19.102.3 如所述向主燃烧器施加的倒灌风，不应将辅助燃烧器扑灭，也不应使其在离开主燃烧器分别工作时产生火舌回闪。

器具配备了动力燃烧器或在压力通风或诱导通风情况下工作，其结构应使其性能不因烟囱的通风或堵塞而受影响。器具满足以下条件时，则认为已满足了这个要求：

不管对烟道出口或通风装置出口的转向器（如果装了一个的话），封堵达到包括完全封闭在内的任何程度，器具在具有正常氧气供给量的大气中试验时，废气的无空气样品中一氧化碳的浓度不应超过 0.04%。

如果出现运行中断，在重新开启烟道出口管时，应不使未经处理的天然气进入燃烧室。

器具以正常试验压力工作至少 15 min。当器具合并了一个在烟道封堵的情况下自动切断总供气的控制器时，将烟道出口管的面积逐渐缩减到最低点，这时，控制器仍要保持在开启位置。随后取一个废气的样品并加以分析。

通过 11.101 的试验来确定是否合格。

19.102.4 在烟道出口或通风装置出口的转向器上（如果有）施加 0 Pa～13 Pa 范围内变动的总倒灌风压力时，应不使主燃烧器的火焰熄灭，也不使火舌回闪、消散、飘扬、在器具外燃烧，当器具在具有正常供氧的大气中试验时，也不在废气的无氧样品中产生超过 0.04%的一氧化碳浓度。

直径适当、长度至少等于管径 10 倍的烟筒直线段，直接安装到烟道出口或通风转向器的出口处，并与鼓风机的出口连接。总气流压力在烟筒直线段两端中点处以 1 Pa 的分辨力进行测量，以便使测试头与烟筒轴线相一致。

将总倒灌风压力调到 13 Pa。随后使器具工作至少 15 min。取一个废气的样品加以分析，随后使总倒灌风压力从 0 Pa 变更到 13 Pa 并注意对主燃烧器火焰的影响。

通过 11.101 的试验来确定是否合格。

19.103 器具应尽可能用一次成功的点火来启动。

通过以下试验来确定是否合格。

点火变压器以 0.75 倍额定电压供电。起动器具应不导致危险情况。

20 稳定性和机械危险

GB 4706.1—1998 的该章除下述内容外，均适用。

20.101 泵、管路、软管、软管接头、联接器、密封件、阀及其他可能直接地或在溶液中运送清洗剂的组件，应设计成用来承受正常工作条件下以最高额定工作温度使用期间可能出现的任何机械的、化学的或热的应力。

通过以下试验或向测试机构提供证据来确定是否合格。

软管用标准稀释的清洗剂在 85 ℃下试验 7 d 不应损坏。器具结构中采用的密封件浸泡在 85 ℃标准浓度稀释的清洗剂内 7 d，再用水冲洗后不应与未作试验的密封件不同。

受压器具部件结构中使用的金属浸泡在标准浓度稀释的清洗剂中时，不应受浸蚀，起凹点或被腐蚀。

合宜的金属试块（如 200 mm×200 mm×2 mm），应记录其表面积，单位为 dm^2，然后在诸如丙酮或甲苯那样的溶剂中去除油污，吹干并称量精确到 0.1 mg。此试块在 85 ℃的清洗剂中浸泡 7 d，结束时取出，用水冲洗，使其干燥并计算出质量变化（单位为 mg/dm^2）。在试块上应无明显的腐蚀痕迹，质量变化应在 40 mg/dm^2 以内。

在如上用清洗剂作软管、密封件及金属的适用性试验时，重复试验只用本地的饮用水作为试验液。只用水得到的结果，应恰好在许用偏差以内，同时要对试验中使用的清洗剂的腐蚀性等，起到指南的作用。

20.102 有热水器的器具应防止水或含水清洗剂加热引起的过压，器具应配备安全装置，不让温度超过额定温度加 20 K 或超过许用压力。

通过视检及适当的试验来确定是否合格。

20.103 油或气加热的器具应不引起可燃气或液体燃料的失控燃烧。它们应具有主安全控制装置，除非它们是燃油、便携式的，并且是在工作期间靠连续点火装置再次点火的。

通过视检来确定是否合格。

21 机械强度

GB 4706.1—1998 的该章除下述内容外，均适用。

值“0.5 J±0.04 J”改为“1.0 J±0.04 J”。

21.101 器具常承受额定压力作用的零件，应有足够的机械强度。

通过下述试验来确定是否合格。

21.101.1 高压系统在室温下承受额定压力两倍的静压试验 5 min。

高压软管在室温下承受额定压力 4 倍的静压试验，因此试验压力从 0 开始在 15 s～30 s 以内达到规定的压力值。

注：试验时必须使减压安全阀及/或代用的传感器不起作用。

21.101.2 供水软管，如果有，在室温下经受 2 倍最大进水压力的静压试验 5 min。

在此试验中应没有破裂。

21.102 压力安全设备应工作可靠。

通过下述试验来确定是否合格。

不加热的器具的压力提高至许用压力的 110% 或加 15×10^{5} Pa(15 bar)，设备应动作。

21.103 手持式器具、正常使用时在工人身上携带的器具、以及喷枪，应当是有抗跌落性的。

通过下述试验来确定是否合格。

器具或喷枪从 1 m 的高度跌落到液压成型的混凝土铺路板上。

试验做 5 次，试验时器具及/或喷枪的主轴处于水平位置以便每次使设备的一个不同局部面向冲击力。

随后使器具或喷枪以其主轴垂直、喷嘴对准下方的方式跌落 5 次。

该试验后，器具喷枪应不出现影响同本标准符合的损伤，特别是带电部件应不易触及。

22 结构

GB 4706.1—1998 的该章除下述内容外，均适用。

22.2 该条增加下述内容：

高压清洁器和蒸汽清洁器在其供电电路中应装有开关或电路开关，以确保全极断开。

22.7 该条增加下述内容：

任何安全装置都应是用户难以触及，或是安全设备的调节装置是封闭的，而且没有使该装置不起作用的可能。

从安全阀喷出的清洗剂应不对周围环境造成危险。

22.12 该条增加下述内容：

如果会导致削弱本标准含义内的安全，则应不用工具就不能拆下高压系统的零件。

22.35 该条如下修改：

删除注释。

增加下述内容：

这些部件要经受第21章的冲击试验。如果此绝缘不符合29.2的要求，则经受下述冲击试验。

将包覆零件的样品在(70±2)℃的温度条件下放置7 d(168 h)。之后，让样品达到近似室温。

视检应显示：包覆材料并未皱缩到不再具有所要求绝缘性能的程度，或绝缘层并未剥落以致能作纵向移动。

此后，样品在(−10±2)℃的温度中保持4 h。

随后样品仍在此温度用图102所示装置经受冲击。质量为0.3 kg的重物A从350 mm的高度跌落到淬硬钢的凿子B上，凿子的刃口放置在样品上。

在正常使用中绝缘材料可能易破或损伤的每个位置上各施加一次冲击，冲击点之间的距离至少10 mm。

经此试验后，应显示绝缘材料并未剥落，又在金属部件与需要范围内环绕包住绝缘材料的金属箔之间，做一次16.3规定的电气强度试验。

22.101 器具离可能让液体进入带电部件的地面不足60 mm范围内，不应有孔道或缝隙。

通过测量来确定是否合格。

22.102 供冷凝水或任何液体溢出用的排水孔，应有不小于5 mm的直径或不少于30 mm^2 的面积，其宽度不少于3 mm。

通过测量来确定是否合格。

22.103 器具或触发喷枪应装有一个用于中止液体流入喷嘴的装置。对手持式洗涤装置、蒸汽清洁器和触发喷枪当使用者不开动其操纵件时此装置应没有液压自动地工作。

手持式洗涤装置、蒸汽清洁器和触发喷枪的操纵件应有一个装置，该装置处于非工作状态时可用以将这些操纵件锁定。

手持式洗涤装置、蒸汽清洁器和触发喷枪在工作状态下应无法锁定。

放在平面上时，操纵件应处在无意外开动危险的位置。

水喷射器应不受从处于不工作状态的器具上突出的阀柄操纵，以这样的方式使意外触及引起错误开动。

通过视检和试验来确定是否合格。

注：在第一要求试验期间允许从喷嘴排水。

22.104 除了蒸汽清洁器外，装有固定式或可调式超小型喷嘴的器具，其从触发器到喷嘴的距离应大于750 mm。

通过测量来确定是否合格。

22.105 高压软管上的附件应只由制造厂或其代理人使用专用的工具完成。

水喷射器在距离软管硬直部分50 cm处，应有一清晰可见的红色记号，环绕高压软管。

通过视检来确定是否合格。

22.106 器具及其部件按制造厂说明书使用时，不应有达到危险程度的失控运动。

便携式器具质量大于100 kg时，应具备手制动器或同类工具。

通过视检来确定是否合格。

喷嘴反作用力沿喷枪方向的分力 F_r 应限制在150 N以内。F_r 由下式计算：

$$\nu = \sqrt{0.002 \times \Delta P}$$

式中：

ν——水的出口速度，m/s；

ΔP——额定压力，Pa。

$$F = \frac{\nu \times Q}{60}$$

式中：

F——沿喷嘴方向的反作用力，N；

Q——额定流量，L/min。

$$F_r = F \times \cos\alpha$$

式中：

α——喷嘴与喷杆的夹角，见图 103。

如果手柄方向的反作用力超过 150 N，则触发喷枪应装一个支架，藉此将反作用力全部或局部传递到操作人员的身体上。不用支架的话，触发喷枪也可配备一个双手起动机构，该机构只有在两个操作件同时开动时才能工作。

将指状夹头的中点看做是旋转中心点，手柄上的反作用力矩 M 在任何方向应不大于 20 Nm。M 按下式计算：

$$M = F \times l \times \sin\alpha$$

式中：

l——喷嘴与触发器的间距，单位：m，见图 103。

通过计算和视检来确定是否合格。

22.107　触发喷枪与喷杆应装上两个把手。其中一个把手可能是喷管的适配外形。

通过视检来确定是否合格。

23　内部布线

GB 4706.1—1998 的该章除下述内容外，均适用。

23.5　该条增加下述内容：

注 101：本条要求适用于内部布线的附加绝缘。

24　元件

GB 4706.1—1998 的该章除下述内容外，均适用。

24.1　该条增加下述内容：

点火变压器应遵守 IEC 60989。

24.1.3　该条增加下述内容(在开头)：

主开关不必经常动作，但应断开所有电极。

由触发喷枪的触发器操作的开关和机械装置应能供 50 000 次工作用。

注 101：试验以后装置必须停止液体流到喷嘴，少量泄漏是允许的。

25　电源连接和外部软线

GB 4706.1—1998 的该章除下述内容外，均适用。

25.1　该条增加下述内容：

注 101：三相器具不要求装有插头。

IPX7 器具不应装有器具输入插口。

IPX5 或 IPX6 器具不应装有器具输入插口，除非输入插口与连接器在耦合或分离时为 IPX5，或除非输入插口与连接器只能使用工具分开，且耦合时为 IPX5。

装有器具输入插口的器具还应装有连接器和电源软线。连接器和软线应接入输入插口随后经受 25.15 的“拉力与扭矩”试验。

25.5 该条增加下述内容：

Z型连接是不允许的。

25.7 该条增加下述内容：

电源软线长度不应短于5 m。

但就手持式器具和在工人身上携带的器具而言，电源软线不应短于15 m。

普通韧性橡胶护套软线由于易被清洁剂腐蚀而不应使用于这类器具；因此聚氯乙烯(PVC)或氯丁橡胶护套软线适用于0℃或0℃以上的温度，只有氯丁橡胶护套软线允许在0℃以下的温度使用。对于工业用或商用电器而言，需要用重型的氯丁橡胶护套软线(指定牌号GB 5013.4—1997的66号线或更高规格)。

25.15 该条作下述修改：

由下表代替表10。

器具质量/kg	拉力/N	扭矩/Nm
≤1	30	0.1
>1~≤4	60	0.25
>4	125	0.40

26 外部导线用接线端子

GB 4706.1—1998的该章内容，均适用。

27 接地措施

GB 4706.1—1998的该章内容，均适用。

28 螺钉和连接

GB 4706.1—1998的该章内容，均适用。

29 爬电距离、电气间隙和穿通绝缘距离

GB 4706.1—1998的该章内容，均适用。

30 耐热、耐燃和耐漏电起痕

GB 4706.1—1998的该章内容，均适用。

31 防锈

GB 4706.1—1998的该章内容，均适用。

32 辐射、毒性和类似危险

GB 4706.1—1998中的该章除下述内容外，均适用。

增加下述内容：

注101：打算与总水管连接的器具，其技术要求和试验方法正在考虑检查器具是否做成或提供了一个装置，万一总水管压力变得低于大气压时，能防止器具流出污水的回流。

附图

增加以下图101、图102和图103：

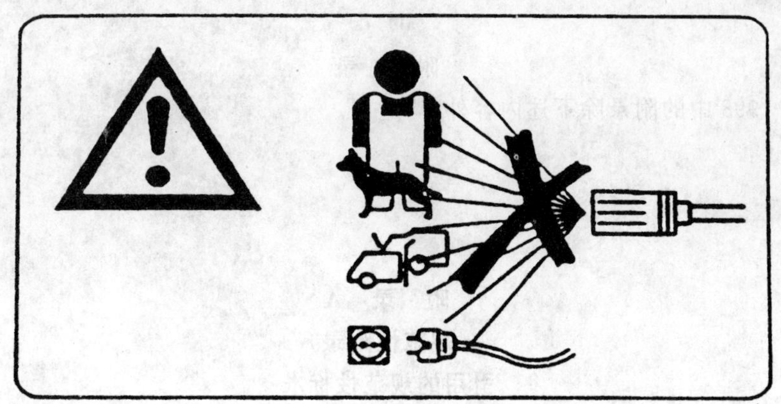

图 101 警告符号

单位为毫米

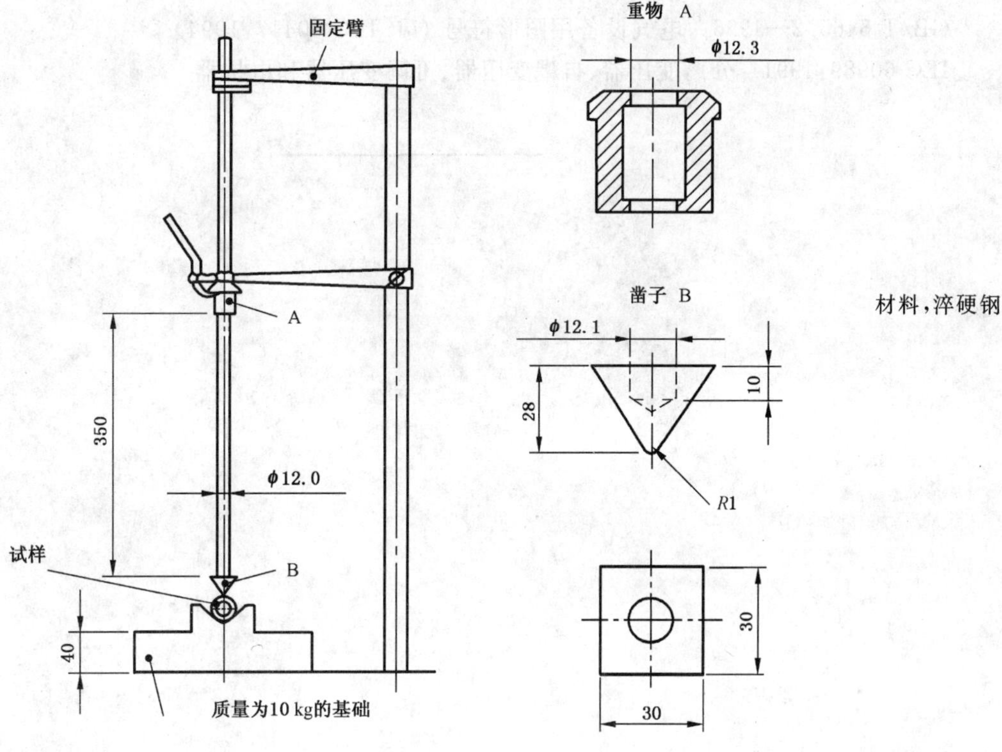

图 102 冲击试验装置

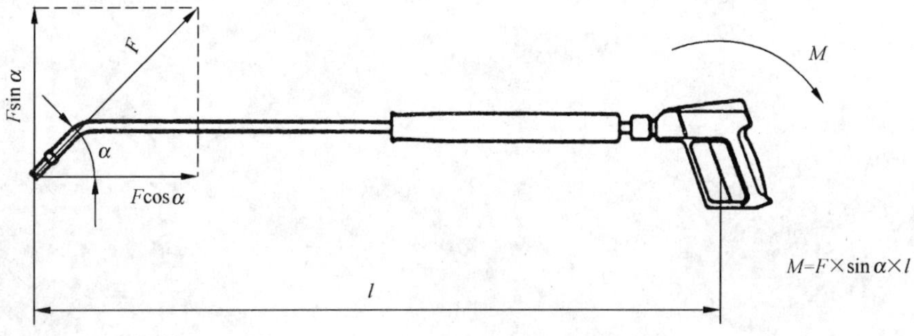

图 103 把手上的反作用力

附　录

GB 4706.1—1998 中的附录除下述内容外，均适用。

附　录　A
（规范性附录）
引用的规范性标准

增加下述内容：

GB 4706.2—2003　家用和类似用途电器的安全　电熨斗的特殊要求（idt IEC 60335-2-3:1993）

IEC 60364　建筑物的电器装置

GB/T 5465.2—1996　电气设备用图形符号（idt IEC 60417:1994）

IEC 60989:1991　分离变压器、自耦变压器、可调变压器和电抗器

ICS 13.120
K 09

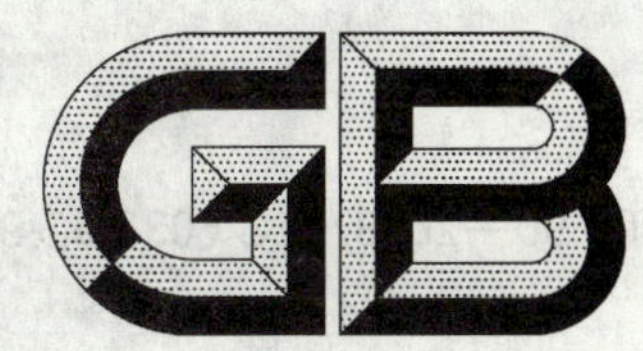

中华人民共和国国家标准

GB 4706.90—2008/IEC 60335-2-90:1997

家用和类似用途电器的安全 商用微波炉的特殊要求

Household and similar electrical appliances—Safety—Particular requirements for commercial microwave ovens

(IEC 60335-2-90:1997,IDT)

2008-06-13 发布 2009-07-01 实施

中华人民共和国国家质量监督检验检疫总局
中国国家标准化管理委员会 发布

前言

本部分全部技术内容为强制性。

本部分等同采用 IEC 60335-2-90:1997《家用和类似用途电器的安全　商用微波炉的特殊要求》第一版。

本部分应与 GB 4706.1—1998《家用和类似用途电器的安全　第一部分:通用要求》配合使用。

家用和类似用途电器的安全标准由两部分组成,第一部分为通用要求,第二部分为产品的安全特殊要求。

本部分中写明"适用"的部分,表示 GB 4706.1—1998 中的相应条文适用于本部分;本部分中写明"代替"的部分,则应以本部分中的条文为准;本部分中写明"修改"的部分,表示 GB 4706.1—1998 相应条文中的相关内容应以本部分中修改后的内容为准,而该条文中的其他内容仍适用本部分;本部分中写明"增加"的部分,表示除符合 GB 4706.1—1998 的相应条文外,还应符合本部分中所增加的条文。

本部分第 1 章对不适用范围进行修改,删除家用组合微波炉括号内容 IEC 60335-2-100。

本部分由中国轻工业联合会提出。

本部分由全国家用电器标准化技术委员会商用电气饮食加工服务设备分委员会归口。

本部分起草单位:浙江工商大学、北京市服务机械研究所、广东格兰仕集团有限公司。

本部分主要起草人:傅玉颖、洪詠平、刘旭、何阳春、李继萍、尚卫东、卢甘硕、蔡志军、刘洪伟、王玉波。

IEC 前言

1) 国际电工委员会(IEC)是由各会员国电工委员会(IEC 各国家委员会)组成的全球性标准化组织。IEC 的任务是促进电工和电子领域内与标准化有关的一切议题的国际合作。为此目的,IEC 除了开展其他活动外,还颁布国际标准。其制定工作委托给各技术委员会。任何对所涉及问题感兴趣的 IEC 国家委员会均可参与这项工作。与 IEC 有联系的国际组织、政府机构和民间团体也可以参加。IEC 与国际标准化组织(ISO)根据这两个组织间的协议所规定的条件密切合作。

2) 由所有对此关切的国家委员会参加的技术委员会制定的 IEC 有关技术问题的正式决议或协议,尽可能接近地表达了对所涉及的问题在国际上的一致意见。

3) 所提出的文献以推荐的形式供国际上使用,并以标准、技术报告或手册的形式发布,且在此意义上为各国家委员会所接受。

4) 为了促进国际上的统一,IEC 各国家委员会同意尽可能地把 IEC 国际标准明白无误地应用到国家和地区的标准中去。IEC 标准与相应国家和地区标准之间的任何不一致,应在国家和地区标准中明确阐述。

5) IEC 不提供认可标记,也不对任何声称符合其某一标准的设备承担责任。

6) 注意到本国际标准中某些组成部分有成为专利主题的可能,IEC 不对识别任何或所有的专利权承担责任。

IEC 60335 系列标准的本部分是由 IEC 第 61“家用和类似用途电器的安全”技术委员会所属第 61E“商用电气饮食加工服务设备的安全”分委员会制定。

它构成 IEC 60335-2-90 的第一版。

本标准的文本以下列文件为依据:

DIS	表决报告
61B/111/FDIS	61B/117/RVD

关于表决批准本标准的详细情况,可在上表中指出的表决报告中查明。

本第二部分是准备与 IEC 60335-1 的最新版本及其修改件结合使用,它是建立在该标准第三版(1991)的基础上制定的。

本第二部分补充或修改 IEC 60335-1 的对应条款,以便转化为 IEC 标准:商用微波炉的安全要求。

如第一部分的个别条款在本第二部分未提到时,如果合理,该条款仍然适用。在本标准中说明“增加”、“修改”或“代替”时,第一部分中有关正文应作相应修改。

注:

1) 使用以下印刷字体:

——要求本身:罗马体;

——试验规范:斜体;

——说明事项:小罗马体。

正文中的黑体字在第 2 章中定义。当第一部分的定义涉及形容词时,该形容词与相关的名词也用黑体。

2) IEC 60335-1 增加的条款、注释和图表应自 101 起开始编号。对第一部分增加的附件用 AA、BB 等字母标明。

在一些国家中存在下述差异:

——4.3:初始测试的微波泄漏不超过 10 W/m^2(日本、美国和加拿大)。

——6.1:如果额定电压不超过 150 V,微波炉可以为 0I 类的(日本)。

——7.12.1:使用者注意事项必须要用明显的标记标在器具上(新西兰和加拿大)。

——第18章:试验应在两个器具上进行(美国)。

——19.11.2:输入电压的变化不适用(美国)。

——19.13:微波泄漏的测量仅在每次试验结束时进行(美国)。

——21.102:施加的力为222 N(美国)。

——21.105:微波泄漏不超过50 W/m^2(日本和美国)。

——22.111:微波泄漏的测量仅在每次试验结束时进行(美国)。

——22.112:微波泄漏不超过50 W/m^2(日本和美国)。

——22.115:必须防止任何物体进入腔体内(美国)。

——7.2:不需要外部等电位导体的端子(日本)。

家用和类似用途电器的安全
商用微波炉的特殊要求

1 范围

GB 4706.1—1998 的该章用下述内容代替：

本部分涉及商用**微波炉**的安全。对于连接一条相线和中线的单相器具，其**额定电压**不超过 250 V，其他器具不超过 480 V。

适用于本部分的器具装有一扇供用户接近**腔体**的门。

注 1：器具可以装在一台自动售货机内，在此情况下 GB 4706.72—2003 也可适用。

注 2：GB 4706.52—2001 或 GB 4706.34—2003 也适用于装有常规加热设备的微波炉。

注 3：采用非电能的器具也在本部分范围之内。

本部分通常不考虑如下情况：

——由无人照管的小孩或体弱者使用器具；

——小孩玩耍器具。

注 4：注意如下事实

——对于专供在车辆、船舶或航空器上使用的器具，可能需要附加要求；

——对于专供在热带国家使用的器具，可能需要特殊要求；

——在许多国家里，附加要求是由国家卫生、劳动保护和类似权力机构制定的。

注 5：本部分不适用于：

——家用**微波炉**(GB 4706.21—2002)；

——家用组合**微波炉**[1)]；

——输送带类型的微波器具；

——工业微波加热设备(GB 5959.6—1987)[2)]；

——医用器具(GB 9706.6—2007)[3)]；

——打算使用在经常发生腐蚀性或爆炸性气体(如蒸汽或可燃气等)特殊环境场所的器具。

2 定义

GB 4706.1—1998 的该章除下述内容外，均适用。

2.2.7 该条增加下述内容：

注：**额定频率**就是输入频率。

2.2.9 该条用下述内容代替：

正常工作 normal operation

器具在下列条件下工作：

微波炉在工作时，将壁厚最大为 3 mm，外径约 190 mm 的圆柱形硼硅玻璃容器放在**腔体搁架**的中央，容器中放入初始温度为 20 ℃±2 ℃，1 000 g±50 g 的饮用水作负载。如果**额定微波输出功率**超过 2 200 W，则使用两个这样的容器且紧靠着放置在**腔体**内。

---

1) 将出版。

2) GB 5959.6—1987：电热设施的安全 第 6 部分：工业微波试验设备安全的说明。

3) GB 9706.6—2007：医用电气设备。

2.101

微波炉　microwave oven

使用频率在 300 MHz 和 30 GHz 之间的一个或多个 ISM 频段[4] 的电磁能量来加热腔体内食物和饮料的器具。

2.102

额定微波输出功率　rated microwave power output

由制造商为器具规定的微波输出功率。

2.103

腔体　cavity

由器具内壁和门围成的用来放置食物负载的空间。

2.104

搁架　shelf

腔体内放置负载的水平支承物。

2.105

门联锁装置　door interlock

如果炉门不关闭，则使磁控管不能工作的装置或系统。

2.106

门监控联锁装置　monitored door interlock

装有监控装置的**门联锁**系统。

2.107

温度传感探头　temperature sensing probe

插入食物中用来测量食物温度的装置，它是微波炉控制装置的一个部件。

3　总体要求

GB 4706.1—1998 的该章内容，均适用。

4　试验的一般条件

GB 4706.1—1998 的该章除下述内容外，均适用。

4.2　该条增加下述内容：

注：进行 19.104 试验时需要追加一个样品。24.101 的试验需要 6 个联锁装置的样品。

4.3　该条内容作下述修改：

试验不是依照自然章节的顺序而是依照下述章和条的序列进行：32，22.113，22.108，22.116，7 至 17，20，21（21.101 至 21.105 除外），18，19（19.104 除外），22（22.108，22.113 和 22.116 除外），23 至 31，21.101 至 21.105 和 19.104。

4.101　除非另有规定，否则**微波炉**作为**电动器具**进行试验。

4.102　Ⅲ类**温度传感探头**只经受 22.112 的试验。

5　空章

6　分类

GB 4706.1—1998 的该章除下述内容外，均适用。

4）ISM 频带是由国际电信联盟（ITU）确定并在 CISPR11 中采用的电磁波段。

6.1 该条增加下述内容：

微波炉应属Ⅰ类。

7 标志和说明

GB 4706.1—1998 的该章除下述内容外，均适用。

7.1 该条增加下述内容：

器具上应标明其在 ISM 波段内工作的名义频率(单位：MHz)。

器具上应以高度至少 3 mm 的字标明下述警告要点。如果移开任何一个盖子会导致微波泄漏量超过第 32 章的规定值，则打算移开任何盖子前应能清晰地看到此项警告。

警告

微波能量

不要移开此盖

当器具装有一个用熔断器(除 D 型保险管外)保护的电源插座时，应标明有关熔断器的额定电流。当器具使用微型熔断器时，应标明该熔断器具有高的断流容量。

7.12 该条增加下述内容：

使用说明应包括下述要点：

——在微波炉内仅能使用合适的器皿；

——当加热用塑料或纸包装的食物时，应注意观察微波炉，因为有着火的可能；

——如发现有烟雾，应切断器具开关或拔掉电源插头，并保持炉门关闭，以抑制火焰蔓延；

——微波炉不能用来加热带壳的蛋和整个煮熟的蛋，因为在用微波加热时可能会发生爆炸。

使用说明应包括下述警告要点：

——**警告**！如果门或门的密封条损坏，在由经培训的维修人员修复以前此炉不准使用；

——**警告**！除经培训的维修人员外，任何人来进行检修操作都是危险的，包括拆下防止微波能量泄露的防护盖等操作。

使用说明应规定**额定微波输出功率**。

提供了**温度传感探头**的器具，其使用说明应包含下述要点：

此微波炉只能使用为该微波炉推荐的**温度传感探头**。

下述警告作为持久通告应以印刷体书写，字体高度至少 5 mm。这些警告应放置在紧靠器具明显位置的安装说明中，也应包括在使用说明中。

——**警告**！微波加热饮料会导致延迟喷溅沸腾，因此取出时必须小心谨慎；

——**警告**！奶瓶和婴儿食物罐加热时应敞口，内容物须搅拌或摇晃，喂食前检查其温度，避免烫伤。

——**警告**！不要直接加热放在密封容器内的液体或其他食物，因为这样有可能发生爆炸。

注：如果微波炉被安装在一台自动售货机内，这些说明和警告可能不恰当。

7.12.1 该条增加下述内容：

应提供包括下述内容的说明：

——在微波炉顶部外壳上方所需自由空间的最小高度；

——清洗微波炉门密封条和邻近部件的详细说明。

8 对触及带电部件的防护

GB 4706.1—1998 的该章内容，均适用。

9 电动器具的启动

GB 4706.1—1998 的该章内容，不适用。

10 输入功率和电流

GB 4706.1—1998 的该章内容,均适用。

11 发热

GB 4706.1—1998 的该章除下述内容外,均适用。

11.2 该条增加下述内容:

除**嵌装式器具**外,器具按**电热器具**所规定的要求来放置。

在微波炉上方按说明书规定的最小高度处放置一个顶板。该顶板的深度从测试角后壁量起应为 300 mm,其长度应超过器具宽度至少 150 mm。

11.7 该条用下述内容代替:

使具有待机功能的器具工作,直到建立稳定状态。其他器具工作到稳定状态建立或总的工作时间达到 2 h,两者中取时间较短的。

器具工作的连续时段可以有 1 min 的间歇时段。在间歇时段内,打开炉门并更换水负载。

每个工作时段的时间由公式确定:

$$t = \frac{12\,000N}{P}$$

其中

t——时间,圆整到分钟;

N——容器数;

P——**额定微波输出功率**,单位为瓦特(W)。

12 空章

13 工作温度下的泄漏电流和电气强度

GB 4706.1—1998 的该章内容,均适用。

14 空章

15 耐潮湿

GB 4706.1—1998 的该章除下述内容外,均适用。

15.2 该条增加下述内容:

将 0.5 L 含有约 1% NaCl 的水溶液均匀地倒在**搁架**上,倾倒时间不短于 1 min。如果**搁架**能收集溢出的液体,则先用该水溶液将它注满,然后再将另外的 0.5 L 上述水溶液倾倒在上面,倾倒时间不短于 1 min。

15.101 **温度传感探头**的结构应保证其绝缘不受水的影响。

是否合格,可通过下述试验来确定:

将探头完全浸入 20 ℃±5 ℃含有 1% NaCl 的水溶液中,在约 15 min 内,将水溶液加热至沸点,然后将探头从沸水中取出立即浸入温度为 20 ℃±5 ℃的上述水溶液中 30 min。

该过程进行五次,然后将探头从水溶液中取出,并抹去表面的水迹。

接着,探头应能承受 16.2 的泄漏电流试验。

注:**可拆卸的温度传感探头**不用连接到器具上进行试验。**不可拆卸温度传感探头**在微波炉内进行试验,且尽可能多地使探头浸入到水溶液中。

16 泄漏电流和电气强度

GB 4706.1—1998 的该章除下述内容外，均适用。

16.101 微波炉电源变压器的绕组应有足够的绝缘。

通过以下试验来确定是否合格：

将频率高于**额定频率**的正弦波电压施加到变压器的初级端子，使其次级绕组感应出两倍的**工作电压**。

试验的持续时间为：

——对于不超过**额定频率**两倍的频率，60 s 或

——对于超过两倍的频率，$120\times\frac{\text{额定频率}}{\text{试验频率}}$ s，最少 15 s。

注：试验电压的频率应高于**额定频率**，以避免过激电流。

试验从最大值为 1/3 试验电压开始，并随即在不产生瞬变现象的情况下迅速增加到规定值。在试验结束切断电源前，将电压以类似方式降低到试验电压值的 1/3。

试验期间，绕组之间或同一绕组相邻匝之间不应有击穿。

17 变压器和相关电路的过载保护

GB 4706.1—1998 的该章除下述内容外，均适用。

增加下述内容：

本试验不需在**微波炉**电源变压器及其相关电路上进行，这些试验在第 19 章中进行。

18 耐久性

门系统，包括铰链、微波密封条和其他相关部件，在结构上应能经受正常使用中可能产生的磨损。

通过使门系统经受总共 200 000 个工作周期来检验是否合格。

使门系统依次经受如下试验：器具在**额定输入功率**下工作，并带有适当的微波吸收负载，操作 10 000个周期，另外又在没有微波发生情况下工作 10 000 个周期。

将门像正常使用时一样打开和关闭。从关闭位置打开到介于 135°到 180°之间的任何一个角度，若炉门可打开的最大角度小于 135°，则打开到可能达到的最大角度。操作速率为每分钟 6 个循环。

在试验开始前及每工作 10 000 个周期之后，进行下述处理，处理过后，器具的微波泄漏量应不超过第 32 章规定的限值：

——如果使用干负载，加入 100 g 水并使微波炉工作直到水蒸发干为止。

——如果微波炉装有门封，则在门封的表面涂上足够厚的烹调油。

试验后，微波泄漏量应不超过第 32 章规定的限值并且炉门系统应仍能起作用。

注 1：为了进行试验，可使控制器不起作用。

注 2：试验中若发现元件损坏，而这种磨损不会影响符合本部分的各零部件，可以为了完成本试验而予更换。

19 非正常工作

GB 4706.1—1998 的该章除下述内容外，均适用。

19.1 该条作下述修改：

器具不经受 19.2 到 19.10 的试验，而是在**额定电压**下经受 19.101 到 19.104 的试验来检验是否合格。

19.11.2 该条增加下述内容：

将磁控管的阴极至阳极电路依次开路和短路。如果其中的一个故障条件导致工作电压下降而输入

电流增长，则试验在器具以 0.94 倍**额定电压**供电下进行。但是，如果输入电流大幅度地随同电压增长，则器具以 1.06 倍**额定电压**供电。

磁控管的灯丝不短路。

19.13 该条增加下述内容：

绕组的温度不应超过表 6 所示的值。只有提供预置启动时间的器具和那些带着保温功能工作的器具，才被认为是工作到直到稳定状态建立的器具。

试验期间，按第 32 章要求，施加的负载是按每个试验条款所规定的负载进行施加，则测得的微波泄漏量应不超过 100 W/m²。试验后如果器具仍能工作，应符合第 32 章的要求。

19.101 器具在其控制装置设定在最不利的位置、且**腔体**内无负载的状态下工作。

工作周期为定时器可能设置的最长时间或建立稳定状态所需的时间，两者中取时间较短者。

19.102 器具在**正常工作**条件下运行，使在正常使用中工作的定时器或其他控制装置不工作。

注：如果器具装有一个以上控制装置，则依次将其设置在不工作状态。

19.103 器具在正常条件下并带着模拟电气或机械元件可能出现的任何单一故障条件工作。将控制器设置到最不利位置。使器具工作到定时器可能设置的最长时间或 90 min，两者取较短者。

注：故障状态的例子有：

——进气口和出气口的阻塞；

——如果转子的堵转转矩小于满载转矩，则使电动机转子堵转；

——将易卡死的运动部件卡死。

19.104 器具在如下情况下运行：将控制器设置到最不利位置；土豆放在**搁架**上最可能着火并蔓延到其他易燃物的位置。

每个土豆形状近似椭圆体、质量在 125 g～150 g 之间，其短轴的长度至少 40 mm，长轴的长度不超过 140 mm。为了得到规定的质量，可对称地减少土豆的长短轴长度。将一根直径为 1.5 mm±0.5 mm 且长度与土豆长轴接近的钢丝沿此长轴方向插入。所用土豆数目规定在表 101 中，最高数目与用到的两个特征数据（功率、容积）中任何一个相对应。

如果这些土豆不着火，则在取走一个土豆以减小负载的情况下重复试验。如果单个土豆不着火，则应采取人为措施使其着火。

试验在微波发生停止 15 min 后或**腔体**内火焰已熄灭后终止。

试验期间，应将**腔体**内的火焰控制在器具以内。

注 1：19.13 条在试验期间不适用。

表 101 土豆数

额定微波输出功率 P/W	**腔体**的容积 V/L	土豆数
$P\leqslant 600$	$14<V\leqslant 28$	2
$600<P\leqslant 1\,000$	$28<V\leqslant 42$	4
$1\,000<P\leqslant 2\,000$	$42<V\leqslant 56$	6
$P>2\,000$	$V>56$	$6+N$[a]

[a] 功率超过 2 000 W 时每增加 500 W，或容积超过 56 L 时每增加 14 L，N 均为 2。

试验后，如果器具仍能工作，则更换一些损坏了的**可拆卸搁架**并按 19.13 的规定进行试验。如果器具不符合要求，则试验在一个新的器具上重复进行。

注 2：不符合要求可能由以前试验的累积结果造成。

20 稳定性和机械危险

GB 4706.1—1998 的该章除下述内容外，均适用。

20.1　该条增加下述内容：

除**嵌装式器具**外，带有底部铰链门的器具，要通过 20.101 试验的追加检查来确定其是否合格。

20.101　器具放置在一水平表面上，并将一重物放在打开了的门的中心。

通常在地面上使用的器具，其重物质量为：

——对于**腔体**的门为 23 kg，或根据说明可以放进炉内的更高的质量；

——对于其他门为 7 kg。

对于通常在桌上使用的器具：

——对于**驻立式器具** 23 kg；

——对于其他器具 3.5 kg。

器具不应翻倒。

注 1：重物不应对门造成损坏，它可以是一个沙袋。

注 2：对非矩形门，重物可放在正常使用时可能放置的离铰链最远的部位。

注 3：对于装有一个以上炉门的器具，分别对每个炉门进行试验。

21　机械强度

GB 4706.1—1998 的该章除下述内容外，均适用。

该章增加下述内容：

通过 21.101 至 21.105 的试验也可确定是否合格。

21.101　铰链的门打开到全开位置前约 30°的位置。滑动门约打开 2/3。将一个 35 N 的力施加在铰链门内表面距离其自由端 25 mm 处的一点上或滑动门手柄处。

这一外力可以由弹性系数为 1.05 N/mm 的弹簧工具施加的。首先以反向的力加到门或手柄的另一侧，然后去掉这一反向力使门完全打开。

试验进行 25 次。

在**驻立式器具**和**嵌装式器具**的门上重复进行试验，但试验条件改为：

——门的初始状态置于全开与全关的中间位置；

——施加的力为打开门所需力的 1.5 倍或 65 N，取其较大者。如果该力无法测量或门已被间接地打开，则用 65 N 的力。

试验进行 25 次。

将门置于全开与全关的中间位置。用一个 90 N 的关门力施加在铰链门外表面距离其自由端 25 mm 处或在滑动门的手柄上。开始时是用上述的反向力。

试验进行 50 次。

器具应符合第 32 章的要求。

21.102　将侧面铰链的门放在全开位置。用一个 140 N 向下的力，或能加载在门的任何位置上而不使器具倾倒的最大力，取其较小者，施加在门的自由端上并使门关闭。仍然施加该力使门再次完全打开。

试验进行 10 次。

将底部带铰链的门完全打开。用一个 140 N 的向下的力，或不致使器具倾斜的最大力，取其较小者，施加在微波炉门内表面距离自由边 25 mm 处最不利的位置上。

施加该力达 15 min。

器具应符合第 32 章的要求。

21.103　将一边长为 20 mm 的立方体木块附在距离门铰链最远的内角上。用一个方向是垂直于门表面的 90 N 的力施加在距铰链最远的另一个角上，试图将门关闭。

该力持续达 5 s。

然后移开木块，缓慢关上炉门直到能产生微波为止。接着通过调整缝隙的方式以确定能产生最大

微波泄漏的位置。

器具应符合第32章的要求。

将木块系在距离铰链最远的另一个门角,重复上述试验。

注:本试验不适用于滑动门。

21.104 将炉门关闭,使其外表面经受三次冲击,每次的冲击能量为3 J。这些冲击力施加在门的中心部分,而且可以在同一点上。

用一个直径为50 mm、质量约为0.5 kg的钢球来施加冲击。钢球由一根系在门平面上的合适细绳悬吊,让钢球像钟摆一样落下,经过所要求的距离,用规定的冲击能量冲击门的表面。

接着将炉门打开,使炉体上门封的配合面经受三次类似的冲击。

铰链门的内表面经受三次如前所述的冲击,试验在炉门处于全开位置时进行。冲击施加在门的中心部分,可以在同一点上。但是,如果底部带铰链的门全开时呈水平状态,则可让钢球从可以获得规定的冲击力所需要的距离上自由落下。

底部带铰链的门,其门封还应进一步承受三次类似的冲击。将冲击力施加到三个不同位置上。

器具应符合第32章的要求。

21.105 将底部带铰链的门打开,用一根直径为10 mm、长度为300 mm的硬质木棒,沿着底部铰链放置。木棒的位置应使其一端与门的一个外缘平齐。在手柄的中间沿垂直于门表面的方向施加一140 N关门力,持续5 s。

将木棒的端部与门的另一外缘平齐重复上述试验,再把木棒置于门铰链的中央位置重复上述试验。

在第32章规定的情况下测得的微波泄漏量应不超过100 W/m^2。

22 结构

GB 4706.1—1998的该章除下述内容外,均适用。

22.101 **嵌装式器具**只能从前面排气,除非采取了通过管道排气的措施。

通过视检来确定是否合格。

22.102 微波炉的排气口在结构上应使通过该口排出的任何水气或油烟不能影响器具**带电部件**和其他部件之间的**爬电距离**和**电气间隙**。

通过视检来确定是否合格。

22.103 开启微波炉门的操作至少应包括两个**门联锁装置**,其中至少有一个是**门监控联锁装置**。

注:这两个**门联锁装置**可以装在**门监控联锁装置**系统中。

通过视检来确定是否合格。

22.104 至少一个**门联锁装置**应装有断开微波发生器或它的供电电路的开关。

通过视检来确定是否合格。

注:可以用一种同样可靠的断开方法作为替代。

22.105 要至少有一个隐蔽起来的**门联锁装置**,不可能通过操纵使其动作。此**门联锁装置**应能在使任何一个易触及的**门联锁装置**失效之前工作。

通过下述试验来确定是否合格。

将门打开并立即试图用手使任何一个易触及的**门联锁装置**失效。在将陆门打开到够大足以使任何易触及的**门联锁装置**失效前,至少一个被隐蔽的**门联锁装置**应工作。

接着将炉门打开,试图用手,也可用一根直径3 mm、有效长度为100 mm的长棒来操作隐蔽的**门联锁装置**。

对于靠磁力操作的**门联锁装置**,还需经受一个施加在此**门联锁装置**开关外壳上的磁性试验。磁铁的外形和磁力方向与操作**门联锁装置**的磁铁相似。当把磁铁施加在80 mm×50 mm×8 mm的软钢衔铁上时可产生50 N±5 N的磁力。此外,在距离软钢衔铁10 mm处,该磁铁应能产生一个5 N±0.5 N

的磁力。

试验期间，**门联锁装置**不应动作。

22.106 如果器具的开关部分对微波发生器控制失效，**门监控联锁装置**的监控装置应使器具不起作用。

通过下述试验来确定是否合格。

使**门监控联锁装置**的开关部分不起作用。对**额定电压**超过 150 V 的器具，由至少有 1.5 kA 短路电流容量的供电电源以**额定电压**供电；对其他器具，则由至少有 1.0 kA 短路电流容量的供电电源以额定电压供电。

注 1：对**额定电压**低于 150 V 和**额定电流**高于 20 A 的器具应由短路电流容量至少为 5.0 kA 的电源以**额定电压**供电。

将炉门关闭使微波炉工作，试图用正常的方法接近**腔体**。此时应不可能打开门，除非微波发生器停止运行并继续处于不工作状态。监控装置在开路位置时也不应失效。

注 2：如果监控装置在闭路位置失效，为了后续的试验应予更换。

注 3：必要时使其他的**门联锁装置**失效以进行这一试验。

如果微波发生器供电电路的一个内部保险丝熔断，更换保险丝并再进行两次试验。每次试验时内部保险丝均应熔断。

该试验至少重复三次，但在电源和器具之间串接一个(0.4+j0.25)Ω 的阻抗。每次试验，该内部保险丝均应熔断。

注 4：对**额定电压**低于 150 V 和**额定电流**高于 16 A 的器具，则试验时不加串联阻抗。

注 5：如果在维修说明中已作规定，则每次内部保险丝熔断时要将开关更换。

22.107 影响**门联锁装置**工作的任何单一的电气或机械元件的故障不应使任何其他**门联锁装置**或**门监控联锁装置**的监控装置失效，除非使器具不工作。

通过视检，必要时通过模拟元件失效，并按正常使用情况操作器具，来确定是否合格。

注：此要求不适用符合 22.106 试验的监控装置的元件。

22.108 为符合 22.103 而安装的**门联锁装置**应在过量微波泄漏发生前动作。

通过下述试验来确定是否合格。

除一个**门联锁装置**作用外，其他**门联锁装置**不起作用。器具以**额定电压**供电并带着第 32 章规定的负载工作。缓慢地将门打开，在开门过程中测量微波泄漏。

器具应符合第 32 章要求。

试验依次在每个**门联锁装置**上重复进行。

注 1：**门联锁装置**只有在为符合 22.103 所必需的情况下才进行试验。

注 2：如有必要，试验时可使**门监控联锁装置**不起作用。

22.109 如果在门封与其配合表面之间夹放一薄片材料，不应有过量的微波泄漏。

关闭炉门时，将一张宽度为 60 mm±5 mm、厚度为 0.15 mm±0.05 mm 的纸条放在门封与其配合表面之间，以此来确定是否合格。

器具应符合第 32 章的要求。

纸片沿周边不同位置进行 10 次试验。

22.110 门的密封条在被食物残渣弄脏时，不应有过量的微波泄漏。

通过下述试验来确定是否合格。

在门的密封条上涂抹烹饪油。如果密封条有开口轭流槽，则将槽用油充满。

器具应符合第 32 章的要求。

22.111 炉门边角变形时，不应有过量的微波泄漏。

通过下述试验来确定是否合格。

器具以**额定电压**供电并带着第 32 章规定的负载工作。通过外力将门缝尽可能地增大到能维持微

波发生器工作的位置。沿炉门的各边角依次施加一垂直于门表面的向外拉的拉力，并将力缓慢地增加到 40 N。

试验期间，微波泄漏量在第 32 章规定的情况下测量应不超过 100 W/m^2。

试验后，器具应符合第 32 章的要求。

22.112 当**温度传感探头**或其软线被门夹住时，不应有过量的微波泄漏且探头不应受损。

通过下述试验来确定是否合格。

探头按正常使用的要求进行连接，将探头或软线置于可能出现的最不利位置。在最不利位置处用一 90 N 的力关门并顶住探头或软线 5 s。撤去该力后如果微波炉仍能工作，则微波泄漏量在第 32 章规定的情况下测量，应不超过 100 W/m^2。

试验后，器具应符合第 32 章的要求，**温度传感探头**应符合 8.1、15.101 和 29.1 各条的要求。

22.113 拆除**可拆卸部件**时，不应有过量的微波泄漏。

通过下述试验来确定是否合格。

拆掉**可拆卸部件**，但下述部件除外：

——被联锁的那些部件，拆除它们会阻止微波发生；

——**搁架**，除非拆后可得到一个直径大于 85 mm 的水平表面。

器具随后应符合第 32 章的要求，将负载放在水平表面上并尽可能接近**腔体**中心。

注：为避免出现无用的驻波，测量探头的头部不得插入可拆卸部件拆除形成的空隙。

22.114 器具在结构上应使**搁架**承受负载时不从其支承脱落。打算部分拉开使用的**搁架**当部分从炉内移开时不应倾倒。

通过下述试验来确定是否合格。

将装满沙子或小钢球的容器放在**搁架**上。总质量(用 kg 表示)等于**搁架**面积乘以 30 kg/m^2。将中间放有容器的**搁架**插入炉子并移动使其尽可能靠近一个侧壁，在此位置停留 1 min 后拉开。接着再插入，移动**搁架**使其尽可能靠近另一侧壁并停留 1 min。

试验期间，**搁架**不应从其支承物上脱落。

对打算部分抽出使用的**搁架**，试验在**搁架**抽出达到其深度 50%的情况下重复进行，将一个 10 N 的附加力垂直向下施加在**搁架**外露前缘中心。

试验期间**搁架**不应倾倒。

注：允许有小角度的偏斜。

22.115 任何单一故障如**基本绝缘**失效或接通绝缘系统的导线松动，都不应让微波发生器开着门工作。

通过视检，必要时，通过模拟相关故障来确定是否合格。将可能松动的导线断开，让其从原有位置脱落，但不允许其他方面的操作。这些导线不应同其他**带电部件**或接地部件接触，这会导致所有**门联锁装置**失效。

注 1：**加强绝缘**或**双重绝缘**的失效可以看作是两个故障。

注 2：用两个独立紧固装置固定的导线不认为是可能会松动的。

22.116 不得通过观察窗进入**腔体**。

通过视检和下述试验来确定是否合格。

取一根直径 1 mm 一端扁平的直钢丝，用 2 N 的力垂直压向观察窗时，钢丝不应进入**腔体**。

22.117 依靠**可拆卸部件**工作的联锁装置应予保护，以防意外跳闸。

通过视检和手动试验来确定是否合格。

22.118 用于指示危险、报警或类似情况的灯、开关或按钮只能是红色的。

通过视检来确定是否合格。

23 内部布线

GB 4706.1—1998 的该章内容，均适用。

24 元件

GB 4706.1—1998 的该章除下述内容外，均适用。

24.1 该条增加下述内容：

注：IEC 60989[5] 不适用于**微波炉**电源变压器。

24.1.2 该条增加下述内容：

温控器的工作周期数增加到 30 000。

24.101 联锁装置应能经受正常使用时所能预期的磨损。

通过下述对 6 个样本进行的试验来确定是否合格。

将联锁装置连接到等效负载上，该负载模拟器具在**额定电压**供电下的工作条件。

试验速率约每分钟 6 个周期，周期次数如下：

——**门联锁装置**：50 000；

——仅在**用户维修保养**期间工作的联锁装置：5 000。

试验后，联锁装置不应损坏到足以影响其继续使用的程度。

24.102 装在器具内的插座应该是单相、带有接地触点且额定电流不超过 16 A 的插座。插座的每一极均应使用熔断器或使用装在**不可拆卸面板**后面的微型断路器保护，且额定电流不超过：

——20 A，**额定电压**不大于 130 V 的器具；

——10 A，其他器具。

如果器具打算与固定布线永久连接，或与一个极性插头配合使用，则中性线不需保护。

通过视检来确定是否合格。

注 1：微型断路器的动作部件可以是可触及的。

注 2：如果在打开抽屉或其他隔间后使熔断器成为可以触及，则需要可拆卸面板。

25 电源连接和外部软线

GB 4706.1—1998 的该章除下述内容外，均适用。

25.1 该条内容作下述修改：

微波炉不应装有器具输入插口。

25.3 该条增加下述内容：

固定式器具和质量大于 40 kg 且未装配滚轮、脚轮或类似装置的器具，其结构应允许器具按照制造厂的说明安装后，再连接**电源软线**。

用于电缆与固定布线永久连接的接线端子，也可以适用于 **X 型连接的电源软线**，在此情况下应在器具上配装一个符合 25.16 要求的软线固定装置。

通过视检来确定是否合格。

25.7 该条内容作下述修改：

用下述内容代替规定的**电源软线**类型：

电源软线应为耐油柔性护套电缆，不轻于普通氯丁橡胶或其他等效的合成橡胶护套软线（指定牌号 GB 5013.4—1997 的 57 号线）。

25.14 该条增加下述内容：

对**温度传感探头**，弯曲总次数为 5 000 次。将具有圆截面软线的探针在弯曲 2 500 次后转过 90°。

26 外部导线用接线端子

GB 4706.1—1998 的该章内容，均适用。

5）IEC 60989:1991，隔离变压器、自耦变压器、可调变压器和电抗器。

27 接地措施

GB 4706.1—1998 的该章除下述内容外，均适用。

27.2 该条增加下述内容：

驻立式微波炉应装配一接线端子用于连接外部等电位导体。该接线端子应与微波炉所有固定的外露金属部件保持有效的电气接触，并且应能与标称横截面积高达 10 mm^2 的导线连接。接线端子应设置在微波炉安装后便于与结合导体连接的位置。

注：小型固定的外露金属部件，例如铭牌等等，无需与接线端子形成电气连接。

28 螺钉和连接

GB 4706.1—1998 的该章内容，均适用。

29 爬电距离、电气间隙和穿通绝缘距离

GB 4706.1—1998 的该章除下述内容外，均适用。

29.1 该条增加下述内容：

在电压有效值高于 480 V(峰值 680 V)的电路中，不同电位的**带电部件**之间以及**带电部件**与**易触及金属部件**之间的**爬电距离**和**电气间隙**，应不低于表 102 所规定的数值。

表 102 更高电压的最小爬电距离和电气间隙

工作电压(峰值)/V	爬电距离/mm	电气间隙/mm
>680～800	5	3.5
>800～1 000	6	4
>1 000～1 100	7	4.5
>1 100～1 250	8	4.5
>1 250～1 400	9	5.5
>1 400～1 600	10	7
>1 600～1 800	11	8
>1 800～2 000	11.5	9.5
>2 000～2 200	12	10
>2 200～2 500	13	11
>2 500～2 800	14	12
>2 800～3 200	14.5	13
>3 200～3 600	15.5	14
>3 600～4 000	16.5	14.5

对于工作电压峰值大于 4 000 V 的电路，用电气强度试验来确定**爬电距离**和**电气间隙**是否足够，施加的电压为($\sqrt{2}U+750$)V，持续 1 min。但**爬电距离**和**电气间隙**应不小于 4 000 V **工作电压**所规定的值。

试验期间不应出现击穿。

注 1：U 是**工作电压**的峰值；

注 2：在进行电气强度试验前，应断开磁控管和限制试验电压的其他元件。

30 耐热、耐燃和耐漏电起痕

GB 4706.1—1998 的该章除下述内容外，均适用。

30.2 该条增加下述内容：

对具有预置启动时间功能和具有保温功能的器具，30.2.3 适用。对其他器具，30.2.2 适用。

31 防锈

GB 4706.1—1998 的该章内容,均适用。

32 辐射、毒性和类似危险

GB 4706.1—1998 的该章除下述内容外,均适用。

增加下述内容:

器具不应产生过量的微波泄漏。

通过下述试验来确定是否合格。

在一个内径约 85 mm 的薄壁硼硅玻璃容器内放入温度为 20 ℃±2 ℃的 275 g±15 g 饮用水作负载,并将该容器放在器具**腔体**内**搁架**的中心。如果**额定微波输出功率**超过 2 200 W,则使用两个这样的容器紧靠放置在**腔体**内。器具在**额定电压**下并且在微波功率控制器调到最高位置的情况下工作。

微波泄漏量是通过仪器对微波能量密度的测定来确定的,在接受阶梯输入信号时,该仪器在 2 s～3 s内即达到其稳定值的 90%。仪器天线在器具外表面移动来寻找最大微波泄漏的位置,应特别关注炉门和炉门密封处的微波泄露。

在距器具外表面 50 mm 或更远处任何一点的微波泄漏应不超过 50 W/m^2。

注:如果由于水温偏高而对试验结果产生怀疑,则应更换新负载重复上述试验。

附　录

GB 4706.1—1998 中的附录内容，均适用。

ICS 13.120
K 09

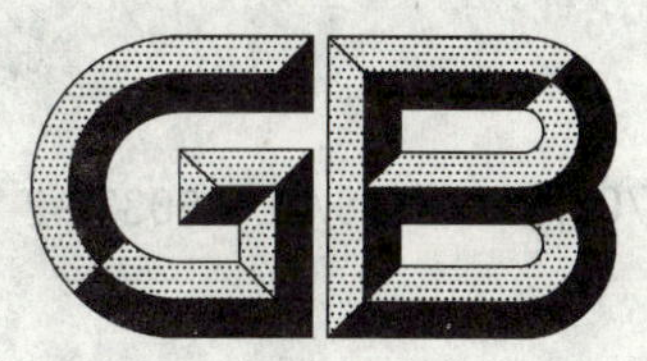

中华人民共和国国家标准

GB 4706.91—2008/IEC 60335-2-76:2006(Ed2.1)

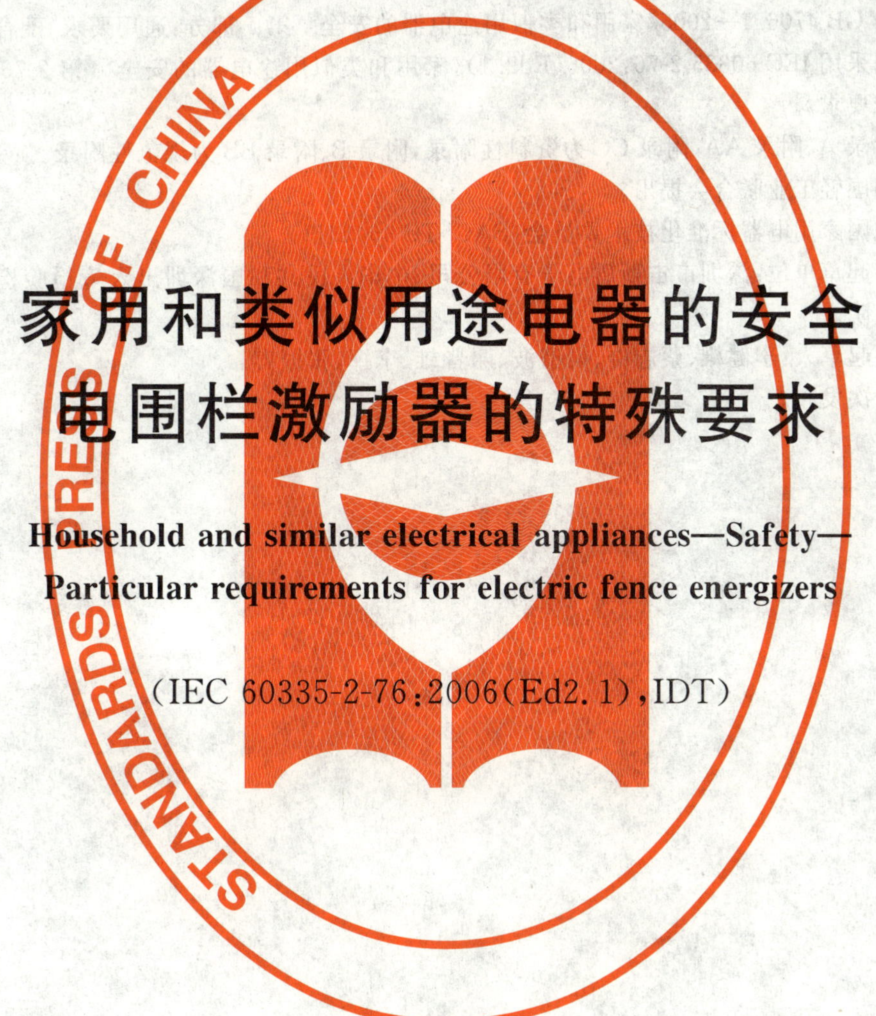

家用和类似用途电器的安全 电围栏激励器的特殊要求

Household and similar electrical appliances—Safety—Particular requirements for electric fence energizers

(IEC 60335-2-76:2006(Ed2.1),IDT)

2008-11-13 发布　　2009-11-01 实施

中华人民共和国国家质量监督检验检疫总局
中国国家标准化管理委员会　发布

前 言

本部分的全部技术内容为强制性。

GB 4706《家用和类似用途电器的安全》由若干部分组成,第1部分为通用要求,其他部分为特殊要求。

本部分应与GB 4706.1—2005《家用和类似用途电器的安全 第1部分:通用要求》配合使用。

本部分等同采用IEC 60335-2-76:2006(Ed2.1)《家用和类似用途电器的安全 第2-76部分:电围栏激励器的特殊要求》。

本部分的附录A、附录AA、附录CC为资料性附录,附录B、附录BB为规范性附录。

本部分由中国轻工业联合会提出。

本部分由全国家用电器标准化技术委员会(SAC/TC 46)归口。

本部分主要起草单位:深圳市宙斯盾电子有限公司、中华人民共和国深圳出入境检验检疫局、北京大学深圳研究生院。

本部分主要起草人:李健雄、蔡志群、梁澄波、谢晋雄、李挥、张振夷。

本部分为首次发布。

IEC 前言

1) IEC(国际电工委员会)是由各国家电工委员会(IEC 国家委员会)组成的世界性标准化组织。IEC 的宗旨是促进在与电工和电子领域标准化有关问题上的国际合作。为此目的,IEC 除了开展其他活动之外,还出版国际标准、技术规范、技术报告、公开使用规范(PAS)和导则(以下通称为 IEC 出版物)。它们的制定通过委托各技术委员会来完成。IEC 的成员各国家委员会,只要对制定的标准感兴趣,均可参加其制定工作。与 IEC 联络的国际、政府和非政府组织亦可参加标准制定工作。IEC 和世界标准化组织(ISO)遵照双方协议规定的条件密切合作。
2) IEC 有关技术问题的决议或协议是由所有对此问题感兴趣的国家委员会参加的技术委员会制定的,并尽可能表述对所涉及的问题在国际上的一致意见。
3) IEC 的出版物以推荐性的方式供国际使用,并在此意义上为各国家委员会所接受。IEC 以尽可能合理的努力来保证 IEC 出版物的正确性,但不对用户的使用以及误解负责。
4) 为了促进国际上的统一,IEC 各国家委员会应明确地、最大限度地将 IEC 出版物转化为国家或地区性标准。IEC 标准和相应的国家或地区性标准之间如有任何差异应在国家标准或地区性标准中清楚地注明。
5) IEC 并未制定任何认可标志的程序,当某一设备宣称其符合 IEC 的某一项标准时,IEC 对此不负任何责任。
6) 所有使用者应确保拥有所用标准的最新版本。
7) IEC 及其主管、雇员、后勤人员、代理机构包括独立的专家、技术委员会委员及各 IEC 国家委员会,对使用或依靠 IEC 出版物及任何 IEC 其他出版物过程中造成的各类直接或间接的人身伤害、财产损失及任何自然消耗、各类费用(包括法律费用)和出版增值,都不负有直接或间接的责任。
8) 注意本部分中的参考标准,使用参考标准对本部分的正确使用是必要的。
9) 本 IEC 出版物中的某些内容有可能涉及一些专利权问题,对此应引起注意。IEC 组织不负责识别任一或所有该类专利权问题。

本部分由 IEC 第 61 技术委员会(家用和类似用途电器的安全)的第 61H 分委会(电动农场器具的安全)制定。

本合订版标准 IEC 60335-2-76 由第 2 版(2002)(文件 61H/173/FDI S 和 61H/174/RVD)以及其增补件 1(2006)(文件 61H/229/FDI S 和 61H/230/RVD)构成。

本部分的版本号为 2.1。

页边距上的垂直线表示原标准被增补件 1 修改。

本部分的法语版本尚未投票。

本部分连同最新版的 IEC 60335-1 及其增补件一起使用。它建立在第 4 版(2001)标准的基础上。

注 1:本部分中的“第 1 部分”指 IEC 60335-1。

本部分增补或修改了 IEC 60335-1 中的相应条款,从而将其转化为 IEC 标准:电围栏激励器的特殊要求。

本部分中未涉及的 IEC 60335-1 的条款在合理情况下适用。本部分中如标有“增加”、“修改”或“代替”,则应对 IEC 60335-1 的相关条款进行相应修改。

注 2:本部分的编号方式如下:

——对第一部分增加的条款、表格和图从 101 开始编号。

——注释,包括被代替的章节或条款中的注释,从 101 开始编号,新条款中或与第 1 部分中的注释有关的注释除外。

——增加的附录用字母 AA、BB 等编号。

注 3:本部分采用下列印刷体:

——正文要求:印刷体。

——测试方法:斜体。

——注释内容:小写印刷体。

第 3 章中定义的单词以黑体字表示。当一个定义涉及到形容词时,形容词及相关的名词也用黑体字表示。

在某些国家存在下列差异:

——6.101:只允许使用能量限制型激励器(奥地利,丹麦,法国,德国,荷兰,挪威,瑞士和英国)。

技术委员会决定:在 IEC 的网址"http://web store. iec. ch"上公布的有关该标准的维护结果日期之前,基本部分及其增补件的内容将维持不变。届时标准将被:

- 重新确认;
- 废止;
- 由修订版代替,或者
- 增补。

家用和类似用途电器的安全
电围栏激励器的特殊要求

1 范围

GB 4706.1—2005 的该章用下述内容代替。

本部分涉及额定电压不大于 250 V,用于激励或监控农用、家养或野生动物控制围栏和安防围栏的围栏电线的电围栏激励器的安全要求。

注 1:本部分范围所涉及的电围栏激励器的示例:

——电网驱动激励器;

——如图 101 所示,可连接电网电源的电池驱动激励器;

——由内装或外接的非充电电池驱动的电围栏激励器。

本部分通常不考虑以下因素:

——无人照看的幼儿和残疾人使用器具时的危险。

——幼儿玩耍器具的情况。

注 2:应注意以下情况:

——对于打算用在车辆、船舶或航空器上的器具,可能需要附加要求。

——在许多国家中,全国性的卫生保健部门,全国性劳动保护部门,全国性供水管理部门以及类似的部门都对器具规定了附加要求。

注 3:本部分不适用于:

——用电磁耦合的动物训练颈圈;

——拟应用于特殊场合的器具,如存在腐蚀性或爆炸性气氛(粉尘、蒸气或气体);

——单独的电池充电器(GB 4706.18,idt IEC 60335-2-29);

——电捕鱼机(IEC 60335-2-86);

——电击动物设备(IEC 60335-2-87);

——医疗用途的器具(IEC 60601)。

2 规范性引用文件

GB 4706.1—2005 的该章除下述内容外适用。

增加:

GB/T 2423.18—2000 电工电子产品环境试验 第 2 部分:试验 试验 Kb:盐雾,交变(氯化钠溶液)(idt IEC 60068-2-52:1996)

3 定义

GB 4706.1—2005 的该章除下述内容外适用。

3.1.1 增加:

对于 D 类激励器,激励器的额定电压就是电池供电的额定电压。

3.1.6 增加:

对于不适合连接到电网电源的电池驱动的电围栏激励器,它是指由制造商给出的激励器平均输入电流。

3.1.9 代替:

正常工作 normal operation

器具按如下条件工作:电围栏激励器在正常工作状态下连接到供电电源,输出端子不连接负载。

3.6.3 增加：

注1：也包括电池连接用端子以及电池箱内更换电池(即使需要借助于工具)时会触碰到的其他金属零件。

3.6.4 代替：

带电部件 live part

可能引起触电的导电部件。

3.101

电围栏激励器 electric fence energizer

拟用于向与之连接的围栏输出周期性电压脉冲的器具。

注：电围栏激励器以下也简称激励器。

3.102

电网驱动激励器 mains-operated energizer

设计为与电网电源直接连接的激励器。

3.103

可连接电网电源的电池驱动激励器 battery-operated energizer suitable for connection to the mains

——电池驱动而且带有从电网电源为电池充电的装置，或设计与该装置连接，或者

——设计为电网电源和电池供电。

3.104

A类激励器 type A energizer

由脉冲发生电路、电池充电电路和电池组成的可连接电网电源的电池驱动激励器，当激励器工作时，脉冲发生电路与电网电源或电池接通。

注：A类激励器线路结构如图101所示。

3.105

B类激励器 type B energizer

由脉冲发生电路、电池充电电路和电池组成的可连接电网电源的电池驱动激励器，当激励器工作时，脉冲发生电路与电池接通，并与电池充电电路以及电网电源断开。电池充电时，脉冲发生电路断开，不能工作。

注：B类激励器线路结构如图101所示。

3.106

C类激励器 type C energizer

由脉冲发生电路、电池充电电路和电池组成的可连接电网电源的电池驱动激励器，当激励器工作时，脉冲发生电路与电网电源或电池连接，并且当用单独充电器给电池充电时或更换不可充电电池时需将电池取出。

注：C类激励器线路结构如图101所示。

3.107

D类激励器 type D energizer

由一个拟由电池驱动的脉冲发生电路组成的可连接电网电源的电池驱动激励器，当激励器工作时，脉冲发生电路与电池接通，且激励器或电池通过单独的电池充电器充电。

注：D类激励器线路结构如图101所示。

3.108

电池驱动激励器 battery-operated energizer

设计为不与电网电源连接而仅从电池或其他能源取得能量的激励器。

3.109

电池充电器 battery charger

连接到电网电源为一个或多个电池充电的器具。

3.110

围栏　fence

用于动物或安防用途的屏障，由一个或多个导体组成，如金属线、棍或杆。

3.111

围栏电路　fence circuit

激励器内部与输出端子导电连接或拟导电连接的导电部件或元件。

3.112

接地电极　earth electrode

钉进激励器附近的大地、与激励器接地输出端电连接并独立于其他接地电路的金属结构。

3.113

预期峰值电压　prospective peak voltage

14 章规定的脉冲发生器的峰值输出电压，在激励器与测试电路断开时测得。

3.114

电池供电额定电压　rated voltage for battery supply

对于 A 类、B 类、C 类和 D 类激励器，激励器生产厂规定的电池供电电压。

3.115

电池供电额定电压范围　rated voltage range for battery supply

对于 A 类、B 类、C 类和 D 类激励器，激励器生产厂规定的电池供电电压范围，用上限和下限表述。

3.116

脉冲持续时间　impulse duration

脉冲中包含了 95％总能量的部分的持续时间，是整个脉冲 I^2t 积分中给出 95％I^2t 积分的最短时间间隔。

注：$I(t)$是脉冲电流关于时间的函数。

3.117

输出电流　output current

在脉冲持续时间中计算出的每个脉冲的输出电流的有效值。

3.118

标准负载　standard load

由一个(500±2.5)Ω 的无感电阻和一个可调电阻组成的负载，调整该电阻的阻值可以使得各脉冲能量或 500 Ω 电阻上的输出电流最大。可调电阻与 500 Ω 电阻串联或并联连接，选取较不利的情况。

3.119

电围栏　electric fence

包含一个或多个电导体的屏障，该电导体通过激励器施加脉冲，并与大地绝缘。

3.120

连接引线　connecting lead

用于将激励器连接到电围栏或接地电极的电导体。

3.121

动物电围栏　electric animal fence

用于将动物限制在一个特定区域之内或之外的电围栏。

3.122

安防电围栏　electric security fence

由电围栏和与电围栏电隔离的物理屏障组成的安防用围栏。

3.123

物理屏障　physical barrier

高度不低于 1.5 m，用于防止意外接触电围栏脉冲导体的屏障。

注：物理屏障通常用垂直薄板、刚性垂直栅栏、刚性网、杆或勾花网组成。

3.124

公众接触区域 public access area

由物理屏障保护使得人员不会意外触及脉冲导体的区域。

3.125

脉冲导体 pulsed conductors

承受激励器的高电压脉冲的导体。

3.126

保护区域 secure area

物理障碍物未将人员与1.5 m以下的脉冲导体隔离的区域。

4 一般要求

GB 4706.1—2005的该章适用。

5 试验的一般条件

GB 4706.1—2005的该章除下述内容外适用。

5.2 修改:

试验方法由下述内容代替:

试验在交付的两个激励器上进行,其中一个进行第18章以外的所有试验,另一个进行第5章和第18章的试验。但第22章到第28章的试验可能在单独的样品上进行。

对于A类和C类激励器,第18章试验应在另外的样品上进行。

增加:

注101:如电子电路、电子零件或其他的器件通常采用灌封形式的话,可能需要特殊制备的样品进行19.11和19.101的试验。

5.3 增加:

22.108的试验应在第14章试验之前进行。所有器具都应进行14.101规定的试验。

如果任何一个电子元件在第14章试验中损坏,则第19章试验应进行两次,其中一次在之前而另一次在用新的电子零件代替损坏的电子零件之后。

5.5 增加:

将激励器安装在与设计位置偏离不大于15°的正常位置。然而,如果激励器提供有正常位置的调整装置,如酒精水平计,则激励器应调整到在正常位置的±2°范围内。

将围栏电路的接地端子与大地相连。如果没有指明哪个输出端子用于接地,则将产生最不利结果的端子接地。

5.8.1 增加:

对于电池连接端子没有极性指示的A类、B类、C类和D类激励器,应使用电压极性较不利的电源代替电池。

对于供电端子没有极性指示的电池驱动激励器,应使用较不利的极性。

对于电网驱动激励器和可连接电网电源的电池驱动激励器,电网电源供电的参考源阻抗应为(0.4±j0.25)Ω。

5.101 所有激励器均按电动器具进行试验。

6 分类

GB 4706.1—2005的该章除下述内容外适用。

6.1 代替:

电网驱动激励器和可连接电网电源的电池驱动激励器的电击防护类别应是Ⅱ类。

通过视检和相关试验确定其是否合格。

6.2　增加：

激励器应至少是 IPX4。

6.101　激励器分为能量限制型激励器或电流限制型激励器。

通过适当的试验确定其是否合格。

7　标志和说明

GB 4706.1—2005 的该章除下述内容外适用。

7.1　增加：

激励器应标示有 GB/T 16273.1(neq ISO 7000)规定的符号 1641。

A 类、B 类和 C 类激励器应标示电池额定电压或电池额定电压范围，单位为伏(V)。

电池驱动激励器应标示以下内容：

警告：不得连接到电网电源供电的设备上。

标示有最大脉冲能量大于 5 J 的能量限制型激励器应同时标示获得最大脉冲能量所对应的负载电阻。

7.6　增加：

GB/T 5465.2(idt IEC 60417)规定的符号 5036　危险电压

GB/T 5465.2(idt IEC 60417)规定的符号 5017　接地(大地)

围栏输出和接地输出的符号应分别与 GB/T 5465.2(idt IEC 60417)中的符号 5036 和符号 5017 一致。

7.12　增加：

A 类、B 类和 D 类激励器的说明书应：

——包含不得使用非充电电池的警示。

——声明：充电时铅酸电池应放置在通风良好的地方。

——电池驱动激励器的说明书应特别强调激励器上标示的下述内容的警示：

警告：不得与电网电源供电的设备连接。

7.101　除非连接方式是明显的，否则输出端子应清晰和牢固地用“接地”和“围栏”字样、或 GB/T 5465.2 中符号 5017 和符号 5036 来区分。

备用输出端子应类似地标示，适用时标示“全功率”、“降功率”或“降电压”等字样。

如果使用开关控制输出能量，则开关的各个位置应用适当的符号标示，适用时标示“全功率”、“降功率”或“降电压”等字样。

标示字母的高度应至少为 3 mm，符号的高度应至少为 6 mm。

通过视检和测量确定其是否合格。

7.102　A 类、B 类、C 类和 D 类激励器以及电池驱动激励器中连接到电池的供电端应清楚地用符号“＋”或红色表示正极，用符号“－”或黑色表示负极，除非极性是不重要的。

通过视检确定其是否合格。

7.103　激励器的说明书应包含下述信息：

——电围栏的安装；

——激励器与电围栏的连接方法。

适用时，这些信息应包含附录 BB.1(动物电围栏)或者附录 BB.2(安防电围栏)中的语句内容。

注：对于拟用于安防电围栏的激励器，建议也提供附录 CC 中的信息。

通过视检确定其是否合格。

8　对触及带电部件的防护

GB 4706.1—2005 的该章除下述内容外适用。

8.1.4 增加：

围栏的连接装置不认为是带电部件。

9 电动器具的启动

GB 4706.1—2005 的该章不适用。

10 输入功率和电流

GB 4706.1—2005 的该章除下述内容外适用。

10.101 对于标示有最大脉冲能量大于 5 J 的能量限制型激励器，标示值与输出值偏离不应大于±10%，且获得最大值所对应的负载电阻与激励器标示值的偏离不应大于±5%。

通过以下试验确定其是否合格。

激励器视情况以额定电压或额定电池额定电压供电，输出端子连接可调电阻负载，在正常工作状态下工作。

用 22.108 规定的测量装置测量激励器输出端子间阻性负载所消耗的各脉冲能量。调整阻值测得每个脉冲的能量最大值后测量阻性负载的阻值。

11 发热

GB 4706.1—2005 的该章除下述内容外适用。

11.2 增加：

在 A 类激励器连接到电网电源、D 类激励器连接到电池充电器电源以及 B 类激励器在电池充电时连接到电网电源的情况下，将激励器设计能用的最大类型的电池与电池供电连接端子相连。试验开始前，将电池放电到输出电压不超过其正常值的 0.75 倍的程度。

11.5 代替：

激励器在正常工作状态下工作，供电电压如下：

电网驱动激励器以额定电压的 0.85 倍和 1.1 倍之间的最不利的供电电压供电。

A 类和 C 类激励器，当连接到电网电源供电时，以额定电压的 0.85 倍和 1.1 倍之间的最不利的供电电压供电。

B 类激励器，当电池连接到电网电源充电时，以额定电压的 0.85 倍和 1.1 倍之间的最不利的供电电压供电。

连接到电池供电的 A 类、B 类、C 类和 D 类激励器，以及电池驱动激励器在电池连接端子间以下述范围内最不利的供电电压供电。

——如果激励器可以使用非充电电池，0.55 倍和 1.1 倍额定电池电压；

——如果激励器设计为仅可以使用充电电池，0.75 倍和 1.1 倍额定电池电压。

应考虑表 101 中所指定的电池各单元内阻值。

表 101 电池源阻抗

电池连接端子供电	各单元内阻/Ω	
	非充电电池	可充电电池
1.1 倍额定电池电压	0.08	0.001 2
1.0 倍额定电池电压	0.10	0.001 5
0.75 倍额定电池电压	0.75	0.006 0
0.55 倍额定电池电压	2.00	—
注：当确定一个电池的内阻时，两个或以上并联单元按一个单元考虑。		

以电池充电器供电方式连接的D类激励器，其电源为串联1 Ω电阻且具有以下型式的较不利的一个：

——有效值等于额定电池电压的半波整流正弦波；

——有效值等于额定电池电压的全波整流正弦波。

11.7 代替：

激励器工作直到稳定状态建立。

12 空章

13 工作温度下的泄漏电流和电气强度

GB 4706.1—2005的该章除下述内容外适用。

13.1 修改：

仅对于电网驱动激励器以及可连接电网电源的电池驱动激励器，通过试验13.2和13.3确定其是否合格。

增加：

激励器在正常工作状态下工作，以11.5规定的电网电源供电。

14 瞬态过电压

14.101 激励器应能承受从围栏进入的空气放电冲击。

通过以下试验确定其是否合格：

——电网驱动激励器以及A类、B类和C类激励器，14.102到14.104；

——D类激励器，14.102到14.104；

——额定电压大于42.4 V的电池驱动激励器，14.104。

注：U_0的值是通过试验22.111所获得的激励器输出电压的峰值。

除非另外规定，试验时，不允许发生中断性放电，但允许浪涌保护装置动作。

将电网驱动激励器以及A类、B类、C类和D类激励器固定在一块金属板上，板的尺寸至少比激励器在板上正交投影的尺寸大150 mm，然后按正常使用的情况安装。

电池驱动激励器按正常使用的情况安装。

试验通过脉冲发生器进行，脉冲为前沿时间1.2 μs、至半峰值时间为50 μs的正、负全雷击脉冲，其容差为：

——峰值±5%；

——前沿时间±30%；

——半值时间±20%。

允许在脉冲的峰值附近出现幅值小于峰值的5%的振荡。脉冲前沿中前半部分的振荡幅值允许高达10%。

在激励器与脉冲发生器相连时调整脉冲形状。调整电压为规定试验电压的大约50%。如果试验14.104中无法获得脉冲的正确形状，则只需确定前沿时间在规定的预期峰值电压的大约50%是否达到要求值。

试验所用的脉冲发生器在试验电压处的能量容量至少应为125 J。

14.102 在下述位置施加预期峰值电压为$2U_0$但不小于25 kV的五个正脉冲和五个负脉冲：

——电网驱动激励器以及A类、B类和C类激励器，输出端子和交流输入端子相连与金属板之间，

——D类激励器，输出端子与金属板之间。

相邻脉冲之间的时间间隔至少为10 s。

14.103 预期峰值电压为 $2U_0$ 但不小于 25 kV 的五个正脉冲和五个负脉冲施加在连接在一起的输出端子与以下部件之间：

——电网驱动激励器以及 A 类、B 类和 C 类激励器，连接在一起的交流输入端子，

——D 类激励器，用于连接外部电池充电器的端子。

相邻脉冲之间的时间间隔至少为 10 s。

如果在试验期间浪涌保护装置动作，将浪涌保护装置失效后重复进行该试验。重复试验时，不允许出现中断性放电。

如果激励器有一个以上围栏电路，每个围栏电路均应在其他围栏电路开路的情况下依次进行该试验。

14.104 在输出端子间施加预期峰值电压为 $2U_0$ 但不小于 25 kV 的五个正脉冲和五个负脉冲，脉冲之间的时间间隔至少为 10 s。输入端子开路。

15 耐潮湿

GB 4706.1—2005 的该章适用。

16 泄漏电流和电气强度

GB 4706.1—2005 的该章除下述内容外适用。

16.1 修改：

通过以下试验确定其是否合格：

——对电网驱动激励器和可连接电网电源的电池驱动激励器，16.2、16.3 和 16.102；

——对电池驱动激励器，16.101 和 16.102。

16.2 修改：

试验电压是 11.5 中的上限电压值。

16.3 增加：

其他试验电压值以及施加电压点见表 102。

表 102 附加的试验电压

施加电压点	试验电压[a]
对金属外壳的Ⅱ类激励器，供电电路与可触及部件之间	$2U_0$ 但不小于 10 000 V
围栏电路与易触及部件之间[b]	$2U_0$ 但不小于 10 000 V
供电电路与围栏电路之间	$2U_0$ 但不小于 10 000 V

a $2U_0$ 的值为 22.111 中测得的输出电压最大峰值的两倍。

b 与易触及部件接触的金属箔与输出端子间应有 50 mm 的间隙。

16.101 对于电池驱动激励器，供电端子间的电压应在电池额定电压 1.1 倍和 1.5 倍之间选取，使得空载输出电压最大，供电 10 min。如果有保护放电间隙，则将其断开。

然后在供电电路的各极间的绝缘上施加大约 500 V 的直流电压 1 min。进行该试验前，断开供电电路的极间电容、电阻、电感、变压器绕组和电子零件。如果电容是集成电路的一部分而无法单独断开时，将该电路全部断开。

在试验期间不应出现击穿。

16.102 在 16.3 和 16.101 试验后立即按 22.108 的规定测量输出特性。

测量值应在 22.108 所规定的限值范围内，而且与试验 22.108 中测量值的偏离不应以最不利的方式超过 10%。

17 变压器和相关电路的过载保护

GB 4706.1—2005 的该章适用。

18 耐久性

激励器的结构应能承受正常使用时可能遇到的极限温度。而且,过载保护装置不应在这些条件下动作。

通过以下试验确定其是否合格。

电网驱动激励器、A 类和 C 类激励器,连接到电网电源,在正常工作状态下以额定电压供电。

D 类激励器连接到电池充电器以 11.5 规定的电压供电,在正常工作条件下工作。

电池驱动激励器和电池驱动的 B 类激励器放置在正常位置,并装配一个标称电压等于激励器电池额定电压的电池。电池应是激励器设计所定的最大类型。试验开始时电池应充满电,在试验中,可充电电池电压降到其标称电压的 0.75 倍,或不可充电电池电压降到其标称电压的 0.55 倍时,应尽快更换新的电池。

对于 A 类和 D 类激励器,连接激励器设计最大电池,并放置在电池箱中。试验开始前,将电池放电到输出电压不超过其标称电压的 0.75 倍的程度。

A 类和 C 类激励器的其他样品连接到电池供电,由激励器设计最大电池供电。试验开始时电池应充满电,在试验中,可充电电池电压降到其标称电压的 0.75 倍,或不可充电电池电压降到其标称电压的 0.55 倍时,应尽快更换新的电池。

激励器在环境温度(−15±2)℃下连续工作 168 h(7 d),然后在环境温度(50±2)℃下连续工作 168 h(7 d)。

在每个 168 h 期间的前 84 h,输出端子接上(500±2.5)Ω 的无感电阻作为负载,在其余时间不连接负载。

在每个 168 h 期间结束时,在相应期间所规定的环境温度下,按 22.108 内规定测量输出特性。

测量值应在 22.108 所规定的限值范围内,而且与试验 22.108 中测量值的偏离不应以最不利的方式超过 10%。

试验期间,激励器不应出现影响其继续使用的变化,如果有密封剂,不应流出到导致带电部件暴露的程度,且激励器仍应符合第 8 章的要求。

19 非正常工作

GB 4706.1—2005 的该章除下述内容外适用。

19.1 修改:

原条款由下述各种类型器具适用的试验代替。

激励器应进行 19.11、19.12、19.101、19.102、19.103、19.104 和 19.105 的试验。

增加:

激励器根据 11.2 的规定安装,但适用时将电池充满电。

试验期间,将用户可接触到的保险丝短路。

19.11.3

19.12 增加:

如果,由于任意一个故障条件,脉冲的重复率大于 1 Hz 而且激励器的安全依赖于一个包含内部保险丝的非自复保护器件的动作,该项试验进行三次,以确保该保险丝能可靠动作,且内部零件不因脉冲重复频率的增大而损坏。

19.13 增加:

试验中除脉冲重复频率外的输出特性应符合 22.108 的规定。

如果脉冲重复频率大于 1.34 Hz,在激励器因非自复位保护装置或保护电子电路而失效前,在由 500 Ω 无感电阻构成的负载上的放电能量超过 2.5 J/s 的时间不应超过 3 min。

绕组的温升不应超过 GB 4706.1—2005 中表 8 中所示的限值。

19.101 激励器以 11.5 规定的电压供电,依次适用以下每个条件,包括那些与其相关的其他故障条件,这些故障条件是所选择条件引致的实际后果:

——激励器放置在最不利的位置,即使是在正常使用时不太可能安装的位置;

——拟用于调整激励器的零件,无需工具而从激励器外调整的除外,调整到它们最不利的位置,即使这些零件是不打算由用户调整的,除非它们被有效地封住不能继续调整;

——接地导体与围栏电路的接地端子断开,连接到任意其他输出端子;

——输出端子短路;

——将作为脉冲装置一部分的开关、继电器触点以及其他类似的零件短路或开路,选取较不利的方式;

——将无需工具即可接触的保险丝、围栏电路中的串联火花间隙、放电管以及热继电器短路;

——除了电子电路外,短路围栏电路中小于 5 mm、其他电路中 2 mm 或更小的不同电势带电部件间的任意一个爬电距离或电气间隙,并松开任意一个未锁紧的连接;

——用作主要脉冲开关器件的电子零件的开关速度应在 0.1 Hz 到两倍额定频率的范围内,以 1:2:5 级数顺序在三个十位上改变,用一个外部独立控制来参考该器件的门极信号和该器件上跨越的电压。

注:附录 AA 中的简单比较器电路可用于控制主脉冲开关器件的开关速度。

19.102 以 11.5 规定的电压供电,A 类、C 类和 D 类激励器依次进行以下各项试验:

——激励器以电池供电,标有极性指示的电池连接端子连接到相反的极性,除非这样的连接不太可能在正常使用中发生;

——激励器以电网电源供电,电池供电连接端子连接到最不利的负载上,包括短路。

19.103 B 类激励器连接到电网电源为电池充电时,以 11.5 规定的电压供电,依次进行以下各项试验:

——标有极性指示的电池连接端子连接到相反的极性,除非这样的连接不太可能在正常使用中发生;

——电池供电连接端子连接到最不利的负载上,包括短路。

19.104 电池驱动激励器和电池驱动的 B 类激励器以 11.5 规定的电压供电。标有极性指示的供电连接端子连接到相反的极性,除非这样的连接不太可能在正常使用中发生。

19.105 额定电压小于 12 V 的电池驱动激励器以及电池额定电压小于 12 V 的 A 类、B 类、C 类和 D 类激励器,以 13.2 V 直流输入电压供电,在正常工作状态下工作。

试验期间,激励器应通过 1 Ω 串联电阻与电压源连接。

本试验仅在不改动激励器即可连接电源的情况下适用。

20 稳定性和机械危险

GB 4706.1—2005 的该章不适用。

21 机械强度

GB 4706.1—2005 的该章除下述内容外适用。

21.101 激励器应能承受跌落的试验。

通过以下试验确定其是否合格。

将激励器用螺栓固定在一块长(1 000±5)mm、宽(225±5)mm、厚约 25 mm 的木板中央。板的各端用尺寸能支持激励器离开台面的木方支撑在刚性台子上。举高板的一端(200±5)mm 让其自由落下。重复该试验 20 次。将板依次放在其每个纵向边缘,然后重复该程序。

试验之后,激励器不应出现在本部分意义内的损坏。

22 结构

GB 4706.1—2005 的该章除下述内容外适用。

22.31 修改:

本要求只适用于电网驱动激励器以及可连接电网电源的电池驱动激励器。

22.32 修改:

本要求只适用于电网驱动激励器以及可连接电网电源的电池驱动激励器。

22.101 对于电网驱动激励器以及可连接电网电源的电池驱动激励器,其内部连接的固定或保护及激励器的设计应保证,即使导线松脱或破裂也不能在电网电源供电和围栏电路之间形成导电连接,且不会引起其他危险。

用于隔离围栏电路和供电电路的变压器的输入绕组和输出绕组应以一个绝缘屏障分离,其结构应保证这些绕组不可能直接或通过其他金属部件间接连接。

尤其应采取措施防止

——输入或输出绕组或其中线匝的移动;

——发生破裂或连接松脱时,绕组部件或者内部布线的不当移动。

通过视检以及本部分的其他条款试验确定其是否合格。

注 1:可以在输入电路或围栏电路中采用双线圈变压器实现电网电源和围栏电路的隔离。如果在两个电路都使用这样的变压器,则至少其中一个变压器应提供规定的隔离等级。

注 2:连接在输入端子和提供规定隔离等级的变压器的初级之间的电路被认为是连接到电网电源,而连接在输出端子和该变压器的次级之间的电路属于围栏电路。

注 3:以下是符合该条要求的绕组结构的举例:

——绕组分别缠绕在绝缘材料充分的分立线轴上,各绕组间、绕组与变压器磁芯间刚性固定;

——绕组缠绕在有隔墙的一个线轴上,线轴和隔墙的材料绝缘强度充分,且线轴和隔墙压制或注塑成一体;如果采用推卡式隔墙,则线轴和隔墙的接合处有中间护套或遮盖物;

——无边夹板骨架上的同心绕组,且满足下述条件:

- 每层绕组都交叉插入足够的绝缘材料而且要超出每层绕组的末圈,
- 在输入绕组和输出绕组间采用有足够厚度的一张或多张单独绝缘材料,而且
- 绕组用烤干型或其他合适的材料浸渍,浸渍料完全渗透到空隙间并有效地密封绕组末圈。

注 4:不考虑两个独立的紧固件同时松脱的情况。

22.102 对于电网驱动激励器以及可连接电网电源的电池驱动激励器,围栏电路的变压器应放置在独立间隔中。除变压器输入绕组外,该间隔不能包含任何与电网电源接触或可能接触的部件。

通过视检确定其是否合格。

22.103 金属外壳的Ⅱ类激励器输出端子的位置应保证与其相连的外部导体不可能与外壳接触。

22.104 激励器的设计应保证:

——便于连接围栏及接地电极的连接导体;

——激励器安装和连接到电源后,无须打开或移动防止有害进水或意外触电的外壳,即可启动开关或其他控制装置,如果这在正常使用中是必要的。

通过视检确定其是否合格。

22.105 对于电网驱动激励器以及可连接电网电源的电池驱动激励器,附加绝缘中的任何安装间隙不应与基本绝缘中的安装间隙重合,加强绝缘中的安装间隙也不应导致直接触及带电部件。

通过视检确定其是否合格。

22.106 在A类、B类和C类激励器中，更换电池时能触及到的连接电池或电池间隔中的其他金属部件的端子，应通过双重绝缘或加强绝缘与带电部件绝缘。

在D类激励器和电池驱动激励器中，电池箱中更换电池（即使需要借助于工具）时能触及的部件不应为带电部件。

通过视检、测量和进行双重绝缘或加强绝缘的试验确定其是否合格。

22.107 电池驱动激励器和可连接电网电源的电池驱动激励器应保证使用者在将电池连接到激励器时不受到激励器输出电压电击。

通过视检确定其是否合格。

注：这样的例子有：

——用于隔离端子与电池连接的开关；

——将输出电压减小为零的控制装置；

——绝缘的鳄鱼夹或类似器件。

22.108 激励器的输出应有如下特性：

——脉冲重复频率不应超过1 Hz；

——脉冲在标准负载中的500 Ω零件上的脉冲持续时间不应超过10 ms；

——对于能量限制型激励器，其在标准负载的500 Ω电阻上的能量/脉冲不应超过5 J。

注：各能量/脉冲是脉冲在脉冲持续时间内测得的能量。

——对于电流限制型激励器，其在标准负载中的500 Ω电阻上的输出电流：

- A如果脉冲持续时间大于0.1 ms，不应超过图102中特性限值曲线的规定值；
- 如果脉冲持续时间不大于0.1 ms，不应超过15 700 mA。

通过测量确定其是否合格，测量时激励器以11.5中规定的电压供电，在正常工作状态下工作，但输出端子间连接标准负载。测量脉冲重复率时不连接标准负载。

该测量装置的输入阻抗由不小于1 MΩ的无感电阻和不大于100 pF的电容并联组成。

22.109 如果激励器有一个以上围栏电路，围栏电路的任何可能连接方式的输出特性都应在22.108规定的限值范围内。

每组输出端子的脉冲应同步且对各脉冲的任何可能组合：

——脉冲持续时间不应超过22.108的规定值；

——脉冲重复频率不应超过22.108的规定值。

通过22.108规定内测量确定其是否合格。

22.110 对于有电池连接端子的A类和B类激励器，空载直流输出电压不应超过42.4 V。

激励器连接到电网电源以额定电压供电，测量电池连接端子上的空载直流输出电压，确定其是否合格。

22.111 应测量并记录输出电压峰值U_0以便进行14.102、14.103、14.104和16.3的试验和测量。

通过以下测量确定其是否合格。

采用22.108中的测量装置测量输出电压的峰值，激励器以11.5中规定的电压供电，在正常工作状态下工作，但输出端子间连接一个容量为0～200 nF、每步调节约为10 nF的可变电容负载。

23 内部布线

GB 4706.1—2005的该章除下述内容外适用。

23.7 代替：

对于电网驱动激励器和可连接电网电源的电池驱动激励器，不应使用黄绿组合线。

通过视检确定其是否合格。

24 元件

GB 4706.1—2005 的该章适用。

25 电源连接和外部软线

GB 4706.1—2005 的该章除下述内容外适用。

25.1 增加：

D类激励器应使用不适于连接电网电源的不可拆卸软线，或至少与激励器所要求的防潮等级相当的器具插座，且该插座不与 GB 17465(eqv IEC 60320)规定的器具连接器兼容。

通过视检确定其是否合格。

25.5 增加：

电池驱动激励器中用于连接电池的软引线或软导线应用 X 型连接安装到激励器。

25.7 代替：

电源软线，将外部电池或电池箱与激励器相连的软引线或软导线除外，应不轻于以下规格：

——普通聚氯乙烯护套软线，GB 5023.1(idt IEC 60227)的 53 号线；

——普通氯丁橡胶护套软线，GB 5013.1(idt IEC 60245)的 57 号线。

在普通聚氯乙烯护套软线由于气候原因不合适的情况下，应使用普通氯丁橡胶护套软线。

通过视检确定其是否合格。

25.8 增加：

电池驱动激励器中用于连接电池的软引线或软导线的导体标称横截面积不应小于 0.75 mm^2。

25.13 增加：

本要求不适用于将外部电池或电池箱与激励器相连的软引线或软导线。

25.23 增加：

对于 A 类、B 类、C 类、D 类和电池驱动激励器，如果电池放置在一个独立的箱子中，则将连接箱子与激励器的软引线或软导线视为互连软线。

25.101 电池驱动激励器应有适当的方式连接电池。如果激励器标示了电池类型，则连接方式应适用于该类电池。

通过视检确定其是否合格。

26 外部导线用接线端子

GB 4706.1—2005 的该章除下述内容外适用。

26.1 增加：

本要求的第二句不适用于激励器输出端子。

26.5 增加：

用于连接外部电池或电池箱，激励器中连接软引线或采用 X 型连接的软导线的端子器件应充分固定或防护，使得供电端子间没有意外连接的风险。

26.9 增加：

本要求不适用于激励器输出端子。

26.101 输出端子的设计或放置应保证不可能用电网电源插头将围栏或接地电极连接到激励器。

通过视检和手动试验确定其是否合格。

26.102 输出端子应可靠固定，以保证在连接或断开外部导体时端子不会松动。

通过视检和手动试验确定其是否合格。

26.103 将围栏或接地电极连接到激励器的导体的夹紧装置不应用作固定其他任何元件。

通过视检确定其是否合格。

27 接地措施

GB 4706.1—2005 的该章除下述内容外适用。

27.1 增加：

注 101：Ⅱ类激励器也可能存在将至少一个输出端子连接到接地电极的措施。

28 螺钉和连接

GB 4706.1—2005 的该章适用。

29 电气间隙、爬电距离和固体绝缘

GB 4706.1—2005 的该章除下述内容外适用。

增加：

也通过 29.101 的要求和测量确定其是否合格。

29.101 下述位置的电气间隙应不小于 25 mm：

——围栏电路的带电部件和其他金属部件之间；

——激励器的金属外壳和其他金属部件之间，包括包裹金属箔的电源软线内侧入口衬套、软线保护装置、软线固定装置和类似部件。

该要求不适用于保证激励器正常功能所需的电火花间隙或类似装置。

在激励器按正常使用安装导体后，电池驱动激励器中供电电路的极间电气间隙应不小于 2 mm。

通过测量确定其是否合格。

30 耐热和耐燃

GB 4706.1—2005 的该章除下述内容外适用。

30.2.1 修改：

灼热丝试验在 650 ℃下进行。

30.2.2 不适用。

31 防锈

GB 4706.1—2005 的该章用下述内容代替。

用金属封装的Ⅱ类激励器的外壳应具有足够的防锈能力。

通过 GB/T 2423.18—2000(idt IEC 60068-2-52：1996)盐雾试验确定其是否合格。适用严酷等级 2。

在试验前，用淬硬的钢针刻划涂层。钢针的端部呈顶角为 40°的锥形，其尖端倒圆半径为 0.25 mm±0.02 mm。对钢针施加适当的负载，以使其沿轴向施加的力为(10±0.5)N。沿着表面以约 20 mm/s 的速度拖动钢针刻划。刻划五条划痕，间距至少 5 mm，且距边缘至少 5 mm。

试验后，外壳不应损坏到影响对本部分符合性的程度。涂层不应裂开，也不应从金属表面脱落。

32 辐射、毒性和类似危险

GB 4706.1—2005 的该章适用。

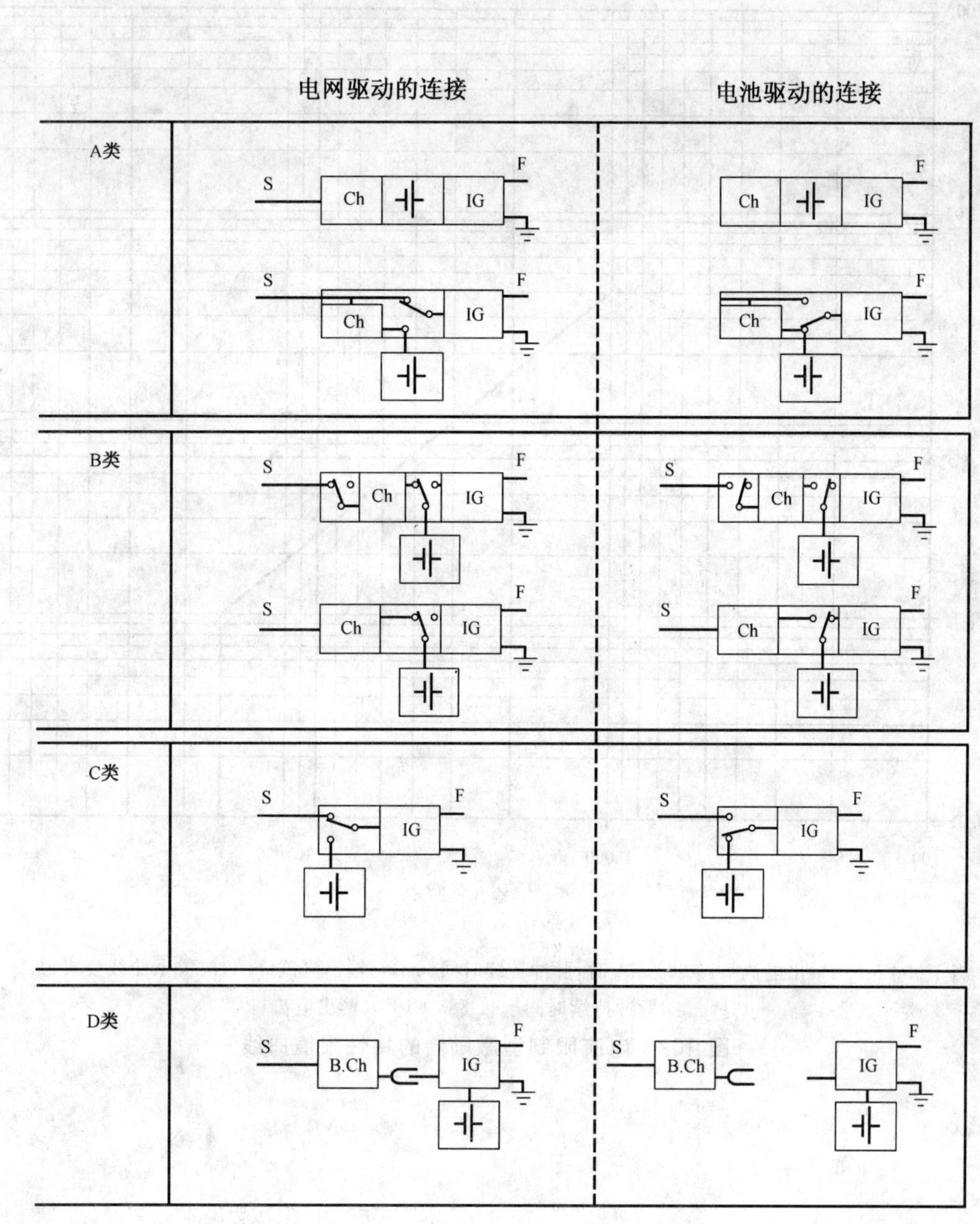

图例

S——电网电源；

Ch——电池充电器电路；

IG——脉冲发生电路；

B. Ch——单独的电池充电器；

⊣⊢——电池；

F——围栏连接。

图 101　各种可连接电网电源的电池驱动激励器的示意图举例

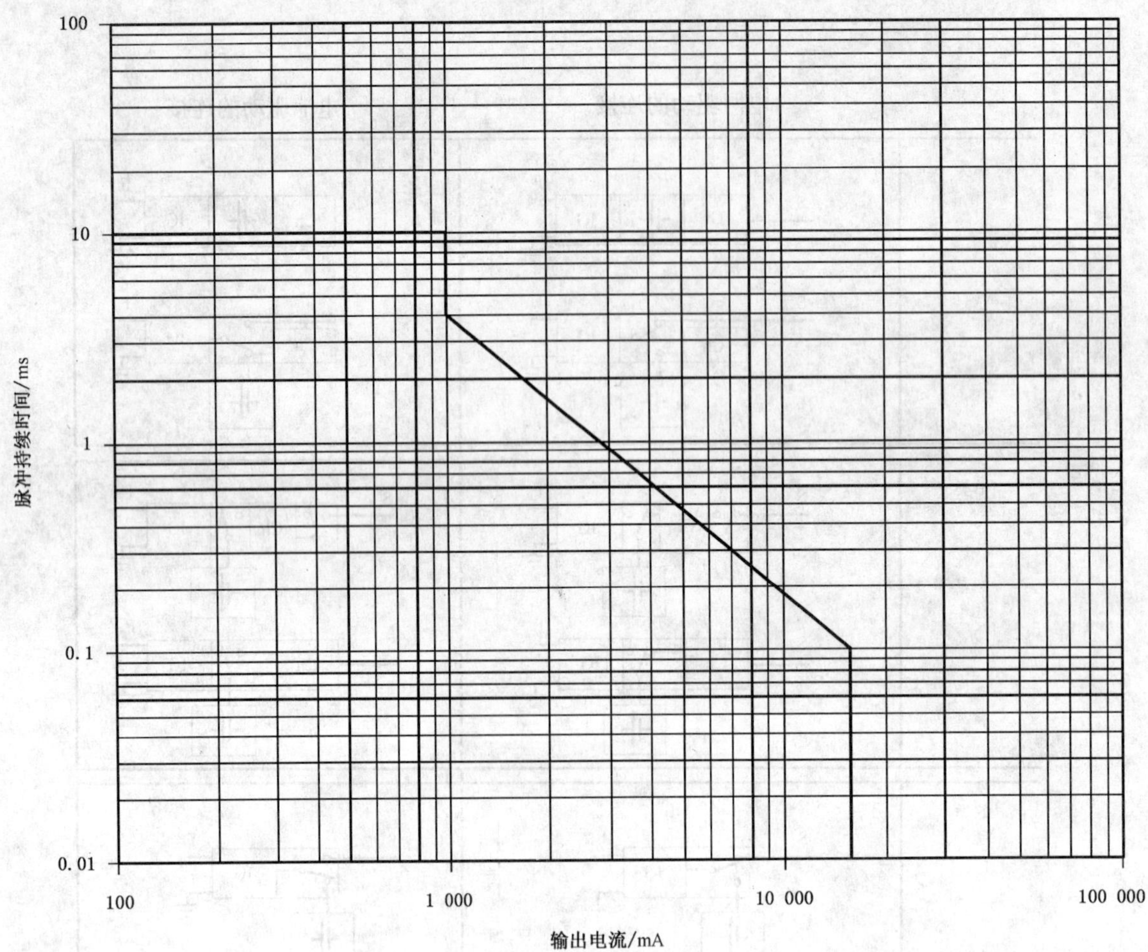

注：当 1 000 mA＜输出电流＜15 700 mA 时，脉冲持续时间(ms)与输出电流(mA)的关系曲线公式为：

$$\text{脉冲持续时间} = 41\ 885 \times 10^{3} \times \text{输出电流}^{-1.34}$$

图 102　电流限制型激励器的特性限值曲线

附 录

GB 4706.1—2005 的附录除下述内容外适用。

附 录 A
（资料性附录）
例 行 试 验

GB 4706.1—2005 的该附录除下述内容外适用。

A.2 电气强度试验

增加：

对于电网驱动激励器和可连接电网电源的电池驱动激励器，在电网电源供电电路和围栏电路间进行电气强度试验，试验电压为交流 10 000 V、50 Hz 或 60 Hz，或直流 15 000 V，持续 1 s。

A.3 功能试验

增加：

激励器的输出特性应在激励器以额定电压操作，围栏端子间连接 500 Ω 负载的条件下检查。

激励器的输出特性应：

——脉冲重复率不应超过 1 Hz；

——脉冲的脉冲持续时间不应超过 10 ms；

——对于能量限制型激励器，各脉冲能量不应超过 5 J；

——对于电流限制型激励器，输出电流不应超过

- 图 102 的特性限值曲线的规定值；
- 脉冲持续时间小于 0.1 ms 的，15 700 mA。

附 录 B
（规范性附录）
由充电电池供电的器具

GB 4706.1—2005 的该附录除下述内容外适用。

增加：

对 3.19、11.7、19 以及 30.2 的修改不适用。

附 录 AA
（资料性附录）
用于独立控制主脉冲开关器件的开关速度的电路

图 AA.1 所示电路可用于外部独立控制激励器主脉冲开关(半导体器件)的开关速度，见 19.101 的第 8 项。

该电路用于将主脉冲开关器件的门信号与器件上跨越的电压进行比较，以使它可以在充电周期的同一点被触发。

基准电压值应使比较器在激励器充电电压的整个范围内可调，从而允许开关速度按需要设置在任意频率。

比较器电路的输入阻抗不应影响试验的结果。

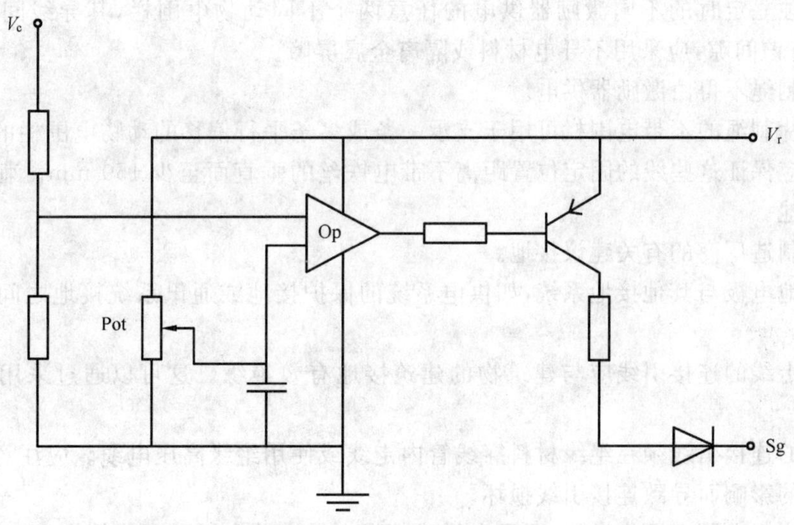

图例
V_c——充电电压；
V_r——参考电压；
Sg——门极信号；
Pot——开关速度调节器；
Op——比较器。

图 AA.1 用于独立控制主脉冲开关器件的开关速度的电路

附 录 BB
（规范性附录）
电围栏的安装和连接说明书

BB.1 动物电围栏的要求

动物电围栏以及其附属设备的安装、操作和维护应保证对人员、动物或其环境的危害最小。

动物电围栏中不应有可能缠住人员或动物的结构。

警告：不要接触电围栏导线，特别是头、颈或躯干。不得攀爬或穿越多股导线电围栏。使用门或特殊设计的穿越点。

动物电围栏不应由两个不同激励器或同一激励器的两个不同围栏电路供电。

对于由两个独立定时的不同激励器供电的任意两个不同动物电围栏，其导线间的距离应至少为2.5 m。如果没有该间隙，应采用不导电材料或隔离金属屏障。

刺绳或刀片刺绳不得由激励器供电。

带刺绳或刀片刺绳的不带电围栏可用于支承一条或多条平行偏移的动物电围栏的带电铁丝。带电铁丝的支撑结构应保证这些线的固定位置距离不带电铁丝的垂直面至少150 mm。刺绳和刀片刺绳应每隔一定间隔接地。

按照激励器制造厂商的有关建议接地。

激励器的接地电极与其他接地系统，如供电系统的保护接地或通讯系统接地之间的距离应保持至少10 m。

在建筑物内走线的连接引线应与建筑物的建筑接地有效绝缘。这可以通过采用绝缘高压电缆来实现。

在地下走线的连接引线须在绝缘材料穿线管内走线或使用绝缘高压电缆。应注意避免因动物践踏或车轮陷入大地的影响而导致连接引线损坏。

连接引线不应与电网电源供电线、通讯电缆或数据电缆安装在同一穿线管内。

连接引线和动物电围栏线不应从高架供电线或通讯线上面穿过。

应尽量避免横穿高架供电线。如果无法避免横穿的话，应在高架供电线路的下面尽可能以直角横穿。

如果连接引线和动物电围栏线安装在高架供电线路附近，其间距不应小于表BB.1所示。

表 BB.1 动物电围栏离供电线路的最小间距

供电线路电压/V	间距/m
≤1 000	3
＞1 000 而≤33 000	4
＞33 000	8

如果连接引线以及动物电围栏线安装在高架供电线路附近，其离地面高度应不超过3 m。

该高度适用于供电线路最外面的导体在地面的直角投影的任一侧，其距离为：

——对于标称工作电压不超过1 000 V的供电线路，2 m；

——对于标称工作电压超过1 000 V的供电线路，15 m。

打算用于阻止鸟类、圈住家养宠物或训练牛等动物的动物电围栏只需通过低输出激励器供电，以达到满意及安全的效果。

打算用于阻止鸟类在建筑物栖息的动物电围栏，电围栏线不应连接接地电极。人员容易接触到导体的每一处都应安装警示牌。

如果动物电围栏横穿公共通道，应在该处设置不带电的门或墙梯，并在邻近带电线上设置警示牌。

沿着公共道路或通道设立的动物电围栏的所有部件都应用频繁间隔的警示牌识别，警示牌应固定在围栏柱或夹紧在围栏线上。

警示牌的尺寸应至少为 100 mm×200 mm。

警示牌两面的底色应为黄色。牌上的标志应是黑色,内容为

——图 BB.1 所示符号,或

——“注意:电围栏”等字样。

标志应印在警示牌的两面,高度至少为 25 mm,且字迹应持久。

所有连接到动物电围栏电路的由电网电源供电的附属设备在围栏电路及电网电源间应提供与激励器等效的隔离程度。

注:符合本部分第 14、16 及 29 章中有关围栏电路和电网电源间的隔离要求的附属设备,认为其可提供足够程度的隔离。

除非附属设备由制造厂商保证适合室外使用,且防护等级至少为 IPX4,否则附属设备应有对气候的防护措施。

BB.2 安防电围栏的要求

安防电围栏的安装、操作和维护应保证尽量减小对人员的危险,并应减小人员受电击的风险,企图穿越物理屏障或不经授权进入保护区域的情况除外。

安防电围栏中不应有可能缠住人员的结构。

安防电围栏的门应能让人员在不受电击的情况下打开。

安防电围栏不应由两个不同激励器或同一激励器的两个不同围栏电路供电。

对于由两个独立定时的不同激励器供电的任意两个不同安防电围栏,其导线间的距离应至少为 2.5 m。如果没有该间隙,应采用不导电材料或隔离金属屏障。

刺绳或刀片刺绳不得由激励器供电。

按照激励器制造厂商的有关建议接地。

安防电围栏接地电极与其他接地系统间的距离应不小于 2 m,除非带有分级接地网。

注 1:在可能的情况下,安防电围栏接地电极与其他接地系统间的距离最好不小于 10 m。

物理屏障的暴露导电部件应该有效地接地。

安防电围栏在裸露的供电线路导体下穿过时,其最高的金属元件应在离交叉点的任一侧小于 5 m 的距离内有效接地。

在建筑物内走线的连接引线应与建筑物的建筑接地有效绝缘。这可以通过采用绝缘高压电缆来实现。

在地下走线的连接引线应在绝缘材料穿线管内走线或使用绝缘高压电缆。应注意避免因车轮陷入大地的影响而导致连接引线损坏。

连接引线不应与电网电源供电线、通讯电缆或数据电缆安装在同一穿线管内。

连接引线和安防电围栏线不应从高架供电线或通讯线上面穿过。

应尽量避免横穿高架供电线。如果无法避免横穿的话,应在高架供电线路的下面尽可能以直角横穿。

如果连接引线和安防电围栏线安装在高架供电线路附近,其间距不应小于表 BB.2 所示。

表 BB.2 安防电围栏离供电线路的最小间距

供电线路电压/V	间距/m
≤1 000	3
>1 000 且≤33 000	4
>33 000	8

如果连接引线和安防电围栏线安装在高架供电线路附近,其离地面高度应不超过 3 m。

该高度适用于供电线路最外面的导体在地面的直角投影的任一侧,其距离为:

——对于工作在标称电压不超过 1 000 V 的供电线路,2 m;

——对于工作在标称电压超过 1 000 V 的供电线路,15 m。

由不同激励器供电的未绝缘安防电围栏导体或未绝缘连接引线之间的间隔应保持在 2.5 m。在导体或连接引线用绝缘套管保护,或由额定耐压至少 10 kV 的绝缘电缆组成的情况下,该间隔可以缩小。

本要求不必适用于分别激励的导体由开口不大于 50 mm 的物理屏障分开的情况。

由不同激励器激励的脉冲导体之间的垂直距离应不小于 2 m。

安防电围栏应显著放置警示牌以方便识别。

从公众接触区域和保护区域看警示牌应清晰可辨。

安防电围栏的每一侧应至少有一个警示牌。

警示牌应放置在:

——每一道门;

——每一个入口;

——不超过 10 m 的间隔;

——每一个写有紧急服务信息的危险化学品警示牌旁边。

沿公共道路或通道设立的安防电围栏的任一部分都须用频繁间隔的警示牌来识别,警示牌应紧固在围栏柱或夹紧在围栏线上。

警示牌的尺寸应至少为 100 mm×200 mm。

警示牌两面的底色应为黄色。牌上的标志应是黑色,内容为:

——图 BB.1 所示符号,或

——"注意:电围栏"等字样。

标志应印在警示牌的两面,高度至少为 25 mm,且字迹应持久。

所有连接到安防电围栏电路的由电网电源供电的附属设备在围栏电路及电网电源间应提供与激励器等效的隔离。

注 2:符合本部分第 14、16 及 29 章中有关围栏电路和电网电源间的隔离要求的附属设备,认为其可提供足够程度的隔离。

与安防电围栏安装有关的信号引线不应与电网电源布线安装在同一穿线管中。

除非附属设备由制造厂商保证适合室外使用,且防护等级至少为 IPX4,否则附属设备应有对气候的防护措施。

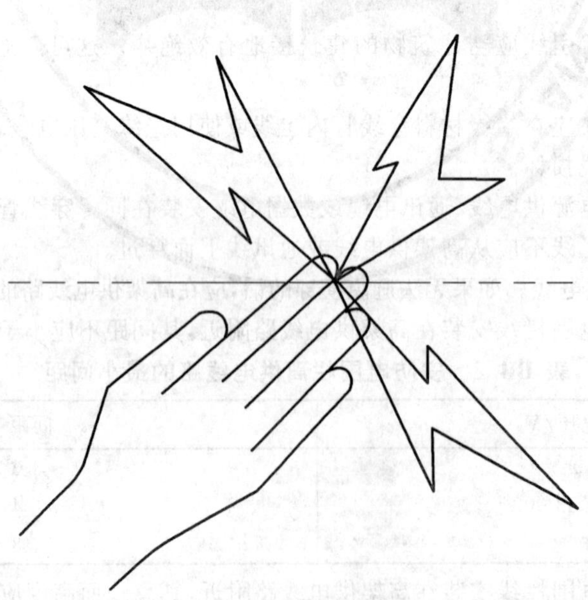

图 BB.1 警示牌符号

附 录 CC
(资料性附录)
安防电围栏的安装

CC.1 概要

安防电围栏的安装应保证在正常工作状态下,人员不会意外触及脉冲导体。

注 1:本要求的目的是使物理屏障达到令人满意的安全水准。

注 2:在选择物理屏障的类型时,应考虑幼童在场的可能性设置开口尺寸。

CC.2 安防电围栏的位置

电围栏应通过物理屏障与公众接触区域分开。

当电围栏安装在窗户或天窗内侧等高处时,只要物理屏障能覆盖整个电围栏,其高度可以小于 1.5 m。如果窗户或天窗的底部离地板或其接触平面的距离在 1.5 m 以内,则物理屏障只需延伸到离地板或其接触平面的高度为 1.5 m 处。

CC.3 脉冲导体禁止区

脉冲导体不应安装在如图 CC.1 所示的阴影区域之内。

注 1:计划在场所边界附近安装安防电围栏时,开始安装前应先咨询有关政府部门。

注 2:典型安防电围栏安装如图 CC.2 和图 CC.3 所示。

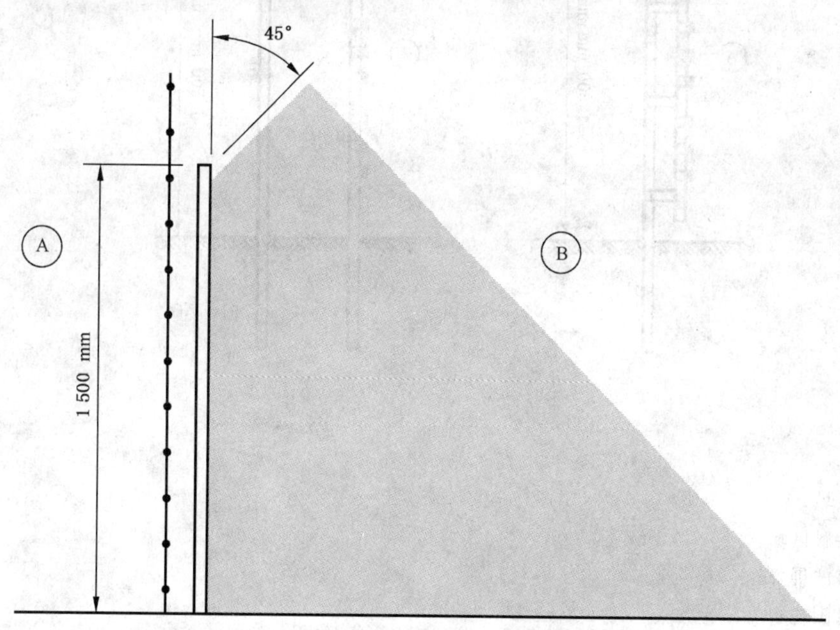

图例

A——保护区域;

B——公众接触区域;

物理屏障;

禁止区域;

安防电围栏。

图 CC.1 脉冲导体禁止区域

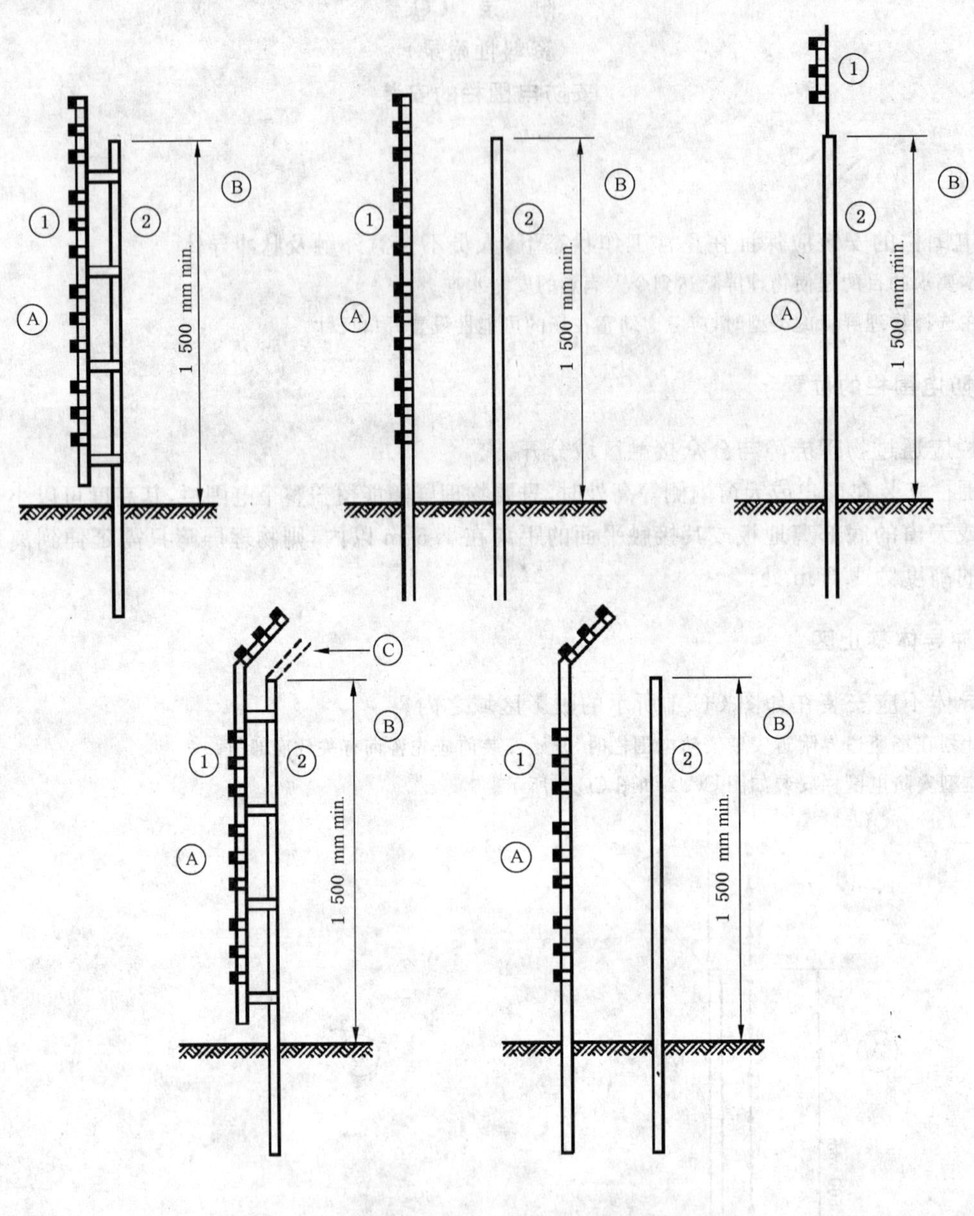

图例：

A——保护区域；

B——公众接触区域；

C——所要求的屏障；

①——安防电围栏；

②——物理屏障。

图 CC.2　暴露于公众的安防电围栏的典型构造

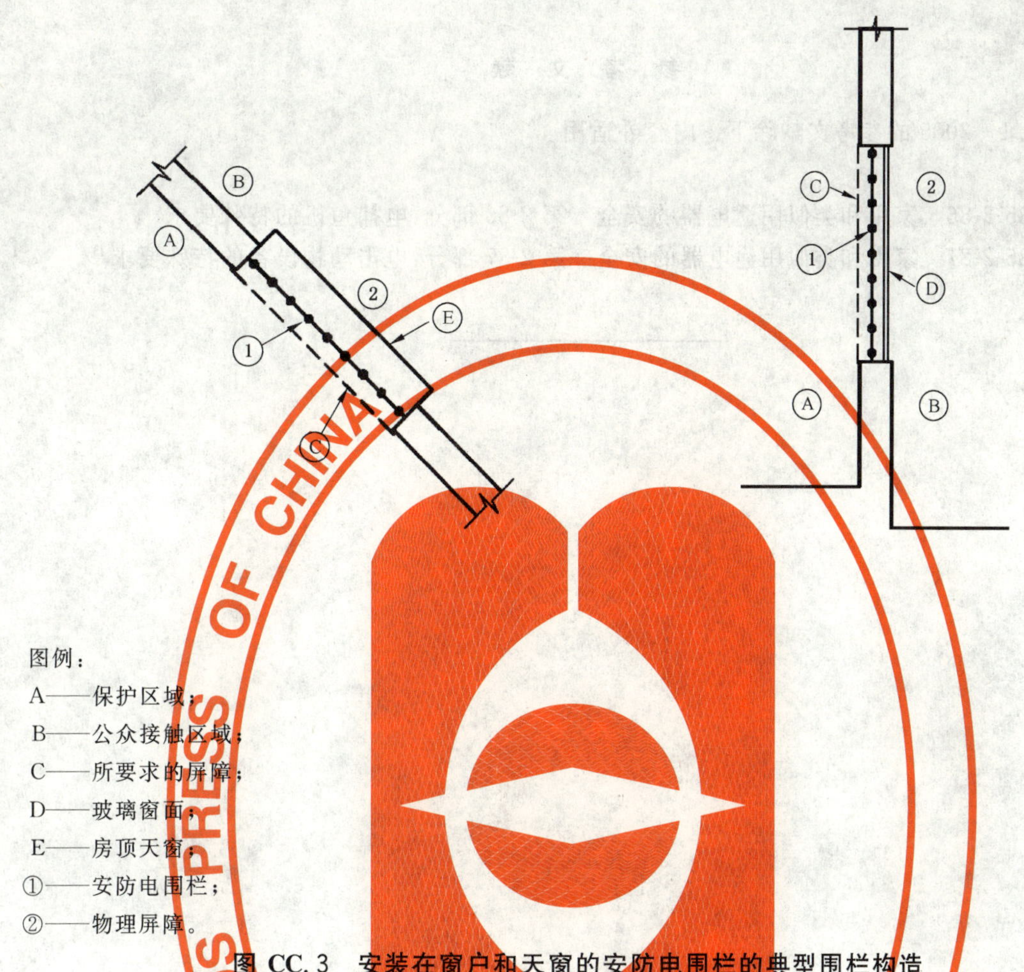

图例：

A——保护区域；

B——公众接触区域；

C——所要求的屏障；

D——玻璃窗面；

E——房顶天窗；

①——安防电围栏；

②——物理屏障。

图 CC.3 安装在窗户和天窗的安防电围栏的典型围栏构造

CC.4 电围栏与物理屏障间的分隔

按照 CC.3 安装物理屏障时，所有开口中至少一个尺寸应不大于 130 mm 而且电围栏与物理屏障间的间隔应：

——在 100 mm～200 mm 间，或当物理屏障每个开口都至少有一个尺寸不大于 130 mm 时大于 1 000 mm；

——大于 1 000 mm，当物理屏障所有开口的所有尺寸均大于 50 mm 时；

——小于 200 mm 或者大于 1 000 mm，当物理屏障没有任何开口时。

注 1：这些规定旨在防止人员意外触及脉冲导体，或挤在电围栏与物理屏障之间经受激励器多次电击。

注 2：该间隔是指电围栏与物理屏障之间的垂直距离。

CC.5 禁止的固定方式

电围栏导体不应安装在高架供电线的支承物上。

CC.6 安防电围栏的操作

在保护区域内或正在进入保护区域的所有授权人员都已知晓其位置前，电围栏的导体不应被激励。当人员有被派生因数伤害的风险时，应采用适当的附加安全防护措施。

注：派生因数的一个例子是当人员触及脉冲导体时，可能会从某个平面跌落。

参 考 文 献

GB 4706.1—2005 的参考文献除下述内容外适用。

增加：

IEC 60335-2-86　家用和类似用途电器的安全　第 2-86 部分：电捕鱼机的特殊要求

IEC 60335-2-87　家用和类似用途电器的安全　第 2-87 部分：电击动物设备的特殊要求

ICS 13.120
Y 61

中华人民共和国国家标准

GB 4706.92—2008/IEC 60335-2-104:2004

家用和类似用途电器的安全 从空调和制冷设备中回收制冷剂的器具的特殊要求

Household and similar electrical appliances—Safety—Particular requirements for appliances to recover refrigerant from air conditioning and refrigeration equipment

(IEC 60335-2-104:2004,IDT)

2008-12-30 发布　　2010-04-01 实施

中华人民共和国国家质量监督检验检疫总局
中国国家标准化管理委员会　发布

前　言

本部分的全部技术内容为强制性。

GB 4706《家用和类似用途电器的安全》由若干部分组成，第 1 部分为通用要求，其他部分为特殊要求。

本部分应与 GB 4706.1—2005《家用和类似用途电器的安全　第 1 部分：通用要求》配合使用。

本部分等同采用国际电工委员会 IEC 60335-2-104:2004《家用和类似用途电器的安全　第 2-104 部分：从空调器和冷藏设备中回收和/或再生制冷剂的器具的特殊要求》。

为便于使用，本部分对 IEC 60335-2-104 做了下列编辑性修改：

——"第 1 部分"一词改为"GB 4706.1"；

——用小数点"."代替用做小数点的","。

本部分由中国轻工业联合会提出。

本部分由全国家用电器标准化技术委员会(SAC/TC 46)归口。

本部分起草单位：中国家用电器研究院、珠海格力电器股份有限公司、美的集团有限公司、海尔集团公司、上海出入境检验检疫局机电产品检测技术中心、广东志高空调有限公司、江苏春兰制冷设备有限公司、博西华电器(江苏)有限公司。

本部分主要起草人：马德军、杨超、梁峰、李金波、高保华、傅培刚、李翛、周晓明、高益宏、蔡宁。

本部分首次发布。

IEC 前言

1) IEC(国际电工委员会)是由所有国家的电工委员会(IEC 国家委员会)组成的世界范围内的标准化组织。IEC 的宗旨就是促进各国在电气和电子标准化领域的全面合作。鉴于以上的目的并考虑到其他活动的需要,IEC 还出版国际标准、技术规范、技术报告、公共可用规范(PAS)、导则(以下统称为 IEC 出版物)。整个制定工作由技术委员会来完成。任何对此技术问题感兴趣的 IEC 国家委员会都可以参加制定工作。与国际电工委员会有联系的国际、政府及非政府组织也可以参加这项工作。IEC 根据其与 ISO 达成的协议,与 ISO 在工作上紧密合作。
2) 因为每个技术委员会都有来自于各个对有关技术问题感兴趣的 IEC 国家委员会的代表,所以 IEC 对有关技术问题的正式决议或协议都尽可能的表达了国际性的一致意见。
3) IEC 出版物以推荐性的方式供国际上使用,并在此意义上被各国家委员会接受。在为了确保 IEC 出版物技术内容的准确性而做出任何合理的努力时,IEC 对其出版物被使用的方式以及任何最终用户(读者)的误解不负有任何责任。
4) 为了促进国际上的统一,IEC 希望各国委员会在本国情况允许的范围内采用 IEC 出版物的内容作为他们国家或地区的出版物。IEC 出版物与相应的国家或地区的出版物有差异的,应尽可能在后者中明确地指出。
5) IEC 规定了表示其认可的无标志程序,但并不表示对某一设备声称符合某一 IEC 出版物承担责任。
6) 所有的使用者应确保持有该出版物的最新版本。
7) IEC 或其管理者、雇员、服务人员或代理(包括独立专家、IEC 技术委员会和 IEC 国家委员会的成员)不应对使用或依靠本 IEC 出版物或其他 IEC 出版物造成的任何直接的或间接的人身伤害、财产损失或其他任何性质的伤害,以及源于本出版物之外的成本(包括法律费用)和支出承担责任。
8) 应注意在本出版物中列出的规范性引用文件。对于正确使用本出版物来讲,使用规范性引用文件是不可缺少的。
9) 本 IEC 出版物中的某些内容有可能涉及一些专利权问题,对此应引起注意。IEC 组织不负责识别任一或所有该类专利权问题。

IEC 60335 的本部分是由 IEC 第 61 技术委员会“家用和类似用途的电器的安全”中的 61D“家用和类似用途的空气调节器具”制定的。

本版为 IEC 60335-2-104 的第 1 版。

本部分使用双语版的译本(2004-01)取代了单一的英语译本。

本部分是以下述文件为基础的:

FDIS	表决报告
61D/115/FDIS	61D/120/RVD

有关本部分表决情况的更进一步的材料可从上表的表决报告中查找。

本部分的法语版尚未进行表决。

本部分应与 IEC 60335-1 的最新版本及其增补件共同使用。本部分是基于 IEC 60335-1 的第 4 版制定的。

注 1：本部分中提及的“第一部分”,均指 IEC 60335-1。

本部分对 IEC 60335-1 的相应条款作了增补或修改,由此转换成本 IEC 标准:从空调和制冷设备中回收制冷剂的器具的安全要求。

本部分中未提到的第一部分的条款,应尽可能合理地使用。本部分中标有"增加"、"修改"或"代替"是对第一部分相应内容的调整。

注 2:标准中采用下述编号方式:

——子条款、表、图从"101"开始编号的部分是对第一部分的补充;

——除非注解在新的子条款中或是第一部分包含注解,否则一律从 101 开始编号,包括被替代的章节和条款中的注解;

——新增的附录以 AA、BB 等编号。

注 3:标准中使用下述字体:

——标准要求,roman 正体;

——试验规范,roman 斜体;

——注解,小号 roman 正体。

正文中的黑体字在第三章中定义,当定义中有形容词时,该形容词和所修饰的名词也应用黑体字。

IEC 委员会声明,本出版物的内容在 2005 年以前不会变动。届时本出版物将被:

- 重新确认;
- 废止;
- 修订版本取代,或
- 修改。

某些国家存在下述差异:

——3:在器具的中线上限制使用直流元件(澳大利亚);

——6.1:允许使用 0I 类器具(日本);

——11.8:试验箱内的木制边壁的温度限制到 85 ℃(瑞典)。

家用和类似用途电器的安全 从空调和制冷设备中回收制冷剂的器具的特殊要求

1 范围

GB 4706.1—2005 的该章用下述内容代替：

GB 4706 的本部分规定了家用和类似用途的从空调和制冷设备中回收制冷剂的器具的安全。

本部分适用于从空气调节器和制冷设备中将制冷剂回收和/或再生的，装有开启式或全封闭电动机-压缩机驱动的电器的安全，单相器具的最大额定电压不超过 250 V，其他器具的额定电压不超过 600 V。

不作为一般家用，但对公众仍可能引起危险的器具也属于本部分的范围，例如打算在商店、轻工业和农场中由非专业人员使用的器具。

上述器具可能由一个工厂或多个工厂生产的组件组成。如果提供的是多组件，而且这些单独的组件要一起使用，那么本部分的技术要求应以装配在一起的组件使用为基础。

注 101：在 IEC 60335-2-34 中给出了“全封闭电动机-压缩机”的定义。

注 102：对于制冷器具的要求参照标准 GB 9237。

注 103：对于可燃制冷剂的器具，附加的要求正在考虑中。

注 104：注意下述情况：

——对于准备用在车辆、船舶或者航空器上的器具，可能需要附加的要求；

——对于要承受压力的器具，可能需要附加的要求；

——卫生部门、劳动保护部门和供水及类似部门可能还制定有附加要求。

注 105：本部分不适用于：

——专门为工业用途而设计的器具；

——准备使用在经常产生腐蚀性或者爆炸性气体(尘埃、蒸气或燃气)特殊环境场所的器具。

2 规范性引用文件

下列文件中的条款通过 GB 4706 的本部分的引用而成为本部分的条款。凡是注日期的引用文件，其随后所有的修改单(不包括勘误的内容)或修订版均不适用于本部分，然而，鼓励根据本部分达成协议的各方研究是否可使用这些文件的最新版本。凡是不注日期的引用文件，其最新版本适用于本部分。

GB 4706.1—2005 的该章除下述内容外，均适用：

增加：

GB/T 5013(所有部分)　额定电压 450/750 V 及以下橡皮绝缘电缆[IEC 60245(所有部分)，IDT]

GB 8898—2001　音频、视频及类似电子设备安全要求(eqv IEC 60065:1998)

GB 9364(所有部分)　小型熔断器[IEC 60127(所有部分)，IDT]

GB 9237　制冷和供热用机械制冷系统安全要求(GB 9237—2001，eqv ISO 5149:1993)

IEC 60335-2-34:2002　家用和类似用途电器的安全　第 2-34 部分：电动机-压缩机组的特殊要求

3 定义

下列术语和定义适用于 GB 4706 的本部分。

GB 4706.1—2005 的该章除下述内容外，均适用：

3.1.6

额定电流　rated current

增加：

注 101：如果器具包含电子附件(包括风扇电机)，则在所有附件通电的情况下，在适当的环境条件下持续运行时，额定电流是依据总输入功率而定。

3.1.9　代替：

正常运行　normal operation

当器具按正常使用安装，并在制造厂规定的最严酷工作条件下运行时所处的条件。

3.101

压缩法　compressor

一种制冷剂回收的方法，由开启式或全封闭电动机-压缩机将其吸气侧(低压侧)连接到被回收制冷剂的系统中、其排气侧连接到制冷剂回收容器中组成。

3.102

温度限制装置　temperature limiting device

防止温度过高的控制系统。

3.103

限压装置　pressure-limiting device

通过停止加压元件的工作来对预定压力自动响应的机构。

3.104

压力释放装置　pressure-relief device

压力安全保护阀或自动释放过高压力的易破裂的薄弱件。

注：易破裂的薄弱件是一种当到达预定的压力后能破裂的装置。

3.105

维修车间　service garage

用于试验、诊断和修理工作的场所。

3.106

回收　recovery

从空调或制冷设备中抽出(排出)制冷剂，并将其贮存到一个外部容器中。

3.107

再生　recycle

从空调或制冷设备中抽出(排出)制冷剂，并对制冷剂进行清洁。

4　一般要求

GB 4706.1—2005 的该章内容，均适用。

5　试验的一般条件

GB 4706.1—2005 的该章除下述内容外，均适用。

5.7　代替：

第 10 章和第 11 章的试验和试验条件要在制造厂规定的工作温度范围内以 11.4 或最严酷的工作条件来进行。

6 分类

GB 4706.1—2005 的该章除下述内容外，均适用。

6.1 修改：

器具应分为Ⅰ类、Ⅱ类或Ⅲ类器具。

6.2 增加：

器具应按照 GB 4208 的防护等级来分类。

——在室外使用的器具或器具的某一部分的防护等级应至少为 IPX4；

——仅在室内使用的器具的防护等级可以是 IPX0。

7 标志和说明

GB 4706.1—2005 的该章除下述内容外，均适用。

7.1 修改：

用下述内容替代第 2 个破折号的内容：

——电源性质符号（包括相数），单相运行的除外。

用下述内容替代第 3 个破折号的内容：

——额定电流单位为安培（A）。

增加：

——额定频率。

——每一种可用的制冷剂对于器具都是适用的。

对于单一制冷剂，标出下述其一：

- 化学名称；
- 化学分子式；
- 制冷剂编号。

对于混合制冷剂，标出下述其一：

- 每种成分的化学名称；
- 每种成分的化学分子式；
- 每种成分的制冷剂编号；
- 混合制冷剂的制冷剂编号。

——储罐允许的最大工作压力。

——对于制冷回路，如果吸气侧与排气侧的允许最大工作压力不同，则要求单独标示。

——当器具被用于维修车间时，应标示："该器具应被用于每小时至少进行 4 次强制换气的场所，或者该器具应在离地面至少 0.5 m 的高度使用"。

——应明确标示：该器具不应在有液体溢出的地方或者装有可燃性液体的敞口容器的附近使用。

7.15 增加：

如果面板在安装或维护时能拆下，但只要器具正常工作时仍在其位，则标志可以置于面板上。

7.101 对于作为产品一部分的可更换熔断丝或可更换的过载保护装置，应提供有标志。当隔室的门或盖打开时标志应能看得见。

——该标志应规定熔断丝的额定电流（以 A 为单位）、型号和额定电压；或

——该标志应规定可更换过载保护装置的制造厂名和型号。

8 对触及带电部件的防护

GB 4706.1—2005 的该章内容，均适用。

9 电动器具的启动

GB 4706.1—2005 的该章内容,不适用。

10 输入功率和电流

GB 4706.1—2005 的该章内容,均适用。

11 发热

GB 4706.1—2005 的该章用下述内容代替:

11.1 在正常使用时器具及其周围环境不应达到过高的温度。

在 11.2～11.7 规定的试验条件下,通过测定各种部件和周围的环境温度来确定其是否合格。不过,如果电动机绕组的温度超过表 3 的规定值,或如果对电机中所用的绝缘系统分类产生怀疑,则要通过附录 C 的试验来确定其是否合格。

11.2 器具要按照制造厂的安装说明书安装在试验间内,特别是:

——应保持制造厂规定的与相邻表面的最小间隙;

——可调限值的控制器在试验期间要通过控制器调节装置设定到所允许的最大断路整定值和最小差分值。

11.3 部件的温升要用细线热电偶来测定,其选择和放置的热电偶位置应使它们对所测部件的温度影响最小。

注 101:直径不超过 0.3 mm 的线状热电偶称作细线热电偶。

电机绕组的温升可以通过电阻法来测量。

用于测量墙壁、天花板和地板表面温升的热电偶要埋入这些表面内或附到直径 15 mm、厚度为 1 mm 的铜制或铜合金制成涂黑小圆盘的背面,该小圆盘与表面平齐。

要尽可能使器具的放置使得可能达到最高温度的部件接触小圆盘。

在测量手柄、把手和抓手等的温升时,要考虑在正常使用时要抓握的所有部件及与热金属接触的绝缘材料部件。

除绕组外,电气绝缘的温度要在绝缘材料的表面测量,测量应选在失效会导致短路的地方,带电部件与易触及金属部件接触的地方,还有绝缘导通或使爬电距离和电气间隙减少到 29.1 的规定值以下的地方。

11.4 试验时器具在正常工作的电压下其温度应是 43 ℃,或者如果温度更高则按照制造商规定的最大温度进行,直到器具进入稳定工作状态。

11.5 在制造商确定的最严酷的工作状态下试验时,用水冷却的器具应保持水流动来运行。

11.6 所有器具应连续地工作,直至达到稳定状态。所有器具应按附录 AA中规定的标准运行,附录 AA 指定了制冷剂能被再生的最低标准。

11.7 在试验期间,应该连续记录温度,并且数值不应该超过表 3。但是保护装置不应动作并且焊料不应流出。

表 3 最大正常温度

部　　件	温　　度/℃
全封闭电动机-压缩机绕组[a]: ——合成绝缘材料; ——其他绝缘材料。	 140 130
全封闭电动机-压缩机或者其他电机的内部外壳	150

表 3（续）

部　件	温　度/℃
绕组[b] 如果绕组绝缘材料(电动机-压缩机除外)是：	
——A 级材料[c]	100(90)
——E 级材料[c]	115(105)
——B 级材料[c]	120(110)
——F 级材料[c]	140
——H 级材料[c]	165
——200 级材料	185
——220 级材料	205
——250 级材料	235
固定式器具外导线接线端子(包括接地端子)，带有电源线的器具除外	85
开关、温控器和限温器的周围环境[d]	
——没有 T 标志	55
——有 T 标志	T
内部和外部布线的橡胶或聚氯乙稀绝缘材料(包括电源线)	
——无温度等级[e]	75
——有温度等级(T)	T
用作附加绝缘的导线护套	60
用作垫圈或其他部件的非合成橡胶件，其变形可能影响安全的话：	
——当用作附加绝缘或加强绝缘时	65
——其他情况	75
B22、E26 和 E27 灯座	
——金属和陶瓷型	185
——陶瓷以外的绝缘型	145
——有 T 标志	T
E14 和 B15 灯座	
——金属和陶瓷型	155
——陶瓷以外的绝缘型	115
有 T 标志	T
除了对布线和绕组规定的绝缘材料外的其他用作电气绝缘的材料：	
——已浸渍或涂覆的织物、纸或压制纸板	95
——用下述材料粘合的层压件	
● 三聚氰胺——甲醛树脂、酚醛树脂或酚-糠醛树脂	110
● 脲醛树脂	90
——用环氧树脂粘合的印制电路板	145
——用下述材料制成的模制件	
● 含纤维素填料的酚醛	110
● 含无机填料的酚醛	90
● 三聚氰胺醛甲醛	110
● 脲醛	90
——玻璃纤维增强聚脂	135
——硅酮橡胶	170
——聚四氟乙烯	290
——用作附加绝缘或加强绝缘的纯云母和紧密烧结的陶瓷材料	425
——热塑性材料[f]	—

表 3（续）

部　　件	温　　度/℃
普通木材[g]	90
试验箱的木制壁板	90
电容器的外表面[h] ——带有最高工作温度标志(T)[i] ——没有最高工作温度标志(T) ● 用于抑制无线电或电视干扰的小型陶瓷电容器 ● 符合 GB/T 14472 或 GB 8898—2001 的 14.2 的电容器 ● 其他电容器	 T 75 75 60
没有辅助加热器的器具的外壳	85
手柄、按钮、抓手和类似物及在正常使用时抓握的所有部件 ——金属 ——陶瓷或玻璃材料 ——模压材料、橡胶或木材	 60 70 85
与闪点温度为 t ℃的油接触的部件	$t-25$
布线的绝缘能触及到不带电源线器具的固定式器具的固定布线的接线端子板或间室的那些点： ——如果绝缘层要求使用带 T 标志的电源线 ——在其他情况下[e]	 T 75

[a] 符合 IEC 60335-2-34 要求的电动机-压缩机不要求。

[b] 当使用热电偶时，括号内的温度适用。当使用电阻法时，没有括号的数字适用。

[c] 按照 GB 11021 进行分类：

A 级绝缘材料的示例是：

——浸渍的棉花、丝绸、人造丝和纸

——油基搪瓷或聚酰胺树脂

B 级绝缘材料的示例是：

——玻璃纤维，三聚氰胺——甲醛树脂、酚醛树脂或酚-糠醛树脂

E 级绝缘材料的示例是：

——具有纤维填充物的模制件，棉花纤维层压板和纸层压板，带有三聚氰胺——甲醛树脂、酚醛树脂或酚-糠醛树脂的材料；

——交联聚脂树脂，三醋酸脂纤维膜，聚乙烯对酞酸盐脂膜；

——涂饰的聚对苯二甲酸乙二醇并含有改性油醇酸树脂漆；

——以聚乙烯醇缩甲醛，聚氨脂或环氧树脂为基的瓷漆

对于全封盖式压缩机，A 级、E 级和 B 级材料的温度限值可以增加 5 ℃(5 K)。

全封闭压缩机就是一种可避免在箱体内外侧间循环空气的压缩机，但不一定达到气密程度。

[d] T 表示最高工作温度。开关和温控器的环境温度就是距开关和温控器 5 mm 处最热点的空气温度。为了试验，如果器具制造厂要求，标有单独额定值的开关和温控器可以认为没有最高工作温度标志。

[e] 该限值适用于符合相关国家标准的软缆、软线和电线；对于其他线缆，限值可能不同。

[f] 对于热塑材料没有专门的限值，它必须承受 GB 4706.1—2005 中 30.1 和 30.2 的试验，为此应测量其温度。

[g] 规定的这些限值考虑到木材的劣化，而没考虑表面涂饰的劣化。

[h] 在 19.7 短路的电容器的温升没有规定限值。

[i] 安装在印刷电路板上的电容器温度标志在技术页中给出。

如使用这些材料或其他材料，则它们不应承受超过由材料本身所进行的老化试验所确定热能力的温度。

注 101：铜绕组的温度值可由下述公式算出：

$$T = R_2/R_1(k + T_1) - k$$

式中：

T——铜绕组在试验结束时的温度；

R_1——试验开始时的电阻；

R_2——试验结束时的电阻；

T_1——试验开始时的环境温度；

k——对于铜绕组，该值为 234.5，对于铝绕组，该值为 225。

在试验开始时，绕组必须处于环境温度。

在试验结束时绕组的电阻，推荐在断电后迅速测量电阻并在短时间间隔内完成多次测量以便绘制出电阻——时间曲线来确定瞬时电阻。

12 空章

13 工作温度下的泄漏电流和电气强度

GB 4706.1—2005 的该章除下述内容外，均适用。

13.2 修改：

对于固定式Ⅰ类器具，泄漏电流应不超过 2 mA/kW 额定输入功率；对于公众易触及的器具，泄漏电流的最大值应不超过 10 mA；对于公众不易触及的器具，泄漏电流的最大值应不超过 30 mA。

14 瞬态过电压

GB 4706.1—2005 的该章内容，均适用。

15 耐潮湿

GB 4706.1—2005 的该章用下述内容代替：

15.1 器具的电气元件应能防止水的侵入。

通过 15.2 的试验，紧接着进行 15.3 的淋溅试验，接着进行 11.6 及第 16 章的试验来确定其是否合格。

在这些试验之后，视检外壳内部。进入外壳内的水不应将爬电距离和电气间隙减少到第 29 章规定的最小值以下。

注 101：设计为完全安装在建筑物内，并且没有室外部件的器具不承受 15.2 的试验。

在 15.2 和 15.3 的试验期间，电动机-压缩机不工作并且可拆部件要拆掉。

15.2 除了 IPX0 器具外，其余器具要按下述要求承受 GB 4208 的试验：

——IPX1 器具按 14.2.1 进行试验；

——IPX2 器具按 14.2.2 进行试验；

——IPX3 器具按 14.2.3 进行试验；

——IPX4 器具按 14.2.4 进行试验；

——IPX5 器具按 14.2.5 进行试验；

——IPX6 器具按 14.2.6 进行试验；

——IPX7 器具按 14.2.7 进行试验，在进行这一试验时，器具要浸泡在 1% 的 NaCl 溶液中。

15.3 按制造厂的安装说明书来安装器具，但先不让其运行。电控部分的手动控制部位的保护罩要设置在开启的位置，除非该保护罩是属于自动关闭型的。以一种最可能使电控部分或非绝缘运动部件进水的方式，将 2.5 g 普通食盐和 0.25 L 水的混合溶液灌入部件。待溶液完全溢出后，器具要能经受住第 16 章的试验。如壳体顶部表面水平的或接近水平的最小尺寸是 75 mm 或更小，则溢流试验不适用。

16 泄漏电流和电气强度

GB 4706.1—2005 的该章除下述内容外，均适用。

16.2 修改：

对于固定式Ⅰ类器具，泄漏电流不超过 2 mA/kW 额定输入功率；对于公众易触及到的器具，泄漏电流最大值为 10 mA；对于公众不易触及的器具，泄漏电流的最大值为 30 mA。

17 变压器和相关电路的过载保护

GB 4706.1—2005 的该章内容，均适用。

18 耐久性

GB 4706.1—2005 的该章内容，不适用。

19 非正常工作

GB 4706.1—2005 的该章用下述内容代替：

19.1 器具的设计应尽可能避免由于非正常工作和误操作而引起的火灾危险、损害安全或防触电保护的机械危险，传送介质流的失效，或任何控制器的失效都不应导致危险。

电子线路的设计和使用应使器具不会由于电子线路的失效而导致器具触电、火灾、机械危险或组合危险存在。

器具应该承受 19.2～19.6 相应的试验来确定其是否合格。

装有电子线路的器具也要承受 19.7 和 19.8 相应的试验。

试验期间和试验后，器具应符合 19.9 的要求。

19.2 电动机(除电动机-压缩机以外)要固定到木制和类似材料制成的支架上。阻止电机转子转动但不要拆下扇叶和卡钉。

电机在图 101 所示电路中以额定电压或额定电压的范围上限供电。

在此条件下，该组件工作 15 d(360 h)，或直到保护装置永久地断开电路为止，取其时间较短者。

在试验期间，环境温度保持在(23±5)℃。

如果稳态建立时，电机绕组的温度不超过 90 ℃，则可以考虑中止试验。

在试验期间，外壳温度不应超过 150 ℃，并且绕组温度不应超出表 8 所示限值。

表 8 最大绕组温度

器具类型	绝缘材料分类和温度限值/℃							
	A	E	B	F	H	200	220	250
如果是阻抗保护	150	165	175	190	210	230	250	280
如果是由在第 1 个小时期间动作的保护装置来保护，最大值	200	215	225	240	260	280	300	330
在第 1 个小时后动作的保护装置来保护，最大值	175	190	200	215	235	255	275	305
在第 1 个小时后动作的保护装置来保护，算术平均值	150	165	175	190	210	230	250	280

在试验开始后 3 d(72 h)，电动机应承受 16.3 规定的电气强度试验。

在试验期间，30 mA 的漏电保护器不应断开。

在试验结束时，在电动机上施加 2 倍的额定电压以测量绕组和外壳间的泄漏电流，其值不应超过 2 mA。

19.3 如果电动机-压缩机没有按照 IEC 60335-2-34 进行过型式试验，应提供堵转的样品，并且按设计要求充填了油和制冷剂。

然后，样品应承受 IEC 60335-2-34 中 19.101、19.102、19.103 规定的试验，并且应符合本条的要求。

19.4 装有三相电机的器具在第 11 章所述的额定电压或额定电压范围上限工作，并断开其中一相的条件下运行，直到达到稳态或保护装置动作。该试验不适用于符合 IEC 60335-2-34 的三相电动机-压缩机。

19.5 器具在第 11 章规定的条件及额定电压条件下以任何工作形式或带有正常使用中可能出现的任何故障来工作。试验要连续进行，一次仅制造一个故障条件。

故障条件的示例如下：

——程序控制器(如果有)在任一位置止动；

——电源的一相或多相断开并重新连接；

——元件的开路或短路；

一般来说，试验要限制在可给出最不利结果的情况下进行。

准备用于在正常使用时接通和断开发热元件的接触器的主触头在“接通”位置锁定，可认为是一种故障条件，除非器具至少带有两套串联的接触器。该条件可通过提供两个彼此单独工作的接触器或通过提供两套独立衔铁的一个接触器操纵独立的主触点来实现。

19.6 除非电子线路符合 19.6.1 规定的条件，否则，通过对所有的线路或线路部件按 19.6.2 规定的故障条件进行评价来确定电子线路是否合格。

如果器具在任何故障条件下的安全是依赖于符合 GB 9364 的小型熔断体的工作，则要进行 19.7 的试验。

在试验期间和试验后，绕组的温度不应超过表 8 规定的值，并且器具应符合 19.9 的规定条件。特别是带电部件不应触及到第 8 章规定的试验指。任何通过保护阻抗的电流都不应超过 8.1.4 规定的限值。

如果印制电路板的导线处于开路，下述所有的三个条件均已满足，则认为器具通过了特殊的试验：

——印制电路板的材料承受了 GB 8898—2001 中 20.1 规定的试验；

——任何松动的导线都不会使带电部件和可触及金属部件间的爬电距离和电气间隙减少到第 29 章的规定值以下；

——器具在开路导线跨接的情况下承受了 19.6.2 的试验。

注 101：除非在任何一次试验之后都必须更换元件。否则，19.9 的电气强度试验只需在电子电路的最终试验之后进行。

注 102：通常，对器具和其线路图的检查，将暴露出那些必须模拟的故障情况，以便能把试验限制在预料会给出最不利结果的那些情况。

注 103：通常，试验考虑到由于电网电源的干扰而可能出现的故障。然而，可有一个以上的元件同时受到影响的场合，可能有必要进行一些附加的试验，这些试验正在考虑之中。

19.6.1 如果线路或线路的部件符合下述两条件，则 19.6.2 中的 a)～f)项的规定故障条件不适用。

——电子线路是下述低功率线路；

——在器具的其他部分中，触电、火灾、机械危险或组合危险的保护不依赖于电子线路的正确工作。

低功率线路按下述来确定；示例如图 9 所示(见 GB 4706.1—2005)。

器具要在额定电压下供电，可调电阻器要调到最大电阻并将其连接到待查点和电源的负极之间。

然后将电阻调低，直到电阻器的功耗达到最大。低功率点就是靠近电源处的某一点，该点提供给电阻器的最大功率在工作结束时的 5 s 内不超过 15 W。线路距电源的距离比低功率点还远的线路某一部分认为是低功率线路。

注 1：只从电源的一极上进行测量，最好是给出最小低功率点的那个极。

注 2：当确定低功率点时，推荐从靠近电源的各点开始。

注 3：可变电阻器消耗的功率用功率表来测量。

19.6.2 应考虑下列的故障情况，而且如有必要，每次施加一个故障条件。要考虑随之而发生的间接故障。

a) 不同电位带电部件间的爬电距离和电气间隙的短路，其条件是这些距离小于 29.1 中规定的值，并且有关部分没有被充分地封闭起来。

b) 任何元件的接线端子处开路。

c) 电容器的短路，符合 GB/T 14472 或 GB 8898—2001 中的 14.2 的电容器除外。

d) 非集成电路电子元件的任何两个接线端子的短路。该故障情况不施加在光耦合器的两个电路之间。

e) 三端双向可控硅元件以二极管方式失灵。

f) 集成电路的失灵。在此情况下要评估器具可能出现的所有危险情况，以确保其安全性不依赖于该元件的正确功能。

要考虑集成电路故障条件下所有可能的输出信号。如果能表明不可能产生出一个特殊的输出信号，则与其有关的故障可不考虑。

注 1：如可控硅镇流器和三端双向可控硅元件类的元件不承受故障条件 f)。

注 2：微处理器要按集成电路来试验。

另外，要通过低功率点与电源的测量电极的连接来实现每个低功率电路的短路。

当模拟任何一个故障情况时，试验持续的时间为：

——如 11.6 所规定，但仅为一个工作循环并且仅当故障不能在使用时识别，例如：温度变化；

——如 19.2 所规定，如果故障能够被用户识别，例如：电动机止动；

——对于连续连接到电源上的电路，例如：待机电路，直到稳态建立。

在各种情况下，如果在器具内部出现电源中断，则试验中止。

如果器具装有一个工作时可确保符合第 19 章的电子线路，则要使用上述 a)～f)项的单一模拟故障重复试验。

如果线路不可能通过其他的方法来评估，则要将故障条件 f)施加在密封的和类似的元件上。

如果正温度系数电阻器(PTCs)、负温度系数电阻器(NTCs)和独立电压电阻器(VDRs)在制造厂声明的规范内使用，则它们不要短路。

19.7 对于 19.6.2 规定的任一故障，如果器具的安全是依赖于符合 GB 9364 的小型熔断体的工作，则试验要在用电流表代替了小型熔断体后重复。

如果测得的电流不超过 2.1 倍的熔断体额定电流，则不认为电流有足够的保护，并且试验要在熔断体短路时进行。

如果测得的电流至少为 2.75 倍的熔断体额定电流，则认为电流有足够的保护，并且试验要在熔断体短路时进行。

如果测得的电流在 2.1 倍～2.75 倍的熔断体额定电流之间，则熔断体要短路并进行试验，试验持续时间：

——对于快速熔断的熔断体，在一定的时间内或 30 min，取其较短者；

——对于延时性熔断体，在一定的时间内或 2 min，取其较短者。

注 1：在有疑问的情况下，确定电流时，要考虑熔断器的最大电阻值。

注 2：证实熔断体是否可起到保护装置的作用要基于 GB 9364 规定的熔断特性，同时，也给出计算熔断体最大电阻的必要资料。

19.8 带有 PTC 发热元件的器具要在额定电压下供电，直到与输入功率和温度有关的稳态建立。

然后，电压以 5%的速度增加，并使器具工作到再次达到稳态。重复试验，直到达到 1.5 倍的额定电压，或直到发热元件破裂为止，取其较早出现者。

19.9 如适用，在 19.2～19.7 和 19.8 的试验中，器具不应放出火焰、融熔金属、超标的有毒或可燃气体。外壳的变形不应影响器具符合本部分，并且温度不应超过表 9 规定值。

表 9 最高非正常温度

部件	温度/℃
外壳的边壁、顶板和底板	175
电源线缆的绝缘	175
非热塑材料的附加绝缘和加强绝缘[a]	[1.5×(T−25)]+25 此处 T 是表 3 的规定值

[a] 热塑材料作附加绝缘和加强绝缘时没有规定限值，它们必须承受 GB 4706.1—2005 中 30.1 的试验，为此，必须测定其温升。

在本试验后，绝缘应能承受 16.3 的电气强度试验，试验电压为：

——基本绝缘，1 000 V；

——附加绝缘，2 750 V；

——加强绝缘，3 750 V。

20 稳定性和机械危险

GB 4706.1—2005 的该章内容，均适用。

21 机械强度

GB 4706.1—2005 的该章适用，且增加下列内容：

应遵守 GB 9237 规定的安全要求。

21.101 所有器具上应安装有用于自动停止压缩机运行的压力限制装置。

21.102 采用压缩法的器具，其压力限制装置与压力加强元件之间不应有截止阀。

21.103 制冷系统中的所有元器件应能经受住器具在正常运行、异常运行和停止状态下可能出现的最大压力。

本要求根据以下试验来检验：

对于第 21 章的所有试验

——如果采用的是混合物制冷剂，高压侧（冷凝压力）为饱和冷凝温度对应的压力；

——如果采用的是混合物制冷剂，低压侧（蒸发压力）为饱和蒸发温度对应的压力。

在 a)、b)或 c)中测得的最大值应被用于 21.104 中的试验，且应分别按高压侧和低压侧的元件进行试验。

a) 按下述压力值进行第 11 章的试验。

当按第 11 章规定的条件试验时，制冷系统中的承压元件应能经受住制冷系统的最大压力试验。

按第 11 章的规定试验时，试验压力值至少应为运行过程中压力最大值的 3 倍。

b) 按下述压力值进行第 19 章的试验。

当按第 19 章规定的条件试验时，制冷系统中的承压元件应能经受住制冷系统的最大压力试验。

按第 19 章的规定试验时，试验压力值至少应为异常运行过程中压力最大值的 3 倍。

c) 按下述压力值进行停机试验。

为了确定停机状态下的压力，器具应在断电状态和制造厂指定的最高运行温度下放置 1 h。

制冷系统中仅需要承受低压的元器件应能经受住器具在停止状态下制冷系统所产生的最大压力试验。试验压力值至少应为停止状态下产生的最大压力值的 3 倍。

例外：若压力测量和控制装置符合该元件的所有适用条件，则不必强制符合试验要求。

21.104　对于每个元件来说,压力试验均应在三个样件上进行。被试样件应充满液体,例如水,以排除空气,且被试样件应被连接到一个水泵系统中。压力逐渐升高,直至到达所需的压力值。压力应维持1 min,在此期间样件不应泄漏。

对于在压力的作用下需要用垫圈来密封的部分,若泄漏仅发生在压力大于最大允许压力的120%,且试验压力在规定的时间内仍能到达所需的值,则垫圈的泄漏是可接受的。

21.105　若元件要进行21.105.1～21.105.7的疲劳试验,则应经受住一个2.5倍冷凝(蒸发)压力的破坏试验。这作为压力试验的一个可选试验。

21.105.1　对于每种制冷剂容器来说,应取三个样件在循环压力下进行试验,循环压力值在21.105.6与21.105.7中已指定,循环数在21.105.5中已指定,在21.105.3与21.105.4中有相应的描述。

21.105.2　样件在试验完成以后,如果没有破裂、爆裂或泄漏现象,则可被认为符合21.105.6的要求。

21.105.3　被测样件应充满惰性的流体,且应被连接到一个压力控制源上。压力应在制造厂指定的速度下,在循环压力的上限值与下限值之间升高与降低。在每一次循环中,压力应到达指定的上限与下限值。压力循环的形态应是这样的:上限与下限压力值应至少维持0.1s。

注:为了安全起见,建议本条款中描述的惰性流体采用流动的水。流体应能完全填满该部件,以置换所有的空气。

钢、铜以及铝等金属的疲劳特性在连续运行中不受温度影响,温度经常在器具的运行温度条件和系统内部温度以下。当铜或铝的连续运行温度小于或等于125 ℃,或钢的连续运行温度小于或等于200 ℃时,该元件或部件的试验温度应至少为20 ℃;当铜或铝的连续运行温度大于125 ℃,或钢的连续运行温度大于200 ℃时,该元件或部件的试验温度对于铜和铝来说,至少应为150 ℃;对于钢来说,至少应为260 ℃,且应能承受此压力。对于其他材料或更高的温度来说,温度对材料疲劳特性的影响应在更高的温度下进行运行试验以后再作出评价。

21.105.4　第一次循环的压力,对于低压侧的元件来说,应是最大的蒸发压力;对于高压侧的元件来说,是最大的冷凝压力。

21.105.5　总的循环次数应为250 000。

21.105.6　循环试验的压力如下:

a)　对于承受高压的元件来说,压力的上限值不应小于制冷剂在50 ℃时的饱和蒸气压力;压力的下限值不应大于制冷剂在5 ℃时饱和蒸气压力。

b)　对于仅需要承受低压的元件来说,压力的上限值不应小于制冷剂在30 ℃时的饱和蒸气压力;压力的下限值应为0 bar和4.0 bar中大的数值,或等于制冷剂在－13 ℃时的饱和蒸气压力。

21.105.7　对于最后一个试验循环,试验压力应提升至21.105.6中指定的最小压力上限值的2倍。

注:目的是避免试验压力值不合理,即比制冷剂在－13 ℃时的饱和蒸气压力小或比4.0 bar大的压力值。

22　结构

GB 4706.1—2005的该章除下述内容外,均适用。

22.6　增加:

器具的绝缘不应受到进入器具内的雪霜的影响。

注101:通过采取一些适当的排放孔来满足这一要求。

22.101　固定安装式器具的设计应使得它们能够被紧紧地固定并保持在位。

通过视检来确定其是否合格,如果有怀疑,在器具按照制造厂的安装说明书安装后来确定其是否合格。

22.102　器具的制冷系统应密封,并按制冷剂或油泄漏到环境中风险最小的方式进行设计与运行。

——更换可拆卸的干燥过滤器的滤芯时,与过滤器有关联的管路系统应隔离,并且在打开过滤器的端盖前,制冷剂应转移到合适的储液罐内;

——因更换滤芯而进入回收器具制冷系统中的空气,应以抽真空的方式排除,不可以使用制冷剂排空；

——在回收时应注意避免将存储于橡胶管中的制冷剂泄漏到大气中。

22.103 所用回收容器应符合以下要求。

22.103.1 制冷剂必须只能回收到规定的同一种制冷剂的容器中。

22.103.2 容器应清晰标注所回收的制冷剂类型。

22.103.3 在处理时，如果残留的制冷剂有可能排放到大气中，不应使用“一次性”或“单独使用”的容器。

22.103.4 制冷剂容器不能过载。当容器灌注制冷剂时，必须时刻观察其最大灌注量。并考虑到制冷剂—油混合物的密度可能比纯制冷剂的密度低，导致按质量计算时容器的可利用灌注量会减少(约为液体容积的80%)。

注：过载保护的范例：浮球型保护，当到达填充水平的80%时，设置为关闭设备，或可利用感应类保护关闭设备。

22.103.5 任何操作即使是短暂的都不能超过容器允许的额定压力。

22.103.6 当混合物制冷剂可能无法回收时，不能把不同的制冷剂混合储存，应该存储在不同的容器里。容器内有不明制冷剂时，不能排放到大气中，应在鉴别后回收，或者进行适当的处理。

22.103.7 移动式存储容器应当符合相应的液化气体存储器的运输要求。

22.103.8 如果用来控制容器的制冷剂灌注量的部件为非金属材料，则应符合附录CC的要求。

22.104 制冷剂软管要求如下。

22.104.1 传输软管在开口0.3 m处应设有关闭装置。当软管没有联接时，这些装置可以阻止制冷剂流动。用于器具的增强型橡胶和热塑性塑料软管应进行试验，以便在正常使用时保证制冷剂顺利回收。

22.104.2 制冷剂浸泡试验如下。试验前准备3根0.5 m的软管样品。软管内表面浸泡在制冷剂/润滑剂混合物中30 d，温度高于第11章规定的最高试验温度至少10 ℃，但不能小于(80±2)℃。浸泡试验完毕后，其中1根软管要经受如22.104.8所述的拉力试验。余下2根软管要经受住如22.105所述的压力试验。

22.104.3 每个软管样品进行22.104.2的试验时，填充21 ℃的液体混合物(95%制冷剂和5%润滑剂)不应超过总容积的70%。

22.104.4 流体静力强度试验。软管在试验中能够承受22.105中的压力试验且无损坏。

22.104.5 热循环试验。软管组件被放置在一个空气循环箱中23 h，温度维持在80 ℃。然后拿出软管组件，使其恢复至室温并保持1 h。接着把软管放置在一个−30 ℃的房间内23 h，然后再次使其恢复至室温并保持1 h。重复该循环5次。此项试验完成后，软管应经受住22.105所述的压力试验且无损坏。

22.104.6 油老化试验。3根软管浸在型号为IRM903的油中168 h，温度为80 ℃。完成试验后，其中一个软管经受22.104.8的拉力试验。余下的2根软管经受22.105的压力试验且无损坏。

注：型号为IRM903的油如附录DD所述。

22.104.7 扭曲试验。软管组件放在扭曲机上，并且联接到压力管道中，维持345 kPa的压力。扭曲幅度为3.2 mm且扭曲频率为每分钟1 000次。此项试验进行30 h且无泄漏或损坏。

22.104.8 拉力试验。将软管组件放置在一个试验设备中，此设备有一个速度为0.025 m/min的十字头，可以提供将软管从组件中分离或拉断的拉力。从0开始，拉力逐渐加大，直到软管组件分离或拉断软管。此拉力不能小于534 N。

22.104.9 渗透性试验。当以器具标注使用的制冷剂在(49±2)℃下按22.104.9.1～22.104.9.7的规定进行试验时，软管与软管组件接头的制冷剂渗透率不应大于39.2 kg/(m^2·年)。

22.104.9.1 该设备需要一个容积为(500±25)mL、破坏压力不小于21 MPa并配有与软管组件连接的适当配件的容器、一个探测器、一个在整个试验阶段能够维持恒定温度的空气循环箱和一个综合测量精度在0.1 g的测量天平。

22.104.9.2 对自由长度为1 m的4个软管组件进行试验，4个软管组件中的3个需被用作制冷剂损失的测定，第 4 个软管组件需空管运行，用于软管自身质量损失的测定的方法。

22.104.9.3 每个组件中软管的自由长度在表压为 0 下进行试验，试验长度精确到 1 mm。连接到容器上的 4 根软管组件中的每根软管，需测出包括管端塞子的全部质量，试验精确到 0.1 g。

22.104.9.4 三根软管组件注入 0.6 mg/mm^3 的液体制冷剂，总质量误差为±5 g。软管组件注入制冷剂前要用一个灵敏的(灵敏度至少为 11 g/年)探测器检测以确保不泄漏。

22.104.9.5 三个装有制冷剂的软管组件和一个空软管组件放置在空气箱中(30±5)min，以除去其表面湿气。在空气箱中时，这些软管不能被弯曲成直径小于 20 倍软管外径的弧线。这些装有制冷剂的软管组件是用于检漏的。从空气箱中取出后，在 15 min～30 min 时间测量所有软管组件的质量。这样获得的数据作为试验的原始数据。

22.104.9.6 软管组件放置在空气箱里，在指定的温度下保持 24 h。在 24 h 后，把软管组件从空气箱中取出，如前面所述的方法重新测量，之后放回空气箱。如果在测量时发现减少的质量达 20 g 或更多时，则停止试验，检查漏点后再重新开始试验。

22.104.9.7 最初 24 h 的试验视为预先处理阶段，该阶段的质量损失在最后的计算中将忽略不计。如前面所述的方法，将软管组件重新放入空气箱中 72 h，然后取出测量，计算质量损失。渗透率的计算是通过减去相应的质量损失，即从负载的软管组件中减去空的软管组件的质量。渗透率单位表示为 kg/(m^2·年)。负载软管组件中的制冷剂质量损失率按如下公式计算：

$$R=\left[\frac{(A-B)}{L_1}-\frac{(C-E)}{L_2}\right]\cdot\frac{K}{D}$$

式中：

A——负载的软管组件在预处理阶段后的最初质量，g；

B——负载的软管组件在 72 h 试验阶段后的最终质量，g；

C——空的软管组件在预处理阶段后的最初质量，g；

D——软管的名义直径，mm；

E——空的软管组件在 72 h 试验阶段后的最终质量，g；

K——38.7；

R——制冷剂质量损失率，即自由软管长度中管内单位面积每年渗透的质量，kg/(m^2·年)；

L_1——负载软管组件的自由软管(软管被安装后的中间部分)的长度，m；

L_2——空的软管组件的自由软管长度，m。

注：为了明确要求，软管组件样品数量须符合：制冷剂泄漏试验 3 条；流体静力强度试验 1 条；热循环试验 1 条；油老化试验 3 条；扭曲试验 1 条；拉力试验 1 条；渗透性试验 3 条；总计需要 14 条软管组件。

22.105 压力强度试验

22.105.1 制冷系统高压侧部分应该能够承受在正常使用时预期的压力。

按如下方法试验：

制冷系统的高压侧部分必须能承受表 101 要求的压力：

表 101 高压侧部分应能承受的压力

制冷剂	制冷剂代号	压力	
		MPa	(Bars)
CCl_2F_2	(R12)	6	(60)
CF_3CH_2F	(R134a)	6.5	(65)
$CHClF_2$	(R22)	10.5	(105)
73.8%的 CCl_2F_2＋26.2%的 CH_3CHF_2	(R500)	10	(100)
48.8%的 $CHClF_2$＋51.2%的 $CClF_2CF_3$	(R502)	10.5	(105)

对于其他制冷剂，试验压力相当于其在 70 ℃时的饱和蒸气压力的 3.5 倍。

注：上述给出值未必足够高，可能满足不了某些方面的应用。

22.105.2　制冷系统的低压侧部分必须能承受表 102 要求的压力：

表 102　低压侧部分应能承受的压力

制冷剂	制冷剂代号	压　力	
		MPa	(Bars)
CCl_2F_2	(R12)	2.5	(25)
CF_3CH_2F	(R134a)	3.0	(30)
$CHClF_2$	(R22)	4.0	(40)
73.8%的 CCl_2F_2+26.2%的 CH_3CHF_2	(R500)	3.0	(30)
48.8%的 $CHClF_2$+51.2%的 $CClF_2CF_3$	(R502)	4.5	(45)

对于其他制冷剂，试验压力相当于其在 20 ℃时饱和蒸气压力的 5 倍。

注：上述给出值未必足够高，可能满足不了某些方面的应用。

22.105.3　每种制冷剂容器应提供 2 个样品进行试验。试验介质应使用无危害液体，如水。用试验介质注满试验样品，并以此方法排除管中空气，同时连接到一个液压泵系统。压力逐渐上升直至达到规定压力。在此压力保持 1 min 的期间样品应无爆裂与泄漏。如果使用制冷剂 R12、R22、R500 或 R502 时容器允许使用垫圈。当压力超过规定压力的 40%时，允许垫圈部分发生泄漏。

22.106　制冷系统的高压侧连接一块标准压力表，此表的量程应不小于工厂所标注泄漏试验压力的1.2 倍，同时不小于制冷剂容器高压侧设计压力的 1.2 倍。

22.107　制冷系统低压侧连接一块标准压力表，此表的量程不小于工厂所标注泄漏试验压力的 1.2 倍，同时不小于制冷剂容器低压侧设计压力的 1.2 倍或等同于关机后平衡压力的 1.2 倍。

23　内部布线

GB 4706.1—2005 的该章内容，均适用。

24　元件

GB 4706.1—2005 的该章除下述内容外，均适用。

24.1　增加：

如果电动机-压缩机符合了本部分的所有要求，则电动机-压缩机不需要按照 IEC 60335-2-34 单独试验，也不需要符合 IEC 60335-2-34 的所有要求。

24.1.4　修改：

——自复位热脱扣器　　3 000；

——非自复位热脱扣器　　300；

增加：

——控制电动机-压缩机的控制器　　100 000；

——电动机-压缩机启动继电器　　100 000；

——全封闭和半封闭型压缩机自动热保护器　　最少 2 000 次，(但在堵转试验中不少于动作次数)；

——全封闭和半封闭型压缩机手动热保护器　　50；

——其他自动热保护器　　2 000；

——其他手动热保护器　　30。

24.101 装有可更换部件的热控制装置应以一种能识别可更换部件的方式进行标志。

可更换部件应相应地进行标志。

通过对标志的视检来确定其是否合格。

25 电源连接和外部软线

GB 4706.1—2005 的该章除下述内容外，均适用。

25.7 增加：

器具在室外使用的部分，其电源线不应轻于氯丁橡胶铠装软线（GB/T 5013 中规定的第 57 号线）。

26 外部导线用接线端子

GB 4706.1—2005 的该章内容，均适用。

27 接地措施

GB 4706.1—2005 的该章内容，均适用。

28 螺钉和连接

GB 4706.1—2005 的该章内容，均适用。

29 电气间隙、爬电距离和固体绝缘

GB 4706.1—2005 的本章除了与电动机-压缩机有关的部分外均适用，与电动机-压缩机有关的部分 IEC 60335-2-34 适用。

30 耐热和耐燃

GB 4706.1—2005 的该章除下述内容外，均适用。

30.2.2 不适用。

30.3 增加：

注：置于气流中的部件认为是承受极严酷的工况，除非这些部件被密封或放置到污染不可能发生的环境中，否则认为这些部件要承受严酷工况。

31 防锈

GB 4706.1—2005 的该章除下述内容外，均适用：

增加：

依次进行下述试验来确定其是否合格：

——将待测部件的样品浸入到相应的溶液中去掉样品上所有的油脂；

——将样品浸入到温度为（20±5）℃、含有 10%氯化铵的溶液中浸泡 10 min；

——在甩干水滴后，水还未干就将样品放置到温度为（20±5）℃、饱含湿气的箱体中放置 10 min；

——将样品放置在温度为（100±5）℃的加热箱中 10 min 后，样品的表面不应有锈迹。

注：当使用规定的液体进行试验时，必须采取充分的措施以防吸入这些液体的蒸气。

锐利边缘的锈迹和能用橡皮擦去的淡黄色膜可以忽略不计。

对于小型弹簧和类似物，以及易受腐蚀的部件，可以用一层油脂膜来提供足够的防锈。如果对于油脂膜的有效性产生怀疑时，这些部件要承受试验，试验要在不擦除油脂的情况下进行。

32 辐射、毒性和类似危险

GB 4706.1—2005 的该章内容，不适用。

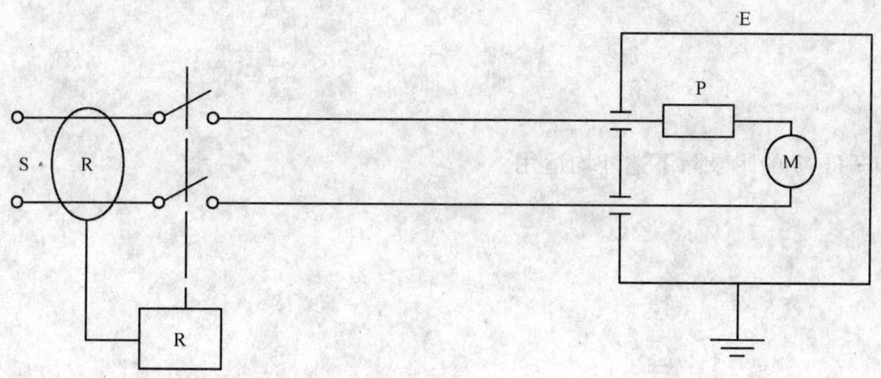

S——电源；

E——电动机外壳；

R——剩余电流装置（$I_{\Delta n}$＝30 mA）（RCCB或RCBO）；

P——保护装置（外部或内部）；

M——电动机。

注1：必须注意完善接地系统以允许RCCB或RCBO的正常工作。

注2：对于三相试验必须进行校正。

图101　单相电动机的堵转试验电路

附　录

GB 4706.1—2005 的附录除下述外均适用。

附　录　AA
（规范性附录）
真　空　等　级

AA.1　引言

AA.1.1　不使用在维修车间的单制冷回收设备和制冷剂回收/再生设备，当按 AA.2～AA.4 规定的方法试验时，应达到如下真空水平。

a)　用于维修空调和制冷系统的设备含有小于 90.7 kg 的高压制冷剂时：绝对压力大于 6.88 kPa；

b)　用于维修空调和制冷系统的设备含有大于 90.7 kg 的高压制冷剂时：绝对压力大于 5.155 kPa；

c)　用于维修空调和制冷系统的设备含有低压制冷剂时：绝对压力大于 0.338 kPa。

AA.1.2　不用于维修车间且设计为回收 2.27 kg 或更少制冷剂的单制冷剂回收和制冷剂回收/再生设备，按 AA.5 试验时，应符合以下要求：

——按 AA.5 试验时，当标准机上的压缩机运行时，设备应能从标准机上回收 90％的制冷剂；当标准机上的压缩机不运行时，设备应能从标准机上回收 80％的制冷剂。

注：作为一个参考条件，设备应能达到 8.95 kPa 的绝对真空。

AA.2　试验设备

AA.2.1　推荐总则

推荐的试验设备将会在以下的章节描述。如果更换了试验设备，使用者应能证明该设备产生的结果等同于指定的检测设备。

AA.2.2　完整的试验设备

该设备由以下部分组成，如图 AA.1 所示。

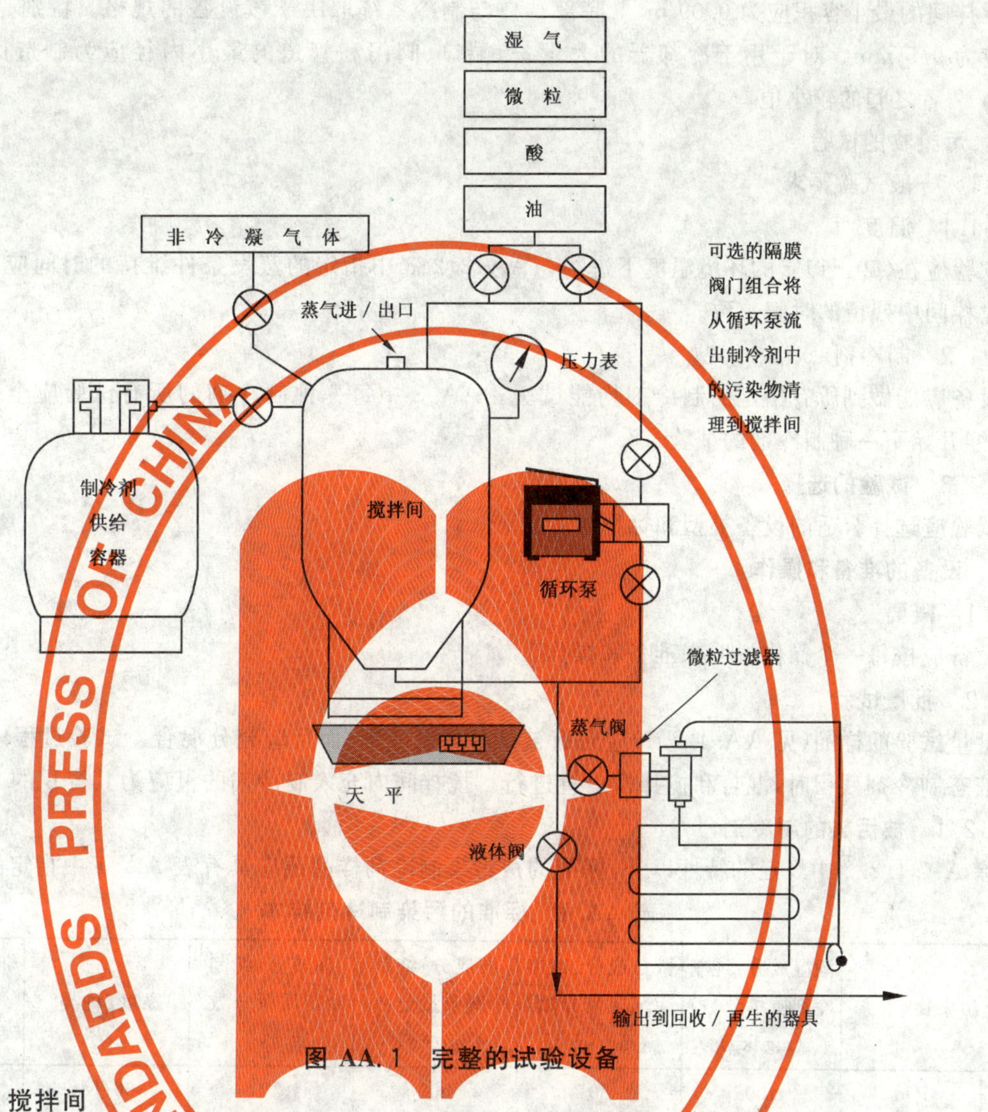

图 AA.1 完整的试验设备

AA.2.2.1 搅拌间

搅拌间由一个底部为圆锥形的容器、一个底部端口和用于传送制冷剂到设备中的管道组成。各种各样的端口与阀门是为了添加制冷剂到搅拌间,进行搅拌、混合。

AA.2.2.2 储存容器

用于储存回收制冷剂的圆筒容器在试验开始前应清洁干净,依靠回收制冷剂的压力将制冷剂回收到储存容器中。回收制冷剂的量不应超过储存容器容积的80%。

AA.2.2.3 蒸发系统

制冷剂蒸发系统由蒸发器、控制阀和管道组成,目的是在(21±2)℃的蒸发温度下,创造3 ℃过热度的条件。

AA.2.2.4 可选的蒸发系统

一种可选的蒸发系统:制冷剂通过一个加热器,接着通过一个能够设置不同饱和压力的自动压力调节阀。压力设置可以从24 ℃时的饱和压力至最后的回收压力。

AA.2.2.5 液态系统

液态制冷剂系统由控制阀、采样端口和管道组成。

AA.2.2.6 检测仪表

需要用到的测量质量、温度、压力和制冷剂泄漏量的仪表。

AA.2.3 规格

搅拌间的最小容积应为 0.09 m^3。底部端口与制冷系统取决于该设备的规格。特别是，混合阀和管道应为 9.5 mm。对于用于冷却器的大设备，端口、阀门和管道的最小内径应为制造厂推荐值与 37 mm 两者之间的较小值。

AA.3 污染物的试验

AA.3.1 一般试验要求

AA.3.1.1 温度

试验应在(40±1)℃的环境温度下进行。AA.2.2.3 中指定的蒸发条件维持的时间应与液态制冷剂在搅拌间中残留的时间一致。

AA.3.1.2 制冷剂

设备应能做到所有指定的制冷剂均能试验。AA.3 中每一种制冷剂的所有试验应全部试验完成后，才能开始下一种制冷剂的试验。

AA.3.1.3 试验的选择

试验应选择合适的设备类型和标称参数。

AA.4 设备的准备和操作

AA.4.1 概要

设备应按每一个操作说明来准备和操作。

AA.4.2 批量试验

批量试验的样品(见 AA.4.2.1)应充有被试验的制冷剂，而且应充分混合。试验过程中，当搅拌间内有液态制冷剂残留时，混合和搅拌需一直进行。搅拌间内充入制冷剂的量应为其容积的 80%。

AA.4.2.1 被污染的制冷剂

除 AA.4.2.2 中规定的特性以外，标准的被污染制冷剂样品还应具有表 AA.1 中指定的特性。

表 AA.1 标准的污染制冷剂样本

污染物		潮湿成分：纯制冷剂质量分数/(mg/kg)	微粒成分：纯制冷剂质量分数/(mg/kg)[a]	酸成分：纯制冷剂质量分数/(mg/kg)[b]	油成分：纯制冷剂质量分数/%	黏度/种类[c]	非压缩气体(空气)体积分数/%
制冷剂种类	R11	100	80	500	20	300/MO	N/A
	R12	80	80	100	5	150/MO	3
	R13	30	N/A	N/A	N/A	N/A	3
	R22	200	80	500	5	300/MO	3
	R113	100	80	400	20	300/MO	N/A
	R114	85	80	200	20	300/MO	3
	R123	200	80	500	20	300/MO	N/A
	R134a	200	80	100	5	150/POE	3
	R500	200	80	100	5	150/MO	3
	R502	200	80	100	5	150/MO	3
	R503	30	N/A	N/A	N/A	N/A	3
	R410A	200	80	200	5	150/AB	3
	R401B	200	80	200	5	150/AB	3
	R401C	200	80	200	5	150/AB	3

表 AA.1(续)

污染物		潮湿成分:纯制冷剂质量分数/(mg/kg)	微粒成分:纯制冷剂质量分数/(mg/kg)[a]	酸成分:纯制冷剂质量分数/(mg/kg)[b]	油成分:纯制冷剂质量分数/%	黏度/种类[c]	非压缩气体(空气)体积分数/%
制冷剂种类	R402A	200	80	200	5	150/AB	3
	R402B	200	80	200	5	150/AB	3
	R404A	200	80	500	5	150/POE	3
	R406A	200	80	200	5	150/MO	3
	R407A	200	80	500	5	150/POE	3
	R407B	200	80	500	5	150/POE	3
	R407C	200	80	500	5	150/POE	3
	R407D	200	80	500	5	150/POE	3
	R408A	200	80	200	5	150/MO	3
	R409A	200	80	200	5	150/MO	3
	R410A	200	80	500	5	150/POE	3
	R411A	200	80	200	5	150/MO	3
	R411B	200	80	200	5	150/MO	3
	R412A	200	80	200	5	150/AB	3
	R23	30	N/A	N/A	N/A	N/A	3
	R507	200	80	100	5	150/POE	3
	R508A	20	N/A	N/A	N/A	N/A	3
	R508B	20	N/A	N/A	N/A	N/A	3
	R509	100	80	100	5	150/MO	3

[a] 微粒成分应由惰性材料组成,且应符合附录 BB 的要求。

[b] 总体上要求酸由 60%的油酸(Oleic acid)与 40%的盐酸(Hydrochloric acid)组成。

[c] POE=聚乙烯;AB=烷基苯;MO=矿物油。

AA.4.2.2 单回收试验

对于标明不适用于任何特殊污染物的回收设备,应使用新的或再生的制冷剂进行试验。

AA.4.3 回收试验(回收与回收/再生设备)

AA.4.3.1 对于用作回收液态制冷剂的设备,将其入口连接到试验仪器的液体阀,把搅拌间的所有制冷剂传送到试验仪器中。继续进行回收操作直到蒸气转移到指定的位置,在该位置,按机组的运行说明,设备会自动关闭或须手动关闭。

AA.4.3.2 对于仅用作回收制冷剂蒸气的设备,将其入口连接到试验仪器的气体阀,重复 AA.4.3.1 中的程序。

AA.4.3.3 最终的回收真空。对于每种制冷剂来说,首轮试验结束时,设备的液体阀与气体阀应关闭。1 min 后,记录搅拌间的压力,以确定最终的真空等级。

AA.5 设计为回收 2.3 kg 或更少制冷剂的、不用于维修车间的仅制冷剂回收或制冷剂回收/再生设备的试验程序。

AA.5.1 设计为回收 2.3 kg 或更少制冷剂的、不用于维修车间的仅制冷剂回收或制冷剂回收/再生设备应符合以下要求。

AA.5.2 本程序需要的标准机的制冷系统由普遍用于生产家用电冰箱和冷藏产品的标准设备构成。该程序同样认为，压缩机油可能加入到标准机的压缩机或其他任何用于回收系统的压缩机中，也可能从标准机的压缩机或其他任何用于回收系统的压缩机中排出。

AA.5.3 标准机

标准机的构建依据以下要求：

——蒸发器：外直径 7.94 mm，容积为 0.49 L；

——冷凝器：外直径 6.35 mm，容积为 0.33 L；

——吸气毛细管热交换器：适用于压缩机；

——高压腔压缩机（旋转式）234.48 W～278.45 W（800 Btu/h～950 Btu/h）或者取决于试验方案；

——低压腔压缩机（往复式）234.48 W～278.45 W（800 Btu/h～9 500 Btu/h）。

AA.5.4 试验条件

试验在（24±1）℃工况下试验。试验应分别在高压腔压缩机标准机与低压腔压缩机标准机上进行。试验同样应在标准机的压缩机运转与停止的状态下分别进行制冷剂回收试验，以计算系统在这两种条件下的制冷剂回收效率。

AA.5.5 五次回收操作的系列试验是为了完成每一个压缩机方案以及计算回收效率，回收效率的计算以 5 次回收操作回收到的制冷剂的总量为基础。做为选择，由于制冷剂回收系统制造商的需要，回收效率是在每个回收工作中计算出来的。这样，回收操作的一个重要统计数据即可得出。

AA.5.6 回收工作的一个重要统计数据由以下的方法计算出来，然后对这些回收效率求平均值。

AA.5.6.1 共有 4 种压缩法方案需要试验，具体为：高压腔压缩机在工作和不工作、低压腔压缩机在工作和不工作条件下的试验方案。回收效率的计算以 2 种压缩机在工作条件下回收效率的平均值作为其在工作条件下的回收效率；同理，2 种压缩机在不工作条件下回收效率的平均值作为其在不工作条件下的回收效率。

AA.5.6.2 以下是在试验过程中用到的符号定义：

以下为试验过程中用到的符号定义：

——标准机

- “TSO”代表最初的标准机质量；
- “TSC”代表负载后的标准机质量。

——回收罐

- “SCO”代表回收罐在最初或空载时的质量；
- “SCF”代表回收罐在最后或满载时的质量。

——回收/转移系统：

- “RSO”代表回收/转移系统最初的质量；
- “RSF”代表回收/转移系统最终的质量；
- “OL”代表一套压缩机方案从试验开始到试验结束过程中从回收装置和/或转移装置中加入/排出的油的净质量；
- 称量的精确度应为±1.0 g。

AA.5.7 试验程序

AA.5.7.1 对标准机抽真空 12 h，使其达到 20 μmHg（2.666 44×10⁻⁶ Pa）的真空（压力由真空泵测得）。

AA.5.7.2 称量标准机的质量（TSO）。

AA.5.7.3 当一套压缩机方案第一次进行回收操作（或当回收效率是通过每一个回收试验来计算）时，应称所有用于回收系统中、以传递回收制冷剂到适用于船运或输送到制冷剂回收厂的容器的装置的质量。称量能最终把制冷剂转移到回收罐中而不释放到大气中的装置的质量（RSO）。

AA.5.7.4 称量最终回收罐的质量(SCO)。

AA.5.7.5 标准机应灌注适量的制冷剂。

AA.5.7.6 用100%的运行时间让标准机运行4 h。

AA.5.7.7 关闭标准机12 h。在此过程中,对按AA.5.7.6规定从标准机上收集到的所有制冷剂冷凝物进行蒸发。

AA.5.7.8 称量标准机的质量(TSC)。

AA.5.7.9 从标准机上回收制冷剂,完成转移已回收的制冷剂到第4步中已称质量的回收罐的所有工作,所有的制冷剂回收和转移操作应按制造厂给定的操作说明进行。依据试验过程中对压缩机"不工作"与"工作"的要求,保持控制标准机上的压缩机的开停状态。如果回收效率是按每一次回收试验的结果来计算的,则把回收到的制冷剂转移到回收罐,然后跳到AA.5.7.14这一步,否则,继续按原来的规定试验。如果在转移制冷剂到回收罐前,系统允许使用多种回收操作,则转移操作可延时,直到制冷剂转移前所要求进行的所有的回收操作已完成,或直到5个回收操作的最后1个已完成。

AA.5.7.10 完成任何一种油的分离或添加操作后,均应适当的保养标准机以及在制冷剂回收或转移操作中用到的装置。确定从回收装置与/或转移装置中添加或转移的油的净质量。(OP1代表油的添加,OP2代表油的转移)。

AA.5.7.11 对标准机抽真空4 h,使其达到20 μmHg($2.666\ 44\times10^{-6}$ Pa)的真空。

AA.5.7.12 除非5个回收操作均已完成,否则回到AA.5.7.2。

AA.5.7.13 称量所有接收回收制冷剂的回收罐的最终质量(SCF)。

AA.5.7.14 称量前面AA.5.7.3步骤中已称过质量的设备的质量。如果回收效率是通过每一个回收试验来计算的,则完成计算后重新回到第一步进行另外的回收操作。

AA.5.8 计算

AA.5.8.1 五次连续回收:

可回收的制冷剂等于负载后的标准机质量减去最初的标准机质量,然后求和:

$$\text{可回收的制冷剂} = \sum_{i=1}^{5}(TSC_i - TSO_i)$$

油的损失等于从回收装置和/或转移装置中添加和转移的油的净质量。

$$OL = \sum_{i=1}^{5}(OP1_i - OP2_i)$$

回收的制冷剂等于运输回收罐最终的质量减去最终回收罐的初始质量,加上回收系统最终的质量,减去回收系统最初的质量,加上从回收及转移装置中添加和转移的所有油的净质量。

$$\text{回收的制冷剂} = (\sum_{i=1}^{n}\Sigma SCF_i) + RSF - RSO - OL$$

n=使用的运输回收罐的数量

回收效率等于回收的制冷剂的质量除以可回收的制冷剂的质量,乘以100%。

$$\text{回收效率} = [(\text{回收制冷剂})/(\text{可回收制冷剂})]\times100\%$$

AA.5.8.2 对于个别的回收:

可回收的制冷剂等于负载后的标准机质量减去最初的标准机质量。

$$\text{可回收制冷剂} = TSCO - TSO$$

回收的制冷剂质量等于回收罐的最终质量减去回收罐最初的质量,加上回收系统最终的质量,减去回收系统本身的质量。

$$\text{可回收制冷剂} = SCF - SCO + RSF - RSO$$

回收效率等于回收的制冷剂的质量除以可回收的制冷剂的质量,乘以100%。

$$\text{回收效率} = [(\text{回收制冷剂})/(\text{可回收制冷剂})]\times100\%$$

AA.5.8.3 回收试验的重要统计次数计算：

$$N_{add}=[(t\times sd)/0.10X]^2-N$$

式中：

N_{add}——额外的样品要求达到90%置信水平的次数；

sd——标准偏差，或$(X/(N-1)^3)$；

X——样品平均值；

N——试验样品的数量；

t——因数，如下：

样本次数	90%置信水平因素
2	6.814
3	2.920
4	2.353
5	2.132
6	2.015
7	1.943
8	1.695
9	1.860
10	1.833

AA.5.8.3.1 在完成2次回收操作后计算 N_{add}。

AA.5.8.3.2 如果 $N_{add}>0$，则需要再重测一次。

AA.5.8.3.3 重复计算 N_{add}：继续试验另外的样品，直到 $N_{add}<0$。

附 录 BB
（规范性附录）
在标准污染制冷剂中的微粒

BB.1 微粒规格

微粒材料是一种混合物，50%的经过粗效净化器后被吸收的灰尘颗粒，50%的残留在200目的滤网上的颗粒。

BB.2 微粒材料的准备

为了准备污染物的混合物，首先润湿滤网中经粗效净化除尘后残留在200目的滤网上的部分颗粒（微粒保持74 pm）。

在200目的滤网上放置一部分灰尘，对滤网进行冲水的同时用手指搅拌灰尘。较细的污染物微粒通过滤网可以被分离出来。比200目大的微粒被收集在滤网上且被转移到110 ℃的温度上干燥1 h。标准污染物的混和物准备完毕，是由50%经过粗效净化器后被吸收的灰尘颗粒与50%比200目大的灰尘颗粒组成（在110 ℃中干燥1 h后）。

BB.3 微粒尺寸的分析

经过粗效净化器后被吸收的灰尘颗粒和用作标准污染物的混合物有以下近似的分析（见表BB.1）：

表 BB.1 各种尺寸范围的质量百分数

尺寸范围	被吸收的	混 合
0～5	12	6
5～10	12	6
10～20	14	7
20～40	23	11
40～80	30	32
80～200	9	38

附 录 CC
（规范性附录）
兼容性要求

CC.1 兼容试验

CC.1.1 制冷剂容器内的非金属部件和/或电绝缘材料零件，与制冷剂及用作制冷剂回收/再生的油必须兼容。

CC.1.2 一个用于制冷剂回收/再生的有填充限制的完整的样品，在容器80%的容积中装着由5%的用于制冷剂回收/再生应用的油和95%的制冷剂组成的混合物。然后将容器放置在一个最低温度为80 ℃的带空气循环的恒温室中，放置总时间为60 d。其他放置时间和温度对照值见表CC.1。放置时间完成后立即进行以下试验，对有填充容量限制的容器，必须在其填充体积等于或者小于80%的情况下运行操作。

表 CC.1 兼容试验时间和温度的对照表

天 数	温度/℃
60	80
45	85
30	90
22.5	95
15	100

附　录　DD
（规范性附录）
膨胀油的要求

DD.1　膨胀油的说明

3 号油被怀疑成致癌物质，所以用此油替代。

——油：	IRM903；
——重力：	22API；
——产品类型：	Calsol；
——来源：	R. E. Carroll Inc. 1 570 North Olden Ave. Trenton NJ USA；
——黏度：	33.5CST @ 37.8Cy；
——闪发温度，化学耗氧量	340 ℃；
——苯胺点	69.5 ℃；
——黏度比重常数	0.882；
——环烷烃碳原子	49% Cn；
——Parafinnic 碳原子	37% Cp。

ICS 13.120
Y 62

中华人民共和国国家标准

GB 4706.93—2008/IEC 60335-2-69:2005(Ed3.1)

家用和类似用途电器的安全 工业和商业用湿式和干式真空吸尘器的特殊要求

Household and similar electrical appliances—Safety—Particular requirements for wet and dry vacuum cleaners for industrial and commercial use

(IEC 60335-2-69:2005(Ed3.1),IDT)

2008-12-30 发布　　2010-04-01 实施

中华人民共和国国家质量监督检验检疫总局
中国国家标准化管理委员会　发布

前　言

本部分的全部技术内容为强制性。

GB 4706《家用和类似用途电器的安全》由若干部分组成，第1部分为通用要求，其他部分为特殊要求。

本部分应与GB 4706.1—2005《家用和类似用途电器的安全　第1部分：通用要求》配合使用。

本部分等同采用IEC 60335-2-69《家用和类似用途电器的安全　第2部分：工业和商业用湿式和干式真空吸尘器，及动力刷的特殊要求》。

本部分中写明“适用”的部分，表示GB 4706.1—2005中的相应条文适用于本部分；本部分中写明“代替”的部分，则应以本部分中的条文为准；本部分中写明“修改”的部分，表示GB 4706.1—2005相应条文中的相关内容应以本部分中修改后的内容为准，而该条文中的其他内容仍适用本部分；本部分中写明“增加”的部分，表示除符合GB 4706.1—2005的相应条文外，还应符合本部分中所增加的条文。

本部分的附录AA、附录CC、附录DD为规范性附录，附录BB为资料性附录。

本部分由中国轻工业联合会提出。

本部分由全国家用电器标准化技术委员会(SAC/TC 46)归口。

本部分主要起草单位：中国家用电器研究院、国家家用电器质量监督检验中心、宁波富达电器有限公司、宁波富佳实业有限公司。

本部分主要起草人：鲁建国、朱焰、徐云国、周小林、张仁生、刘开、岳京松、孙鹏。

本部分为首次发布。

IEC 前言

1) IEC(国际电工委员会)是由所有国家的电工委员会(IEC 国家委员会)组成的世界范围内的标准化组织。IEC 的宗旨就是促进各国在电气和电子标准化领域的全面合作。鉴于以上的目的并考虑到其他活动的需要,IEC 还出版国际标准、技术规范、技术报告、公共可用规范(PAS)、导则(以下统称为 IEC 出版物)。整个制定工作由技术委员会来完成。任何对此技术问题感兴趣的 IEC 国家委员会都可以参加制定工作。与国际电工委员会有联系的国际、政府及非政府组织也可以参加这项工作。IEC 根据其与 ISO 达成的协议,与 ISO 在工作上紧密合作。
2) 因为每个技术委员会都有来自于各个对有关技术问题感兴趣的 IEC 国家委员会的代表,所以 IEC 对有关技术问题的正式决议或协议都尽可能的表达了国际性的一致意见。
3) IEC 出版物以推荐性的方式供国际上使用,并在此意义上被各国家委员会接受。在为了确保 IEC 出版物技术内容的准确性而做出任何合理的努力时,IEC 对其出版物被使用的方式以及任何最终用户(读者)的误解不负有任何责任。
4) 为了促进国际上的统一,IEC 希望各国委员会在本国情况允许的范围内采用 IEC 出版物的内容作为他们国家或地区的出版物。IEC 出版物与相应的国家或地区的出版物有差异的,应尽可能在后者中明确地指出。
5) IEC 规定了表示其认可的无标志程序,但并不表示对某一设备声称符合某一 IEC 出版物承担责任。
6) 所有的使用者应确保持有该出版物的最新版本。
7) IEC 或其管理者、雇员、服务人员或代理(包括独立专家、IEC 技术委员会和 IEC 国家委员会的成员)不应对使用或依靠本 IEC 出版物或其他 IEC 出版物造成的任何直接的或间接的人身伤害、财产损失或其他任何性质的伤害,以及源于本出版物之外的成本(包括法律费用)和支出承担责任。
8) 应注意在本出版物中列出的规范性引用文件。对于正确使用本出版物来讲,使用规范性引用文件是不可缺少的。
9) 本 IEC 出版物中的某些内容有可能涉及一些专利权问题,对此应引起注意。IEC 组织不负责识别任一或所有该类专利权问题。

国际标准 IEC 60335 的本部分由 IEC 家用和类似用途电器的安全(第 61 技术委员会)的工业用电动清洁器具(第 61J 分技术委员会)制订。

本部分的本版基于 IEC 60335-2-69 的 2002 年第 3 版[文件 61J/131/FDIS 和 61J/136/RVD]和 2004 年增补件 1[文件 61J/169/FDIS 和 61J/172/RVD]制定。

本版为第 3.1 版。

在空白处的垂直线表示该部分是第 1 增补件修改的地方。

本部分的法文版未进行投票表决。

本部分双语版本(2005-12)代替英语版本。

本部分应与 IEC 60335-1 及其增补件的最新版本配合使用。本部分是根据 IEC 60335-1:2001 第 4 版制定的。

注 1:标准中所提到的"第一部分"是指 IEC 60335-1 涉及的内容。

本部分增补或修改了 IEC 60335-1 的相应条款,从而将其转化为本部分:工业和商业用湿式或干式吸尘器,及动力刷的特殊要求。

本部分中未提及的 IEC 60335-1 的条款，只要合理，便可使用。本部分中标有“增加”、“修改”或“代替”的地方，是对 IEC 60335-1 的相关条款的相应修改。

注 2：标准中采用下述编号方式：

——子条款、表、图从“101”开始编号的部分是对第一部分的补充；

——除非注解在新的子条款中或是第一部分包含注解，否则一律从 101 开始编号，包括被替代的章节和条款中的注解；

——新增的附录以 AA、BB 等编号。

注 3：标准中使用下述字体：

——标准要求，roman 正体；

——试验规范，roman 斜体；

——注解，小号 roman 正体。

正文中的黑体字在第三章中定义，当定义中有形容词时，该形容词和所修饰的名词也应用黑体字。

某些国家存在下述差异：

——7.12：对声音出口标志没有要求（美国）。

——25.7：PVC 软线不适用户外低温下的运行（芬兰、瑞典）。

——25.14：不进行弯曲试验（美国）。

技术委员会决定本出版物的内容和其增补件将保持不变，直到修改结果在 IEC 网站（http://webstore.iec.ch）上明确规定相关日期。届时本部分将被：

- 重新确认；
- 撤销；
- 由修订版本代替，或
- 被修订。

家用和类似用途电器的安全
工业和商业用湿式和干式真空吸尘器的
特殊要求

1 范围

GB 4706.1—2005 中该章用下述内容代替：

GB 4706 的本部分适用于由电机驱动的工业和商业用真空吸尘器的安全，这些器具包括带有或不带附件的湿式、干式或湿干兼有的便携式器具和驻立式器具。例如从工作台和机器上抽吸的灰尘或类似污物。其单相器具额定电压不超过 250 V，其他器具额定电压不超过 480 V。

注 101：商用是指供旅馆、学校、医院、工厂、商店及办公室内使用，而不是供一般的料理家务之用。

本部分也适用于收集有危险的灰尘器具，有危险的灰尘包括石棉，或国家附加要求适用的液体。

本部分也适用于除电动机以外其他驱动形式的器具，但必须考虑其作用。

对于电池供电的器具应参考 IEC 60335-2-72。

注 102：注意到以下事实：

——对于准备在车辆、船舶或飞机上使用的器具，可能需要附加要求；

——全国性的卫生保健部门、全国性劳动保护部门以及类似的部门都对器具规定的附加要求。

注 103：本部分不适用于：

——GB 4706.7 中包括的家用真空吸尘器和吸水式清洁器具；

——集中设置的驻立式中央真空吸尘系统；

——打算使用在经常产生腐蚀性或爆炸性气体(蒸气或可燃气体)特殊环境场所的器具；

——音频、视频和类似电子设备(GB 8898)；

——医疗器具(GB 9706)；

——手持式电动工具(GB 3883)；

——个人电脑及类似设备(GB 4943)；

——移动式电动工具(GB 13960)。

2 规范性引用文件

GB 4706.1—2005 中的该章除下述内容外，均适用。

下列文件中的条款通过 GB 4706 的本部分的引用而成为本部分的条款。凡是注日期的引用文件，其随后所有的修改单(不包括勘误的内容)或修订版均不适用于本部分，然而，鼓励根据本部分达成协议的各方研究是否可使用这些文件的最新版本。凡是不注日期的引用文件，其最新版本适用于本部分。

增加下述引用文件：

GB/T 1251.1 人类工效学 公共场所和工作区域的险情信号 险情听觉信号(GB/T 1251.1—2008,ISO 7731:2003,IDT)

GB/T 1251.2 人类工效学 险情视觉信号 一般要求、设计和检验(GB/T 1251.2—2006,ISO 11428:1996,IDT)

GB/T 20291 家用真空吸尘器性能测试方法(GB/T 20291—2006,IEC 60312:2004,IDT)

GB/T 4214.2—2008 家用电器及类似用途器具噪声测试方法 真空吸尘器的特殊要求(IEC 60704-2-1:2000,IDT)

GB/T 9258.2 涂附磨具用磨料 粒度分析 第 2 部分：粗磨粒 P12～P220 粒度组成的测定

(GB/T 9258.2—2008,ISO 6344-2:1998,IDT)

GB 12476.1 可燃性粉尘环境用电气设备 第1部分:用外壳和限制表面温度保护的电气设备 第1节:电气设备的技术要求(GB 12476.1—2000,IEC 61241-1-1:1999,IDT)

GB/T 16842 外壳对人和设备的防护 检验用试具(GB/T 16842—2008,IEC 61032:1997,IDT)

IEC 60335-2-72 家用和类似用途电器的安全—第2-72部分:工业和商业用地板自动处理机的特殊要求

IEC 61241-10:2004 可燃性粉尘环境用电气设备—第10部分:出现或可能出现可燃性粉尘场所的分类

ISO 2602 测试结果的统计解释—均值的估计和置信区间

3 定义

下列术语和定义适用于GB 4706的本部分。

GB 4706.1—2005中的该章除下述内容外,均适用。

3.1.9

该条用下述内容代替:

正常工作 normal operation

真空电动机的正常工作时输入功率 P_m 由下式计算:

$$P_m = 0.5(P_f + P_i)$$

式中:

P_f——器具安装了制造厂提供的吸嘴和软管工作3 min后所测得的最大输入功率,单位为瓦(W);

P_i——封闭吸嘴使器具工作20 s时测得的输入功率,在打开吸嘴工作3 min周期后立即进行该项测试。进气总管堵塞时,任何用来提供气流以冷却电动机的阀门和类似装置不工作。单位为瓦(W);

P_f 和 P_i 在下述情况测得:电源电压调到额定电压,若额定电压范围的上下偏差不超过其额定电压范围平均值的10%,以额定电压范围的平均值供电;若额定电压范围的上下偏差超过其额定电压范围平均值的10%,则试验电压调到额定电压范围的上限。

器具测试时装有干净的滤尘器和集尘袋,如果还带有收集液体的容器,则容器应空载。如果器具只带一根软管使用,则拆下可卸的吸嘴并将软管伸直展开。如果器具带有备用的软管,则工作时不使用该软管。

电驱动装置处于工作状态,但不能同地面或任何其他表面,或用来封闭吸气管的装置接触。

正常负载等于电搅动装置(如动力刷)的平均负载 P_r,按下述状态确定:

——电搅动装置在符合GB/T 20291的地毯上运行;

——电搅动装置以下述方式使用时,测定平均负载 P_r;

按制造厂使用说明设置,在能够产生最高负载的方向运行两次,运行距离超过5 m;

——与气流有关的电动机在与测定 P_f 同样的条件下运行,即气流不加限制,测量在3 min后进行;

——按照制造厂的建议,将装置调到适合地毯绒毛的高度;

——必须以通常使用方式缓慢移动搅动装置越过地毯,以免地毯损坏。

3.1.9.101 污水排放泵按下述要求正常工作:

除非排放管永久性地装在器具上,在泵排放污水出口处不接任何污水排放管,真空电动机应在试验期间运转,除非安装了阻止两台电动机联合操作的联锁装置。

3.101

污水排放泵 soiled water discharge pump

用于将器具中污水排出的泵。

3.102

吸水式清洗器具 water-suction cleaning appliance

用于吸入含有泡沫清洗剂水溶液的器具。

3.103

电动清洁头 motorized cleaning head

一个由器具供电的带有电机的附件,其一端与手持的软管或硬管相连接。

注:永久性连接的主清洁头不被视为动力清洁头。

4 一般要求

GB 4706.1—2005 中的该章适用。

5 试验的一般条件

GB 4706.1—2005 中的该章适用。

6 分类

GB 4706.1—2005 中的该章除下述内容外,均适用。

6.1 代替:

在电击防护方面,真空吸尘器及其附件应为Ⅰ类、Ⅱ类或Ⅲ类。

经常与人接触的金属部件应认为是 22.36 适用的手柄。

通过视检和相关试验确定其是否合格。

6.2 增加:

带有吸水功能的器具的结构应使清洗液和泡沫都不能渗入电动机或与带电部件相接触。

吸水式器具至少为 IPX4。

7 标志和说明

GB 4706.1—2005 中的该章除下述内容外,均适用。

7.6 增加:

IEC 60417-5935(DB:2000-10)符号 吸水式清洁器具动力头

7.9 增加:

电机运行开关位置指示标志应在明显位置。

7.12 增加:

前盖上的使用说明应包括下述内容:

注意:使用器具前应阅读使用说明书。

这些文字可以由 ISO 7000-0434A/B 和 ISO 7000-1641(DB:2004.01)标志替换。如果使用这些标志,应在使用说明书中解释其意义。

如果适用,使用说明书应包含下述警告语:

——注意:器具不适用于收集危险性灰尘;

——注意:干式器具不可在户外潮湿的状态下使用和保存;

——警告:仅能使用器具提供的或在使用说明书中规定的刷子。使用其他刷子可能损害安全。

如果适用,使用说明书应按下述内容提供相关细节信息:

——在特殊环境中使用器具,如去除可燃性液体或灰尘,以及对身体有危害的灰尘时,应进行防护;

——器具在清洁或维护,以及通过更换部件而转换为其他功能时,应断开电源;

- 对于电网供电运行的器具,插头从插座中拔出;
- 对于电池供电运行的器具,拔出供电开关的钥匙或与之相当的方式;

——应使用符合器具要求的刷子。

使用说明书应声明器具的A计权声压级噪声值 L_{PA} dB(A)。如果A计权噪声值超过85 dB(A),还须声明声功率级噪声值 L_{WA} dB(A)。并且应对耳朵进行适当的防护(依据GB/T 4214.2—2008的要求)。

使用说明书应包括下述内容:

本器具适用商业用途,例如在宾馆、学校、医院、工厂、商店、办公室和租赁的商业用房中使用。

使用说明书关于器具操作的部分应包含下述内容:

——不允许旋转刷触及到电源线;

——对电源线的损坏进行常规试验,例如裂缝或老化。如果发现损坏,应在进一步使用前更换电源线;

——按照使用说明书的规定,更换相同型号的电源线;

——按照使用说明书的规定,使用与器具用途相符的插座。

对于吸湿器具使用说明书应包含下述内容:

——注意:如果泡沫或液体流出器具,应立刻切断电源;

——按使用说明书要求定期清洁水位限制装置,并检查标志是否损坏。

如果器具带有非安全特低电压的载流软管,使用说明书中应包括下述内容:

注意:此软管中带有电路连接;

——不能用其收集水;

——不能浸在水中清洁;

——该管道应进行常规检查,若有损坏不应使用。

如果使用IEC 60417-5935的符号应解释其意义。

7.14 增加:

IEC 60417-5935的符号高度至少为15 mm。

通过测量确定其是否合格。

7.101 动力清洁头应标注:

——额定电压或额定电压范围,单位为伏(V);

——额定输入功率,单位为瓦(W);

——制造商或责任承销商的名称、商标或识别标志;

——型号或系列号。

除工作电压不高于24 V的Ⅲ类结构以外,吸水式清洁器的动力清洁头,应使用IEC 60417-5935标志标注。

注:该标志为信息标志,除颜色外,应符合ISO 3864的要求。

通过视检确定其是否合格。

7.102 器具用于附件电源的输出插座应标明其最大负荷,以瓦为单位(W)。

注:此标志应在器具输出插座附近。

通过视检确定其是否合格。

8 对触及带电部件的防护

GB 4706.1—2005中的该章除下述内容外,均适用。

8.1 增加:

注101:湿式吸尘器吸收的污水应视为导体。

8.1.4 增加:

由18～24块酸性或碱性电化学电池组成的独立供电系统，包括胶体电池，应视为Ⅲ类器具，其配置应为：

——每块电池充电时的最大电压不超过2.7 V；

——无接地部件(见第27章)；

——导电部件不应掉落到能够使带电部件正、负极桥接的部位(见第22章)。

9 电动器具的启动

GB 4706.1—2005中的该章内容不适用。

10 输入功率和电流

GB 4706.1—2005中的该章适用。

10.1 增加：

动力清洁头的输入功率单独测量。

11 发热

GB 4706.1—2005中的该章除下述内容外，均适用。

11.3 增加：

如果由于安装热电偶或接线的原因必须拆开器具，则在拆卸前、安装后可能的最低负载状态下测量输入功率。例如，关闭吸口，刷头与地板不接触，电机空转等，用以检查安装是否完备。

11.4 不适用。

11.5 增加：

发热试验中动力刷的正常负载 P_r，可使用一个合适的刹车或类似装置来模拟。

11.6 不适用。

11.7 增加：

器具运行至稳定状态建立。

12 空章

13 工作温度下的泄漏电流和电气强度

GB 4706.1—2005中的该章除下述内容外，均适用。

13.2 增加：

对于多个电机同时工作的Ⅰ类器具，泄露电流不应超过3.5 mA。

14 瞬态过电压

GB 4706.1—2005中的该章适用。

15 耐潮湿

GB 4706.1—2005中的该章除下述内容外，均适用。

15.1.2 增加：

吸水式器具应在一个水平潮湿表面运行10 min，使用15.2规定的洗涤剂。

在实际运行中，吸出物含有大量空气使抽吸电机不会过载，但仍需观查输入功率以避免过载。

15.2 代替：

带有液体容器的器具，在结构上应使由于过满而溢出的液体、及器具不稳定和手持式器具的翻倒所造成的液体溢出,都不会影响其电气绝缘。

通过下述试验确定其是否合格:

带有液体容器和装备输入插口的器具配备一个合适的连接器和软电缆或软线;带有液体容器和X型连接的器具配备表11规定的最小截面积的软线,其他器具按交货状态试验。

器具的液体容器用约含1%NaCl的水溶液注满,将等于容器容积15%或0.25 L(两者中取较大者)的水溶液在大于1 min的周期内均匀注入容器。

手持式器具和不稳定器具的容器完全注满溶液后,将盖子或罩放好,使其从正常使用的最不利位置翻倒,除非其能够自动返回正常使用位置,器具在翻倒位置保持5 min。

注101:将器具放在一个与水平呈10°倾角的支承面上处于正常使用时最不利位置,其液体容器装有制造厂使用说明书中规定液位高度一半的溶液,如果在其顶部以最不利水平方向施加一个180 N的力时,器具就会翻倒,则认为这些器具是不稳定的。

器具吸嘴和吸水式器具的电动清洁头放在一个水槽中,水槽底面与器具支撑面持平,水槽中注入高于底部5 mm的洗涤剂溶液,该液位在试验全过程中保持不变。

洗涤剂溶液由每8 L水中放入20 g NaCl和1 mL质量分数为28%的十二烷基硫酸钠溶液组成。

器具工作至其容器被液体完全注满后,在正常工作状态下进一步运行5 min。

注102:用于吸水式清洗器具溢水试验的溶液应存储在低温环境中,而且应在配制好7天内使用。

注103:十二烷基硫酸钠的化学分子式是$C_{12}H_{25}NaSO_4$。

注104:由于器具结构使得污染液不能溢出容器,则进行19.101规定的试验是足够的。

上述每项试验后,器具应经受16.3的电气强度试验。

通过视检应表明没有导致爬电距离和电气间隙降低到低于第29章规定值的水迹。

注105:器具进行15.3试验前,在正常试验室环境条件下放置24 h。

15.3 修改:

相对湿度应为(93±6)%。

15.101 吸水式清洁器的动力清洁头应能够防止进入的溶液与带电部件接触。

通过下述试验来确定其是否合格:

动力清洁头应经受GB/T 2423.55规定的冲击试验,冲击量为2 J。动力清洁头被刚性支撑,对外壳上每个可能的薄弱点进行3次冲击。

试验后按照GB/T 2423.8程序1的要求进行自由落体试验。从100 mm的高度跌落到厚度不小于15 mm的钢板上4 000次。

跌落试验次数如下:

——器具右侧1 000次;

——器具左侧1 000次;

——器具正面1 000次;

——器具清洁面1 000次。

动力清洁头按照GB 4208—2008中14.2.7的要求进行试验,使用含1%NaCl的水溶液。

试验后,动力清洁头应经受16.3的电气强度试验,在带电部件与溶液间施加电压,检查绝缘上应没有能造成电气间隙和爬电距离低于第29章规定值的盐溶液痕迹。

注:对于最高工作电压为24 V的Ⅲ类结构的动力清洁头不进行试验。

16 泄漏电流和电气强度

GB 4706.1—2005中的该章除下述内容外,均适用。

16.3 增加:

除电气连接部分外,将载流管浸入温度为20 ℃±5 ℃,含1%NaCl的水溶液中1 h。载流管保持浸入状态,在每个导体与其他所有导体间施加2 000 V电压5 min;在所有导体与水溶液间施加3 000 V

电压 1 min。

17 变压器和相关电路的过载保护

GB 4706.1—2005 中的该章适用。

18 耐久性

GB 4706.1—2005 中的该章内容不适用。

19 非正常工作

GB 4706.1—2005 中的该章除下述内容外，均适用。

19.1 增加：

器具应进行 19.101 的试验。

仅在动力清洁头上进行 19.7 的试验。

19.2 增加：

器具在洗涤液容器中没有液体的情况下进行试验。

注 101：容器不装液体目的是限制其热量扩散。

19.7 增加：

动力清洁头在旋转刷或类似部件锁住的情况下运行 30 s。

19.9 不适用。

19.10 增加：

注 101：对于本试验，径流涡轮风机可能的最低负载可以通过封闭空气入口获得。其他型式涡轮风机可以有不同特点。

在清洁器驱动刷子或搅动器的情况下，应拆除传动皮带。

19.101 容器具备截流装置或阀门的器具，应再进行 15.2 的试验。

使阀门或其他截流装置不起作用，如果有两个或更多独立截流装置，只要他们已顺利通过 3 000 次运行试验，每一次试验只使其中的一个不起作用，否则使所有截流装置都应不起作用。

注：抽吸气、液混合物时务必小心以防抽吸泵电动机过载，应观察输入功率以避免过载。

试验后，器具应经受 16.3 的电气强度试验，检查是否有能够发生危险的液体进入器具，特别是绝缘上应没有能造成电气间隙和爬电距离低于第 29 章规定值的水迹。

20 稳定性和机械危险

GB 4706.1—2005 中的该章除下述内容外，均适用。

20.1 增加：

注 101：动力清洁头不进行该试验。

20.2 增加：

本要求不适用于旋转刷和类似装置，也不适用于在允许安装改变功能的附件时外露的运动部件。

20.101 除轴的末端为圆形且长度小于 50 mm 外，如果轴末端或类似旋转部件凸出部分超过其直径四分之一时，应加以保护。

应防止无意识的关闭或部件撞击造成的伤害，例如在墙边和外罩周围移动时。

器具中质量超过 20 kg 的传动轮或滚轮应位于使操作人员的脚不受到伤害的位置或加以保护。

通过视检、测量及手动试验确定其是否合格。

21 机械强度

GB 4706.1—2005 中的该章除下述内容外，均适用。

修改：

冲击能量值增加到 1.00 J±0.04 J。

21.101　在正常使用时遭受冲击的器具部件进行下述试验：

如果易受冲击部件的失效会导致器具不能符合标准要求，则在正常清洗工作时，器具上可能受到冲击或打击的任何暴露部位，应经受一次能量为 6.75 N·m 的冲击试验。自立式器具上的冲击试验，通过一直径 50.8 mm 和质量 0.535 kg 的钢球从 1.3 m 高度处自由落下，或由将钢球挂在绳索上做为一个摆锤从 1.3 m 高度落下进行试验。

21.102　载流管应耐挤压。

通过下述试验确定其是否合格。

该软管放置在两块平行的钢板之间，每块钢板长度为 100 mm、宽度为 50 mm，长边的边缘有半径为 1 mm 的圆角，软管轴线与钢板的长边成直角，钢板放置于距离软管末端约 350 mm 处。

钢板以(50±5)mm/min 的速度施压，直到施加压力到 1.5 kN 为止，然后将力释放，在连接一起的导体和盐溶液之间进行 16.3 的电气强度试验。

21.103　载流管应耐磨损

通过下述试验确定其是否合格。

将软管的一端连接在曲柄机构的杆上，如图 102 所示。曲柄以 30 r/min 的转速旋转，转动使得软管的末端水平向前、向后水平移动，移动距离超过 300 mm。

软管由一个旋转的光滑滚轮支撑，滚轮外缘附着一条纱布带，纱布带以 0.1 m/min 的速度移动。纱布磨料符合 GB/T 9258.2 要求，尺寸为 P100 的金刚砂。

在软管的另一端悬挂一个质量为 1 kg 的重物做导向以避免其旋转。

在最低点位置时，重物距滚轮中心的最大距离为 600 mm。

试验按曲柄旋转 100 周进行。

试验后，基本绝缘不应外露，在连接一起的导体和盐溶液间进行 16.3 的电气强度试验。

21.104　载流管应耐弯曲

通过下述试验确定其是否合格。

将软管上打算用于连接动力清洁头的一端固定在图 103 所示的试验设备的枢臂上，枢臂轴和软管伸进刚性部件之间的距离为(300±5)mm，机械臂能从水平位置升到 40°±1°的位置。将一个质量 5 kg 的重物悬挂在软管的另一端，使得当枢臂在水平位置时重物被支撑并不会对管子产生拉力的位置。

注 1：在试验过程中有必要保持重物复位。

重物沿着一个金属板斜边下滑使得软管最大偏斜角为 3°。

通过曲柄的旋转使枢臂上升和下降，曲柄旋转速度为(10±1)r/min。

试验按曲柄旋转 2 500 次后，将软管的固定末端转过 90°，曲柄再旋转 2 500 次。在其他两个 90°位置重复此试验。

注 2：如果软管在曲柄旋转 10 000 次前破裂，则弯曲试验结束。

试验后，软管应经受 16.3 的电气强度试验。

21.105　载流管应抗扭曲

通过下述试验确定其是否合格。

软管的一端放置于水平位置，其余部分自由悬挂，软管自由末端周期性旋转，每个周期为向一个方向转动 5 次，再向相反方向转动 5 次组成，转动速度为 10 r/min。

试验进行 2 000 个周期。

试验后，软管经受 16.3 的电气强度试验，且不应损坏到不符合本部分要求的程度。

21.106　载流管应耐寒冷

通过下述试验确定其是否合格。

一根 600 mm 长的软管按图 104 所示弯曲，且末端系在一起的长度超过 25 mm，然后将软管放置在一个温度为(−15±2)℃ 的柜子中 2 h，将软管从柜子中取出后立刻按图 104 所示进行 3 次弯曲，速度为 1 次/s。

上述试验进行 3 次。

试验后，软管应无裂缝和破裂，且应经受 16.3 的电气强度试验。

注：任何褪色应忽略不计。

22 结构

GB 4706.1—2005 中的该章除下述内容外，均适用。

22.35 修改：

删除注释。

增加：

这些部件应进行第 21 章的冲击试验，如果绝缘不符合 29.3 的要求，则进行下述冲击试验。

将用外壳部件制成的样品放在温度为(70±2)℃的环境中进行 7 天(168 h)的调制处理，处理后，让样品接近室温。

检查样品，应表明外壳不能皱缩到影响其所需的绝缘性能的程度，或者不能有可使外壳纵向移动的剥落。

试验后，样品应在(−10±2)℃温度下保持 4 h。

仍在此温度下，样品应按图 101 所示的装置进行冲击试验，重物“A”质量为 300 g，从 350 mm 高度落在淬硬的钢凿子“B”上，凿子的锐口作用在样品上。

冲击施加于在正常使用时绝缘可能被削弱或损坏的任何地方，冲击点之间的距离至少为 10 mm。

试验后，绝缘材料不应剥落，并且在金属部件和包裹绝缘体的金属箔之间进行 16.3 规定的电气强度试验。

22.101 器具的结构应能够防止物体从地面上穿透外壳，从而削弱其安全性。

如果湿式器具底部有一个液体可能进入的开口，则器具在距地面小于 30 mm 的范围内不应有带电部件。

通过视检和测量来确定是否合格。

22.102 电源输出插座的增加不应削弱器具的安全性。

按照制造商的使用说明进行本部分的试验来确定是否合格。

22.103 在过压类别Ⅲ条件下，Ⅰ类器具和Ⅱ类器具应使用电源隔离开关或全极断开开关，附加开关可以使用单极结构。

只要任何元件故障都不造成违反本部分要求的情况发生，如 RFI 抑制器、射频干扰抑制器、电源指示灯、相位器等组件可以和隔离开关的带电侧连接。

通过视检确定其是否合格。

23 内部布线

GB 4706.1—2005 中的该章适用。

24 元件

GB 4706.1—2005 中的该章除下述内容外，均适用。

24.1.3 增加：

真空吸尘器电源开关应进行 50 000 个循环的运行试验。

24.2 增加：

对于挎在身体上使用的器具，当使用者挎着器具使用时，器具开关装置不能够与地面接触，其间接开关装置可以位于连接软线的末端。

连接软线两侧的张力消除应符合25.15的要求。

24.101 器具结构应使得其在正常使用中，没有能够损害符合本部分的电气和机械故障发生。在由于发热和振动造成器具部件的接触或连接失效时，其绝缘不应受到损害。

通过对带有自复位式热断路器的器具的下列试验检查其是否合格。

器具在1.1倍额定电压下工作，锁住电机转子使得热断路器在几分钟内动作，反复进行该试验直至热断路器完成200次动作。

试验后，器具应进行第16章的试验。

25 电源连接和外部软线

GB 4706.1—2005中的该章除下述内容外，均适用。

25.1 增加：

防水等级为IPX7的器具不应提供器具输入接口。

除输入接口和连接器在连接和分离时与器具的防水等级相同，或输入接口和连接器在连接时与器具的防水等级相同，且仅能通过工具将其与器具分离的情况以外，防水等级为IPX4、IPX5和IPX6的器具不应提供器具输入接口。

带有输入接口的器具，同时应提供专用电源线连接组件。

25.7 增加：

电源线不应轻于：

——如果是橡胶绝缘，普通硬橡胶护套的软线为GB 5013(idt IEC 60245)的53号线；

——如果是聚氯乙烯绝缘，普通聚氯乙烯护套软线为GB 5023(idt IEC 60227)的53号线。

25.14 增加：

对于X型连接或Y型连接的器具，弯曲试验次数为20 000次。

25.15 修改：

由下述内容代替表12：

表12 拉力和扭矩

器具质量/kg	拉力/N	扭矩/N·m
≤1	30	0.1
>1且≤4	60	0.25
>4	125	0.40

增加：

对于防水等级为IPX4或更高的带有输入接口的器具，其电源线连接组件中的电源线也应进行该试验，在试验开始前将电源线连接组件安装到器具输入接口上。

25.23 增加：

注101：软管中的导体无长度限制。

26 外部导线用接线端子

GB 4706.1—2005中的该章适用。

27 接地措施

GB 4706.1—2005中的该章适用。

28 螺钉和连接

GB 4706.1—2005中的该章适用。

29 电气间隙、爬电距离和固体绝缘

GB 4706.1—2005 中的该章除下述内容外，均适用。

29.2 增加：

除非绝缘被密封或位于在器具正常使用中不可能暴露于污染中的位置，绝缘的微观环境污染等级为 3 级。

30 耐热和耐燃

GB 4706.1—2005 中的该章适用。

31 防锈

GB 4706.1—2005 中的该章适用。

32 辐射、毒性和类似危险

GB 4706.1—2005 中的该章除下述内容外，均适用。

增加：

注 101：打算用于收集危险性灰尘的附件，应符合附录 AA 的要求。

单位为毫米

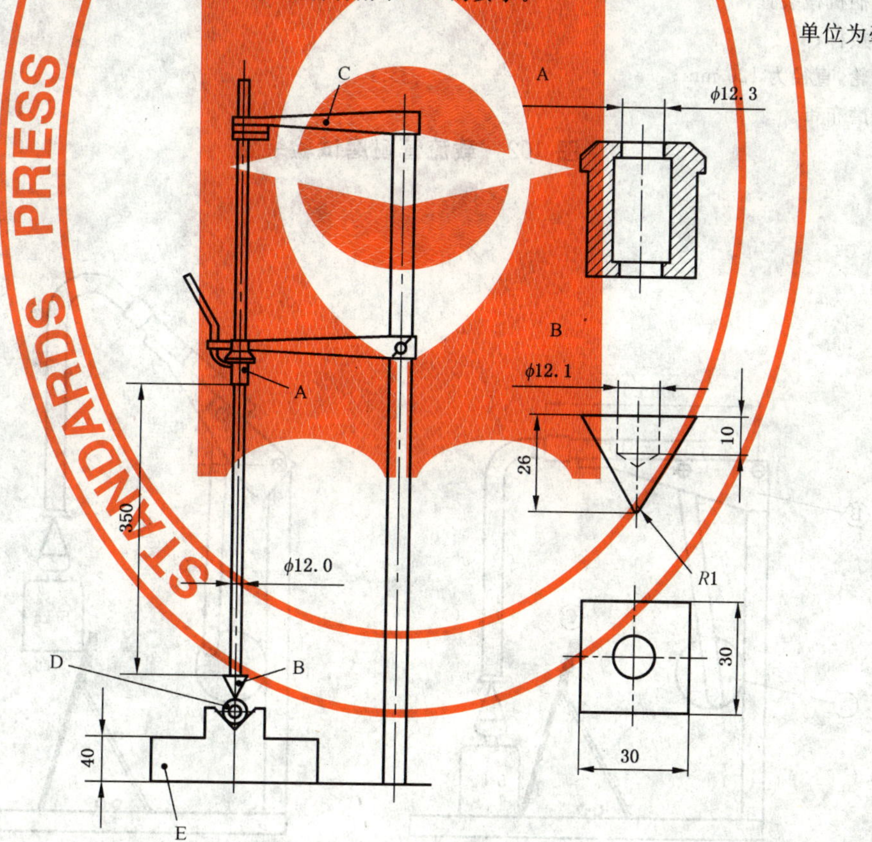

图中：

A——重物；

B——凿子；

C——固定臂；

D——样机；

E——质量为 10 kg 的基座。

图 101 冲击试验装置

单位为毫米

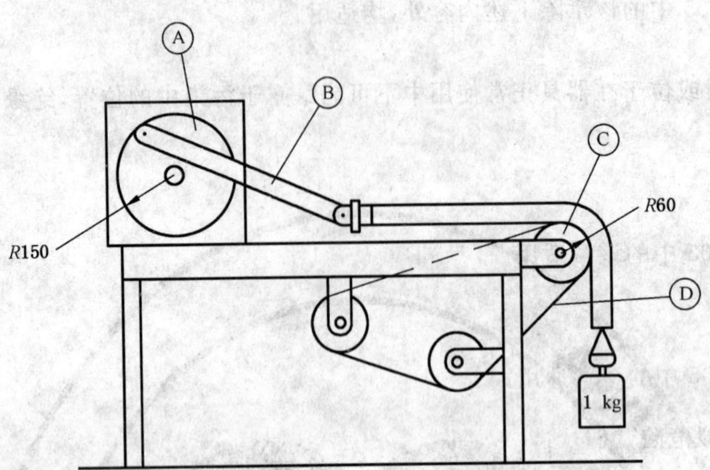

图中：

A——曲柄机械装置；

B——连接杆；

C——滚轮，直径为 120 mm；

D——研磨布带。

图 102 载流管耐磨试验装置

单位为毫米

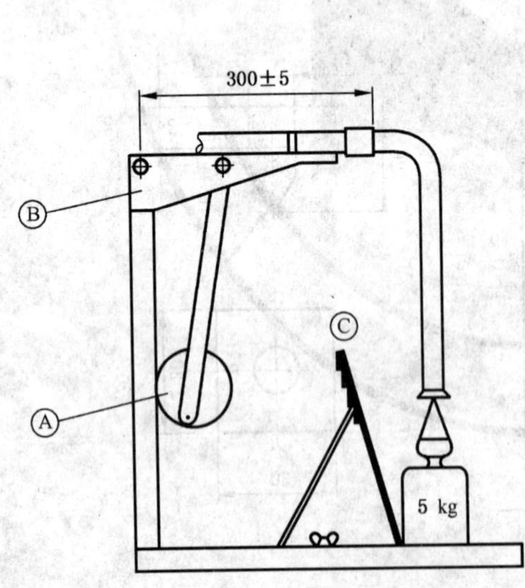

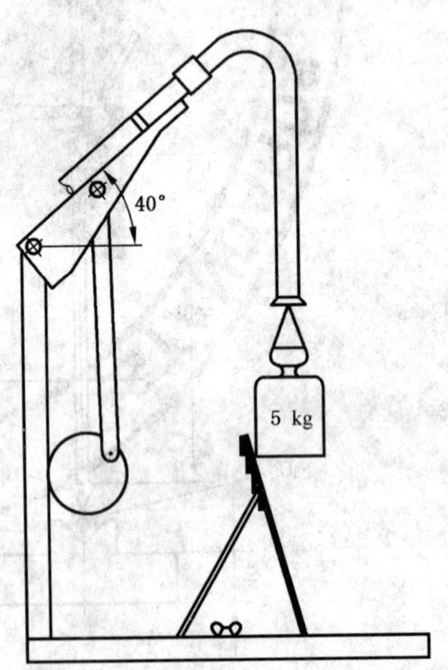

图中：

A——曲柄机械装置；

B——机械臂；

C——斜面。

图 103 载流管耐弯曲试验装置

单位为毫米

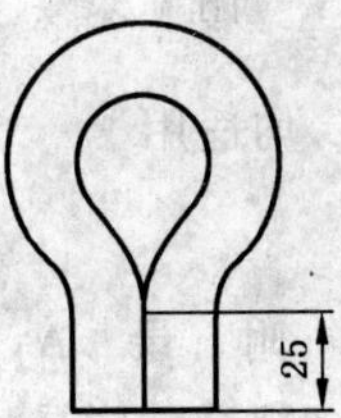

图 104　管子冷冻处理形状图

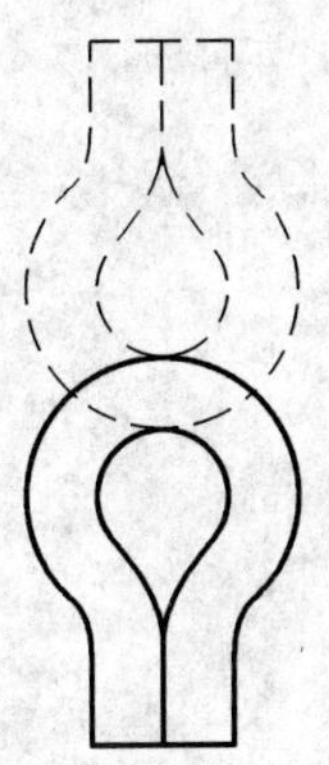

图 105　管子从冷冻室中取出后的弯曲

附　录

GB 4706.1—2005 中附录除下述内容外，均适用。

附　录　A
(规范性附录)
例　行　试　验

A.3　增加：

对于灰尘等级 H 级的器具应符合表 AA.1 的渗透性要求，无论是整机还是主要过滤元件都应符合该要求。

附　录　AA
（规范性附录）
用于收集有害健康粉尘的真空吸尘器、垃圾清扫机和集尘器的特殊要求

下述内容是针对本部分正文部分相应条款的修改，适用于收集非爆炸性有害健康粉尘的工业和商业用湿式或干式真空吸尘器、垃圾清扫机和集尘器。

注1：在使用除电力以外的其他动力源（例如：压缩空气、内燃机等）或负压装置时，上面提到的渗透性要求仍适用。

注2：在本附录中增加的条款编号从201开始。

AA.3　术语和定义

本部分该章除下述内容外，均适用。

AA.3.201

爆炸性空气（粉尘）　explosive atmosphere (dust)

空气中的粉尘在同时受下述先决条件支配时粉尘将发生爆炸：

a)　粉尘是可燃的；

b)　粉尘悬浮在含有足够助燃氧气的空气中；

c)　粉尘有能蔓延火焰的粒度分布状态；

d)　悬浮的粉尘浓度处于可发生爆炸的有效范围之内；

e)　悬浮粉尘与拥有足够能量的火源相接触。

如需要，参见附录BB。

AA.3.202

危险粉尘　hazardous dust

无论何时被吸入、咽下或与皮肤相接触就会对人健康产生危险的非放射性的和非爆炸性粉尘。

例如下述粉尘：

a)　任何列在对67/548/EEC指令就毒性、有害性、腐蚀性或刺激性总指标进行修改的ECD 79/831/EEC指令中的粉尘；

b)　国家已制定了曝露限值的粉尘；

c)　对任何个人的健康会产生危险的一种微生物；

d)　如果器具用于收集放射性粉尘，对于粉尘的运送和最后处理应根据本部分以外的相应规范和规程增加预防措施。

AA.3.203

渗透力　penetration

过滤器材料的渗透力等级，过滤器或器具的渗透力等级由式(AA.1)计算：

$$D=\frac{m_{out}}{m_{in}}\times 100\% \quad \cdots\cdots\cdots\cdots\cdots\cdots\cdots\cdots\cdots\cdots\cdots\cdots(\text{AA.1})$$

式中：

D——渗透力等级；

m_{out}——在取样时间内穿过试验区域的下行空气平均质量；

m_{in}——在取样时间内穿过试验区域的上行空气平均质量。

AA.3.204

平均速率　mean velocity

平均速率由式(AA.2)计算：

$$\bar{v} = \frac{V_2}{A} \quad \cdots\cdots (AA.2)$$

式中：

$\bar{v}$——平均速率，m/h；

V_2——空气流量，m^3/h；

A——基本过滤器平面面积，m^2。

AA.3.205

空气变化率　air change rate

每小时新鲜空气变化量，由式(AA.3)计算：

$$L = \frac{V_2}{V_1} \quad \cdots\cdots (AA.3)$$

式中：

L——空气变化率；

V_1——室内空气体积，m^3；

V_2——空气流量，m^3/h。

AA.3.206

安全更换过滤器　safe change filter

一种可以在不对空气或操作者造成污染的情况下进行更换的过滤器，例如通过从一不透气薄膜的外面操作过滤器的方式，以及采用一种在进行分离、回收和更换时不暴露过滤器内部的双层密封法。

AA.3.207

集尘器　dust extractor

一个带过滤的抽吸器具，它能够装在一台工作母机上或放在一产生粉尘工位的附近。

AA.3.208

基本过滤器　essential filter

在一个使用多个过滤器的系统中的主要过滤器，它确保渗透力能够满足表AA.1的限值要求。

AA.3.209

集尘用具　dust collection means

在按制造厂的说明使用时，有安全处理粉尘手段的一种容器。

AA.3.210

负压装置　negative pressure unit

一个用来确保工作空间内的压力低于大气压力的排气装置。

AA.6　分类

本部分该章除下述内容外，均适用。

AA.6.201　器具按照下述粉尘等级进行分类：

——L(轻度危害)适用于职业曝露限值大于 $1\ mg/m^3$ 的可分离粉尘；

——M(中度危害)适用于职业曝露限值大于 $0.1\ mg/m^3$ 的可分离粉尘；

——H(高度危害)适用于所有职业曝露限值的可分离粉尘，包括致癌和致病的粉尘。

AA.7　标志和说明

本部分该章除下述内容外，均适用。

AA.7.1　增加：

在器具上制造厂的型号或系列号标志应包括粉尘等级字母，涉及安全的分离部件应予以编号，例如过滤器、集尘用具和处理装置(如:刚性容器或塑料袋)。

AA.7.12 增加:

使用说明书应包括下述内容:

——关于器具最重要的操作数据资料,如3.1.9规定内容,其粉尘等级,打算的用途和(如适用)任何使用限制;

——涉及安全的部件,如过滤器和集尘用具的准确牌号,以及他们能在哪里获得的信息;

——最大流速(m/h)和最大负压(hPa);

使用说明书应建议使用者查阅有关任何适用于材料转移的相关法规,还应包括下述内容:

——使用前,应向使用者提供器具的使用和器具要处理物料的有关说明和培训信息,包括安全收集和转移物料的处置方法;

——用户保养,应尽可能合理可行的拆卸、清洗和维修器具,而不会对保养维修人员和其他人造成危险。适当的预防措施包括拆卸前清除污染,在器具被拆卸的地方配备过滤式排气通风装置,维修区的清扫和适当的个人防护;

——在使用H和M粉尘等级器具的情况下,在离开危险区前,器具的表面应通过真空清洁方法清除污染并擦洗干净或密封处理。离开危险区时,所有的器具部件都应看作是受到污染的并应采取适当措施防止粉尘散发;

——制造商或受其委托人员,应每年至少进行一次技术检查,包括如对过滤器损坏的检查,器具的气密性和控制机构的正确作用。此外,关于H粉尘等级的器具,至少每年进行一次过滤效率试验,试验方法依据AA.22.201.2对器具过滤效率确认的规定,如果试验失败,应重新更换新的过滤器;

——当进行维护或修理作业时,必须处理所有不能被清洁的污染部件,按照任何现行处置类似废弃物的规定,这些部件应在密闭袋中进行处理。

为了清洗而将非防尘隔间外罩去除的方法也应包含在使用说明书中。

集尘器应包括下述内容:

如果排出的空气返回室内,应参考相应的国家法规,必须给定一个适当的室内空气变化率L。

AA.7.14 增加:

L、M和H粉尘等级的器具应装有如图AA.1所示的标签,标签为在白色背景上标有宽度为(10.0±0.5)mm、间距为(20.0±0.5)mm的红色斜条纹,字母L、M或H标在应在其中(见图AA.201)。

在标签和操作说明上应给出下述警告:

警告:器具含有危害健康的粉尘,排空和维修操作,包括集尘用具的拆除,必须只能由穿戴合适的个人防护服并获得授权的人员进行。没有配装完备的过滤系统时不要操作。

无须使用工具就可拆卸的盖和防护罩上应有附加词语:清洁时拆除。

AA.7.15 增加:

器具上警告语的字母高度应不小于3 mm。

当接通或断开器具电源时,器具上的警告标志应处于操作者容易看到的位置。

AA.19 非正常工作

本部分该章除下述内容外,均适用。

AA.19.201 基本过滤器应有足够的强度能够经受由于过滤器被堵塞或发生脉冲气流时的造成的最严酷工况。

通过视检和AA.22.201.4的试验确定其是否合格。

使用堵塞介质(如滑石粉)以引发至90%的最大压力差,获得按3.1.9测量 P_i 的效果。通过盖住器具入口5 s随即放开1 s来获得脉冲效果。

注:任何部件,除基本过滤器外,要对流动的堵塞介质进行干燥。脉冲试验应在3 min周期内重复30次。

基本过滤器系统不应出现破裂或停顿,如果电动机和过滤器系统装有保护开关,则使其不工作。

AA.22 结构

本部分该章内容除下述内容外,均适用。

AA.22.201 集尘器应按照AA.6.201给出的粉尘等级制造,应符合表AA.1的要求。

表 AA.1 渗透力限值

粉尘等级	暴露在粉尘中工作的危害粉尘限值/(mg/m³)	渗透力等级 D/%	基本过滤器材料试验[a]	基本过滤器元件试验[a]	器具集尘试验方法
L (轻度危害)	>1	<1	AA.22.201.1或 AA.22.201.2	—	AA.22.201.3 如果未进行基本过滤器材料试验
M (中度危害)	≥0.1	<0.1	AA.22.201.1或 AA.22.201.2	—	AA.22.201.3
H (高度危害)	<0.1 所有含有致癌和致病细微粒子的粉尘	<0.005	—	AA.22.201.2	AA.22.201.3
注:器具使用相同结构的基本过滤器并且确定其空气流速也相同,可以在同一个型号器具上进行试验。					
[a] 材料、元件试验可按制造厂给定的方法进行。					

注:粉尘等级M的器具适用于木质粉尘。

通过下述试验确认其是否合格。

AA.22.201.1 基本过滤器材料试验

对于粉尘等级L和M的器具,其过滤器材料渗透力等级试验按下述要求进行:

使用类似图AA.2的装置进行检查,使用整体测量光度计或合适的粒子测量系统,用6个新的材料样品进行试验。

充满粉尘的空气通过过滤材料1 h,在P点测量空气流速,该流速与器具过滤器流速相同。

试验粉尘为各种类型的石英粉尘,浓度为(200±20)mg/m³,在点测量到的90%的粉尘粒径在0.2 μm～2 μm之间。

通过式(AA.4)计算渗透力等级:

$$D=\frac{C_H-C_O}{C_V-C_O}\times 100\% \qquad \text{(AA.4)}$$

式中:

C_H——过滤器下行空气少量泄漏量;

C_O——设备关于环境空气的间隔值;

C_V——过滤器上行空气少量泄漏量。

整个试验过程平均值为渗透力等级,第一个读数在充满粉尘的空气通过过滤样品材料5 min后获得。

用6个样品测得渗透力等级 D。

6个数值的算术平均值加上2倍的标准偏差应小于表AA.1中D的限定值。

AA.22.201.2　基本过滤器元件试验

对于粉尘等级H的器具，其基本过滤器材料原件的渗透力等级试验按下述要求进行：

使用类似图AA.4的装置进行检查。

器具使用图AA.3所示连接管道。

除基本过滤器元件以外，去除所有粉尘过滤器。

应确保基本过滤器元件试验为纯试验烟雾。

试验使用新的基本过滤器元件。

试验烟雾仅使用石蜡油烟，分散的油粒子(DOP)或NaCl，浓度在10 mg/m³～100 mg/m³之间。

按照斯托粒径，90%粉尘粒径小于1 μm。

使用全功能光度计或合适的粒子计数器连续测量D值。

注：应考虑碳刷粉尘的影响。

如果需要，则在第1个5 min后进行调整，在第2个20 min的间隔期内用式(AA.4)计算D值。

D值应不大于表AA.1中的限定值。

AA.22.201.3　器具集尘试验

对于粉尘等级M和H的器具使用多分散的石灰石粉进行试验，粉尘粒度尺寸分布为小于1 μm的10%；小于2 μm的22%；小于5 μm的75%。使用仪器如图AA.4所示。

在3个最小循环后，当通过标准吸管空气流速降到20 m/s时，按照ISO 2602要求在95%置信度下使用重量法或使用平衡测量系统，用最长8 h的测量时间确定D值。

如果试验中真空吸尘器的风扇有足够的强度保证要求的空气速率，Q_E可以减小到0。

在整个渗透力试验过程中上行空气浓度应为5 g/m³。

D值应不大于表AA.1中的限定值。

注：垃圾清扫机试验在考虑中，空气温度、湿度和密度的影响都应考虑。

本试验后，按照AA.22.201.2要求进行下一步试验。

AA.22.201.4　爆裂强度试验

对于粉尘等级L、M和H的器具，在3.1.9测量P_i时，使用阻塞介质(例如滑石粉)获得最大压差的90%，通过盖住进口5 s随后开启1 s得到脉冲效果。

注：任何部件，除基本过滤器本身以外，应进行干燥便于阻塞介质流动。所有集尘袋和前置过滤器应从器具上拆除，以确保所有阻塞介质到达基本过滤器并且按运动轨迹切断入口。

脉冲试验应在3 min周期内重复30次。

基本过滤器系统不应出现破裂或停顿，如果电动机和过滤系统装有保护开关，则使其不工作。

AA.22.202　所有除尘器具应能够充分清除粉尘，并给出如下说明：

a) 粉尘等级M和H的吸尘器应装有一个指示器，该指示器由制造厂提供的最大软管(管道)的空气流速降到低于20 m/s之前工作，参考软管最大截面。如果流速指示器需要调整，应不使用工具就可以调整。

b) 对于吸尘式清扫器具，指示器应在清扫区的抽吸范围内的压降低于50 N/m²前工作，这也适用于边刷区域。

c) 对于集尘器(不包括负压装置和粉尘等级L的负压器具)，指示器应在用软管(或管子)最大截面表示的抽吸速率低于制造厂的规定值或20 m/s，取其较大的，参考管子最大截面积，或粉尘源头被集尘器中的机构切断之前工作。如果粉尘源头不能切断(如某一生产过程有皮带输送机时)，应至少发出下列警告信号之一：

——声音信号，如果使用，应符合GB/T 1251.1标准要求；

——可视信号，如果使用，应符合GB/T 1251.2标准要求；

——对电压分离触电并且对使用的警告开关装置的安装予以说明。

通过视检和下列试验确定其是否合格。

按照使用说明书要求在标称电压下使器具运行，输入电压在额定电压+6%~额定电压-10%之间。如果需要，与规定值作比较。运行中不应有粉尘泄漏。

AA.22.203 如果不能保证过滤器无尘更换，则粉尘等级M和H级的器具可提供一个安全更换过滤器。H级的器具应安装一个一次性的基本过滤器。如果M和H级的器具装了用作基本过滤器的嵌入式过滤清洁机构，其作用不应降低过滤效率。

进行50个清洁周期后通过AA.22.201或AA.22.207的过滤试验来确定其是否合格。

每一个清洁周期应包含收集相应的粉尘以使气流速度降到20 m/s以下，并随即按制造厂说明予以清洁。随后将器具排空，试验重复进行。

AA.22.204 如果器具装有嵌入式清洁机构，则应恢复所要求的抽吸性能。

进行清洁处理后，清洁机构应符合下列要求：

——对垃圾清扫机，刷子清扫区的压降为50 N/m^2；

——对其他器具，抽吸气流大于AA.22.202中规定的最小气流量20%。

在按制造厂的说明开动清洁装置后，通过将抽吸气流与所期望的值作比较，来确定是否合格。

清洁操作应在达到最小抽吸气流时完成。

AA.22.205 H级器具的结构应使外部清除污染的工作尽可能简单，并应装有能承受运输恶劣条件的牢固密封容器。

对M级器具，应尽可能按制造厂说明以粉尘飞扬最少的方式拆下收集袋。

通过视检来确定其是否合格。

AA.22.206 M(除垃圾清扫机外)和H级器具应装有一可任意使用的收集装置。

通过视检来确定是否合格。

AA.22.207 M和H级器具的结构应使在收集碎玻璃或钉子之类锋利尖锐物品时，基本过滤器不会损坏。

通过试验检测其是否合格，器具正常运行，收集1 kg/kW(输入功率)(最多1 kg)长13 mm的室内装潢用平头钉子，应没有钉子损坏基本过滤器。本试验应在AA.22.201或AA.22.208的试验之前进行。

AA.22.208 在粉尘等级H级器具中，基本过滤器应只通过使用工具才能拆下。

通过视检来确定其是否合格。

AA.22.209 在M和H级器具中，空气排放应不过度扰动落在地板上的粉尘。

通过下述试验来确定其是否合格。

将工作软管接到进口端并使出风口在高于地面至少2 m的地方向上放置，在高于地板50 mm处的排气速度应不超过1 m/s，器具距离任何墙面或垂直表面至少为2 m，试验区空气湿度应不大于60%，试验应在空气静止状态下进行。

AA.22.210 在粉尘等级H级器具中，基本过滤器应处于小于大气压力的位置。

对于粉尘等级L和M级器具，如基本过滤器处于正压侧，则进行AA.22.201的渗透力试验，以确保器具符合表AA.1的要求。

通过视检和相应的试验来确定其是否合格。

AA.22.211 在粉尘等级H器具中，如果基本过滤器影响AA.22.205的规定要求，其应具永久性的整体密封。

注：将基本过滤器做成密封件有一侧朝向大气压力的场合使用并由制造厂在该状态下进行试验，不影响AA.22.205的要求。但尽管推荐了整体密封措施，也不要求整体密封。适用的材料见表AA.2。

表 AA.2 对老化有低敏感度的材料

缩写	化学名称	通用名称
NBR	丙烯腈-丁二烯橡胶	丁腈橡胶
NBR/PVC	混合丙烯腈-丁二烯橡胶和聚氯乙烯	
CO	弹性聚(氯甲基)环氧乙烷	表氯醇
ACM	丙烯酸乙酯(或其他丙烯酸酯)和少量促进硫化的单体的共聚物	聚丙烯酸酯
CR	氯丁二烯橡胶	聚氯丁橡胶
IRR	异丁烯异戊二烯橡胶	丁基橡胶
XNBR	羧基丙烯腈(1,3)丁二烯橡胶	羧基腈
BIIR	溴代异丁烯-异戊二烯橡胶	溴丁基橡胶
CIIR	氯代异丁烯-异戊二烯橡胶	氯丁基橡胶
PDM	聚二甲基硅氧烷橡胶	聚硅酮橡胶

AA.22.212 粉尘等级 H 的器具应装有在储存或装填期间对过滤介质损坏的可能性最小的那种类型的基本过滤器。

注：保护性网筛作为过滤介质用的保护措施，被认为是可接受的。

通过视检来确定其是否合格。

AA.22.213 粉尘等级 H 的器具不应装有架存储期期限小于 5 年的过滤器。

通过视检来确定其是否合格。

AA.22.214 粉尘等级 M 和 H 级器具在不使用时，应能够防止危险粉尘从器具任何部位意外进入和排放。

通过视检和用 GB/T 16842 规定的试验探棒进行试验来确定其是否合格。

AA.22.215 不符合 IP6X 要求的 H 级器具，和不符合 IP5X 要求的 M 级器具应符合下述要求：

a) 与 IP65 要求不一致和不能防护机械和电气危险的盖和防护装置，其拆除不需要工具。

b) 与 IP6X 要求不一致但具有机械和电气危险防护功能的盖和防护装置，应有拆除时能与电源断开的电气联锁装置，或拆除时需要使用工具；装有电气联锁装置的盖和防护装置，其拆除应不需要工具。若其防护电气危险，联锁装置应是双极的；若其防护机械危险，联锁装置是双极或单极的。

c) 如果基本过滤器用于确保粉尘不能进入器具内部，其拆除则需使用工具。

通过视检来确定其是否合格。

AA.32 辐射、毒性和类似危险

本部分该章除下述内容外，均适用。

AA.32.201

注 1：除非操作者受到专门的培训并且器具已获得相关的授权，本部分所涉及的等级中，没有一个适用于收集放射性粉尘；

注 2：有关某些粉尘暴炸危险的信息在附录 BB 中提供。

AA.32.202 相关器具等级毒性危险的内容见附录 AA.22。

单位为毫米

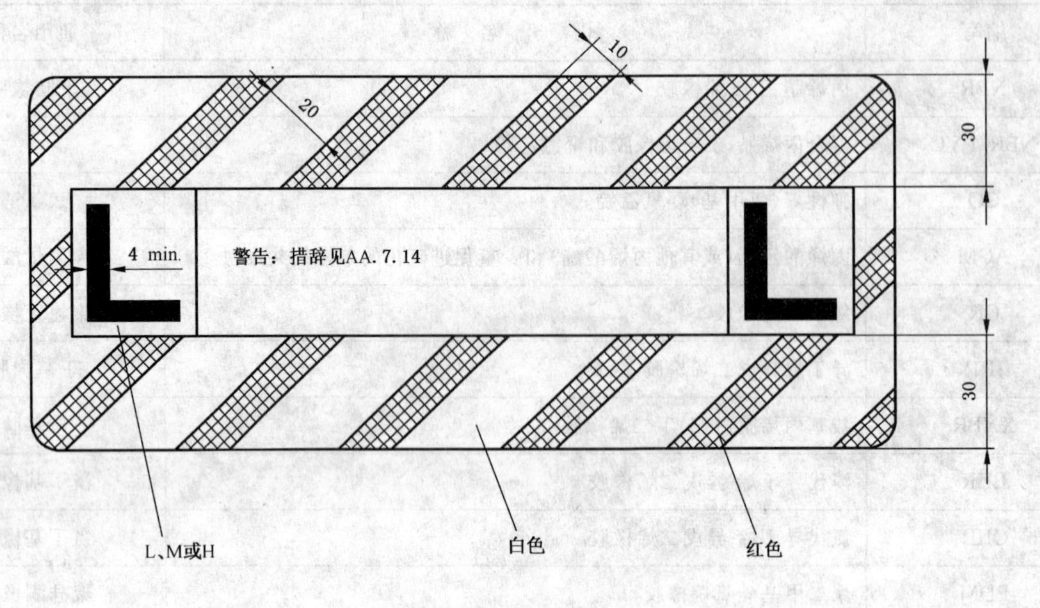

图 AA.1 警告标志

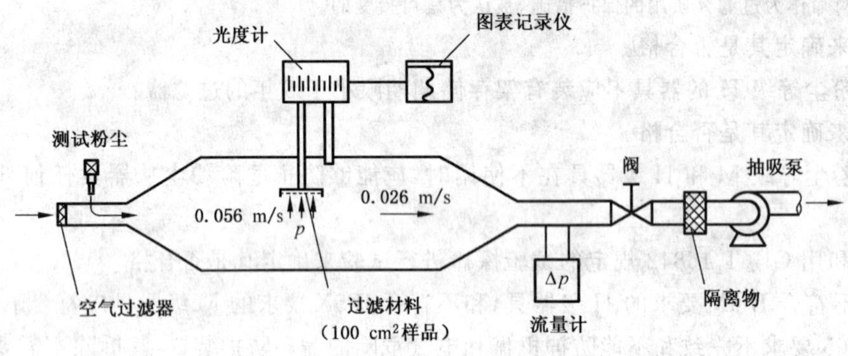

图 AA.2 基本过滤器材料试验方法

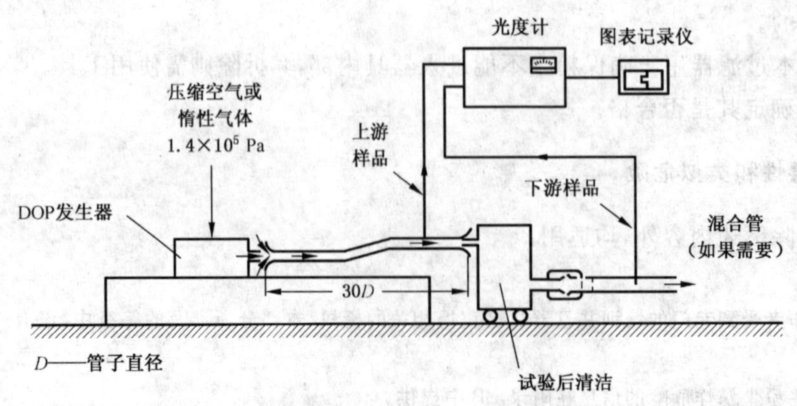

图 AA.3 基本过滤器元件试验位置

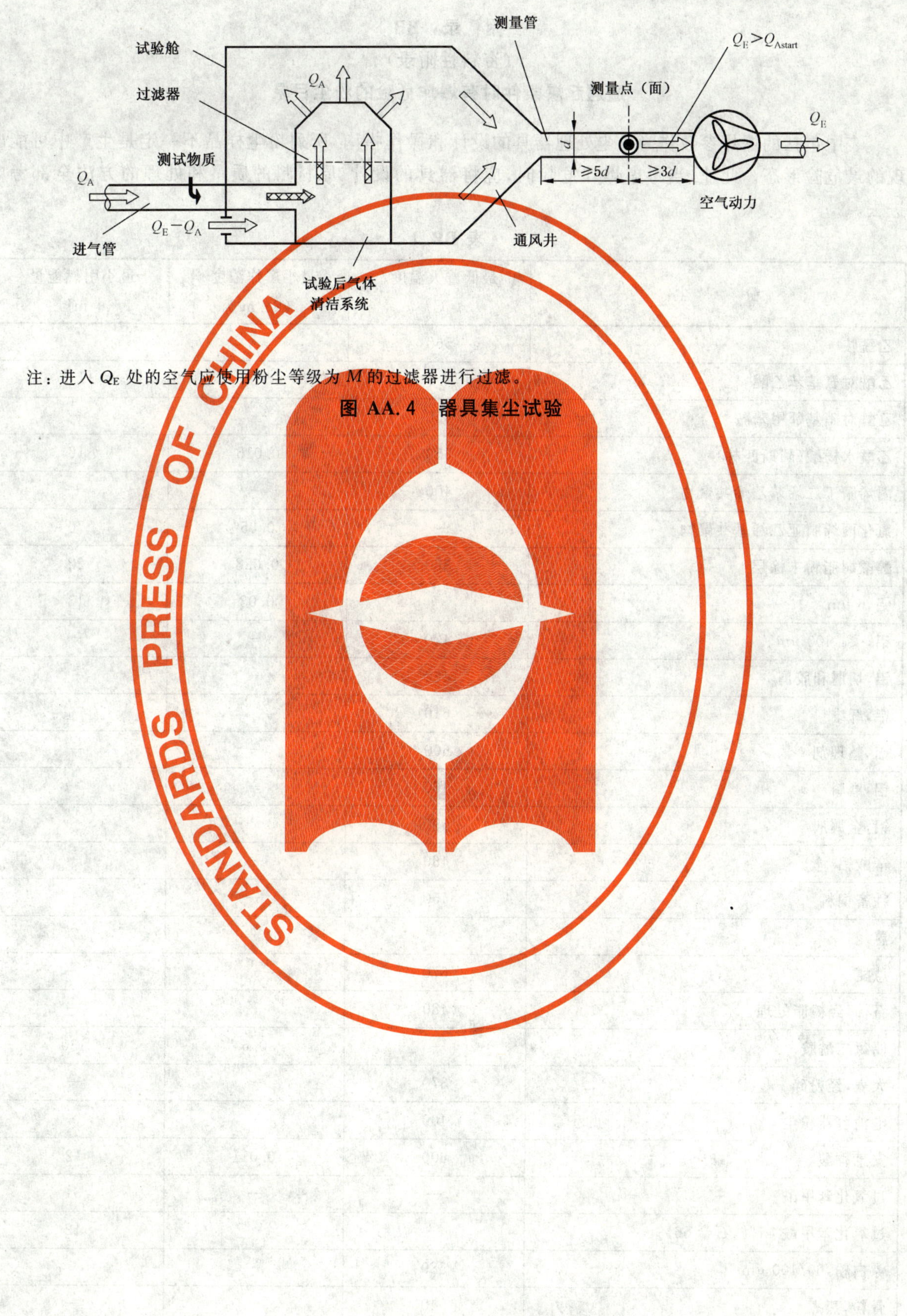

注：进入 Q_E 处的空气应使用粉尘等级为 M 的过滤器进行过滤。

图 AA.4　器具集尘试验

附　录　BB
（资料性附录）
遭遇起爆条件时有爆炸危险的粉尘目录

表中包括的爆炸参数作为粉尘处理器具的设计和操作指南，所列粉尘样品不一定是生产中可能出现的最危险形态。此外，当考虑爆炸危险时，应将器具的设计、原材料的质量和处理的方法全部考虑进去。

表 BB.1

粉　　尘	最低着火温度/℃	最小爆炸浓度/(kg/m^3)	最小引燃能量/mJ
乙酰胺	560	—	—
乙酰对氨基苯乙醚	—	—	11.5
乙酰对硝基邻甲苯胺	450	—	—
乙酰水杨酸(阿斯匹林)	550	0.015	16
丙烯腈丁二烯苯乙烯共聚物	400	—	—
氯化丙烯腈亚乙烯基共聚物	—	0.05	70
醇酸树脂粉末涂层	360	0.028	22
铝，6 μm	—	0.03	13
铝，<1 400 μm	420	—	—
铝，切屑和胶屑	480	—	—
铝，纤维	610	—	—
铝，整理剂	600	—	—
铝，磨料	460	—	—
铝，金属屑	590	—	—
辛酸铝	460	—	—
牲畜饲料	450	—	—
蒽	—	—	7
蒽醌	670	—	—
石棉，经树脂处理	480	—	—
偶氮二酰胺	—	0.6	130
大麦，经粉碎	370	—	—
电池容器粉尘	400	—	—
安息香酸	600	0.011	12
过氧化苯甲酰	—	—	31
过氧化苯甲酰 44%，石膏 56%	—	—	12
漂白粉，60/100 μm	580	—	—
骨粉，蒸煮	540	—	—

表 BB.1(续)

粉　　尘	最低着火温度/℃	最小爆炸浓度/(kg/m^3)	最小引燃能量/mJ
碳化硼	640	—	—
面包	450	—	—
青铜	440	—	—
布伦兹维克绿	360	—	—
硫化镉	700	—	—
镉硫代硒醚	710	—	—
镉黄	390	—	—
锌镉硫化物	660	—	—
柠檬酸镉	470	—	—
葡萄糖酸镉	550	—	—
泛酸镉	430	—	—
丙酸镉	530	—	—
硅化镉	—	—	<4.6
硬脂酸镉	450	—	24
己内酰胺	430	0.07	60
碳,13%挥发物	590	—	45
干酪素	460	—	—
干酪素粗粉,经蒸制	460	—	—
纤维素,经漂白	410	—	—
醋酸纤维素	340	—	—
醋酸纤维素,纤维	430	—	—
乙酸丁酸纤维素	380	—	—
三乙酸纤维素	390	—	—
木炭	470	—	—
鸡粪	680	—	—
氯代氨基甲苯磺酸	650	—	—
对氯邻甲苯胺盐酸	650	—	—
煤,30%挥发物	530	—	—
煤,36%挥发物	490	—	—
煤,无烟煤<63 μm	530	—	—
煤,匹兹堡<74 μm	530	0.03	—
煤,粉末<150 μm	550	—	—
煤,煤石	490	—	—
可可,豆壳	400	—	—

表 BB.1（续）

粉　　尘	最低着火温度/ ℃	最小爆炸浓度/ (kg/m³)	最小引燃能量/ mJ
椰子壳	490	—	—
咖啡	360	—	—
咖啡 55%菊苣 45 ℃	370	0.1	140
软木	400	—	—
玉米粉	390	—	—
玉米淀粉	380	0.15	—
过氧化环已酮	—	—	21
清洗剂,高非离子物质	410	—	—
清洗剂,低非离子物质	560	—	—
清洗剂,标准 ABS	520	—	—
糊精	440	—	—
葡萄糖水合物	350	—	—
二氨基-1,2 二苯乙烯-二硫酸	450	—	—
顺丁烯二酸二丁基锡	600	—	—
氧化二丁基锡	530	0.012	7
硫酸双氢链霉素	670	—	—
二甲基吖啶满	540	—	—
二甲基二苯基脲	490	—	—
二硝基苯胺	470	—	—
氯代二硝基苯甲酰	380	—	—
二硝基-1,2 二苯乙烯-二硫酸	450	—	—
二苯胍+1.5%除尘粉	540	—	28
二苯丙烷	—	0.012	11
环氧化树脂	—	—	9
环氧粉末,亚光涂层	—	0.013	—
环氧树脂	490	0.012	12
细茎针草	—	—	—
扑面粉	440	—	—
谷类淀粉,20%水	—	—	—
铁铬合金	600	—	—
鱼粉	520	—	—
面粉,英国 13%水	—	—	—
面粉,小麦	390	—	100
谷物,蒸馏干燥可溶物	420	0.06	128

表 BB.1（续）

粉　　尘	最低着火温度/℃	最小爆炸浓度/(kg/m³)	最小引燃能量/mJ
谷物，干燥酒糟	440	0.009	—
草	380	—	—
阿拉伯树胶，250/1 400 μm	550	—	—
蹄和角粉，经过水解	460	—	—
蛇麻草，土地	340	—	—
羟乙基纤维素	420	—	—
羟乙基甲基纤维素	410	—	—
爱尔兰藓	540	—	—
明胶	520	—	—
毛果芸香叶	470	—	—
月桂基过氧化氢	—	—	12
硬脂酸铅，二盐基的	—	—	12
皮革，<420 μm	520	—	—
甘草根	—	0.2	—
镁屑	610	—	—
玉米麸粗粉	430	—	—
玉米皮	430	—	—
绵马，经过粉碎	510	—	—
麦芽，粗粒	390	—	—
锰乙烯双二硫代氨基甲酸酯	270	0.07	35
树薯粉	430	—	—
肉粉	500	—	—
肉和骨粉	440	—	—
三聚氰胺甲醛树脂	410	0.02	68
甲基纤维素	480	—	—
2 亚甲基双 4 乙基 6 叔丁苯酚	310	—	—
甲基丙烯酸甲酯	—	—	13
奶粉	440	—	—
奶粉，经过脱脂	—	—	—
一氯乙酸	620	—	—
三氯乙基磷酸钠	540	—	—
β 萘酚	670	—	—
尼格洛辛盐酸盐	630	—	—
对硝基邻茴香胺	400	—	—

表 BB.1(续)

粉　尘	最低着火温度/℃	最小爆炸浓度/(kg/m³)	最小引燃能量/mJ
硝化纤维	—	—	30
硝基二甲胺	480	—	—
硝基糠醛半缩二胺基脲	240	—	—
间硝基对甲苯胺	470	—	—
对硝基邻甲苯胺	470	—	—
尼龙,基绒	450	—	—
尼龙 11	—	0.005	32
纸	400	0.03	—
棉纸,<1 400 μm	—	—	39
泥煤	450	—	—
泥煤　干燥	—	0.1	—
胶质,粉末状	390	—	—
青霉素,N 乙烷哌啶盐	310	—	—
苯酚甲醛	520	—	—
苯酚甲醛树脂	450	0.015	—
吩噻嗪	590	—	—
聚脂树脂,<1 400 μm	400	—	—
聚乙烯	390	0.02	38
聚乙烯,商用	—	—	57
聚乙烯,地面用	400	—	—
聚乙二醇	320	—	—
聚乙烯高密度<90 μm	—	—	17
聚丙烯	380	—	43
聚亚安酯	460	—	—
多乙酸乙烯酯	450	—	—
多乙酸乙烯酯,珠状	—	—	70
聚氯乙烯	510	—	—
聚氯乙烯,分散性树脂	550	—	—
聚偏二氯乙烯	670	—	—
罂粟粉	410	0.4	600
马铃薯,经过干燥,<200 μm	450	—	—
丁基碘	470	—	—
蛋白质	480	—	—
蛋白质,花生	460	—	—

表 BB.1(续)

粉　　尘	最低着火温度/℃	最小爆炸浓度/(kg/m³)	最小引燃能量/mJ
蛋白质浓缩粉	390	—	—
饲料	370	—	—
皂树皮	450	—	—
碎屑,<1 400 μm	470	—	—
人造纤维,纤维胶	420	—	—
人造纤维毛屑	—	0.03	—
人造纤维,8 丹尼尔,1.5 mm	425	0.15	—
树脂,橡胶	400	—	—
树脂,合成的	400	—	—
橡胶	380	—	—
橡胶,乳化	450	—	—
橡胶,合成的	410	—	—
橡胶催速剂	310	—	—
橡胶碎屑	440	—	—
锯屑	430	—	—
晒干的番泻叶	440	0.01	105
硅	900	—	—
肥皂	570	0.02	25
乙酸钠	560	0.15	—
羧甲基纤维素钠盐	320	1.1	440
二氯丙酸钠盐	520	—	—
二羟萘二磺酸钠盐	510	—	—
葡糖化钠酶	600	—	—
葡庚糖酸钠,经过干燥	600	—	—
一氯代乙酸钠	550	—	—
丙酸钠	470	—	—
甲苯硫酸钠	530	—	—
二甲苯磺酸钠	490	—	—
山梨酸	440	—	—
大豆	390	0.23	370
大豆粗粉	410	0.18	330
淀粉	470	—	—
淀粉,冷水	490	—	—
淀粉,玉米 10%水	—	0.15	—

表 BB.1(续)

粉　　尘	最低着火温度/℃	最小爆炸浓度/(kg/m³)	最小引燃能量/mJ
硬脂酸	330	—	—
钢	450	—	—
链霉素硫酸盐	700	—	—
糖	330	0.015	48
硫磺	220	0.02	—
动物脂,经过氢化	620	—	—
酒石酸	350	—	—
茶叶	500	—	—
烟草,经过干燥	320	—	—
尿素	900	—	—
尿素甲醛滑模粉	450	0.04	—
尿素甲醛滑模粉,填充纸的	430	0.07	49
蜡,石蜡	340	—	—
乳清[浆]粉	480	—	—
木头	360	—	—
木,粉状	380	0.06	100
木,粉状,<1 400 μm	410	—	100
木,地面起毛的	450	—	—
木,刨花	400	0.1	—
木质纸浆,经过脱水	450	—	—
木质纸浆,毛屑	470	—	—
硬脂酸锌	420	—	14

附 录 CC
（规范性附录）
用于收集有爆炸危险粉尘的真空吸尘器、垃圾清扫机和集尘器的特殊要求

下述内容是针对本部分正文中相应条款的修改，适用于收集有爆炸危险粉尘的工业和商业用湿式或干式真空吸尘器、垃圾清扫机和集尘器。

注：在本附录中增加的条款编号从201开始。

CC.1 范围

本部分中的该章除下述内容外，均适用。

增加：

本部分适用于非固定电机驱动，用于工业和商业目的，以及在22区域内收集可燃性灰尘有特殊要求的湿式或干式真空吸尘器、垃圾清扫机和集尘器。

CC.3 术语和定义

本部分中的该章除下述内容外，均适用。

增加：

CC.3.201

可燃性粉尘 combustible dust

在空气中被点燃时能够进行放热反应、颗粒尺寸小于1 mm的粉尘。

CC.3.202

22型器具 combustible dust

适用于在22区域收集可燃性灰尘的真空吸尘器、垃圾清扫机和集尘器，在器具内部粉尘收集认为是20区域。

注：吸管和喷嘴的内部认为是22区域。

CC.3.203

20区域 zone 20

见IEC 61241-10:2004中6.2。

CC.3.204

22区域 zone 22

见IEC 61241-10:2004中6.2。

CC.3.205

静电接地 electrostatic earthing

最大阻抗1 MΩ的接地连接。

CC.3.206

导电部件 conductive parts

由特别阻抗不大于10 000 Ω·m的材料制成的部件。

CC.4 一般要求

本部分中的该章除下述内容外，均适用。

增加：

CC.4.201 按照附录AA要求22型器具应符合粉尘等级L、M或H，对于粉尘等级L级器具，应按照

AA.22.202 要求装有指示器。对于所有器具不允许流过集尘电机。

CC.4.202 收集可燃性粉尘的22型器具的表面温度应不超过135 ℃。

注:制造商可以声明降低温度。

通过视检和第11章、第19章的试验确定其是否合格。

CC.6 分类

本部分中的该章除下述内容外,均适用。

CC.6.1 增加:

22型器具应为Ⅰ类。

CC.6.2 增加:

按照GB 4208的22型器具应为IP54。

注1:带空气动力扇进行试验;

注2:如果他们是特低安全电压并且泄漏电流不超过20 mA,数据输入连接器不要求是IP54。

通过相应的试验确认其是否合格。

CC.6.201 器具按下述分类:

1型:器具适合在22区域运行。

CC.7 标志和说明

本部分中的该章除下述内容外,均适用。

CC.7.1 增加:

22型真空吸尘器、垃圾清扫机应有清晰和永久性标志,标志内容如下:

——不要收集正在燃烧的灰尘或其他着火的危险物质;

——22型:适用于收集22区域中的可燃性粉尘。

22型集尘器应有清晰和永久性标志,标志内容如下:

——不要收集正在燃烧的灰尘或其他着火的危险物质;

——不要使用能产生火花的机器;

——22型:适用于抽吸22区域中的可燃性粉尘。

警示内容应按照图CC.1和图CC.2所示放在带有黑边的黄色三角形图形内。

器具应按照GB 12476.1要求标示,例如:Ex II 3D T135 ℃。

器具输入接口应标示内容:在通电时不应插入或拔出。

CC.7.12 增加:

使用说明书应包括下述内容:

对于所有22型器具:

——需要时粉尘容器应清空,不必每次使用后清理;

——不要使用延长软线;

——如果需要,应保持正确的旋转方向,避免由于错误的旋转方向造成吹风和高温的现象产生;

——对于引燃能量低于1 mJ的粉尘,劳动部门的额外限制适用。

注:引燃能量的典型指标可以在附录BB中获得。

—— 如果T_{max}超过80 ℃,应标明:"正常运行中表面温度可以上升至(T_{max})℃";

——22型器具不适用于收集粉尘或高爆炸危险的液体,也不适用于可燃性粉尘和液体的混合物;

——"警告:对于22型器具,仅使用制造商允许使用的附件,使用其他附件可能产生爆炸危险";

——当所有过滤器、包括过滤器的冷却电机在其位置并且未损坏时,器具应可以运行。

对于垃圾清扫机:

——22型垃圾清扫机适用于在22区域内收集可燃性粉尘。

对于真空吸尘器:

——22型真空吸尘器适用于在22区域内收集可燃性粉尘，他们不适用于连接粉尘发生器。

对于集尘器：

——22型集尘器适用于在22区域内连接粉尘发生器，应该确保无引火源被收起。导电部件，包括吸入头和Ⅱ类器具的导电部件应静电接地，静电接地连接应贯通整个集尘器或通过所有单独的静电接地部件；

——1型集尘器不适应于可产生引火源的机器。

关于在22区域应给出用于安装数据输入线和电源插座的国家规范的信息。

CC.11 发热

本部分中的该章除下述内容外，均适用。

增加：

表3最大正常温升

增加：

注1：与可燃粉性粉尘接触的部件，表中值是基于环境温度40 ℃给出的。

CC.19 非正常工作

本部分中的该章除下述内容外，均适用。

CC.19.7 增加：

删掉标准正文中注101。

增加：

器具运行直至稳定状态建立。

在本部分正文中增加下列条款：

CC.19.8 增加：

如果可能，和如果没有正确旋转方向警告标志的情况下，更换插头上三相接头中的两相使产生错误旋转方向后重复该试验。

CC.22 结构

本部分中的该章除下述内容外，均适用。

CC.22.201 抽吸风扇应位于清洁空气一侧并且能防止大于8 mm的粉尘颗粒进入。

通过视检和测量确认其是否合格。

CC.22.202 器具的结构应能够存放进入器具的最小颗粒粉尘。

通过视检确认其是否合格。

CC.22.203 器具的其他部件，包括封闭收集粉尘的部件，吸嘴和粉尘管道不应由含镁量超过7.5%的铝制作并且不应用铝涂层。

由含镁量超过7.5%的铸铝制作的吸嘴应能防止钢材或弹性保护器的冲击。

通过视检确认其是否合格。

CC.22.204 粉尘导流器不应用冲击可产生火花的材料制作。

通过视检确认其是否合格。

CC.22.205 基本过滤器的下行空气认为是非可燃性粉尘。

CC.23 内部布线

增加：

IP54隔间内的软缆和软线不应轻于GB 5013(idt IEC 60245)的66号线。

注：该要求不适用于外部的数据线，对于数据线国家规范适用。

通过视检确认其是否合格。

CC.24 元件

本部分中的该章除下述内容外，均适用。

增加：

CC.24.1 含有收集的可燃性粉尘的外壳内的元件适用于20区域。

通过视检确认其是否合格。

CC.24.201 用于冷却空气的过滤器应符合CC.6.2的要求只能用工具才能拆下。

通过视检确认其是否合格。

CC.25 电源连接和外部软线

本部分中的该章除下述内容外，均适用。

CC.25.1 增加：

器具输入接口应在插头从下面能够插入的位置，在断开时，器具输入接口应有一永久连接的盖子能够防止粉尘沉积。

通过视检确认其是否合格。

CC.25.7 增加：

22型器具的电源线不应轻于GB 5031.1(idt IEC 60245)的66号线。

注：本条款不适用于国家规范中适用的外部数据线。

通过视检确认其是否合格。

CC.30 耐热和耐燃

本部分中的该章除下述内容外，均适用。

增加：

CC.30.2 增加：

环绕收集的可燃性粉尘的非金属部件应能够耐燃并且可防止火焰蔓延，本要求不适用于在耐燃材料壳体内可移动的粉尘收集器，例如：纸质收集袋。

通过下述试验进行检验：

非金属部件不包括收集可燃性粉尘的支撑件应按照GB/T 5169.11(idt IEC 60695-2-11)要求进行灼热丝试验，试验温度为550 ℃。按照GB/T 5169.12(idt IEC 60695-2-12)标准要求，非金属的可燃性粉尘支撑件的灼热丝燃烧指数至少为850 ℃，按照GB/T 5169.11(idt IEC 60695-2-11)标准要求，用厚度不厚于相应部件的试验样块进行灼热丝试验，试验温度为750 ℃。如果试验过程中产生的火焰燃烧持续时间超过2 s，应按附录E进行针焰试验。

按照GB/T 5169.16(idt IEC 60695-11-10)要求达到V-0或V-1的材料部件不进行针焰试验。提供的试验样块厚度不应厚于相应部件。

注：CC.30.2的试验不在器具上进行，除非器具明示可以用来收集木屑，额定功率不大于1 200 W且集尘器容积不超过50 dm^3。

CC.30.201 22型器具不应产生任何引火源。

所有与可燃性粉尘接触的导电部件应进行静电接地。

注1：当他们的时间常数(耐接地时间能量)低于0.02 s时，静电接地要求不适用于小的导电部件；

注2：过滤材料不要求是导电体。

按下述要求检查：

用最小直流100 V的电压进行静电接地测量，使用一个面积不超过20 cm^2的电极，在电极上施加的力为(10±2)N。

CC.32 辐射、毒性和类似危险

本部分中的该章除下述内容外，均适用。

CC.32.201

注：关于有爆炸危险的粉尘信息在附录BB中给出。

图 CC.1　标志　22型真空吸尘器和垃圾清扫机

图 CC.2　标志　22型集尘器

附　录　DD
（规范性附录）
在ESD被保护区域使用的真空吸尘器的特殊要求

下述内容是针对本部分正文中相应条款的修改，适用于在ESD被保护区域使用的真空吸尘器。

注：在本附录中，标准中增加的条款编号从201开始。

DD.1　范围

本部分中的该章除下述内容外，均适用。

增加：

本部分适用于非固定电机驱动，用于工业和商业目的，在ESD被保护区域使用的真空吸尘器。

DD.3　术语和定义

本部分中的该章除下述内容外，均适用。

增加：

DD.3.201

ESD型真空吸尘器　type ESD vacuum cleaner

在ESD被保护区域使用的空吸尘器。

DD.3.202

ESD被保护区域（EPA）　ESD protected areas（EPA）

能够损坏电子装置的静电放电最小危险区域，在该区域中人不会受到任何额外危险。

DD.3.203

静电接地　electrostatic earthing

最大阻抗为1 MΩ的接地连接。

DD.3.204

导电部件　conductive parts

由特别阻抗不大于10 000 Ω·m的材料制成的部件。

DD.4　一般要求

本部分中的该章除下述内容外，均适用。

增加：

按照附录AA的要求，ESD型器具应符合粉尘等级L、M和H级。

DD.6　分类

本部分中的该章除下述内容外，均适用。

DD.6.1　增加：

ESD型真空吸尘器应为Ⅰ类。

DD.6.2　增加：

按照GB 4208的ESD型器具应为IP54。

注：带空气动力扇进行试验。

通过相应的试验确认其是否合格。

DD.7　标志和说明

本部分中的该章除下述内容外，均适用。

DD.7.1　增加：

ESD型真空吸尘器应清楚地永久地标志下列符号：

DD.7.12　增加：

使用说明书应包括下列基本信息：

对于ESD型器具：

——使用延长软线的应是Ⅰ类器具；

——22型器具不适用于收集粉尘或高爆炸危险的液体，也不适用于可燃性粉尘和液体的混合物；

——"警告—仅使用ESD型器具允许使用的附件，使用其他附件可能产生静电放电"；

——"只有当所有过滤器，包括带有电机冷却的过滤器在适当位置和没有损坏时，器具可以运行"；

——ESD型集尘器在ESD被保护区域可以适当的连接粉尘发生器，应确保无引燃火源被收起。机器导电部件，包括吸入头和Ⅱ类器具的导电部件应静电接地，静电接地连接应贯通整个集尘器或通过所有单独的静电接地部件；

——ESD型集尘器不适应于可产生引火源的机器。

关于在ESD被保护区域应给出用于安装数据输入线和电源插座的国家规范的信息。

DD.22　结构

本部分中的该章除下述内容外，均适用。

DD.22.201　器具结构应是应使最小的灰尘沉积在器具里。

DD.24　元件

本部分中的该章除下述内容外，均适用。

DD.24.1　增加：

器具外壳中的元件应适合于ESD被保护区域。

通过视检确认其是否合格。

DD.24.201　符合DD.6.2要求用于空气冷却的过滤器应只能用工具拆卸。

通过视检确认其是否合格。

DD.30　耐热和耐燃

本部分中的该章除下述内容外，均适用。

DD.30.2　增加：

环绕收集粉尘的非金属部件应是导电体。

DD.30.201　ESD型器具不能引起任何可燃源。

所有传导部件都应静电接地。

注：静电接地要求不适用于响应时间小于0.02 s的小带电部件。

通过下述方法检验是否合格：

静电接地用直流 100 V 电源，在不超过 20 cm^2 的电极表面进行，电极受力为(10±2)N。

DD.32 辐射、毒性和类似危险

本部分中的该章除下述内容外，均适用。

DD.32.201 注：某些有爆炸危险的粉尘信息在附录 BB 中给出。

参 考 文 献

[1] GB 4706.7 家用和类似用途电器的安全 真空吸尘器和吸水式清洁器具的特殊要求(GB 4706.7—2004,IEC 60335-2-2:2002,IDT)

[2] GB/T 2893.1—2004 图形符号 安全色和安全标志 第1部分:工作场所和公共区域中安全标志的设计原则(ISO 3864-1:2002,MOD)

ICS 13.120
Y 68

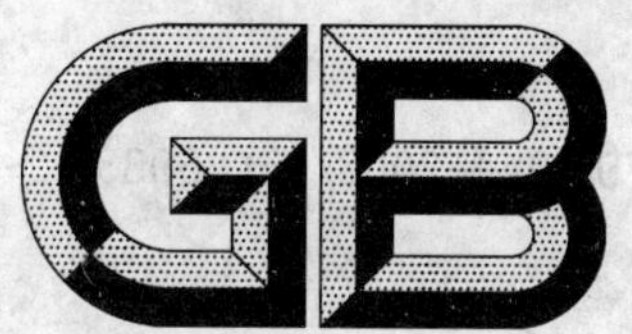

中华人民共和国国家标准

GB 4706.94—2008/IEC 60335-2-102:2004

家用和类似用途电器的安全 带有电气连接的使用燃气、燃油和固体燃料器具的特殊要求

Household and similar electrical appliances—Safety—Particular requirements for gas, oil and solid-fuel burning appliances having electrical connections

(IEC 60335-2-102:2004, IDT)

2008-12-30 发布　　2010-04-01 实施

中华人民共和国国家质量监督检验检疫总局
中国国家标准化管理委员会　发布

前　言

本部分的全部技术内容为强制性。

GB 4706《家用和类似用途电器的安全》由若干部分组成,第 1 部分为通用要求,其他部分为特殊要求。

本部分是 GB 4706 的第 94 部分。本部分应与 GB 4706.1—2005《家用和类似用途电器的安全　第 1 部分:通用要求》配合使用。

本部分等同采用国际电工委员会 IEC 60335-2-102:2004《家用和类似用途电器的安全　第 2-102 部分:带有电气连接的使用燃气、燃油和固体燃料器具的特殊要求》。

为便于使用,本部分对 IEC 60335-2-102 做了下列编辑性修改:

a) "第 1 部分"一词改为"GB 4706.1";

b) 用小数点"."代替用做小数点的","。

本部分由中国轻工业联合会提出。

本部分由全国家用电器标准化技术委员会(SAC/TC 46)归口。

本部分主要起草单位:中国家用电器研究院、国家家用电器质量监督检验中心、中华人民共和国深圳出入境检验检疫局。

本部分主要起草人:马德军、葛丰亮、陆伟、吴蒙、索彦彦。

本部分为首次发布。

IEC 前言

1) IEC(国际电工委员会)是由所有国家的电工委员会(IEC 国家委员会)组成的世界范围内的标准化组织。IEC 的宗旨就是促进各国在电气和电子标准化领域的全面合作。鉴于以上的目的并考虑到其他活动的需要,IEC 还出版国际标准、技术规范、技术报告、公共可用规范(PAS)、导则(以下统称为 IEC 出版物)。整个制定工作由技术委员会来完成。任何对此技术问题感兴趣的 IEC 国家委员会都可以参加制定工作。与国际电工委员会有联系的国际、政府及非政府组织也可以参加这项工作。IEC 根据其与 ISO 达成的协议,与 ISO 在工作上紧密合作。
2) 因为每个技术委员会都有来自于各个对有关技术问题感兴趣的 IEC 国家委员会的代表,所以 IEC 对有关技术问题的正式决议或协议都尽可能的表达了国际性的一致意见。
3) IEC 出版物以推荐性的方式供国际上使用,并在此意义上被各国家委员会接受。在为了确保 IEC 出版物技术内容的准确性而做出任何合理的努力时,IEC 对其出版物被使用的方式以及任何最终用户(读者)的误解不负有任何责任。
4) 为了促进国际上的统一,IEC 希望各国委员会在本国情况允许的范围内采用 IEC 出版物的内容作为他们国家或地区的出版物。IEC 出版物与相应的国家或地区的出版物有差异的,应尽可能在后者中明确地指出。
5) IEC 规定了表示其认可的无标志程序,但并不表示对某一设备声称符合某一 IEC 出版物承担责任。
6) 所有的使用者应确保持有该出版物的最新版本。
7) IEC 或其管理者、雇员、服务人员或代理(包括独立专家、IEC 技术委员会和 IEC 国家委员会的成员)不应对使用或依靠本 IEC 出版物或其他 IEC 出版物造成的任何直接的或间接的人身伤害、财产损失或其他任何性质的伤害,以及源于本出版物之外的成本(包括法律费用)和支出承担责任。
8) 应注意在本出版物中列出的规范性引用文件。对于正确使用本出版物来讲,使用规范性引用文件是不可缺少的。
9) 本 IEC 出版物中的某些内容有可能涉及一些专利权问题,对此应引起注意。IEC 组织不负责识别任一或所有该类专利权问题。

IEC 60335 的本部分是由 IEC 第 61 技术委员会:“家用和类似用途电器的安全”制定。

本版为 IEC 60335-2-102 的第 1 版。

本部分基于以下文件制定:

FDIS	Report on voting
61/2532/FDIS	61/2576/RVD

有关本部分被通过时表决的全部资料可在上面的表决报告中找到。

本部分应与 IEC 60335-1 的最新版本及其增补件共同使用。本部分是基于 IEC 60335-1 的第 4 版及其增补件 1 制定的。

注 1:本部分中提及的“第 1 部分”,均指 IEC 60335-1。

本部分对 IEC 60335-1 的相应条款作了增补或修改,由此转换成本 IEC 标准:带有电气连接的使用燃气、燃油和固体燃料器具的安全要求。

本部分中未提到的第 1 部分的条款,应尽可能合理地使用。本部分中标有“增加”、“修改”或“代替”

是对第 1 部分相应内容的调整。

注 2：标准中采用下述编号方式：

——子条款、表、图从“101”开始编号的部分是对第 1 部分的补充；

——除非注解在新的子条款中或是第 1 部分包含注解，否则一律从 101 开始编号，包括被替代的章节和条款中的注解；

——新增的附录以附录 AA、附录 BB 等编号。

注 3：标准中使用下述字体：

——标准要求，roman 正体；

——试验规范，roman 斜体；

——注解，小号 roman 正体。

正文中的黑体字在第 3 章中定义，当定义中有形容词时，该形容词和所修饰的名词也应用黑体字。

IEC 委员会声明，本版内容将保持不变直到 2006 年。届时，本出版物将被：

——重新确认；

——废止；

——修订版本替代；

——修改。

家用和类似用途电器的安全
带有电气连接的使用燃气、燃油和固体
燃料器具的特殊要求

1 范围

GB 4706.1—2005 中的该章用下述内容代替：

本部分规定了带有电气连接的使用燃气、燃油和固体燃料器具的安全。

本部分适用于单相额定电压不超过 250 V，其他额定电压不超过 480 V 的家用和类似用途的带有电气连接的使用燃气、燃油和固体燃料器具。

本部分涵盖了对此类器具的电气安全和其他安全方面的要求。

器具应符合相关燃具部分的所有安全方面的要求。如果器具包括电热源，则它也应符合本部分的要求。

注 101：属于本部分范围内器具的例子如下：

——中央暖气锅炉；

——商业给养设备；

——烹饪器具；

——洗熨和清洗器具；

——房间加热器；

——暖气加热器；

——液体加热器。

不打算作为一般家用，但对公众仍可能引起危险的器具，例如打算在商店、轻工业和农场中由非专业人员使用的，也属于本部分范围。

本部分所涉及的各种器具存在普通危险，是在住宅和住宅周围环境中所有人可能会遇到的。然而，一般来说本部分并未涉及：

——无人照看的幼儿或残疾人对器具的使用；

——幼儿拿器具玩耍的情况。

注 102：注意下述事实：

——对于打算用在车辆、船舶或航空器上的器具，可能需要附加要求；

——附加要求由国家卫生保健部门，负责劳动保护的部门及类似的部门来规定。

注 103：本部分不适用于：

——专为工业使用的器具；

——打算在特殊条件中，例如存在腐蚀性和爆炸性气体（灰尘、蒸气或可燃气体）中使用的器具。

2 规范性引用文件

下列文件中的条款通过 GB 4706 的本部分的引用而成为本部分的条款。凡是注日期的引用文件，其随后所有的修改单（不包括勘误的内容）或修订版均不适用于本部分，然而，鼓励根据本部分达成协议的各方研究是否可使用这些文件的最新版本。凡是不注日期的引用文件，其最新版本适用于本部分。

GB 4706.1—2005 中的该章除下述内容外，均适用。

增加：

GB 19212.4 电力变压器、电源装置和类似产品的安全 第 4 部分：燃气和燃油燃烧器点火变压

器的特殊要求(GB 19212.4—2005,IEC 61558-2-3:1999,MOD)

3 定义

GB 4706.1—2005 中的该章除下述内容外,均适用。

3.101

火花点火电路 spark-ignition circuit

用来产生点燃气态或液态燃料火花的电子线路。

3.102

脉冲火花点火 pulse spark ignition

通过一个持续时间超过 0.1 ms 但少于 100 ms 的脉冲火花点燃,脉冲时间间隔不少于 250 ms。

3.103

连续火花点火 continuous spark ignition

通过一个持续时间至少 100 ms,或持续时间少于 100 ms 但脉冲时间间隔少于 250 ms 的脉冲火花点燃。

3.104

脉冲重复点火 pulse repetition ignition

通过一个持续时间不超过 0.1 ms 的脉冲火花点燃,脉冲时间间隔至少 40 ms。

3.105

停机 shut-down

由限制装置的动作或控制系统中检测出错误而产生一个断开控制,从而切断气态或液态燃料的供应。

3.106

锁定 lock-out

停机需要手动操作来重新启动器具。

4 一般要求

GB 4706.1—2005 中的该章内容,均适用。

5 试验的一般条件

GB 4706.1—2005 中的该章除下述内容外,均适用。

5.2 增加:

燃具的试验可能会使用分离器具,要与其相关标准相一致。

如果适用,本部分的试验可能要与其他部分的试验相结合。

5.3 增加:

如果已经在相关的燃具标准中进行了试验,则不再重复。

5.4 增加:

当器具包括电热源时,在器具结构允许的所有部件运转的条件下进行试验。

5.101 器具按电动器具的要求进行试验。

6 分类

GB 4706.1—2005 中的该章内容,均适用。

7 标志和说明

GB 4706.1—2005 中的该章内容,均适用。

8 对触及带电部件的防护

GB 4706.1—2005 中的该章除下述内容外，均适用。

8.1 增加：

该条要求不适用于火花点火电路的可触及部件。

8.101 如果超过下述的限值，火花点火电路的部件都不应被触及，除非是压电点火器：

——脉冲火花点火放电	每次脉冲 100 μC
——连续火花点火	
电流	0.7 mA(峰值)
无负载电压	10 kV(峰值)
或	
放电	每次脉冲 45 μC
——脉冲重复点火	
放电	每次脉冲 45 μC
脉冲重复频率	25 Hz

通过视检，按 8.1.1 中所述，施加 GB/T 16842—2008(IEC 61032:1997,IDT)的 B 型试验探棒及下述试验确定其是否合格。

火花点火电路正常工作，测量的脉冲时间为火花间隙到火花减少到峰值的 10%之间，如图 101 所示。对于脉冲重复点火，脉冲间隔时间也要被测量。对于连续火花点火，无负载峰值电压在火花电极移动时测量。

在火花间隙间串联一个 2 000 Ω 的无感电阻，测量电阻的电压。流过此电阻的电流值通过计算测量电压值得出。

注：电量是通过所有区域的电压-时间表上的记录之和计算得到的，不考虑电压的极性。

9 电动器具的启动

GB 4706.1—2005 中的该章内容，不适用。

10 输入功率和电流

GB 4706.1—2005 中的该章内容，均适用。

11 发热

GB 4706.1—2005 中的该章除下述内容外，均适用。

11.8 增加：

测试角壁、手柄、旋钮及类似部件的表面温升不用测量。

对于具有电热源及燃料热源的器具的共同部分的温升限值在相应部分中规定。

注：共同部件的例子如电和燃气组合型烹饪灶控制板上的部件。

12 空章

13 工作温度下的泄漏电流和电气强度

GB 4706.1—2005 中的该章除下述内容外，均适用。

13.2 修改：

Ⅰ类驻立式电动器具的限值适用。

14 瞬态过电压

GB 4706.1—2005 中的该章内容,均适用。

15 耐潮湿

GB 4706.1—2005 中的该章除下述内容外,均适用。

15.2 增加:

对于电灶、灶台及类似器具通过下述试验考核。

电灶和灶台的放置使灶台表面水平,可拆卸的炉头安装在位。将一个直径约 220 mm 容器,装满含有约 1%的 NaCl 溶液,放在炉灶中部。再将 0.5 L 的该溶液用 15 s 时间稳定地注入容器中。

清除掉器具上的残留溶液后,每个炉灶上分别进行该试验。

如果灶台表面下装有控制器,则将 0.5 L 的盐溶液用 15 s 时间稳定地倒在灶台顶部控制器的附近。如果控制器装在灶台表面上,则盐溶液倒在控制器上。

对带有温度传感器、开关或点火装置的炉灶,0.02 L 的盐溶液倒在炉灶上,使其流过这些装置。

对烤炉或烤架,将 0.5 L 的盐溶液倒在烤炉的底板上或隔间内的烤架上。

一个带有化霜水盘或类似容器的器具,容器装满盐溶液。再按每 100 cm^2 容器顶部面积 0.01 L 的比例,将规定溶液通过灶台表面的开口倒在容器上。但是,溶液的总量不能超过 3 L。

对有盖的灶台,将 0.5 L 的盐溶液均匀地倒在闭合的盖子上。当溶液倒完时,擦干表面后再将 0.125 L 的溶液稳定地从 50 mm 的高度用 15 s 时间倒在盖子中心。然后将盖子按正常使用打开。

16 泄漏电流和电气强度

GB 4706.1—2005 中的该章除下述内容外,均适用。

16.2 修改:

Ⅰ类驻立式电动器具的限值适用。

16.3 增加:

火花点火电路的无负载电压随着火花电极移动而测量。施加在火花点火电路和绝缘材料表面金属箔之间的电压为此电压值的 1.5 倍。

注:隔离火花间隙是很有必要的,以避免试验期间出现闪络。

17 变压器和相关电路的过载保护

GB 4706.1—2005 中的该章内容,均适用。

18 耐久性

GB 4706.1—2005 中的该章内容,不适用。

19 非正常工作

GB 4706.1—2005 中的该章除下述内容外,均适用。

19.11.4 增加:

19.11.4.1~19.11.4.7 的试验也要在器具正常工作下进行,器具以额定电压供电。

19.13 增加:

在 19.11.4.1 试验期间,器具应能够持续正常工作。特别是,不应该有火焰缺失或不完全的燃烧,并且点火不能受到影响。

使用燃气和燃油的器具进行完 19.11.4 试验后,器具应该已经达到锁定状态,除非它能够持续正常工作。

注：可能在许多停机操作后达到锁定。

20 稳定性和机械危险

GB 4706.1—2005 中的该章除下述内容外，均适用。

20.1 不适用。

21 机械强度

GB 4706.1—2005 中的该章除下述内容外，均适用。

21.1 修改：

冲击仅在带电部件表面和危险的可移动部件表面进行。

22 结构

GB 4706.1—2005 中的该章除下述内容外，均适用。

22.101 火花点火电路部分应被安装或者可靠防止松动，以便电路和其他带电部件不会接触。

通过视检和对配线施加约 5 N 的力来检查其合格性。

22.102 如果当接地故障时按照这个标准检测会受到供电极性的影响，则器具应该包括一个极性探测装置，这个装置能够导致停机或者当极性颠倒时，避免器具继续工作。

这个要求对于装有双极断开控制的器具、打算永久连接固定布线的器具或装有极性插头电源软线的器具均不适用。

注：这个要求避免了如果接地故障发生时燃气阀不可控的打开。

通过视检来检查合格性。

23 内部布线

GB 4706.1—2005 中的该章内容，均适用。

24 元件

GB 4706.1—2005 中的该章除下述内容外，均适用。

24.101 如果器具输出插座和互连软线的插头连接器互换会导致危险，则不能互换。

通过视检来检查合格性。

25 电源连接和外部软线

GB 4706.1—2005 中的该章内容，均适用。

26 外部导线用接线端子

GB 4706.1—2005 中的该章内容，均适用。

27 接地措施

GB 4706.1—2005 中的该章内容，均适用。

27.1 增加：

通过符合 GB 19212.4 的点火变压器供电的火花点火电路的一极应接地。

28 螺钉和连接

GB 4706.1—2005 中的该章内容，均适用。

29 电气间隙、爬电距离和固体绝缘

GB 4706.1—2005 中的该章除下述内容外，均适用。

29.1 增加：

该条要求对于符合 8.101 数值要求的火花点火电路不适用。对于其他火花点火电路，这个要求不适用于电极间的空气间隙。

30 耐热和耐燃

GB 4706.1—2005 中的该章除下述内容外，均适用。

30.2 增加：

30.2.2 适用于手动操作的火花点火电路。30.2.3 适用于其他电路。

31 防锈

GB 4706.1—2005 中的该章内容，均适用。

32 辐射、毒性和类似危险

GB 4706.1—2005 中的该章内容，均适用。

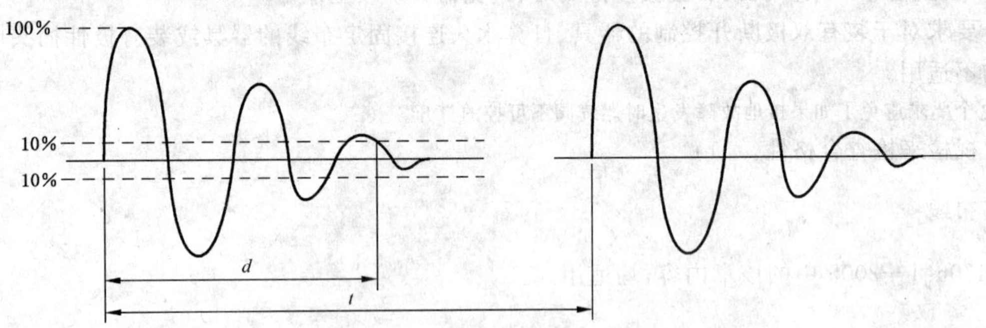

关键词：

d——脉冲时间；

t——脉冲间隔时间。

图 101 脉冲波形图

附 录

GB 4706.1—2005 中的附录均适用。

参 考 文 献

GB 4706.1—2005 中的参考文献均适用

ICS 13.120
Y 68

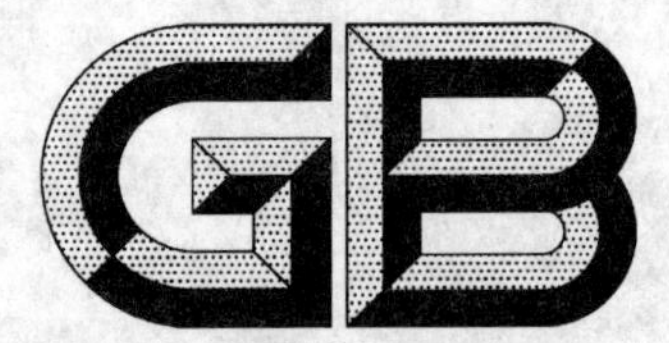

中华人民共和国国家标准

GB 4706.95—2008/IEC 60335-2-99:2003

家用和类似用途电器的安全 商用电动抽油烟机的特殊要求

Household and similar electrical appliances—Safety—Particular requirements for commercial electric hoods

(IEC 60335-2-99:2003,IDT)

2008-12-30 发布　　　　2010-04-01 实施

中华人民共和国国家质量监督检验检疫总局
中国国家标准化管理委员会　发布

前言

本部分的全部技术内容为强制性。

GB 4706《家用和类似用途电器的安全》由若干部分组成，第1部分为通用要求，其他部分为特殊要求。

本部分应与GB 4706.1—2005《家用和类似用途电器的安全　第1部分:通用要求》配合使用。

本部分等同采用IEC 60335-2-99:2003《家用和类似用途电器的安全　第2部分:商用电动抽油烟机的特殊要求》。

为便于使用，本部分对IEC 60335-2-99做了下列编辑性修改：

a）“第一部分”一词改为“GB 4706.1—2005”；

b）用小数点“.”代替用做小数点的“,”。

本部分的附录N为规范性附录。

本部分由中国轻工业联合会提出。

本部分由全国家用电器标准化技术委员会(SAC/TC 46)归口。

本部分主要起草单位：北京市服务机械研究所、裕富宝厨具设备(深圳)有限公司、无锡市金城环保炊具设备有限公司、浙江工商大学。

本部分主要起草人：刘旭、李继萍、黄嘉文、赵钟泉、刘洪伟、傅玉颖、王玉波。

本标准首次发布。

IEC 前言

1) IEC(国际电工委员会)是由所有国家的电工委员会(IEC 国家委员会)组成的世界范围内的标准化组织。IEC 的宗旨就是促进各国在电气和电子标准化领域的全面合作。鉴于以上的目的并考虑到其他活动的需要,IEC 还出版国际标准。整个制定工作由技术委员会来完成。任何对此技术问题感兴趣的 IEC 国家委员会都可以参加制定工作。与国际电工委员会有联系的国际、政府及非政府组织也可参加这项工作。根据 IEC 和 ISO 两组织达成的协议,它们在工作上有着密切的协作关系。
2) IEC 有关技术问题的决议或协议是由所有对此问题感兴趣的 IEC 国家委员会参加的技术委员会制定的,并尽可能表述对所涉及的问题在国际上的一致意见。
3) 这些决议或协议以标准、技术报告或规则的形式供国际上使用,并在此意义上为各国委员会所承认。
4) 为了促进国际上的统一,IEC 希望各国委员会在本国情况允许的范围内采用 IEC 标准的内容作为他们国家的标准。IEC 与相应的国家标准或地区标准有差异的,应尽可能在本国标准中明确地指出。
5) IEC 规定了表示其认可的无标志程序,但并不表示对某一设备声称符合某一标准承担责任。
6) 本国际标准中的某些内容有可能涉及一些专利权问题,对此应引起注意。IEC 组织不负责识别任一或所有该类专利权问题。

IEC 60335 系列标准的本部分是由 IEC 第 61“家用和类似用途电器的安全”技术委员会所属第 61E“商用电气饮食加工服务设备的安全”分委员会制定。

本部分是 IEC 60335-2-99 的第一版。

IEC 60335 系列标准的本部分内容以下述文件为依据:

FDIS	表决报告
61E/422/FDIS	61E/425/RVD

关于表决批准本部分的详细情况,可在上表中指出的表决报告中查明。

本部分与 IEC 60335-1 及其修正件的最新版本配合使用。本部分是根据 IEC 60335-1 的第 4 版(2001)制定的。

注 1:本部分中提到的“第 1 部分”是指 IEC 60335-1。

本部分对 IEC 60335-1 的相应条款进行了补充或修改,将其转化成 IEC 标准:商用电动抽油烟机的安全要求。

如第 1 部分的个别条款在本部分未提到时,如果合理,该条款仍然适用。在本部分中说明“增加”、“修改”或“代替”时,第 1 部分中有关正文应做相应修改。

注 2:采用下述编号系统:

——对第 1 部分增加的条款、注释和图表应自 101 起开始编号;

——除新条款的注释或第 1 部分中涉及的注释外,包括代替条款或分条款在内的所有注释均应自 101 起开始编号;

——增加的附录用 AA、BB 等字母标明。

注 3:在本部分中采用下列印刷体:

——正文要求:印刷体;

——试验规范:斜体;

——注释内容:小写印刷体。

正文中的黑体字在第 3 章中定义。当对一个形容词进行定义时,该形容词与有关名词也应使用黑体。

委员会决定,在 IEC 网站“http://webstore.iec.ch”指定的保持结果日期之前,基本出版物和其增补件的相关内容中与特殊出版物有关的数据保持不变。在此日期,出版物将:

- 重新确认;
- 废止;
- 由修订版替代;或者
- 增补。

一些国家存在下述差异:

——6.1:0I 类器具被承认(日本);

——6.2:打算安装在厨房中的器具,根据其安装高度,要求具有阻挡有害进水的适当防护等级(法国);

——13.2:泄漏电流的限值是不同的(日本);

——16.2:泄漏电流的限值是不同的(日本);

——第 21 章:对于打算安装在厨房中的器具,根据冲击点的高度,采用不同的冲击能量值(法国)。

本部分的双语版本可能在以后发行。

引 言

在起草本部分时已假定，由取得适当资格并富有经验的人来执行本部分的各项条款。

本部分所认可的是家用和类似用途电器在注意到制造商使用说明的条件下按正常使用时，对器具的电气、机械、热、火灾以及辐射等危险防护的一个国际可接受水平，它也包括了使用中预计可能出现的非正常情况。

在制定本部分时已经尽可能地考虑了 GB 16895 中规定的要求，以使得器具在连接到电网时与电气布线规则的要求协调一致。

如果一台器具的多项功能涉及到 GB 4706 特殊要求部分中不同的特殊要求，则只要是在合理的情况下，相关的特殊要求标准要分别应用于每一功能。如果适用，应考虑到一种功能对其他功能的影响。

本部分是一个涉及器具安全的产品族标准，并在覆盖相同主题的同一水平和同一类别的标准中处于优先地位。

一个符合本部分文本的器具，当进行检查和试验时，发现该器具的其他特性会损害本部分要求所涉及的安全水平时，则将未必判定其符合本部分中的各项安全准则。

产品使用了本部分要求中规定以外的各种材料或各种结构形式时，则该产品可以按照本部分中这些要求的意图进行检查和试验。如果查明其基本等效，则可以判定其符合本部分要求。

家用和类似用途电器的安全
商用电动抽油烟机的特殊要求

1 范围

GB 4706.1—2005 中的该章用下述内容代替：

GB 4706 的本部分涉及安装在诸如炉灶、单双面铛和深油炸锅等商用烹饪器具的上方，非专供家庭使用的商用电动抽油烟机的安全。对于连接一条相线和中线的单相抽油烟机，其额定电压不超过 250 V，其他抽油烟机不超过 480 V。独立的整体机组和由分离部件装配成整体的抽油烟机（包括一个风扇），在本部分范围之内。

注 101：这些器具用于如餐馆、食品店、医院和诸如面包房、肉食店之类的商业企业。

抽油烟机可以被使用在一种或多种不同或相同形式的器具上方。

本部分涉及这类器具所引起的常见危险。

注 102：以下情况应予注意：

——对于专供在车辆、船舶或航空器上使用的抽油烟机，允许有必要的附加要求；

——应考虑许多国家的国家卫生、劳动保护和其他类似管理机构所规定的附加要求（包括通风要求）。

注 103：本部分不适用于：

——家用抽油烟机（GB 4706.28）；

——专用抽油烟机，本部分可用作指南（在工厂现场构造或特殊构造且非大量生产的抽油烟机）；

——不带风扇的抽油烟机；

——专为工业用途而设计的抽油烟机；

——在有腐蚀性或爆炸性空气（粉尘、蒸气或可燃气）等特殊状态的场所使用的抽油烟机。

注 104：对外部安装风扇的抽油烟机要求在考虑之中。

2 规范性引用文件

GB 4706.1—2005 中的该章内容均适用。

3 定义

下列术语和定义适用于本部分。

GB 4706.1—2005 中的该章除下述内容外，均适用。

3.1.4 该条增加下述内容：

注 101：额定输入功率是抽油烟机内可以同时工作的所有单个元件输入功率的总和；可能存在几种这样的组合时，用最大输入功率组合来确定额定输入功率。

3.1.9 该条用下述内容代替：

正常工作 normal operation

器具在下列条件下工作：

抽油烟机按照说明书安装后工作，除非其未连接管道。

3.101

抽油烟机 hood

安装在烹饪区、灶或类似烹饪器具的上方，打算收集污染空气的电动器具。

注 1：污染空气通过过滤器可能释放到屋内或排出屋外。

注 2：烹饪器具可能采用电或燃料如煤气作为能源。

4 一般要求

GB 4706.1—2005 中的该章内容均适用。

5 试验的一般条件

GB 4706.1—2005 中的该章内容均适用。

6 分类

GB 4706.1—2005 中的该章除下述内容外，均适用。

6.1 该条用下述内容代替：

关于电击防护类别，抽油烟机应属Ⅰ类。

通过视检和有关试验来确定是否合格。

7 标志和说明

GB 4706.1—2005 中的该章除下述内容外，均适用。

7.1 该条增加下述内容：

可更换的照明灯泡的最大输入功率应按如下所示标在抽油烟机的灯座上或灯座附近。

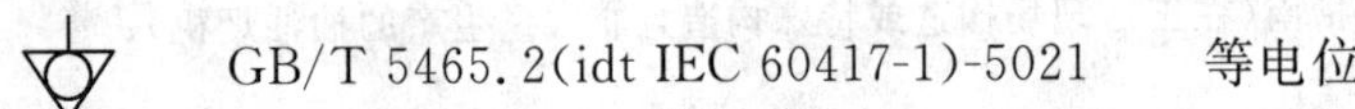

7.6 该条增加下述内容：

GB/T 5465.2(idt IEC 60417-1)-5021 等电位

7.12 该条增加下述内容：

使用说明书应规定下述内容：

——抽油烟机在器具燃烧煤气或其他燃料时使用，房间必须通风良好；

——关于清洗的频次和方法的详细说明和过滤器必须定期清洗的说明；

——如果不按说明书规定的方法清洗则有起火的危险；

——禁止直接烘烤抽油烟机。

如果抽油烟机上标注了 GB/T 5465.2(idt IEC 60417-1)规定的符号 5021，应说明其含义。

7.12.1 该条用下述内容代替：

抽油烟机应附有说明书，详细说明安装时必需的专门预防措施。安装的说明应规定：

——抽油烟机的最低部分与器具之间的最小距离；

——关于空气入口和废气排出过滤的有关规定；

——应遵守烹饪设备的特定通风要求；

——如在同一房间内有其他打开的燃气设备，则有必要对防止废气的回流作专门考虑；

——如果抽油烟机安装在燃气器具的上方，在抽油烟机停止运转的情况下，必须按国家燃气法规装有关闭器具气源的非自复位装置；

——抽油烟机的安装不能违反燃气法规规定。

还应提供用户维护保养说明，例如清洁说明。说明书中应说明抽油烟机不得使用喷射水流清洗。

通过视检来确定是否合格。

7.14 该条增加下述内容：

在更换照明灯泡时，照明灯的最大功率标志应清晰可见。

7.101 等电位联结端子应用 GB/T 5465.2(idt IEC 60417-1)规定的符号 5021 标明。

这些标志不应放在螺钉、可拆下的垫圈或进行导线连接时可能被拆下的其他部件上。

通过视检来确定是否合格。

8 对触及带电部件的防护

GB 4706.1—2005 中的该章内容均适用。

9 电动器具的启动

GB 4706.1—2005 中的该章除下述内容外，均适用。

9.101 为符合第 11 章要求用于降温的风扇电动机，应能在实际使用中可能出现的所有电压条件下启动。在试验期间，电源电压降不超过 1%。

是否合格通过在 0.85 倍额定电压下启动电动机三次来检查。试验开始时电动机处于室温状态。

每次启动都在电动机准备开始正常工作的条件下进行，对于自动器具，则在正常的工作周期开始的条件下进行，在连续两次启动之间，使电动机能达到静止状态。配备的电动机装的不是离心启动开关时，在 1.06 倍额定电压下重复进行上述试验。

在上述所有情况下，电动机都应能启动并应以不影响安全的方式运行，其过载保护装置不应动作。

10 输入功率和电流

GB 4706.1—2005 中的该章内容均适用。

11 发热

GB 4706.1—2005 中的该章除下述内容外，均适用。

11.2 该条用下述内容代替：

嵌装式抽油烟机和打算挂在天花板上的抽油烟机按说明书要求安装，其他抽油烟机固定在一个垂直支撑板上。

将抽油烟机放置在灶的上方，其最低点与灶表面的距离为安装说明中规定的最小距离。在距抽油烟机一侧面 100 mm 处放置一个垂直的侧壁，其高度延伸到抽油烟机顶部，并且与垂直支撑物成直角。垂直支撑物、侧壁和嵌装式抽油烟机的安装均使用厚约 20 mm 涂有无光黑漆的胶合板。

试验用灶应有偶数个均匀分布的燃气灶头，其在抽油烟机整个面积(宽×深)内的总热量输入等于 30 kW/m^2。如果安装说明指出抽油烟机必须超出其下方器具某一距离，安装时应进行考虑。如没有给出任何指示，则试验用灶的总热量输入增加 10%。

燃气灶头使用天然气或液化气。

将装水的容器敞盖放置在燃气灶头上煮沸，容器的直径或尺寸应近似等于灶单元的直径或尺寸。

抽油烟机还应在灶工作但风扇关闭的情况下进行试验。

注 101：试验在说明书规定的最小距离下使用燃气进行，因为这时条件最不利。

11.7 该条用下述内容代替：

使抽油烟机连续工作直至建立稳定状态。

注 101：该试验持续时间应包括一个以上的工作周期。

11.8 该条内容做下述修改：

温升限值不适用于外部附件。

12 空章

13 工作温度下的泄漏电流和电气强度

GB 4706.1—2005 中的该章除下述内容外，均适用。

13.2 该条内容做下述修改：

用下述内容代替Ⅰ类驻立式抽油烟机泄漏电流的允许值：

——对软线和插头连接的抽油烟机：按抽油烟机额定输入功率 1 mA/kW，最大限值 10 mA；

——对其他抽油烟机：按抽油烟机额定输入功率 1 mA/kW，无最大限值。

14 瞬态过电压

GB 4706.1—2005 中的该章内容均适用。

15 耐潮湿

GB 4706.1—2005 中的该章除下述内容外，均适用。

15.3 该条增加下述内容：

注 101：如果不可能将整台抽油烟机放进潮湿箱内，则含有电气元件的部件分别进行试验，但要注意器具内出现的情况。

16 泄漏电流和电气强度

GB 4706.1—2005 中的该章除下述内容外，均适用。

16.2 该条内容做下述修改：

用下述内容代替Ⅰ类驻立式抽油烟机泄漏电流的允许值：

——对软线和插头连接的抽油烟机：按抽油烟机额定输入功率 1 mA/kW，最大限值 10 mA；

——对其他抽油烟机：按抽油烟机额定输入功率 1 mA/kW，无最大限值。

17 变压器和相关电路的过载保护

GB 4706.1—2005 中的该章内容均适用。

18 耐久性

GB 4706.1—2005 中的该章内容不适用。

19 非正常工作

GB 4706.1—2005 中的该章除下述内容外，均适用。

19.1 该条增加下述内容：

通过 19.101 的试验来确定是否合格。

19.13 该条增加下述内容：

在 19.101 试验中，电机线圈绕组的温度不应超过表 8 所规定的值。

抽油烟机不应变形到使零部件从其上脱落下来的程度。

19.101 抽油烟机在第 11 章规定的燃气灶上方工作。但不放容器且仅点燃前部或后部的燃气灶头，取最不利情况。

20 稳定性和机械危险

GB 4706.1—2005 中的该章除下述内容外，均适用。

20.2 该条增加下述内容：

过滤器被认为是可拆卸部件。

21 机械强度

GB 4706.1—2005 中的该章内容均适用。

22 结构

GB 4706.1—2005 中的该章除下述内容外，均适用。

22.8 该条用下述内容代替：

对带有用户维护保养期间可触及的隔间的抽油烟机，其电气连接的布置应使其在清洗和用户维护保养期间不受到拉力。

通过视检和手动试验来确定是否合格。

移去可拆卸部件，导线不应被钩住使其连接处承受过度应力。

如有怀疑，导线应经受 10 N 的拉力，在用户维护保养期间可能产生的最不利方向上，不以猛力连续拉三次，连接处不应有明显的位移。

注 101：在清洗和用户维护保养前，打算断开的互连耦合器导线不进行该试验。

22.101 抽油烟机应用如此方式被保护，在收集湿气和油脂时，不影响爬电距离和电气间隙的值。规定了爬电距离和电气间隙的电气绝缘，不应置于烟道内。

通过视检来确定是否合格。

22.102 用于保护带有电热元件电路和意外启动会引起危险的电动机电路的热断路器，应为非自复位、自动脱扣类型，并应能从电源全极断开。如果非自复位热断路器只有在借助工具拆除部件后使用，则不要求自动脱扣类型。

通过视检和手动试验来确定是否合格。

注：自动脱扣类型的热断路器具有自动动作，带有一个复位执行元件，其结构使自动动作不依赖于复位机构的操作或位置。

22.103 指示危险、报警或类似情况的信号灯、开关或按钮只应是红色的。

通过视检来确定是否合格。

22.104 抽油烟机的构造应使其能被牢固地固定在墙上或其他支承物上，支架和类似的装置应由不易移动或变形的金属制成。

通过视检确定是否合格。

注：只有键槽孔、钩及类似装置，而没有能进一步防止抽油烟机从支承物上掉落的装置，则不认为是牢固固定的合适装置。

22.105 抽油烟机的构造应使易于积聚油脂沉积物的零部件能被清洁。

通过视检来确定是否合格。

注：位于过滤器后面的零部件被认为是必须要清洗的零部件。

22.106 抽油烟机内部不应使用静电型空气过滤器。

通过视检来确定是否合格。

23 内部布线

GB 4706.1—2005 中的该章内容均适用。

24 元件

GB 4706.1—2005 中的该章内容均适用。

25 电源连接和外部软线

GB 4706.1—2005 中的该章除下述内容外，均适用。

25.3 该条增加下述内容：

固定式抽油烟机的结构应允许其在按照制造厂的说明书安装后，再连接电源软线。

用于电缆与固定布线永久连接的接线端子，也可以适用于电源软线的X型连接，在此情况下，器具应装有符合25.16要求的软线固定装置。

如果抽油烟机装有可连接软线的一组接线端子，则这些接线端子应适用于软线的X型连接。

在上述两种情况下，说明书应提供电源软线的详尽资料。

通过视检来确定是否合格。

25.7 该条内容做下述修改：

用下述内容代替规定的电源软线类型：

电源软线应为耐油柔性护套电缆，不轻于普通氯丁橡胶或其他等效的合成橡胶护套软线[指定牌号GB/T 5013.1(IEC 60245,IDT)的57号线]。

26 外部导线用接线端子

GB 4706.1—2005中的该章内容均适用。

27 接地措施

GB 4706.1—2005中的该章除下述内容外，均适用。

27.1 用户维护时，可触及的金属部件认为是易触及金属部件。

27.2 该条增加下述内容：

抽油烟机应装配一接线端子以便连接外部等电位导体。该接线端子应与抽油烟机所有固定的外露金属部件保持有效的电气接触，并且应能与标称横截面积达2.5 mm^2～6 mm^2的导线连接。接线端子应设置在抽油烟机安装后便于与结合导体连接的位置。

注101：小型固定的外露金属部件，例如铭牌等，无需与接线端子形成电气接触。

28 螺钉和连接

GB 4706.1—2005中的该章内容均适用。

29 电气间隙、爬电距离和固体绝缘

GB 4706.1—2005中的该章除下述内容外，均适用。

29.2 该条增加下述内容：

微观环境为3级污染，相对漏电起痕指数(CTI)应不低于250，除非绝缘被封闭或者其放置位置能保证在器具正常使用过程中绝缘不可能受到污染。

30 耐热和耐燃

GB 4706.1—2005中的该章除下述内容外，均适用。

30.1 该条增加下述内容：

对抽油烟机下部表面的外露部件，试验在至少105 ℃±2 ℃的温度下进行。

30.2.1 该条内容做下述修改：

灼热丝试验在650 ℃的温度下进行。

30.2.2 该条不适用。

30.101 抽油烟机下部不应装有可引起火灾的易燃材料。

通过下述试验来确定是否合格。

用于吸附烟和/或油脂的非金属材料过滤器或涂有非金属材料的金属过滤器，应经受ISO 9772对HBF类材料规定的燃烧试验，或根据GB/T 5169.16 (idt IEC 60695-11-10)，材料类别至少为HB 40，只是试样厚度应与器具内过滤器厚度相同。

注1：可能需要将试样支承起来。

总质量不超过 0.25 kg 的外部零件，应经受 650 ℃温度下的灼热丝试验。

其他附件的易触及部件应经受附录 E 的针焰试验。

其内部空气排烟管和零件如风扇也应经受附录 E 的针焰试验，滴落物可忽略。

注 2：油脂过滤器不经受附录 E 的试验。

31 防锈

GB 4706.1—2005 中的该章内容均适用。

32 辐射、毒性和类似危险

GB 4706.1—2005 中的该章内容均适用。

附　录

GB 4706.1—2005 中的附录除下述内容外，均适用。

附　录　N
（规范性附录）
耐漏电起痕试验

6.3　该条增加下述内容：

规定电压列表中增加 250 V。

参 考 文 献

GB 4706.1—2005 的参考文献除下述内容外，均适用。

增加参考文献：

GB 4706.28　家用和类似用途电器的安全　吸油烟机的特殊要求(GB 4706.28—2008，IEC 60335-2-31:2006，IDT)

ICS 97.080
Y 62

中华人民共和国国家标准

GB 4706.96—2008/IEC 60335-2-72:2005(Ed3.2)

家用和类似用途电器的安全
商业和工业用自动地板处理机的特殊要求

**Household and similar electrical appliances—Safety—
Particular requirements for automatic machines
for floor treatment for commercial and industrial use**

(IEC 60335-2-72:2005(Ed3.2),IDT)

2008-12-30 发布　　　　2010-04-01 实施

中华人民共和国国家质量监督检验检疫总局
中国国家标准化管理委员会　发布

前　言

本部分的全部技术内容为强制性。

GB 4706《家用和类似用途电器的安全》由若干部分组成，第1部分为通用要求，其他部分为特殊要求。

本部分应与GB 4706.1—2005《家用和类似用途电器的安全　第1部分：通用要求》配合使用。

本部分等同采用IEC 60335-2-72:2005《家用和类似用途电器的安全　第2部分：商业和工业用自动地板处理机的特殊要求》。

本部分中写明"适用"的部分，表示GB 4706.1—2005中的相应条文适用于本部分；本部分写明"代替"的部分，则以本部分中的条文为准；本部分写明"增加"的部分，表示除要符合GB 4706.1—2005中的相应条文外，还必须符合本部分条文中所增加的条文。

本部分的附录AA、附录BB、附录CC为规范性附录。

本部分由中国轻工业联合会提出。

本部分由全国家用电器标准化技术委员会(SAC/TC 46)归口。

本部分主要起草单位：中国家用电器研究院、国家家用电器质量监督检验中心。

本部分主要起草人：鲁建国、朱焰、张仁生、刘开、孙鹏。

IEC 前言

1) IEC(国际电工委员会)是由所有国家的电工委员会(IEC 国家委员会)组成的世界范围内的标准化组织。IEC 的宗旨就是促进各国在电气和电子标准化领域的全面合作。鉴于以上的目的并考虑到其他活动的需要,IEC 还出版国际标准、技术规范、技术报告、公共可用规范(PAS)、导则(以下统称为 IEC 出版物)。整个制定工作由技术委员会来完成。任何对此技术问题感兴趣的 IEC 国家委员会都可以参加制定工作。与国际电工委员会有联系的国际、政府及非政府组织也可以参加这项工作。IEC 根据其与 ISO 达成的协议,与 ISO 在工作上紧密合作。
2) 因为每个技术委员会都有来自于各个对有关技术问题感兴趣的 IEC 国家委员会的代表,所以 IEC 对有关技术问题的正式决议或协议都尽可能的表达了国际性的一致意见。
3) IEC 出版物以推荐性的方式供国际上使用,并在此意义上被各国家委员会接受。在为了确保 IEC 出版物技术内容的准确性而做出任何合理的努力时,IEC 对其出版物被使用的方式以及任何最终用户(读者)的误解不负有任何责任。
4) 为了促进国际上的统一,IEC 希望各国委员会在本国情况允许的范围内采用 IEC 出版物的内容作为他们国家或地区的出版物。IEC 出版物与相应的国家或地区的出版物有差异的,应尽可能在后者中明确地指出。
5) IEC 规定了表示其认可的无标志程序,但并不表示对某一设备声称符合某一 IEC 出版物承担责任。
6) 所有的使用者应确保持有该出版物的最新版本。
7) IEC 或其管理者、雇员、服务人员或代理(包括独立专家、IEC 技术委员会和 IEC 国家委员会的成员)不应对使用或依靠本 IEC 出版物或其他 IEC 出版物造成的任何直接的或间接的人身伤害、财产损失或其他任何性质的伤害,以及源于本出版物之外的成本(包括法律费用)和支出承担责任。
8) 应注意在本出版物中列出的规范性引用文件。对于正确使用本出版物来讲,使用规范性引用文件是不可缺少的。
9) 本 IEC 出版物中的某些内容有可能涉及一些专利权问题,对此应引起注意。IEC 组织不负责识别任一或所有该类专利权问题。

国际标准 IEC 60335 的本部分由 IEC 61 技术委员会"家用和类似用途电器的安全"的 61J 分技术委员会"工业用电动机驱动的清洁器具"制定。

本第 2 版取消并代替了 1995 年出版的第 1 版和其增补件 1(2001)。并形成了技术修订。

本部分基于以下文件:

FDIS	表决报告
61J/130/FDIS	61J/135/RVD
61J/203/FDIS	61J/211/RVD

投票批准本部分的全部信息均可以在上表中列出的表决报告中找到。

本部分的法文版未进行投票表决。

本部分应与 IEC 60335-1 及其增补件的最新版本配合使用。本部分是根据 IEC 60335-1:2001 第 4 版制定的。

注 1:标准中所提到的"第一部分"是指 IEC 60335-1 涉及的内容。

本部分补充或修改了 IEC 60335-1 的相应条款，从而将其转化为本部分：商业和工业用自动地板处理机的特殊要求。

凡第 1 部分中的条款没有在本部分中特别提及的，只要合理，即应采用。本部分写明“增加”、“修改”或“替代”时，第 1 部分中的有关内容须作相应修改。

注 2：标准中采用下述编号方式：

——子条款、表、图从“101”开始编号的部分是对第一部分的补充；

——除非注解在新的子条款中或是第一部分包含注解，否则一律从 101 开始编号，包括被替代的章节和条款中的注解；

——新增的附录以 AA、BB 等编号。

注 3：标准中使用下述字体：

——标准要求，roman 正体；

——*试验规范，roman 斜体*；

——注解，小号 roman 正体。

正文中的黑体字在第三章中定义，当定义中有形容词时，该形容词和所修饰的名词也应用黑体字。

技术委员会决定本出版物的内容和其增补件将保持不变，直到修改结果在 IEC 网站(http://webstore.iec.ch)上明确规定相关日期。届时本部分将被：

- 重新确认；
- 撤销；
- 由修订版本代替；或者
- 被修订。

家用和类似用途电器的安全
商业和工业用自动地板处理机的特殊要求

1 范围

GB 4706.1—2005 中该章用下述内容代替：

GB 4706 的本部分适用于电网或电池供电的便携式组合器具，带或不带内置的电池充电器，带有一个底盘，打算在室内或室外使用的与工业和商业在户内或户外使用的，湿式、干式清洁地毯或地板的器具的安全。单相器具额定电压不超过 250 V，其他器具不超过 480 V。

注 101：移动设备的定义同 GB 4706.1—2005 中的便携式器具。

注 102：本部分内处理的含义包括：

——擦洗；

——湿式或干式拾取；

——抛光；

——打蜡和密封产品的处理；

——用洗涤剂清洗。

本部分也适用于电动机使用其他形式能量的器具，但是必须考虑其造成的影响。

对于表明在正常使用中要处理危险粉尘的器具，附加要求在 IEC 60335-2-69 附录 AA 中规定。

注 103：应注意下述情况：

——对于打算用于车辆、船舶或航空器上的器具，可能需要附加要求；

——附加要求由国家卫生保健部门、负责劳动保护的国家部门、国家供水管理部门和类似部门规定；

——对于在公共场所运转或运输的器具，附加要求可能由负责道路交通许可法规的国家权威部门规定。

注 104：本部分不适用于：

——专门为工业用途设计的器具；

——打算使用在经常产生腐蚀性或爆炸性气体（如灰尘、蒸气或瓦斯气体）特殊环境场所的器具；

——音频、视频和类似电子设备(GB 8898)；

——医用电器设备(GB 9706.1)；

——手持式电动工具(GB 3883)；

——个人电脑和类似设备(GB 4943)；

——可移式电动工具(GB 13960)；

——工业和商业用地板处理机与地面清洗机(IEC 60335-2-67)；

——工业和商用喷雾抽吸器具(IEC 60335-2-68)；

——工业和商业用湿式和干式真空吸尘器(GB 4706.93)。

2 规范性引用文件

GB 4706.1—2005 中的该章除下述内容外，均适用。

下列文件中的条款通过 GB 4706 的本部分的引用而成为本部分的条款。凡是注日期的引用文件，其随后所有的修改单(不包括勘误的内容)或修订版均不适用于本部分，然而，鼓励根据本标准达成协议的各方研究是否可使用这些文件的最新版本。凡是不注日期的引用文件，其最新版本适用于本部分。

增加下述引用文件：

GB/T 3767 声学声压法测定噪声源声功率级反射面上方近似自由场的工程法(GB/T 3767—1996,ISO 3744:1994,EQV)

GB 4706.93 家用和类似用途电器的安全 工业和商业用湿式和干式真空吸尘器的特殊要求(GB 4706.93—2008,IEC 60335-2-69:2005,IDT)

GB/T 6881.2 声学 声压法测定噪声源声功率级 混响场中小型可移动声源工程法 第1部分:硬壁测试室比较法(GB/T 6881.2—2002,ISO 3743-1:1994,IDT)

GB/T 8591 土方机械 司机座椅标定点(GB/T 8591—2000,ISO 5353:1995,EQV)

GB/T 9258.2 涂附磨具用磨料 粒度分析 第2部分:粗磨粒P12～P220粒度组成的测定(GB/T 9258.2—2008,ISO 6344-2:2000,IDT)

GB/T 13441.1 机械振动与冲击 人体暴露于全身振动的评价 第1部分:一般要求(GB/T 13441.1—2007,ISO 2631-1:1997,IDT)

GB/T 14574 声学 机器和设备噪声发射值的标示和验证(GB/T 14574—2000,ISO 4871:1996,EQV)

GB/T 15706.2 机械安全 基本概念与设计通则 第2部分:技术原则(GB/T 15706.2—1995,ISO 12100-2:1992,IDT)

GB/T 17248.2 声学 机器和设备发射的噪声 工作位置和其他指定位置发射声压级的测量一个反射面上方近似自由场的工程法(GB/T 17248.2—1999,ISO 11201:1995,EQV)

GB/T 17922 土方机械 翻车保护结构 试验室试验和性能要求(GB/T 17922—1999,ISO 3471:1994,IDT)

GB/T 20291 家用真空吸尘器性能测试方法(GB/T 20291—2006,IEC 60312:2004,IDT)

ISO 5349-1 Mechanical vibration Measurement and evaluation of human exposure to handtransmitted vibration—Part 1: General requirements

ISO/TR 11688-1 Acoustics Recommended practice for the design of low-noise machinery and equipment—Part 1: Planning

注:附录AA包含对真空吸尘器的特殊要求。

3 定义

下列术语和定义适用于本部分。

GB 4706.1—2005中的该章除下述内容外,均适用。

3.1.9 代替:

正常工作 normal operation

对用于额定功率的负载,或按照说明书进行操作时,由各种功能所产生的各类负载累积的最高负载。机器提供一个机座或操作平台,在该位置适当的高度可靠放置一个75 kg的物体,在最不利的位置进行模拟操作。

操作功能应注明所有处理与驱动功能。

供给附件电源的接口,应按照其标注使用电阻性负载。

与正常工作相关的操作功能如下述规定:

3.1.9.101

擦洗与清扫机,按照使用说明书的要求,在液压压制的铺路用水泥板表面(见附录AA)间歇性运行,一个周期运行时间至少为30 min,停歇5 min。

或者在类似于液压压制的铺路用水泥板表面的光滑面上交替运行。

3.1.9.102

干湿整理机按照GB 4706.93进行操作。

3.1.9.103

抛光及干式抛光机按下述内容进行操作:

PVC表面可用于进行正常工作。在使用化学方法处理表面的干燥过程中,所产生的输入峰值,不应作为正常工作状态,而应扩大测量范围以测得平均值,其周期不应少于10 min。

3.1.9.104

按照GB/T 20291的要求,地毯擦洗机在一块测试地毯表面上工作,该地毯应固定在地板上。在试验前,擦洗机的刷头应在一个清洁干燥的水泥表面运行15 min,在水泥表面的运行完毕后,刷头应浸入洗洁剂溶液中至少30 min。

操作开始时应将溶剂箱注满,以确保运行时间要大于10 min。

3.101

湿式清洁机　wet cleaning machines

该机器适用于在户内或户外的一个大范围表面擦洗与吸收清洁液体,如擦洗机。他们可以被设计为干湿混合式清洁机,并在地板处理的同时,附带擦洗、抛光及吸收干燥污物的功能。

3.102

后行走机　walk-behind machines

该机器有(或没有)牵引电机,由操作者引导或移动。该机器可以为操作者安装一个坐椅,同时应考虑到该机器后行走式的特点。

3.103

装有操作平台的乘骑机　ride-on machine with an operator platform

该机器装有一个牵引电机,在整个操作过程中,操作者始终站立。

3.104

装有操作坐椅的乘骑机　ride-on machines with an operator seat

该机器装有一个牵引电机,在整个操作过程中,操作者始终坐着。

3.105

单座车　sulky

无论是站立或坐着均能对机器进行操作。通常被称为拖车。

3.106

被指导人员　instructed person

一个足够谨慎或由技术熟练者监督指导的人员,并能够独自避免可能发生的电气危险。

3.107

吸水式清洁器具　water-suction cleaning appliance

可以抽吸含有泡沫的清洁剂水溶液的器具。

3.108

电动清洁头　motorized cleaning head

一个由器具供电的电机,与手持的软管或硬管相连接的附件。

注:永久性连接的主清洁头不被视为动力清洁头。

4　一般要求

GB 4706.1—2005中的该章适用。

5　试验的一般条件

GB 4706.1—2005中的该章除下述内容外,均适用。

5.101　进行湿式擦洗与抛光的器具,其储液箱应加工作液至说明书所要求的最高水位。

5.102　器具如果需要加载额外的重量,应在正常工作前施加。

6 分类

GB 4706.1—2005 中的该章除下述内容外，均适用。

6.1 代替

器具按电击防护分为Ⅰ类、Ⅱ类或Ⅲ类。

通过视检和相关试验检查其是否合格。

6.2 增加：

由电网和电池供电，仅在室内使用的干式清洁机，应至少为 IPX0，其他机器应至少为 IPX3。

7 标志和说明

GB 4706.1—2005 中的该章除下述内容外，均适用。

7.1 增加

机器上应标注的附加内容为：

——如果制造年代未直接标出，应有表示制造年代的序列号(如，以一组代码的形式)。

——如果机器总质量超过 100 kg，应以千克为单位标注毛重。

——涉及收集危害性粉尘的功能，应符合 GB 4706.93 附录 AA 的要求。

——若该机器有收集危害性粉尘的功能，应声明“适用于收集危害性粉尘”。

——用符号说明最大操作坡度，坡度 x 的最小值为 2。

7.6 增加：

最大操作坡度。

IEC 60417-5935(DB2002-10)的符号 吸水式清洁器具的动力刷头

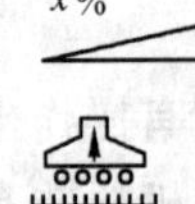

7.12 增加：

使用说明书的封面应包括下述内容：

注意：在使用器具前阅读使用说明书。

这些文字可以由 ISO 7000 的 0434 和 1641 替换。如果使用这些符号，应在说明书中进行解释说明。

如果适用，说明书应包含下述警告语：

——注意：器具不适用于收集危险性尘埃；

——注意：干式器具不可在户外潮湿的状态下使用和保存；

——注意：不可将器具使用于倾斜度超过标注的表面；

——注意：仅能使用器具提供的或在使用说明书中要求的刷子。使用其他刷子有可能造成安全损害。

如果适用，使用说明书应按下述内容提供相关细节信息：

——声明该器具仅可由经受过专业训练人员操作；

——在特殊环境中使用器具，如操作可燃性液体或灰尘，以及对身体有危害的灰尘时，应进行防护；

——声明器具在清洁或维护以及通过替换部件而成为其他器具的过程，应断开电源：

- 对于电网供电运行的器具，插头从插座中拔出；
- 对于电池供电运行的器具，拔出供电开关的钥匙或与之相当的方式；

——声明在器具使用之前，门或盖子应按照使用说明书的要求放置；

——在替换刷子或其他由器具供电的附件时，应警惕；

——对于针对干式抛光的大尺寸的刷子，应警示其不可用于常规抛光。

说明书应声明：

——操作员臂膀所受的重力加速度值应用 m/s^2 标出，按照 ISO 5349-1 对于臂膀震动的规定，分别

对每个臂膀进行测量,器具以额定电压或额定电压范围的最高电压值供电;

——操作员所受的重力加速度值应用 m/s^2 标出,按照 GB/T 13441.1 规定进行测量,器具在正常操作环境下,以额定电压供电。

对于电网供电运行的器具,说明书应包含下述内容:

——不允许旋转刷触及到电源线;

——对电源线的损坏进行常规试验,例如裂缝或老化。如果发现损坏,应在继续使用前替换电源线;

——按照说明书的规定,仅替换相同型号的电源线;

——按照说明书的详细规定,仅使用与器具用途相符的插座。

如果器具装有牵引电机且质量超过 100 kg,说明书应包含下述内容:

——为了防止非专业人员使用设备,电源应关断或锁定,例如拔出电源开关钥匙;

——器具无人看管放置,应保证安全,避免意外移动。

器具放置位置所安装的翻倒保护系统(ROPS)或坠物防护系统(FOPS),说明书中应包含对适用系统的描述。打算用于任意防护目的系统都应被列出。

如果器具安装了非安全特低电压供电的载流管,说明书应包含下述内容:

注意:该管道所包含的电器连接:

——不用于蓄水;

——不浸水清洁;

——该管道应进行常规检查同时若损坏绝不可使用。

如果使用 IEC 60417 中 5935 的符号应进行解释说明。

增加下述新条款:

7.12.101　说明书应包含符合附录 BB 中的 BB2.7 的噪声发散声明。

7.14　增加:

IEC 60417 中 5935 的符号高度至少为 15 mm。

通过测量来检查。

7.101　电动清洁头应标注:

——额定电压或额定电压范围,单位为伏(V);

——额定输入功率,单位为瓦(W);

——名称、注册商标或制造商或责任承销商的标识;

——相关型号或类型。

除了工作电压最高至 24 V 的Ⅲ类结构,吸水式清洁器的动力清洁头,应使用 IEC 60417 中规定的 5935 符号标注。

注:该符号为信息符号,除颜色外,应符合 ISO 3864-1 的要求。

通过视检确定其是否合格。

7.102　电源输出插口应标明其最高负荷,单位为瓦(W)。

注:此标志应在器具输出插口附近。

通过视检确定其是否合格。

8　对触及带电部件的防护

GB 4706.1—2005 中的该章除下述内容外,均适用。

8.1　增加:

标准电池最高在 48 V 的电压下工作的部件,不认为是带电部件。

注 1:水与水溶性清洁剂应视为导体。

8.1.4 增加：

由 18 到 24 块酸性或碱性电化学电池组成的独立供电系统，包括胶体电池，应视为Ⅲ类器具。

——每块电池充电时的最大电压不超过 2.7 V；

——无接地部件；

——导电部件不应掉落，并因此将带电部件的正负极桥接。

9 电动器具的启动

GB 4706.1—2005 中的该章不适用。

10 输入功率和电流

GB 4706.1—2005 中的该章除下述内容外，均适用。

10.1 增加：

电动清洁头的输入功率应单独测量。

11 发热

GB 4706.1—2005 中的该章除下述内容外，均适用。

11.3 增加：

如果因安装热电偶或接线的原因必须拆解机器，则在拆解前、安装后施加可能的最低负载，如，关闭抽吸装置的开口，不将刷头与地板接触，空档运行电机等。以检查是否安装完备。

11.5 增加：

正常工作时，可使用一个合适的刹车装置来模拟操作。

由电池供电的器具，应在电池充满电的状态下试验。

11.7 增加：

器具运行至稳定状态的建立。

12 空章

13 工作温度下的泄露电流和电气强度

GB 4706.1—2005 中的该章除下述内容外，均适用。

13.2 增加：

对于多个电机同时工作的Ⅰ类器具，泄露电流不超过 3.5 mA。

14 瞬态过电压

GB 4706.1—2005 中的该章适用。

15 耐潮湿

GB 4706.1—2005 中的该章除下述内容外，均适用。

15.1 修改：

用下述内容替换第 1 句：

除电池外，器具外壳应按器具分类提供相应的防水等级。

增加：

对户外使用电网供电的器具，应在风机运行的状况下进行 15.1.1 的试验。

15.2 增加：

进行这些试验时应除去可拆卸线缆。器具应翻倒直至其在水平表面上呈稳定状态。

这些试验完成后:

——除用于清洁织物表面的湿式清洁机外,清洁机要在一块固定在一个水槽中表面光滑的混凝土板上运行 10 min。在试验开始前,按照说明书的要求,水槽中应注满清洁剂水溶液,溶液表面应高于地板面 5 mm;

——擦洗机在正常工作状态下工作 20 min。

由电网供电,装有液体容器,质量超过 100 kg 的器具,应在容器满载的状态下翻倒至最不利的水平位置,并放置 5 min。

吸水式清洁器的动力清洁头应放置在容器内,容器的底部应放置在水平支撑表面上。容器注满清洁剂,高于底部 5 mm,在试验过程中应保持水平。该溶液为 20 g 的 NaCl 和 1 mL 十二(烷)基硫酸钠,溶解于 8 L 水中。

在液体容器注满后 5 min 运行器具。

注 1:溶剂在使用前应存储在冷空气中并放置 7 d。

注 2:十二(烷)基钠硫酸盐的化学式为 $C_{12}H_{25}NaSO_4$。

上述每项试验后,器具应经受第 16 章规定的电气强度试验。

检查绝缘上应没有能造成电气间隙与爬电距离低于第 29 章规定值的水迹。

注 3:在进行 15.3 试验前,器具允许放置于正常大气条件下的试验室中 24 h。

15.101 吸水式清洁器的电动清洁头应可以与水接触,并防水。

通过下述试验来检查。

动力清洁头应经受 GB/T 2423.55 的冲击试验,冲击量为 2 J。将动力清洁头可靠支撑,同时对外壳上每个可能的薄弱点进行 3 次打击。

然后按照 GB/T 2423.8 程序 1 的要求进行自由落体试验。从 100 mm 的高度跌落至厚度不少于 15 mm 的钢板上 4 000 次。应跌落:

——器具右侧 1 000 次;

——器具左侧 1 000 次;

——器具正面 1 000 次;

——器具清洁面 1 000 次。

动力清洁头按照 GB 4208 中 14.2.7 的要求进行测试,使用 NaCl 含量为 1%的水溶液。

试验后,动力清洁头应经受 16.3 的电气强度试验,在带电部件与溶剂间施加电压,检查绝缘上应没有能造成电气间隙与爬电距离低于第 29 章规定值的盐溶液痕迹。

注:对于最高工作电压为 24 V 的Ⅲ类结构,不对动力清洁头进行试验。

16 泄漏电流和电气强度

GB 4706.1—2005 中的该章除下述内容外,均适用。

16.3 增加:

载流管,除电气连接部分外,应浸入含量约为 1%,温度为(20±5)℃的 NaCl 水溶液中 1 h。继续保持浸入状态,在每个导体与其他导体间施加 2 000 V 的电压 5 min。在每个导体与水溶液间施加 3 000 V 的电压 1 min。

17 变压器和相关电路的过载保护

GB 4706.1—2005 中的该章适用。

18 耐久性

GB 4706.1—2005 中的该章不适用。

19 非正常工作

GB 4706.1—2005 中的该章除下述内容外,均适用。

19.1 增加:

器具应始终符合 19.101 试验的要求。

19.7 增加:

刷头与牵引电机试验运行 30 s。

风扇叶片不视为易于发生堵转部件。

电池供电的机器和(或)其电子元件,在不损害本部分安全要求时,应可承受 0.7 倍额定电压供电。

器具在 70% 额定电压的条件下进行所有相关试验,除非会损害本部分对安全的要求时,要考虑所有相关标准。

注 1: 对于过流保护装置,熔断体或其他安全设备应在绕组温升达到限定值之前动作。

动力刷头应在旋转刷或类似设备锁住的状态下试验 30 s。

19.9 不适用。

19.101 器具装有一个带关断装置或阀门的容器,应重复进行 15.2 试验。

应停止阀门或使流体关断装置失效。如果装有独立工作的两个或多个关断装置,每次仅使其中的一个失效,并确保它们都可以圆满通过 3 000 次工作测试,否则任一未通过测试的都认为已失效。

注 1: 应注意在吸入气液混合物时,应能防止吸入装置的电机过载。通过观察输入功率以避免过载。

20 稳定性和机械危险

GB 4706.1—2005 中的该章除下述内容外,均适用。

20.1 修改:

试验要求由下述内容替代:

按下述试验来检查:

将器具的电机关闭,以 6°的坡度或按照说明书所描述的最大爬坡能力,二者中取较大的,放置于任何正常使用的位置,电缆或电源线放在斜面最不利的位置上。试验过程中制动装置动作,即车轮或滚轮应被锁住。

如果器具装有不需要工具就能打开的门,试验应在门打开或关闭的状态下进行,二者取最不利的。需要工具才能开启的门应保持关闭。

在正常使用中由使用者注入液体的器具,应在空载或注入最不利水量直至额定容量的条件下进行试验。

如果可能对操作者造成危险,则在任何车轮或滚轮上都应不能升高。

注 1: 动力刷头不进行本试验。

20.2 增加:

特别注意:

——齿轮、链轮和皮带滑轮应封闭安装,并且链和皮带的入口应有防护;

——狭槽、钥匙、螺钉等旋转和运动部件应被封闭安装或由光滑圆形的防护装置保护;

——除非圆轴末端短于 50 mm,轴杆末端和类似旋转部件如果其突出部分超过其直径的 1/4,应有防护;

——应避免接近可能发生挤压或切割的部位或用盖子防护;

——保护盖或防护应足够远离运动部件或设计安装在手臂不易触及的地方。

最后一条要求不适用于旋转刷头或扫帚的短毛。旋转刷头的固定部件在整个工作过程中都应易触及,但应防护。通过替换附件将该机器转化为其他器具的过程中,如果旋转刷头或类似部件和真空吸尘器的运动部件是易触及的,则该要求也不适用。

辅助结构、边壁、盖子等的意外关闭或撞击,如可能引起伤害,则应防护。

牵引电机的车轮、滚轮或器具传送器的位置或保护装置应能够避免伤害到操作者的脚。

通过视检来检查,按GB/T 8420的要求,考虑操作人员的身体尺寸。

20.101 单座附件与座位的连接应设计成易于操作,并不会发生意外断开。地板上可拖动的障碍应清除。

按下述试验来检查:单座与平台的连接,附加150 kg的总负载,应经受机器加速至最大速度在一个水平区域内的5次推拉试验。

通过视检确定其是否合格。

20.102.1 用来供操作人员坐的拖挂装置应有防滑脚垫,并设计为:如果机器逆转,操作者不会被堵塞在机器和拖挂装置之间。

20.102.2 后行走式器具的牵引电机应提供一个装置以避免在机器反向运行时挤压操作人员,如,通过机器的一个手柄或一个轴造成挤压。类似设备应可防止挤压,例如,在挤压发生时自动切断电源或反转电机的开关或控制,伸缩性的手柄或轴,快速反转开关,连续动作控制(叉杆控制器)要求操作人员做出连续的动作等。

通过视检确定其是否合格。

20.102.3 装有操作平台的坐骑式器具对操作人员应有足够的正面与边缘防护,既可以通过设置与安装平台,也可以由其他防护来实现。控制柄应定位在保护区域内部,除非对手部提供了特殊防护。平台不应光滑同时应有保护装置防止滑落。

20.102.4 装有操作座椅的坐骑器具应对座椅进行防滑保护,应有坚固的足部支撑,同时,如果有必要可安装台阶。

踏板的安置应使操作不会混淆,其表面应防滑且容易清洁。

通过视检确定其是否合格。

20.103 通过电力辅助完成的污染物容器倾倒操作,不应对操作人员造成危险。

通过视检确定其是否合格。

20.104 同时装有牵引电机与易触及运动部件的器具,开关的放置应不会造成二者的误接通。

器具的结构应保证,只有操作人员位于提供的座椅或平台同时执行了一个意图明显的动作之后,牵引电机才能运转。

通过视检确定其是否合格。

20.105 对于装有牵引电机的后行走式器具,如果其质量超过100 kg,则其最大速度不能超过6 km/h。牵引机不包括旋转刷头所产生的牵引作用。

器具应提供:

——当电机不再能由操作者开动时,器具应提供一个连续动作的控制开关(叉杆控制器)断开电机电源;

——如果关断牵引电机无法保证充分的停机效果,应有一个制动装置。该制动装置应能在一个10%倾斜度的斜面上控制住车辆,或如果机器具有更强的爬坡能力,应为尽可能陡峭的坡面。对制动装置操作的力量要求不应超过200 N。

器具标注工作水平面的角度最大不超过2%,且明显符合要求时,可没有制动装置。

通过视检确定其是否合格。

20.106 装有操作平台的坐骑式器具

——应如此设置：当操作者离开操作平台时，牵引电机应自动关断，如果牵引电机关断仍不具备足够的制动效果时，制动装置应自动启动；

——应如此设置：如果操作者位于操作平台上，牵引电机不会自动开启；

——当坡面超过 6°时，应由制动装置控制，如果机器具有更强的爬坡能力，应为尽可能陡峭的坡面。

按下述要求进行检查：在一个适度倾斜，表面光滑的干燥石板路面检查制动装置的性能。结果为 3 次测量的平均值。在整个试验过程中，机器应以其最大负载，包括操作者(75 kg)。

20.107 装有座位的坐骑式机器

——应如此设置，如果操作者离开座位，牵引电机不会自动开启。

——如果牵引电机关断不具备足够的制动效果，应设置一个制动闸。该制动闸应能在一个 6°倾斜的斜面上控制住车辆，或如果机器具有更强的爬坡能力，应为尽可能陡峭的坡面。正常使用中对制动闸门操作的力量要求不应超过 400 N。

按下述要求进行检查：在一个适度倾斜，表面光滑的干燥石板路面检查制动闸的性能。结果为 3 次测量的平均值。在整个试验过程中，机器应以最大负载运行，包括操作者(75 kg)。

20.108 装有操作平台同时装有坐椅的坐骑式机器

——在水平地面的最大运动速度应不超过 25 km/h；

——应装备伺服制动器。

伺服制动器对于操作者的力量要求不超过：

——针对手动操作：400 N；

——针对脚动操作：600 N。

制动器应能使机器在最大速度的状态下的刹车距离不超过 0.19 m/kg/h。

依次序按下述要求进行检查：在一个适度倾斜，表面光滑的干燥石板路面检查制动闸的性能。结果为 3 次测量的平均值。在整个试验过程中，机器应以其最大容量来负载，包括操作者(75 kg)。

坐骑机应有一个由驾驶员控制的声音警报装置。如果其可能暴露在运动刷子的危险下，应有一个闪烁或旋转的黄色灯光。该警报装置应不会被无意切断。

通过手动试验检查确定其是否合格。

20.109 装有牵引电机同时质量超过 100 kg 的器具：

——针对控制装置或开关在正常使用中失效，应装备紧急关断设备，能迅速使操作者的位置脱离危险。该关断功能，应能通过一个连动装置等方式，以机械或电气的方式切断主电机；

——应装备一个装置提供对操作功能或驱动功能意外开启的防护，例如，操作开关钥匙，机械锁定装置，可移动的控制柄等。

注：驱动电机可以作为伺服制动器使用，而不能由操作者断开。

21 机械强度

GB 4706.1—2005 中的该章除下述内容外，均适用。

修改：

冲击能量值增至 (1.00 ±0.04) J。

21.101 按下述内容来测试机器的部件在正常使用中所受的冲击。

21.102 载流管应耐挤压。

通过下述试验来检查。

该管放置在两块钢板之间，每块长度为 100 mm、宽度为 50 mm，切长边边缘的弧度半径为 1 mm。

管轴沿钢板的长边放置于一个合适的角度。钢板放置于距离管末端大约 350 mm 的位置。

同时以 50 mm/min±5 mm/min 的速度挤压钢板直到施加的力为 1.5 kN。力量释放后，在导体连接与盐溶液间进行 16.3 的电气强度试验。

21.103 载流管应耐磨损

通过下述试验确定其是否合格。

管子的一端连接在曲柄机械装置的杆上，如图 102 所示。曲柄以 30 r/min 的速度旋转，使得管子的末端水平向前和向后移动距离超过 300 mm。

管子由一个旋转的光滑滚轮支撑，滚轮安装在一条移动速度为 0.1 m/min 的研磨布皮带上。研磨材料是尺寸为 P100 的金刚砂粒，按照 GB/T 9258.2 的要求。

在管子的另一端悬挂一个质量为 1 kg 的重物，避免其旋转。

在最低点，重物距滚轮中心的最大距离为 600 mm。

试验为曲柄旋转 100 周期。

在试验后，不能露出基本绝缘，且在导体连接与盐溶液间进行 16.3 的电气强度测试。

21.104 载流管应抗弯曲

通过下述试验确定其是否合格。

管子上打算用于连接动力清洁头的一端，连接到如图 103 所示的试验设备的枢轴臂上。机械臂的枢轴与安装管子的刚性部件距离为(300 ±5)mm。机械臂可以(40±1)°的角度从水平位置上升。5 kg 的重物悬挂在管子的另一边或当机械臂在水平位置时不会对管子产生拉力的便利位置。

注 1：在试验过程中可以重新放置重物。

重物在斜面上的防滑要求管子的偏斜度为 3。

机械臂通过曲柄上升和下降，其旋转速度为(10±1)r/min。

试验进行 2 500 个周期后，管子的固定端转过 90，试验再进行 2 500 个周期。每经过一个 90 度，重复一次试验。

注 2：如果管子在曲柄旋转 10 000 个周期前破裂，则弯曲试验停止。

试验后，管子应经受 16.3 的电气强度试验。

21.105 载流管应抗扭转。

通过下述试验来检查。

管子的一端放置于水平位置，管子的其余部分自由悬挂。管子的自由端周期性旋转，一个周期为向一个方向转动 5 回，以及向相反方向转动 5 回，速度为每分钟 10 回。

试验进行 2 000 个周期。

试验结束后进行 16.3 的电气强度试验，且不应出现损坏致使削弱对标准的符合程度。

21.106 载流管应耐冷

通过下述试验确定其是否合格。

一个 600 mm 长的管子如图 104 弯折，且末端系在一起的长度超过 25 mm。然后将管子放置在一个温度为(−15±2)℃的容器内 2 h。将管子从容器内取出后立刻按图 104 所示进行 3 次弯折，速度为每秒一次弯折。

试验进行 3 次。

试验后管子应无裂缝和破裂，且应经受 16.3 的电气强度试验。

注：褪色应忽略。

22 结构

GB 4706.1—2005 中的该章除下述内容外，均适用。

22.6 增加：

器具的结构应能保证水或清洁剂泡沫都不会渗入电机或接触到带电部件。

22.32 增加：

有真空吸尘功能的器具，其结构应能保证绕组、内部布线和电气连接不会产生由所吸入的空气附带的灰尘和污物的沉积。

通过视检确定其是否合格。

22.35 修改：

删除注释。

增加：

这些部件经受第21章的冲击试验。如果绝缘不能满足29.3的要求，应进行下述冲击试验。

样机的盖子部分放置在温度为(70±2)℃的环境中7 d(168 h)，然后放置在近似室温的环境下。

通过视检来检查盖子，应没有收缩至低于规定绝缘要求的程度或盖子已经脱落，以致它可以纵向移动。

此后，试样应保存于(−10±2)℃的温度中4 h。仍在此温度下，经受图101所示器具的冲击试验。重物"A"，质量为0.3 kg，自350 mm的高度掉落至硬钢制的凿子"B"上，凿子的刀口放置于试样上。

该冲击可施加于每个在正常使用中可能不牢固或损坏的位置上，冲击点间的距离至少为10 mm。

本试验结束后，绝缘应无去皮现象，并在带电部件与包裹金属箔的绝缘(试验区域)之间，经受住16.3的电气强度试验。

22.101 地板清洁机其结构应能防止地板上物体的穿透对其安全造成的损害。

带电部件至少应距离地板30 mm，通过存在的开口测量其垂直方向的距离。

通过视检确定其是否合格。

22.102 对于电池供电的清洁器，二级回路应不依赖于底盘上的电气连续性。非安全特低电压应与易触及带电部件完全隔离。

裸露的导体或端子，其安装应保证不可能发生短路。

如果照明与信号回路能与操作功能回路完全隔离，则其可安装在单极线路中。

通过视检确定其是否合格。

22.103 电池供电器具的电池应与可能产生电火花的部件隔离。如果无此类情况，应保证充足的空气流通，保证在电火花区域的爆炸性气体不会增加。

仅当插头连接设备作为应急开关时，应考虑所产生的电火花。

电池供电器具内置电池的充电过程中：

——所有的耗能回路应确实断路；或

——电池应通过过充开关或拔出插头的方式，与所有耗能回路全极断开。

注：器具专用电池应无爆炸危险，如胶体电池，可以使用单极开关。

通过视检和手动试验检查其是否合格。

22.104 装有电池的器具应设计为，即使电解液发生泄露也不会减弱对标准的符合程度；特别注意应不会使电解液接触到绝缘，而导致爬电距离与电气间隙低于第29章规定的要求。

通过视检确定其是否合格。

22.105 Ⅰ类与Ⅱ类器具应使用一个主隔离开关实现全极断开。器具的开关应由安全特低电压或由单极电池(组)供电。

通过视检确定其是否合格。

22.106 机器的结构应这样设计，所有涉及动力操作的部件。例如，座椅、操作轮和控制器应符合人体工程学原理。

注：ISO 3411 提供示例。

22.107 机器的结构应这样设计，驱动舱应有足够的通风设备，以避免排放气体的沉积或缺氧。应可能迅速离开驱动舱。应提供一个紧急出口。

通过视检确定其是否合格。

22.108 如果机器提供一个翻倒保护系统(ROPS)或坠物防护系统(FOPS)，则系统应有适当的变形限定值。

如果适用，按照 GB/T 17922 或附录 CC 进行检查。

23 内部布线

GB 4706.1—2005 中该章除下述内容外，均适用。

23.5 增加：

注 1：本要求适用于内部布线的附加绝缘。

24 元件

GB 4706.1—2005 中的该章除下述内容外，均适用。

24.1.3 增加：

频繁操作的开关、主隔离开关和机械控制的开关应由安全特低电压或通过 5 000 个工作周期试验的电池(组)供电。

24.101 装有牵引电机的机器，其元件结构应足以保证可经受操作过程中的任何冲击，而不会减弱其性能。开关或其他控制元件应不会受冲击与振动的影响而改变位置。

通过视检确定其是否合格。

24.102 接触开关、制动系统回路中的接触器等，应由最高不超过 48 V 的额定电压供电，同时自激电制动回路中的接触器，其传导应足够可靠(如接触位置的自动清洁)。

通过视检确定其是否合格。

25 电源连接和外部软线

GB 4706.1—2005 中的该章除下述内容外，均适用。

25.1 增加：

符合 IPX7 的器具不应提供器具输入插口。

符合 IPX4、IPX5 和 IPX6 的器具不应提供器具输入插口，除非输入插口和连接器在连接和分离时与器具的分类相同；或除非输入插口和连接器仅能通过工具与机器分离，且当连接时具有与器具相同的分类。

器具提供输入插口，同时应提供专用电源线连接装备。

25.7 增加：

电源线不能轻于：

——如果是橡胶绝缘，普通硬橡胶护套的软线为 GB 5013.1(idt IEC 60245)的 53 号线；

——如果是聚氯乙烯绝缘，普通聚氯乙烯护套软线为 GB 5023.1(idt IEC 60227)的 53 号线。

25.14 增加：

对于 X 型连接或 Y 型连接的器具，弯曲试验次数为 2 000 次。

25.15 修改：

由下述内容替代表 12

表 12 拉力和扭矩

器具质量/kg	拉力/N	扭矩/N·m
≤1	30	0.1
>1 且≤ 4	60	0.25
>4	125	0.40

增加：

试验在器具电源线连接装置上所用电源线其分类为 IPX4 或高于所提供的器具输入插口。在试验开始前，将电源线设备安装到器具输入插口。

25.23 增加：

注 101：软管中的导体无长度限制。

26 外部导线用接线端子

GB 4706.1—2005 中的该章适用。

27 接地措施

GB 4706.1—2005 中的该章适用。

28 螺钉和连接

GB 4706.1 —2005 中该章适用。

29 电气间隙、爬电距离和固体绝缘

GB 4706.1—2005 中的该章除下述内容外，均适用。

29.2 增加：

微观环境的污染等级为 3 级，除非绝缘被包裹或安装使其在器具中不可能因正常使用而暴露于污染中。

30 耐热和耐燃

GB 4706.1—2005 中的该章除下述内容外，均适用。

30.1 增加：

注 1：将舱及其装置视为外部部件。

31 防锈

GB 4706.1—2005 中的该章适用。

32 辐射、毒性和类似危险

GB 4706.1—2005 中的该章除下述内容外，均适用。

增加：

注 101：打算用于收集危险性灰尘的附件，应符合 GB 4706.93 附录 AA 的要求。

单位为毫米

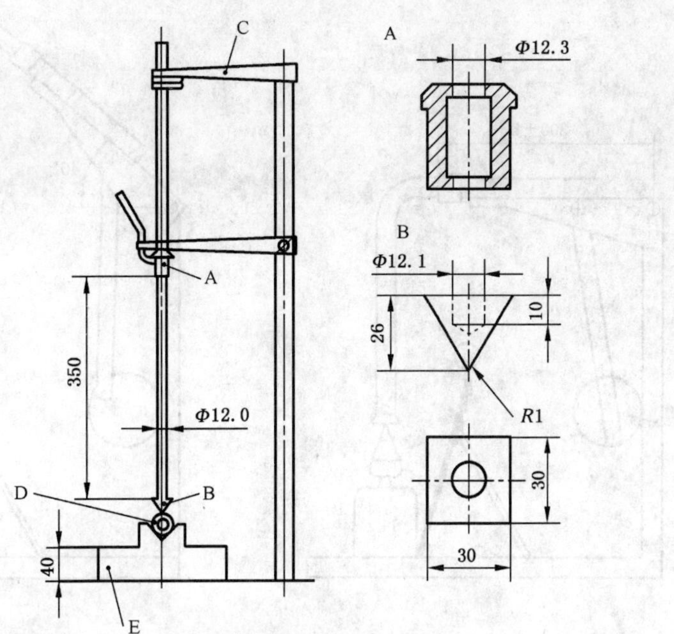

图中：

A——重物；

B——凿子；

C——固定臂；

D——样机；

E——质量为 10 kg 的基座。

图 101 冲击试验装置

单位为毫米

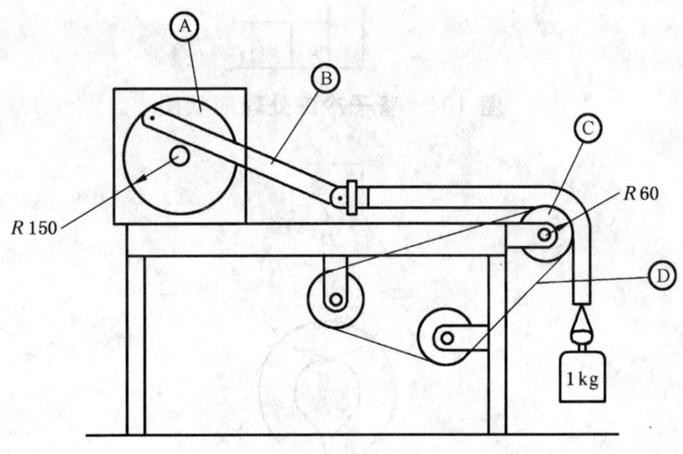

图中：

A——曲柄机械装置；

B——连接杆；

C——滚轮，直径为 120 mm；

D——研磨布带。

图 102 载流管耐磨试验装置

单位为毫米

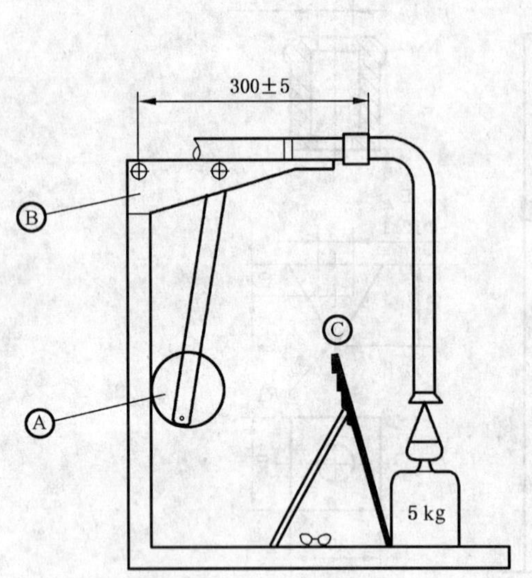

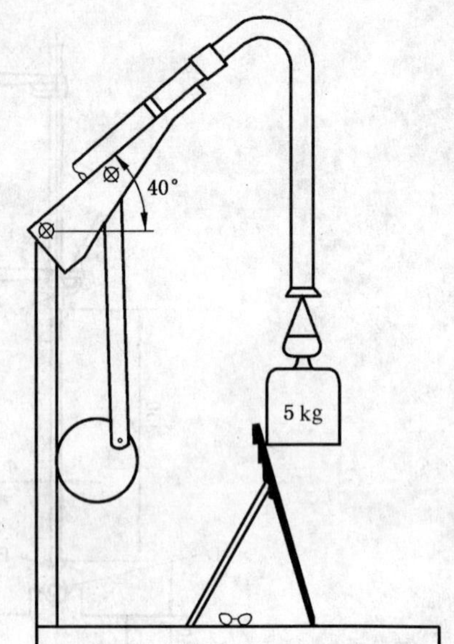

图中：

A——曲柄机械装置；

B——机械臂；

C——斜面。

图 103 载流管耐弯曲试验装置

单位为毫米

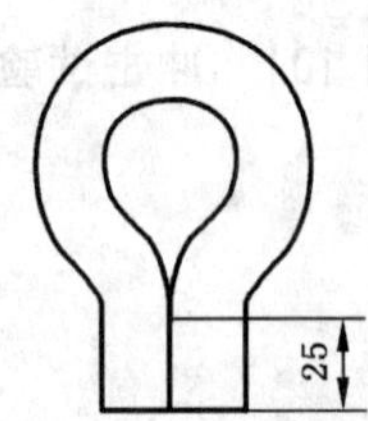

图 104 管子冷冻处理形状图

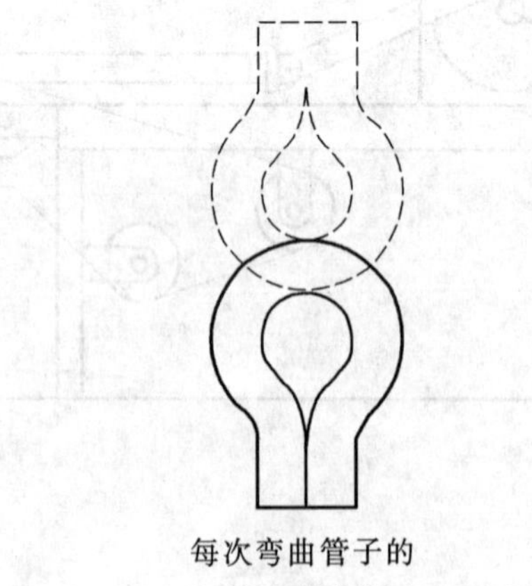

每次弯曲管子的
起始和终结位置

图 105 管子从冷冻室中取出后的弯曲

附 录

GB 4706.1—2005 的附录适用。

附 录 AA
（规范性附录）
预制水泥板

铺路板水泥应按下述要求或类似要求制造：

——波特兰水泥(普通或快凝性)；

——波特兰矿渣水泥。

可以使用自然界中存在的纯净或含杂质，压碎与未压碎的材料，或选择符合下述要求的粗糙材料：

——10%纯度测试：不应少于 10 t；

——破碎指数：不超过 35%。

材料的最大尺寸不超过 14 mm。

以 SO_3 形式存在于水泥中的硫酸盐含量不超过水泥总质量的 4.0%，水泥中的硫酸盐量应通过试验由已知的硫酸盐含量，材料(可适用)和被粉碎的燃料粉末来计算。

可使用任一工序制造板，制造过程中应对灰尘微粒的飘散进行尽可能的防护。板子的“压制”，应以不小于 7 MN/m^2 的压力施加于整个表面。

制板完成后，应储存，防止受潮造成的损害，特别注意应先进行干燥处理。

制板尺寸应为：65 mm×600 mm×750 mm。

放置于粗糙表面的任何位置，750 mm 的径直边缘的最大偏差不超过 2 mm，不用对光滑的测试表面进行特殊制备。针对商业用途的板材应在正常使用的条件下制作。

附 录 BB
（规范性附录）
声学噪声的测量

BB.1 噪声减少

噪声减少是设计过程的一个部分，且应通过在源头特别运用方法来控制噪声，见 ISO/TR 11688-1 的示例。成功运用噪声减少方法，是评估其他同类型无可比较的声学技术资料的机器实际噪声散发值的基础。

地板处理机的主要声源是：电机、风扇、刷子。

BB.2 噪声试验代码

BB.2.1 声压散发级别鉴定

声压散发级别按照 GB/T 17248.2 的要求测量。

麦克风放置在：

——后行走式机器，在手柄后的距离为(0.40±0.025)m，高度为(1.55±0.075)m；

——装有操作平台的坐骑式机器，在手柄后的距离为(0.40±0.025)m，高于操作平台(1.55±0.075)m；

——装有操作座椅的坐骑式机器，高于座椅平面的中部(0.80±0.05)m；

——单座的机器，高于座椅平面的中部(0.80±0.05)m。

且指向机器的几何中心。

对于鉴定所有声能和鉴定指定位置声压散发级别，应使用一致的操作环境。

BB.2.2 声能级别鉴定

声能级别按照 GB/T 3767 的要求测量，如果适合使用刚性壁面测试室，按照 GB/T 6881.2 的要求测量。

对于鉴定所有声能和鉴定指定位置声压散发级别，应使用一致的操作环境。

BB.2.3 操作环境

自动地板处理机应在驻立位置进行试验。发动机和辅助单元的运转速度由器具使用说明书规定。清洁头在最高速度下运行；不应接触地面。吸入系统（如果适用）应在其最大吸入功率下运行，且吸入系统的吸口与地面间的距离不超过 25 mm。如果适用，机器操作应符合 3.1.9.101～3.1.9.104 要求。试验时间至少应为 15 s。

BB.2.4 测量不确定度

对于符合 GB/T 3767 要求的 A 类声能级别和符合 GB/T 17248.2 要求的 A 类发散声压级别。低于 1.5dB 的重现性的标准偏离是可预期的。

BB.2.5 记录信息

记录该信息代替所有噪声试验代码的技术要求，任何与噪声测试代码或基本部分的偏差应与其技术性的解释共同记录。

BB.2.6 报告信息

试验报告中应至少包括制造商对于噪声的声明或使用者要求进行数据检验的声明。

BB.2.7 噪声值的声明与确认

发散声压级别的声明应符合 GB/T 15706.2 的要求，该声明应作为对偶噪声发散声明符合 GB/T 14574 的要求。

应声明噪声值 L_{PA} 与独立的个体不确定度 K_{PA}。

按照 GB/T 14574 的要求，声能级别应用单独的数据声明，声明噪声值 L_{WA} 的和以及个体不确定度 K_{WA}。

K_{PA} 和 K_{WA} 的期望值为 3 dB。

噪声声明应根据噪声测试代码获得，以噪声发散值的方式列出。如果不确定，噪声声明应明确指出与本部分以及与基本部分的偏离。

另外噪声发散量也可以声明的形式给出。

如果承诺，该确认应符合 GB/T 14574 的要求。该确认应使用相同的装备且在相同操作环境下进行用于确定噪声发散的初始确定值。

附 录 CC
(规范性附录)
坠物防护系统(FOPS)——动态试验和性能要求

下述内容描述了对于坠物防护系统(FOPS)动态试验和性能要求的修正条款。

CC.21 机械强度

CC.21.105 在一个设计适用于清洁器具的防护上进行动态试验。防护既可按清洁器具的试验级别安置也可按其设计的试验级别安置。

试验用于确定防止在操作位置上方的天花板防护的一部分发生永久性偏转。

天花板防护应可以承受在下述提及的条件下进行的冲击试验。

通过下述试验来检查。

试验物体应为一个 20 kg 的重物,有一个方形的边长为 300 mm 的击打面。击打面应为橡木或类似密度的材料,至少 50 mm 厚,其拐角与边缘的半径应为 10 mm~15 mm。

试验物体应放置,使其自由坠落,击打面应几乎与天花板防护的顶部平行,以致不会使拐角或边缘进行击打。从 1.5 m 的高度进行 5 次坠落试验。

其中一次坠落应在操作座位指标点的上方垂直于试验物体中心点按照 ISO 5353 的要求进行,如果适用,调整至座位中点进行。另外 4 次坠落应在以操作座位指标点的上方垂直于试验物体中心的点为圆点,直径为 600 mm 的圆周内随机进行。

注:应注意到在击打的时候,试验物体一部分的某些位置可能会与天花板防护的边缘交叠。

试验后,防护应无破裂、部件分离或永久性的超过 20 mm 的垂直偏转,试验应在以操作座位指标点的上方垂直于试验物体中心的点为圆点,直径为 600 mm 的圆周内进行,如果适用,可调整中点。经过动态试验,按照 CC.22.107.3 的要求可用于穿入出口处的材料(例如网孔布、硬玻璃、透明板等)如果失效,可忽略。见图 CC.2 和图 CC.3。

CC.22 结构

CC.22.107.1 在操控区域,按清洁器具制造商的要求进行天花板防护延伸的操作。

控制杆(在其空档位置),任一无保护踏板,脚和操纵轮可以沿水平面凸出天花板的垂直防护最多 150 mm。不必考虑刹车制动器的“关闭”档。

如果距离合适,应考虑保护操作者的腿和脚,对于垂直于水平面的凸起,应在天花板防护的正面与底盘前向结构的背面提供防护,不超过 150 mm(见图 CC.1)。

通过视检和测量来确定其是否合格。

CC.22.107.2 防护的结构应符合习惯,不应阻碍视线。

通过视检来确定其是否合格。

CC.22.107.3 天花板防护的顶部开口两个尺寸中的任何一个都不应超过 150 mm;例如长或宽。

通过视检和测量确定其是否合格。

单位为毫米

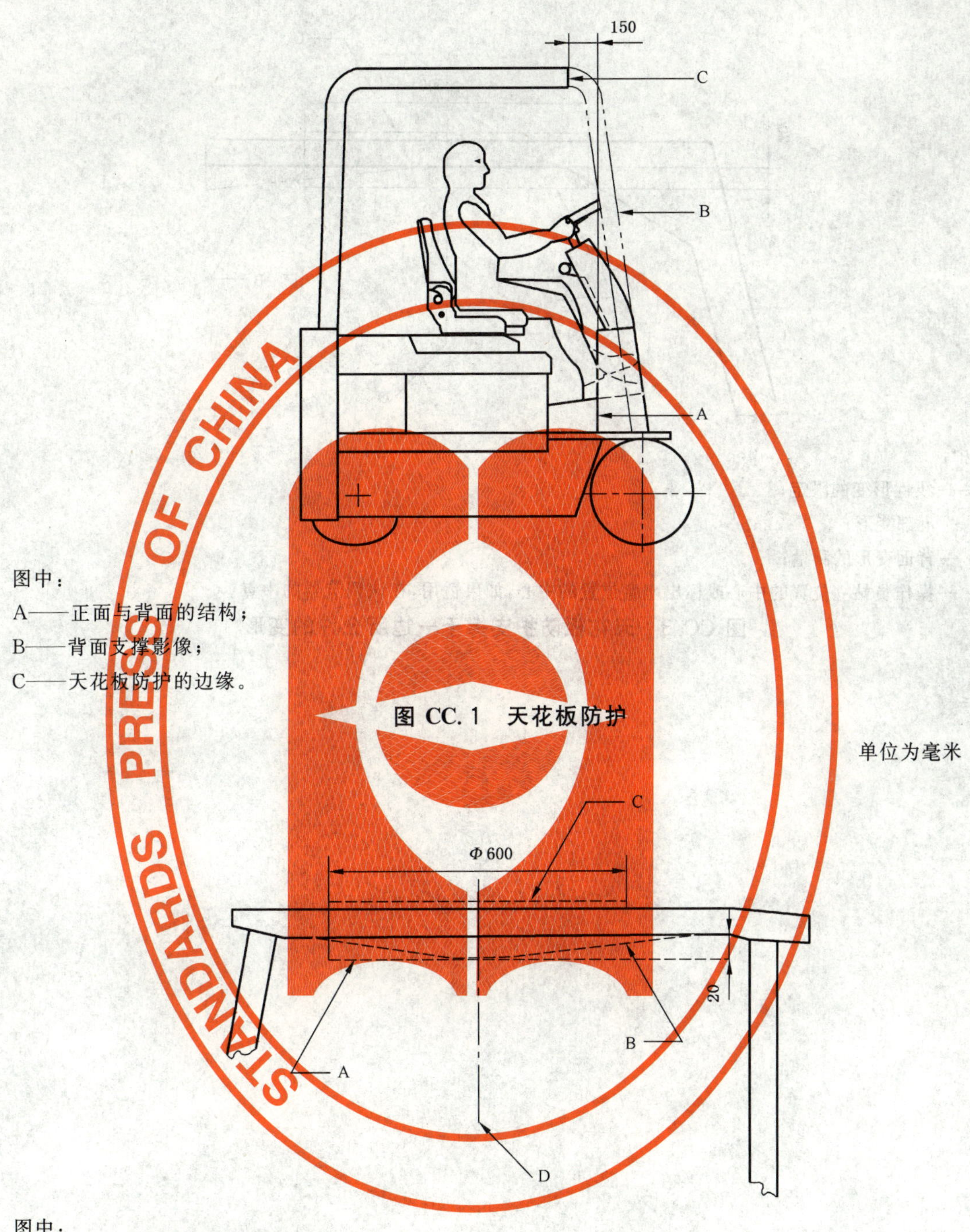

图中：

A——正面与背面的结构；

B——背面支撑影像；

C——天花板防护的边缘。

图 CC.1　天花板防护

单位为毫米

图中：

A——线性形变的限定；

B——下部变形；

C——背面变形的测量；

D——操作员站立位置的中心或标出坐席位置的中心，如果适用，在该调节器的中点。

图 CC.2　天花板支撑所有侧边所允许的变形

单位为毫米

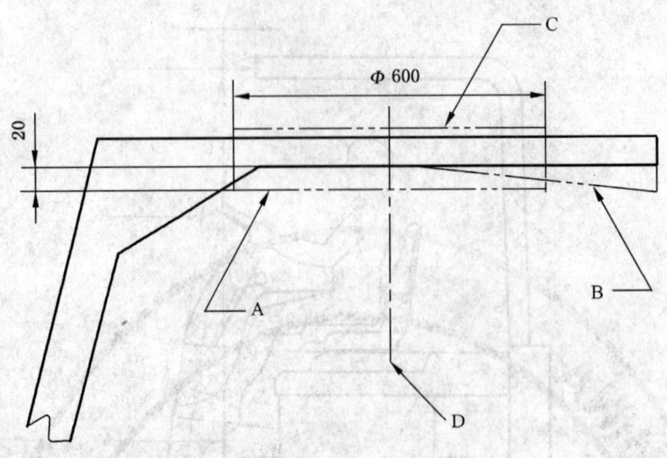

图中：

A——线性形变的限定；

B——下部变形；

C——背面变形的测量；

D——操作员站立位置的中心或标出坐席位置的中心，如果适用，在该调节器的中点。

图 CC.3 天花板防护支撑于一边所允许的变形

参 考 文 献

GB 4706.1 中的参考文献除下述外，均适用。

增加：

GB 4706.86 家用和类似用途电器的安全 工业和商用地板处理机与地面清洗机的特殊要求(GB 4706.86—2008，IEC 60335-2-67:1997，IDT)

GB 4706.87 家用和类似用途电器的安全 工业和商用喷雾抽吸器具的特殊要求(GB 4706.87—2008，IEC 60335-2-68:1997，IDT)

GB/T 8420(EQV ISO 3411)土方机械 司机的身材尺寸与司机的最小活动空间(GB/T 8420—2000，eqv ISO 3411:1995)

GB 2893 安全色(GB 2893—2008，ISO 3864-1:2002，MOD)

ICS 13.120
Y 60

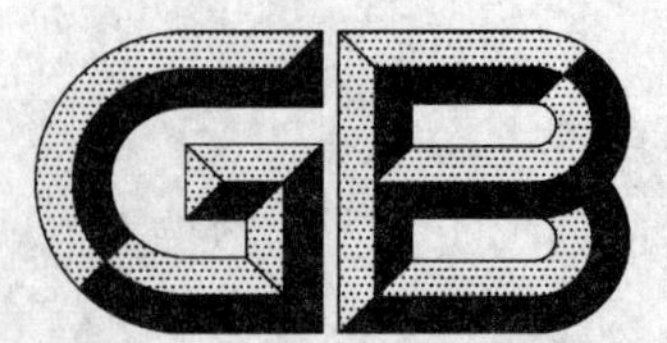

中华人民共和国国家标准

GB 4706.97—2008/IEC 60335-2-87:2002

家用和类似用途电器的安全 电击动物设备的特殊要求

Household and similar electrical appliances—Safety—Particular requirements for electrical animal-stunning equipment

(IEC 60335-2-87:2002(Ed2),IDT)

2008-12-30 发布　　2010-04-01 实施

中华人民共和国国家质量监督检验检疫总局
中国国家标准化管理委员会　发布

前言

本部分的全部技术内容为强制性。

GB 4706《家用和类似用途电器的安全》由若干部分组成，第1部分为通用要求，其他部分为特殊要求。

本部分是GB 4706的第97部分。

本部分是家用和类似用途电器的电击动物设备的特殊安全要求，本部分应与GB 4706.1—2005《家用和类似用途电器的安全　第1部分：通用要求》(等同采用IEC 60335-1:2001及增补件1)配合使用。

本部分中写明"适用"的部分，表示GB 4706.1—2005中的相应条文适用于本部分；本部分中写明"替换"或"修改"的部分应以本部分为准；本部分中写明"增加"的部分，表示除要符合GB 4706.1—2005中相应条文外，还应符合本部分所增加的条文。

本部分等同采用国际电工委员会IEC 60335-2-87:2002《家用和类似用途电器的安全　第2-87部分：电击动物设备的特殊要求》。

为便于使用，本部分对IEC 60335-2-87作了下列编辑性修改：

a) "第1部分"一词改为"GB 4706.1"；

b) 用小数点"."代替用做小数点的","。

本部分由中国轻工业联合会提出。

本部分由全国家用电器标准化技术委员会(SAC/TC 46)归口。

本部分主要起草单位：广州电器科学研究院、广州出入境检验检疫局、佛山市质量计量监督检测中心、广东省中山市质量计量监督检测所、上海出入境检验检疫局机电产品检测技术中心、广州威凯检测技术研究所。

本部分主要起草人：王攀、丘初暄、黄慧珍、钱向明、徐胜、陈汉桂、姚东。

本部分为首次发布。

IEC 前言

1) IEC(国际电工委员会)是由所有国家的电工委员会(IEC 国家委员会)组成的世界范围内的标准化组织。IEC 的宗旨是促进各国在电气和电子标准化领域的全面合作。鉴于以上目的并考虑到其他活动的需要,IEC 还出版国际标准。整个制定工作由技术委员会来完成。任何对此技术问题感兴趣的 IEC 国家委员会都可以参加制定工作。与国际电工委员会有联系的国际、政府和非政府组织亦可参加这项工作。根据 IEC 和 ISO 两组织达成的协议,他们在工作上有着密切的协作关系。
2) 因为每个技术委员会都有来自于各个对有关技术问题感兴趣的 IEC 国家委员会的代表,所以 IEC 对有关技术问题的正式决议或协议都尽可能地表达了国际性的一致意见。
3) IEC 出版物以推荐性的方式供国际上使用,并在此意义上被各国家委员会接受。在为了确保 IEC 出版物技术内容的准确性而做出任何合理的努力时,IEC 对其出版物被使用的方式以及任何最终用户(读者)的误解不负有任何责任。
4) 为了促进国际上的统一,IEC 希望各国委员会在本国情况允许的范围内采用 IEC 出版物的内容作为他们国家或地区的出版物。IEC 出版物与相应的国家或地区的出版物有差异的,应尽可能在后者中明确地指出。
5) IEC 规定了表示其认可的无标识程序,但并不表示对某一设备声称符合某一 IEC 出版物承担责任。
6) 所有的使用者应确保持有该出版物的最新版本。
7) IEC 或其管理者、雇员、服务人员或代理(包括独立专家、IEC 技术委员会和 IEC 国家委员会的成员)不应对使用或依靠本 IEC 出版物或其他 IEC 出版物造成的任何直接的或间接的人身伤害、财产损失或其他任何性质的伤害,以及源于本出版物之外的成本(包括法律费用)和支出承担责任。
8) 应注意在本出版物中列出的规范性引用文件。对于正确使用本出版物来讲,使用规范性引用文件是不可缺少的。
9) 本 IEC 标准中的某些内容有可能涉及一些专利权问题,对此应引起注意。IEC 组织不负责识别任一或所有该类专利权问题。

本标准由 IEC 第 61 技术委员会(家用和类似用途电器的安全)制定。

第二版取消并替代 1998 年公布的第一版,它包括了技术上的修订。

双语版本(2003.10)代替了英语版本。

IEC 60335 本部分的正文是基于文件 61H/167/FDIS 和 61H/172/RVD 制定的。

关于标准通过的所有投票信息可以在以上文件中找到。

本标准的法语版没有进行投票。

第 2 部分应与 IEC 60335-1 及其增补件的最新版本配合使用。本标准是根据 IEC 60335-1 的第 4 版(2001)制定的。

注 1:当本标准中提到“第 1 部分”时,它是指 IEC 60335-1。

第 2 部分对 IEC 60335-1 中的相应条款进行了补充和修改,并将此出版物转化为 IEC 标准:电击动物设备的特殊要求。

第 2 部分中未提及的 IEC 60335-1 的条款,只要合理,便可使用。本标准中标有“增加”、“修改”或“替换”的地方,是对 IEC 60335-1 的相关条款的相应修改。

注 2：本标准使用以下编号方法：

——本标准增加的条款、表和图形的编号从 101 开始；

——没有作为一个新条款或没有被包含在第 1 部分中的注，他们的编号从 101 开始，包括那些在被替换的章和条款中的注。

——增加的附录用附录 AA，附录 BB 等编号。

注 3：本标准使用下述几种印刷字体：

——正文要求：印刷体；

——试验规范：*斜体*；

——注：小号印刷体。

正文中的黑体字在第 3 章中有定义，当定义涉及形容词时，形容词及所修饰的名词也用黑体字。

技术委员会决定：本标准将实施至 2004 年，届时标准将被：

- 重新确认；
- 废止；
- 由修订件代替，或者
- 增补。

在某些国家存在下列差异：

——25.7 允许使用普通护套的聚氯乙烯软线(澳大利亚、新西兰)。

引　言

在起草本标准时已假定，由取得适当资格并富有经验的人来执行本标准的各项条款。

本标准所认可的是家用和类似用途电器在注意到制造商使用说明的条件下按正常使用时，对器具的电气、机械、热、火灾以及辐射等危险防护的一个国际可接受水平，它也包括了在实际应用中预计可能出现的非正常情况，并且考虑电磁干扰对于器具的安全运行的影响。

在制定本标准时已经尽可能地考虑了 GB 16895 中规定的要求，以使得器具在连接到电网时与电气布线规则的要求协调一致。但是各国的电气布线规则可能是不同的。

如果本标准范围内的器具还含有 GB 4706 第 2 部分的另一个标准所覆盖的功能，则相关的第 2 部分标准只要合理应分别适用于每个功能。如果适用，一个功能对另一个功能的影响也应被考虑。

本标准是一个涉及器具安全的产品族标准，并在覆盖相同对象的同一水平和同一类别的标准中处于优先地位。

一个符合本标准的器具，如果在进行检查和试验时，发现该器具的其他特性会损害本标准要求所涉及的安全水平，则未必判其符合本标准中的各项安全原则。

产品使用了本标准内容要求中规定以外的各种材料和各种结构形式时，可以按照本标准要求的意图进行检查和试验。如果查明其基本等效，则可以判其符合本标准要求。

家用和类似用途电器的安全
电击动物设备的特殊要求

1 范围

GB 4706.1—2005 中该章用下述内容替换:

本部分涉及单相额定电压不超过 250 V,其他额定电压不超过 480 V 的家用和类似用途的电击动物设备的安全。

非家用但对公众来说仍可能造成危险的器具,例如打算在工业、商店和农场或其他可能对公众安全产生危险的范围内使用的器具,也包括在本部分的范围内。

本部分所涉及的上述器具存在的普通危险。

注 101:本部分范围内所包括的电击动物设备包括用来电击以下动物的器具:

——牛类,例如牛、小牛、母牛、小母牛、公牛;

——绵羊类,例如绵羊、小羊;

——公山羊类,例如山羊;

——鹿类,例如鹿;

——单蹄类,例如马、驴、骡子;

——鸟类,例如小鸡、火鸡、珍珠鸡;

——猪类,例如猪;

——毛皮动物,例如狐狸、南美栗鼠、野兔、负鼠;

——貂类,例如貂和臭猫;

——反刍动物,比如骆驼。

注 102:以下电击动物设备也包含在本标准范围内:

——手持式、半自动和全自动。

注 103:下述情况应注意:

——对于在船舶上使用的电击动物设备,必要时可增加附加要求;

——在许多国家,附加要求由国家卫生当局、国家负责劳动保护的机构、国家供水机构和类似机构制定;

——在许多国家,动物的麻醉屠宰有附加要求。

注 104:本标准不适用于:

——预定用于特殊条件,例如有腐蚀性或爆炸性气体(粉尘、蒸气或瓦斯)存在的地方使用的器具;

——电栅栏增能器(见 IEC 60335-2-76);

——电捕鱼器(见 IEC 60335-2-86);

——嫩肉机、牲畜麻醉机,牲畜僵硬机,脊椎麻醉释放设备或类似设备。

2 规范性引用文件

GB 4706.1—2005 中的该章除下述内容外,均适用。

增加:

GB/T 2423.18—2000 电工电子产品环境试验 第 2 部分:试验 试验 Kb:盐雾,交变(氯化钠溶液)(idt IEC 60068-2-52:1996)

GB 19212.5—2006 电力变压器、电源装置和类似产品的安全 第 5 部分:一般用途隔离变压器的特殊要求(IEC 61558-2-4:1997,MOD)

ISO 3864 安全颜色和安全符号

3 定义

下列术语和定义适用于本标准。

GB 4706.1—2005 中的该章除下述内容外，均适用。

3.1.9 替换：

正常工作 normal operation

电击动物设备正常工作时应与电源相连，电极与电击设备的输出端子相连。一个无感可调电阻器连接在电极之间。调节电阻器达到输出电流。

3.6.3 增加：

注：易触及部件包括用户更换电池时可触及的电池连接端子和电池间室内的其他金属部件，即使需要工具。

3.6.4 替换：

带电件

可能导致电击的导电部件。

3.101

电击动物设备

设计或使用时通过电流使动物麻醉的器具。它可能造成不可逆转的心脏休止。

注：在本部分中，为方便起见，本术语缩写为电击设备。

3.102

电网驱动电击设备

设计直接和电网相连的电击设备，不包括电池供电或安全特低电压供电的设备。

3.103

电池驱动电击设备

能量来源于独立的充电电池或不可充电电池的电击设备。

3.104

电极

电击设备中将电流施加到动物上的部件。

3.105

电击线路

电击设备内连接到或打算载流连接到电极端子的导电部件或元件。

3.106

输出电压

正常工作时维持输出电流的电压。

3.107

输出电流

电击设备中的电击线路设计提供的电流。

3.108

偏置断开开关

当开关的驱动部件释放时自动回到断开位置的开关。

4 一般要求

GB 4706.1—2005 中的该章适用。

5 试验的一般条件

GB 4706.1—2005 中的该章内容除下述内容外，均适用。

5.8.1 增加：

对于电池连接端子没有极性标识的电池驱动电击设备，器具在最不利的极性下工作。

5.101 如果与电极相连的输出端子没有标识，端子按最不利的结果与电极反向连接。

5.102 电击设备按电动器具的要求试验。

6 分类

GB 4706.1—2005 中的该章内容除下述内容外，均适用。

6.1 替换：

与电网连接的电击设备应为Ⅰ类、Ⅱ类或Ⅲ类防触电保护类别。

与电网连接并直接与供水系统连接的电击设备应为Ⅰ类防触电保护类别。

便携式和手持式电击设备应为Ⅱ类或Ⅲ类防触电保护类别。

器具通过视检和相关试验确定其是否合格。

6.2 增加：

带有电气元件而且按说明书要求可以用喷射水流进行清洁的电击设备部件，至少应为 IPX5。

手持式电击设备至少应为 IPX5。

7 标志和说明

GB 4706.1—2005 中的该章内容除下述内容外，均适用。

7.1 增加：

电击设备应有含下述内容的标识：

——工作循环，如果适用；

——输出电流；

——空载输出电压；

——警告：使用前完整阅读说明书；

——符合 IEC 60417 第 5036 号要求的危险电压符号；

注 101：此警示符号符合 ISO 3864 的要求。

——电极和反向电极端子应用 IEC 60417 第 5036 号和 5017 号的适当符号分别标识出。如果反向电极没有接地则不需要标识。

电池驱动电击设备还应标识出：

——额定输入电流(A)；

——警告：不能与电网驱动设备相连；

——电池类型，除非类型和电击设备的使用无关，否则应区分充电电池和不可充电电池。

7.6 增加：

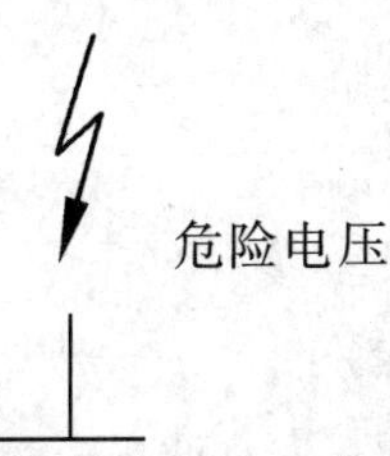

危险电压[IEC 60417 符号 5036]

接地(地线)[IEC 60417 符号 5017]

7.8 增加：

对于电池驱动电击设备，与电池连接的供电端子应清晰标注出：对正极用“+”符号或红色，对负极用“-”或黑色，除非极性是无关的。

7.12 增加：

说明书应包括下列内容：

——对于电击设备的手持部件，电源开关应从任何点都清晰可见，包括使用时握持在手里的部件；

——对于电击设备的手持部件，当手持部件不使用时应放置在电源装置旁边的固定架上或悬挂在高度至少为 1.6 m 的位置上；

——电源线的放置应使其不能被动物触及；

——关于通过功能试验来确认安全控制器和连锁装置连续正确使用的建议；

——电击设备清洁期间应断开电源；

——不使用时电击设备应与电源隔离。

电池驱动电击设备的说明书中应特别强调设备上的如下警示标识：

警告：不能连接到电网驱动设备。

Ⅲ类便携式电击设备的说明书中应规定器具只能通过隔离变压器供电。

如果器具上标识有 IEC 60417 的第 5017 或 5036 符号，其含义必须进行说明。

7.12.1 增加：

说明书应包括下列内容：

——电气接线图；

——对于固定式电击设备，安装说明应结合有效的等电位连接系统；

——没有标注 IPX5 的部件，应安装在不可能用喷射的水清洁到的位置；

——电击设备应安装在排水良好的位置；

——电击设备的安装应符合相关地方对电气布线、健康、安全等方面的规定。

7.15 增加：

IEC 60417 中用来显示危险电压的符号 5036 其三角形垂直高度应不小于 120 mm，然而对于手持式电击设备的手持部件，其高度应不小于 20 mm。对于其他情况下 IEC 60417 的符号 5017 和 5036 应不小于 20 mm。

7.101 电击设备的手持部件，如果可以从电击设备的支持物上拆卸下来，应标识如下内容：

——制造商或责任承销商的名称、商标或识别标志；

——器具型号或系列号；

——额定电压、额定电流和工作循环，如果适用；

——IP 符号。

器具通过视检确定其是否合格。

8 对触及带电部件的防护

GB 4706.1—2005 中的该章内容除下述内容外，均适用。

8.1.4 增加：

电极不认为是带电部件。

9 电动器具的启动

GB 4706.1—2005 中的该章内容不适用。

10 输入功率和电流

GB 4706.1—2005 中的该章内容适用。

11 发热

GB 4706.1—2005 中的该章内容除下述内容外，均适用。

11.5 替换：

电击设备在正常工作条件下运行，并按以下要求供电：

——对于电网驱动电击设备，按 0.94 倍或 1.06 倍额定电压之间的最不利电压供电；

——对于电池驱动电击设备，按以下电压之间的最不利电压供电：

- 0.55 倍和 1.1 倍额定电压，如果电击设备可以使用不可充电电池供电；
- 0.75 倍和 1.1 倍额定电压，如果电击设备只能使用可充电电池供电。

电池的内阻应考虑表 101 的数值。

表 101 电池阻抗

电池端子的供电电压	内阻/Ω	
	不可充电电池	可充电电池
1.1 倍额定电压	0.08	0.001 2
1.0 倍额定电压	0.10	0.001 5
0.75 倍额定电压	0.75	0.006 0
0.55 倍额定电压	2.00	—
注：在确定电池的内阻时，两个或两个以上并联在一起的电池单元被认为是一个电池单元。		

11.7 替换：

按照说明书的要求标注有工作循环的电击设备在每个工作循环之间需要一定的间歇时间，工作到稳定状态建立为止，其他电击设备连续工作直到稳定状态建立为止。

12 空章

13 工作温度下的泄漏电流和电气强度

GB 4706.1—2005 中的该章内容除下述内容外，均适用。

13.1 修改：

本条要求和试验应适用于电网驱动电击设备。

14 瞬态过电压

GB 4706.1—2005 中的该章内容适用。

15 耐潮湿

GB 4706.1—2005 中的该章内容适用。

16 泄漏电流和电气强度

GB 4706.1—2005 中的该章内容除下述内容外，均适用。

16.1 修改：

器具通过以下试验检查：

——16.2 和 16.3 适用于连接到电网的电击设备；

——16.101 适用于电池驱动电击设备。

16.101 对于电池驱动电击设备，其电源端子连接到 1.1 倍～1.5 倍额定电压之间的电压下 10 min，输入电压应使得空载输出电压达到最大值，如果可能保护放电间隙应断开。

在供电电极之间的绝缘上施加直流 500 V 的电压 1 min。在试验前，连接到电极之间的电容器、电阻、感应器、变压器绕组和电子元器件应断开。当一个电容作为集成电路的一部分无法单独断开时，则断开整个电路。

试验期间不得发生击穿。

17 变压器和相关电路的过载保护

GB 4706.1—2005 中的该章内容适用。

18 耐久性

GB 4706.1—2005 中的该章内容不适用。

19 非正常工作

GB 4706.1—2005 中的该章内容除下述内容外，均适用。

19.1 增加：

器具还要按 19.101 进行试验。

19.13 增加：

由于一个故障导致电极之间的空载电压超过 24 V 时，电击设备应能在 50 ms 内自动断开电源。

19.101 电击设备在额定电压下正常工作。依次施加以下故障：

——电极短路；

——浴室内的水位开关或其他控制水位的装置短路或失效；

——不借助于工具就能触及的熔断器短路；

——占空系数小于 100%的电击设备连续运行。

20 稳定性和机械危险

GB 4706.1—2005 中的该章内容适用。

21 机械强度

GB 4706.1—2005 中的该章内容除下述内容外，均适用。

增加：

手持式器具除外，如果损坏可能触及危险部件的器具外表面按以下要求进行试验：

如果可能外壳要经受 IEC 60068-2-72 的 EHA 或 EHB 的试验。冲击能量为 5 J。正常使用时每个暴露可能受冲击的点都要施加一次冲击。

注 101：试验不施加于玻璃表面。

手持式设备和其他使用时握持的电击设备应经受 IEC 60068-2-32 的自由跌落试验，设备从 1 m 高度处跌落三次。

试验后，器具不得出现本标准意义内的损坏，特别是 8.1、15.1、16.3 和第 29 章的符合程度不应受到损害。

22 结构

GB 4706.1—2005 中的该章内容除下述内容外，均适用。

22.101 对于正常使用时用户握持的电击设备，需要带有一个倾斜开关使得电击设备与垂直方向的倾角超过 45°时断开电源。重新连接电源应需要手工操作。

通过视检或手动试验来确定其是否合格。

22.102 电池驱动电击设备结构上应设计成不可能与电网直接连接或通过一个充电器与电网间接

连接。

通过视检来确定其是否合格。

外部夹具或鳄鱼夹不认为是用来连接电网的。

22.103 对于可以连接电网的电击设备，内部连接应充分固定或防护，以保证在导线松脱或断开的情况下，电网和电击线圈间不会发生导电连接或其他危险。

对于可以连接电网的电击设备，电击线圈和供电线路之间应通过隔离变压器隔离。

通过视检确定是否合格，并通过本部分的其他章试验和 IEC 61558-2-4 的试验，如果适用。

22.104 每个与电击设备联合的隔离变压器只能为一对电极供电。

通过视检确定是否合格。

22.105 在正常使用时要操作的任何开关或控制器的执行元件不需要打开或移去任何防水或防触电的保护外壳就可触及。

通过视检确定是否合格。

22.106 在电击设备被安装和连接到电网之后用于正常使用时连接电极的接线端子不需要打开或移去任何防水或防触电的保护外壳就可触及。

通过视检确定是否合格。

22.107 任何出现在电极之间并且峰值超过 24 V 的电压在接近电击设备时应能从任何方向上通过视觉方式观察到。

通过视检和试验确定是否合格。

22.108 当电击设备与电源连接时应提供视觉显示。

通过视检确定是否合格。

注：对于在公共场合使用并用于有害目的控制的电击设备，可以通过直立在电池上的警示符号限制靠近器具。

22.109 手持式电击设备的所有手持部件应满足以下条件之一：

——带有两个偏置断开开关，并且这两个开关不能用一只手导通，只有它们同时闭合才能在电极线圈中产生电流；或者必须

——符合 22.111 的要求。

通过视检和适当的试验确定是否合格。

22.110 对于不符合 22.109 的电击设备和其他单独电击动物的电击设备，如果电极负载阻抗超过限值，则必须装有一个控制装置以防止电极之间产生峰值超过 24 V 的电压。

电极负载阻抗的大小至少每隔 20 ms 检查一次，并且负载阻抗超过限值的 30 ms 之内电极电压必须减少到空载值。

通过测量和下述试验来确定是否合格，此时电击设备以额定电压供电：

测量电极之间的空载电压。然后在电极之间连接一个可调电阻器，调节电阻器使得电极两端电压超过空载电压。

当电极之间的电压超过空载电压时，电阻器的最大值不得超过图 101 曲线中的限值。

然后增加电阻值，在电极之间的电阻值超过图 101 曲线中限值的 30 ms 内，电极之间的电压必须减小到空载值。

22.111 用符合 22.109 规定的两个开关操作的控制线路应满足以下条件：

——第二个开关必须在第一个开关闭合后的 5 s 内闭合以使得电流流过电击线圈；

——在半自动电击设备中，电击开始后一个开关的释放将使电极之间的电压消除，不过消除以前应有充分的时间以完成电击；

——所有的开关应释放以使电击设备复位准备以后使用。

通过视检和试验确定是否合格。

22.112 除了通过插头和电源线与电源相连的电击设备，电击设备应提供一个全极断开并且在断开位

置可以锁定的开关。开关应有在III类过电压类别下在所有极都能全极断开的触点开距。

通过视检和适当的试验确定是否合格。

22.113 电击设备的设计上应保证电源的中断和恢复不会使电极上的电压在没有进一步手动操作的情况下产生。

通过视检和适当的试验确定是否合格。

22.114 对于在浴室使用的电击设备，浴室排水期间不应给电击设备施加电压。

对于在浴室使用的电击设备，浴室装水期间不应给电击设备施加电压，除非装水是通过一个隔离的水柜自动进行的。

通过视检和适当的试验确定是否合格。

22.115 连接到水网的电击设备应能经受正常使用时的水压。

给器具供水的水源应保持一个静压，其值为最大进水压力的 2 倍或 1.2 MPa，取其中较大值，持续时间为 5 min，检查是否合格。

任何部件都不应出现泄漏，包括任何进水软管。

22.116 对于直接连接到水网的电击设备，其与水网的连接点必须是金属的，而且必须与电击设备的保护接地相连。

通过视检和 27.5 的试验确定是否合格。

22.117 与电极的无意识接触是不能发生的。

手持式电击设备除外，如果无意识接触的防止是通过距离或障碍，则电击设备的外壳或障碍与电极之间的距离至少应为 1.25 m。

手持式电击设备的手持部件必须提供屏障以减少用户的手触及电极的危险。

通过视检和测量、试验确定是否合格。

22.118 如果需要进入装有电极的区域，进入时穿过的门上应有连锁开关以确保门打开的情况下电极不会被施加电压。只有从外边才能复位电击设备。从电击设备的复位位置应能看见电极。

通过视检确定是否合格。

23 内部布线

GB 4706.1—2005 中的该章适用。

24 元件

GB 4706.1—2005 中的该章内容适用。

25 电源连接和外部软线

GB 4706.1—2005 中的该章内容除下述内容外，均适用。

25.1 替换：

电网驱动电击设备，除了那些永久连接到固定布线的器具以外，应提供一条带插头的电源软线。

通过视检确定是否合格。

25.3 修改：

删去关于电源引线的第三个破折号。

25.5 增加：

在电池驱动电击设备中与电池相连的柔性引线或软线应与电击设备通过 X 连接装配在一起。

25.7 替换：

电源软线，除了连接电击设备的外部电池或电池盒的柔性引线或软线，应不轻于重型橡胶护套软线（IEC 60245 的 66 号线）

通过视检确定是否合格。

25.20 增加：

本要求不适用于连接电击设备的外部电池或电池盒的柔性引线或软线。

25.23 增加：

对电池驱动电击设备，如果电池放置在一个分离的盒子里，与电击设备连接的柔性引线和软线被视为互连软线。

25.101 电池驱动电击设备应提供适当的方式与电池连接。

如果电池的类型标注在电击设备上，则连接方式应适用于这种电池。

通过视检确定是否合格。

26 外部导线用接线端子

GB 4706.1—2005 中的该章内容除下述内容外，均适用。

26.5 增加：

对于 X 型连接的电击设备，通过柔性引线或软线连接外部电池或电池盒的接线端子其位置应放置或防护得使端子间没有意外接触的危险。

27 接地措施

GB 4706.1—2005 中的该章内容适用。

28 螺钉和连接

GB 4706.1—2005 中的该章内容适用。

29 电气间隙、爬电距离和固体绝缘

GB 4706.1—2005 中的该章内容除下述内容外，均适用。

29.2 增加：

除非在器具正常使用期间，电气绝缘被封闭或被置于不会暴露在污染情况下的位置，否则其微观环境视为 3 级污染。

30 耐热和耐燃

GB 4706.1—2005 中的该章内容除下述内容外，均适用。

30.2.2 不适用。

31 防锈

GB 4706.1—2005 中的该章内容除下述内容外，均适用。

代替：

Ⅱ类电击设备的金属外壳应能充分防锈。

器具通过 GB/T 2423.18—2000 的盐雾试验确定其是否合格，严酷程度 2 适用。

试验前，使用坚硬的钢针对涂层表面进行刮蹭，其针头端部为 40°的圆锥形，尖端圆周半径为 0.25 mm±0.02 mm。针头施加 10 N±0.5 N 的轴向力，沿涂层表面以大约 20 mm/s 的速度滑行，进行刮蹭。刮蹭五次，每道刮痕相距 5 mm，离边缘至少 5 mm。

试验之后，外壳不得出现本标准意义内的损坏。涂层不得断开和从金属外壳上松脱。

32 辐射、毒性和类似危险

GB 4706.1—2005 中的该章内容适用。

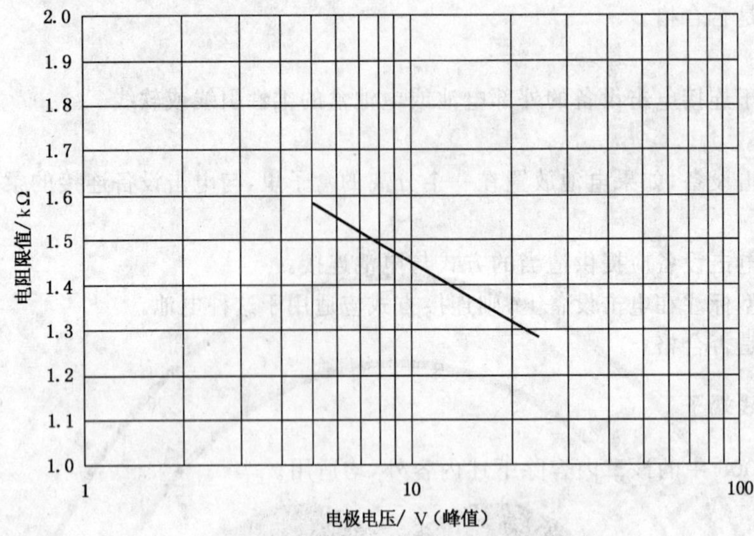

图 101 电击设备的电阻限值曲线

附 录

GB 4706.1—2005 中的附录适用。

参 考 文 献

GB 4706.1—2005　中的附录除下述内容外,均适用。

IEC 60335-2-76　家用及类似用途的器具　安全　第2-76部分:电栅栏增能器的特殊要求

IEC 60335-2-86　家用及类似用途的器具　安全　第2-86部分:电捕鱼器的特殊要求

IEC 60364-7-705:1984　建筑物的电气安装　第7部分:特殊安装或定位的要求　第705节:农业和园艺建筑的电气安装

ICS 13.120
Y 69

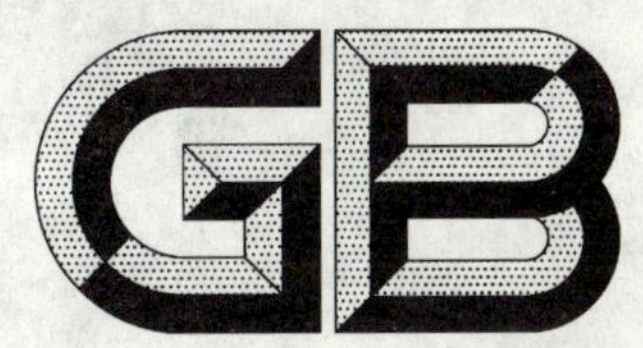

中华人民共和国国家标准

GB 4706.98—2008

家用和类似用途电器的安全 闸门、房门和窗的驱动装置的特殊要求

Household and similar electrical appliances—Safety—Particular requirements for drives for gates, doors and windows

(IEC 60335-2-103:2006,MOD)

2008-12-30 发布　　2010-04-01 实施

中华人民共和国国家质量监督检验检疫总局
中国国家标准化管理委员会　发布

前　言

本部分的全部技术内容为强制性。

GB 4706《家用和类似用途电器的安全》由若干部分组成，第1部分为通用要求，其他部分为特殊要求。

本部分是GB 4706的第98部分。

本部分是家用和类似用途的闸门、房门和窗的驱动装置的特殊安全要求，修改采用IEC 60335-2-103：2006《家用和类似用途电器的安全　第2-103部分：闸门、房门和窗的驱动装置的特殊要求》(英文版)。

由于国内电动门行业的现状，本部分在采用国际标准时进行了修改。这些技术性差异用垂直单线标识在它们所涉及的条款的页边空白处。具体差异说明如下：

IEC 60335-2-103：2006《家用和类似用途电器的安全　第2-103部分：闸门、房门和窗的驱动装置的特殊要求》包括了在19.11.2和22.107描述的故障条件下取代防夹保护系统的一个特殊功能，而该功能涉及了一个美国专利。而本部分GB 4706.98—2008不包含该专利。

章条	修改
19.11.2	用"正在开发中"代替该条增加的内容
22.107	用"正在开发中"代替该条内容
附录AA中的19.11.2	用"正在开发中"代替该条内容

解释：

在我国的《国家标准涉及专利的规定》(暂行)中要求强制性国家标准不应含有专利，而且目前我国尚无这方面的技术。因此，在本部分中暂不规定这方面的要求，待将来国内技术成熟时再补上这个要求。

请注意本部分的某些内容还有可能涉及专利。本部分的发布机构不应承担识别这些专利的责任。

为便于使用，本部分还对IEC 60335-2-103：2006做了下列编辑性修改：

a) "第1部分"一词改为"GB 4706.1—2005"；

b) 用小数点'.'代替用作小数点的逗号','；

c) 删除了国际标准的前言。

本部分应与GB 4706.1—2005《家用和类似用途电器的安全　第1部分：通用要求》配合使用。

本部分是通过增补或修改GB 4706.1—2005形成的。GB 4706.1中具体条款未在本部分中提及的，表示GB 4706.1中的相应条款适用于本部分。本部分中写明"适用"的部分，表示GB 4706.1中的相应条文适用于本部分；本部分中写明"代替"的部分，则以本部分的条文为准；本部分中写明"增加"的部分，表示除要符合GB 4706.1相应条文外，还必须符合本部分所增加的条文。

本部分附录AA为规范性附录。

本部分由中国轻工业联合会提出。

本部分由全国家用电器标准化技术委员会(SAC/TC 46)归口。

本部分起草单位：广州电器科学研究院、浙江省质量技术监督检测研究院、广州威凯检测技术研究所。

本部分主要起草人：黄文秀、赵奇、罗军波。

本部分为首次发布。

引　言

在起草本部分时已经假设,本部分内容的实施是委托有适当资格及有经验的人来执行。

本部分承认国际上认可的对器具在考虑到制造商的使用说明的条件下正常使用工作时所带来的诸如电气、机械、热、着火及辐射等危险的防护水平。本部分还覆盖了在实际中可预期的非正常情况,并将电磁现象影响器具安全工作的方式也给予考虑。

本部分尽可能地考虑了 GB 16895 中规定的要求,以便在器具与电源连接时符合布线规则。

如果本部分范围内的器具还含有 GB 4706 系列的另一个标准所覆盖的功能,则该相关的第 2 部分标准只要合理应分别适用于每个功能。如果适用,一个功能对其他功能的影响也应考虑。

本部分是一个涉及器具安全的产品族标准,并在覆盖相同主题的同一水平和同一类别的标准中处于优先地位。

一个符合本部分文本的器具,在进行检查和试验时,如果发现该器具的其他特性会损害本部分要求所涉及的安全水平时,则未必认为其符合本部分的各项安全准则。

使用不同于本部分要求规定的材料或结构形式的器具,可以按照本部分中这些要求的意图来检查和试验,如果发现实质上是等效的,则可以认为其符合本部分要求。

家用和类似用途电器的安全
闸门、房门和窗的驱动装置的特殊要求

1 范围

GB 4706.1—2005 的该章由下述内容代替。

本部分涉及单相器具额定电压不超过 250 V、其他器具额定电压不超过 480 V 的家用和类似用途的水平和竖直移动的闸门、房门和窗的电驱动装置的安全。它还覆盖了与从动部件的移动相关的危险。

不作为一般家用，但对公众仍可能引起危险的器具，例如打算在商店、办公室、酒店、饭店、医院、工业和农场中由非专业的人员使用的器具也属于本部分的范围。

紧急通道和出口使用的门的驱动装置的要求在附录 AA 中给出。

注 101：本部分范围内的驱动装置的例子：

——折叠门的驱动装置；

——旋转门的驱动装置；

——滚筒形卷门的驱动装置；

——屋顶窗（天窗）的驱动装置；

——分段架空门的驱动装置；

——摆动和滑动门的驱动装置。

从动部件的例子见图 101。

注 102：可以给驱动装置提供一个从动部件。

本部分所涉及的各种器具存在的普通危险，是在住宅和住宅周围环境中所有的人可能会遇到的。然而，一般说来本部分并未涉及：

——无人照看的幼儿或残疾人对器具的使用；

——幼儿玩耍器具的情况。

注 103：注意下述情况，在许多国家，附加要求由国家劳动保护部门和类似部门来规定。

注 104：本部分不适用于：

——住宅用竖直移动的车库门的驱动装置[GB 4706.68(idt IEC 60335-2-95)]；

——遮盖门窗的滚动百叶窗（包括门被百叶窗阻止的那些场合）、遮篷、帷幕和类似设备的驱动装置(IEC 60335-2-97)；

——开口宽度大于 3 m 且开口面积大于 6.25 m^2 的水平移动的行人门的驱动装置；

——在商业和工业场所仅预期由经过培训的人员使用的驱动装置；

——特殊用途的驱动装置，如火焰阻挡门的驱动装置；

——打算使用在存在腐蚀性或爆炸性气体（如灰尘、蒸气或瓦斯气体）的特殊环境场所的器具。

注 105：本部分不适用于仅仅依赖于储存的能量进行移动的人行门的移动。

2 规范性引用文件

GB 4706.1—2005 的该章除下述内容外均适用。

增加：

GB/T 2423.18—2000　电工电子产品环境试验　第 2 部分：试验方法　试验 Kb：盐雾，交变（氯化钠溶液）(idt IEC 60068-2-52:1996)

GB 7247.1—2001　激光产品的安全　第 1 部分：设备分类、要求和用户指南(idt IEC 60825-1:1993)

IEC 60825-1 修正件 1(1997)

IEC 60825-1 修正件 2(2001)

3 定义

下列术语和定义适用于本部分。

GB 4706.1—2005 的该章除下述内容外均适用。

3.1.9 代替：

正常工作 normal operation

驱动装置在下述条件下进行的工作。

没有安装从动部件的驱动装置在其额定负载下进行工作。

装有从动部件的驱动装置，其从动部件按照使用说明书的要求安装，在这种条件下进行工作。

3.101

驱动装置 drive

控制从动部件的移动的电机和其他组件。

注：组件的例子有齿轮、控制器、制动器、滚轮和防夹保护系统。

3.102

从动部件 driven part

由驱动装置操作的闸门、房门或窗的可移动部分。

3.103

窗 window

建筑中为了调节空气而可以打开及关闭的一个部分，但不打算用作通道。

3.104

额定负载 rated load

由制造商给驱动装置规定的作用力或转矩。

3.105

额定工作时间 rated operating time

由制造商给驱动装置规定的连续的工作时间。

注：在连续的工作期间内，驱动装置可以改变它的方向。

3.106

额定工作周期次数 rated number of operating cycles

由制造商给驱动装置规定的不间断的工作周期次数。

3.107

防夹保护系统 entrapment protection system

驱动装置中用于提供防夹保护的部分。

注 1：防夹保护系统可由一个或多个装置组成，如压力感应边缘、无源红外和有源光传感装置、自动关断开关或电机电流监控装置。

注 2：防夹保护系统可以装在一个电机总成中或单独安装。

3.108

自动关断开关 biased-off switch

当开关的动作件被释放时自动地返回到断开位置并停止驱动装置的移动的开关。

3.109

自动驱动装置 automatic drive

不需要使用者的有意启动就能在至少一个方向上操作从动部件的驱动装置。

3.110

水平移动的人行门　horizontally moving pedestrian door

设计用于行人使用的、开口宽度不超过 3 m 且开口面积不超过 6.25 m^2 的摆动门、滑行门或旋转门。

3.111

可逆驱动装置　reversible drive

通过推动从动部件，在两个方向上在通电或断电情况下都可手动操作的驱动装置。

4 一般要求

GB 4706.1—2005 的该章适用。

5 试验的一般条件

GB 4706.1—2005 的该章除下述内容外均适用。

5.2 增加：

当试验必须在装有从动部件的条件下进行时，使用专门与驱动装置一起安装的且能给出最不利试验条件的从动部件。按照使用说明书的要求来调节驱动装置。

可以用一个人工负载来模拟从动部件。

5.5 增加：

在试验过程中，门上的小门（或角门）要保持关闭状态。

5.7 增加：

如果驱动装置标示的环境温度超出＋5 ℃～＋40 ℃的范围，则第 11 章、第 13 章、20.105～20.109 和第 21 章的试验要在最不利的标示温度下进行。

5.10 增加：

将驱动装置调整成能提供与使用说明书一致的最不利条件。

6 分类

GB 4706.1—2005 的该章除下述内容外均适用。

6.1 修改：

驱动装具应是Ⅰ类、Ⅱ类或Ⅲ类。

6.2 增加：

预期暴露于户外环境的驱动装置或其部件，应至少为 IPX4。

7 标志和说明

GB 4706.1—2005 的该章除下述内容外均适用。

7.1 修改：

驱动装置应标有额定输入功率。

增加：

驱动装置应标有其环境温度范围。

未装有从动部件的驱动装置应标有：

——额定负载，单位：N 或 Nm；

——额定工作时间，单位：min，预期连续工作的驱动装置除外。

装有从动部件的驱动装置应标有额定工作周期次数，预期连续工作的驱动装置除外。

7.6 增加：

[ISO 7000-0533 符号(DB:2004-01)]最高温度

[ISO 7000-0534 符号(DB:2004-01)]最低温度

7.12 增加：

使用说明书应说明以下内容：

警告：重要的安全说明。为了人员的安全必须按照这些说明进行使用，这一点非常重要。保存这些使用说明书。

使用说明书应包括如下内容：

——不允许小孩玩耍固定的控制器，使遥控器远离小孩；

——操作模式指示器的解释说明；

——详细说明如何使用任何一个手动释放装置或作为手动释放装置用的可逆驱动装置，如适用，说明由于机械故障或一个不平衡的条件手动释放装置的启动可能导致从动部件的移动不受控；

——当操作一个自动关断开关时，确保其他人员远离；

——当关闭一个已被火焰传感系统打开的窗时，确保其他人员远离；

——详细说明如何重新调整控制器；

——经常检查设施是否有不平衡的状况、磨损的迹象或电缆、弹簧及安装是否有损坏。如果发现有必要维修或调整的话，则不要使用它们；

——如果器具是自动控制的，则在进行清洁或其他维护工作时要断开电源。

7.12.1 增加：

安装说明书应说明下述内容：

警告：重要的安全说明。必须遵守所有的安装说明，因为不正确的安装会导致严重的人身伤害。

安装说明应规定从动部件的类型、尺寸和质量，并规定驱动装置的安装位置。还应说明，安装人员必须要检查标示在驱动装置上的温度范围是否适合于安装位置。

安装说明书应包括下述内容：

——安全地搬运安装重量超过 20 kg 的驱动装置的必要信息。该信息应描述如何使用搬运安装设施，如挂钩和绳索；

——在安装驱动装置之前，检查从动部件是否处于良好的机械状态、正确的平衡以及是否能正确地开和关；

——如果驱动装置是预期安装在距地面或其他可接近平面上方至少 2.5 m 的高度，则说明这些信息；

——说明驱动装置不能与装有角门(小门)的从动部件一起使用(除非驱动装置不能在角门开着的状态下工作)；

——除水平移动的人行门外，确保避免由于从动部件的打开移动而引起人或物被夹在从动部件和周围的固定部件之间；

——对于水平移动的人行门，确保避免由于从动部件的移动而引起人或物被夹在从动部件和周围的固定部件之间。如果相关的距离不超过 8 mm，则可达到要求。然而，下述距离被认为是足够用来避免所示的身体各部位被夹住：

- 对于手指，大于 25 mm 的距离；
- 对于脚，大于 50 mm 的距离；

● 对于头部，大于 300 mm 的距离；且

● 对于整个身体，大于 500 mm 的距离。

如果不能达到这些距离，则必须提供保护装置；

——详细说明距墙的最大允许安装距离，该墙是与水平滑动的从动部件的向外滑动方向平行的；

——从动部件及其相关联部件的安装的详细说明，包括其他可选的操作模式所需要的相关附件的详细说明；

——说明自动关断开关的启动元件要置于从动部件的视线内，但要远离运动的部件。如果启动元件不是利用锁操作的，则要将它安装在最少 1.5 m 的高度且对于公众是不可触及的；

——打开时缝隙超过 200 mm 的窗，如果打开运动是由火焰传感系统控制的，则要使用一个自动关断开关将窗关闭；

——如何设定控制器的详细资料；

——安装后，要确保整个机构经过正确地调整且保护系统和任何手动释放装置都能正确地工作；

——将有关手动释放装置的标签永久地固定在其启动元件附近。

7.101 带有手动释放装置的驱动装置，如果手动释放装置上没有标示如何使用该手动释放装置的信息，则驱动装置应有一个说明这些信息的标签。

是否符合，通过视检检查。

8 对触及带电部件的防护

GB 4706.1—2005 的该章适用。

9 电动器具的启动

GB 4706.1—2005 的该章不适用。

10 输入功率和电流

GB 4706.1—2005 的该章除下述内容外均适用。

10.1 修改：

确定输入功率的最大值，而不是平均值，忽略起动电流的影响。

11 发热

GB 4706.1—2005 的该章除下述内容外均适用。

11.7 代替：

连续工作的驱动装置运行连续的周期，直至稳定状态建立。

其他驱动装置按如下方式进行工作：

——未装有从动部件的驱动装置不停歇地运行到额定工作时间，但不能少于 5 个工作周期或 4 min，两者取时间较长者；

——装有从动部件的驱动装置不停歇地运行到额定工作周期次数，但不能少于 5 个工作周期。

12 空章

13 工作温度下的泄漏电流和电气强度

GB 4706.1—2005 的该章适用。

14 瞬间过电压

GB 4706.1—2005 的该章适用。

15 耐潮湿

GB 4706.1—2005 的该章除下述内容外均适用。

15.1.2 增加：

将 IPX4 管式驱动装置安装在一个两端开口的管子内，管子的最大直径按照使用说明书的规定。管子的长度是电机的两倍，并按正常使用时的方式安装在一个支撑物上。支撑物以 1 r/min 的速度旋转。

16 泄漏电流和电气强度

GB 4706.1—2005 的该章适用。

17 变压器和相关电路的过载保护

GB 4706.1—2005 的该章适用。

18 耐久性

GB 4706.1—2005 的该章不适用。

19 非正常工作

GB 4706.1—2005 的该章除下述内容外均适用。

19.1 增加：

是否符合还要通过 19.101 的试验来检查。

19.10 增加：

对于带有手动释放装置的驱动装置，试验时要将从动部件脱离。

19.11.2 增加：

正在开发中。

19.13 增加：

在 19.101 的试验期间，绕组温升不应超过 19.9 所规定的数值。

19.101 连续工作的驱动装置以外的驱动装置要供以额定电压且在正常工作条件下连续地运行。

20 稳定性和机械危险

GB 4706.1—2005 的该章除下述内容外均适用。

20.2 增加：

注 101：预期安装在距地面或其他可接近平面上方至少 2.5 m 高度的驱动装置的运动部件被认为是这样的放置提供了充分的防护。

注 102：可接近的平面的例子是楼梯和平台。正常不用来站立的表面(如窗台)和可移动的设备(如梯子)不认为是可接近的平面。

注 103：对于水平移动的人行门，如果固定部件和移动部件之间的缝隙小于 8 mm 或高于 25 mm，或者它距地面至少 2 m，则移动的部件(包括其驱动装置的互连部件)不需要被保护。这也适用于以不同速度移动的两部件之间的缝隙。

20.101 驱动装置应防止竖直移动的从动部件出现意外的关闭。

是否符合，通过下述试验检查。

给驱动装置供以 0.94 倍和 1.06 倍额定电压之间最不利的电压，但驱动装置并不运行。自动驱动装置的自动操作功能被禁止。给驱动装置施加 1.2 倍的额定负载，时间 30 min。如果驱动装置装有一个从动部件，则负载施加到从动部件上且该负载的重量等于其所施加的最大作用力。

除系统的任何游隙的初始位移外，应没有任何移动。

注1：在从动部件处于最不利的位置时确定最大作用力，驱动装置不通电。

注2：要注意到，符合本条款未必覆盖了由于从动部件的操作而引起的风险。对于竖直移动的门，防止下落或类似的安全装置可能是必要的。

在断开电源的情况下重复该试验。

20.102 手动释放装置或可逆驱动装置应是易于操作的。释放装置的动作不应产生危险，如出现驱动装置的退回或意外运行。

当手动释放机构被启动时，驱动装置不应产生任何危险。

作为手动释放装置使用的可逆驱动装置的工作不应引起危险。

是否符合，通过下述试验检查。

自动驱动装置的自动操作功能被禁止。

给驱动装置装上从动部件，并供以0.94倍和1.06倍额定电压之间最不利的电压。调节驱动装置的最大打开和关闭作用力，如果在使用说明书中提到这种调节的话。当从动部件依次地停在每个末端位置时，启动手动释放装置。利用一个不超过220 N的作用力或不超过1.6 Nm的力矩，应可操作释放装置或可逆驱动装置。按使用说明书说明的那样施加作用力。

在断开电源的情况下重复该试验。

当手动释放装置已被启动后，再恢复电源并启动驱动装置。驱动装置不应移动，或者如果驱动装置移动，应满足本标准的所有要求。

20.103 驱动装置的任何机械故障不应导致危险的运行。

是否符合，通过视检检查，必要时还要通过试验检查。

视检应评价哪些部件会影响运行的安全，而且是否它们可能会断裂或松脱。这些部件可以是驱动装置的一个组成部分或者是用于将驱动装置连接到从动部件上的部件。

注：被评价的部件的例子是螺钉、销、轴、轮子、链和支撑部件。

如果视检无法确定当某一部件已失效时驱动装置将继续正常地运行还是停止它的移动，则要进行下述试验。

给驱动装置装上一个从动部件，按照使用说明书将由驱动装置所施加的作用力调整到其最大值。给驱动装置供以0.94倍和1.06倍额定电压之间最不利的电压。

一次引入一个故障，驱动装置按正常使用时的情况运行。

如果驱动装置和从动部件不能继续正常地运行，则所有下述条件应被满足：

——驱动装置应至少在正在移动的那个周期的末端停止运行；

——进一步的运行应是不可能的；

——从动部件的速度不应增加20%以上。

20.104 由自动关断开关控制的驱动装置，当开关的启动件被释放时驱动装置应停止。

是否符合，通过下述试验检查。

给驱动装置装上一个从动部件，并给驱动装置供以0.94倍和1.06倍额定电压之间最不利的电压。运行驱动装置来关闭从动部件。

当开关的启动件被释放时，从动部件的前边沿应在20 mm（对于窗）或下述距离（对于其他从动部件）内停止：

——50 mm，当打开的缝隙不超过500 mm时；

——100 mm，当打开的缝隙超过500 mm时。

在从动部件的打开移动期间重复该试验。

只有当按照20.107.2.1所测量的由从动部件所施加的关闭作用力超过150 N时，对从动部件在规定距离内停止的要求才适用。

20.105 在驱动装置沿任一方向移动期间，如果没有单独的停止功能按钮，则启动手动控制器应使移动停止。

如果驱动装置只有一个控制移动的按钮，则再一次启动应使运动方向反向。

如果驱动装置有三个控制移动的按钮，则其中一个按钮应是停止运动按钮。

这些要求不适用于控制自动操作模式的控制器。

具有停止功能的按钮不应要求用一个按键来停止驱动装置。

是否符合，通过手动试验检查。

注：试验可以在不带从动部件的情况下进行。

20.106 移动被意外停止后，驱动装置不应自动地重新起动。

注1：意外停止可能是由电源的中断或热断路器的动作引起的。

是否符合，通过下述试验检查。

给驱动装置供以额定电压，且在正常工作条件下运行。然后，中断电源。在电源恢复后，驱动装置不应自动地重新起动。然而，自动驱动装置可以重新起动，只要它们能像正常使用时那样工作。

再次运行驱动装置，并模拟热断路器动作。当故障条件被消除后，驱动装置不应自动地重新起动。然而，自动驱动装置可以重新起动，只要它们能像正常使用时那样工作。

注2：试验可以在不带从动部件的情况下进行。

注3：自动驱动装置是那些在意外的起动情况下能够至少在一个方向上运行的驱动装置。

20.107 不是由自动关断开关控制的驱动装置，应装有一个防夹保护系统，减少从动部件移动时产生伤害的风险。

对于装有防止从动部件碰触到人的带有传感装置的防夹保护系统的驱动装置，是否符合通过20.107.1规定的相关试验检查。

注1：下述试验中所用的障碍物一般是由未经刨削的涂白漆的木材制成的，但也可以使用其他材料和颜色来模拟最不利的条件。

对于装有允许从动部件接触人的防夹保护系统的驱动装置，是否符合，通过20.107.2规定的相关试验检查。

注2：在从动部件的一个行程方向上，20.107.1可以被满足而在相反的行程方向上20.107.2可以被满足。

20.107.1 给驱动装置装上一个从动部件，将由驱动装置施加的作用力按照使用说明书调整到其最大值。给驱动装置供以0.94倍和1.06倍额定电压之间最不利的电压。

如果传感装置不是压力感应地垫，则20.107.1.1～20.107.1.3规定的试验适用。

如果传感装置是压力感应地垫，则20.107.1.4规定的试验适用。

对于人行门，防夹保护系统应探测一个静止的障碍物至少30 s。

20.107.1.1 将一个尺寸约为200 mm×300 mm×700 mm的障碍物放置在地面上，该地面位于从动部件的前边沿及其平面经过的路径上且处于最不利的位置。

注：前边沿是指在行程的方向(或者是打开或者是关闭)上从动部件的边缘。

对于水平移动的从动部件，运行驱动装置来打开或关闭从动部件。如果从动部件移动，则它应停止或向相反方向移动，而不接触障碍物。

将障碍物置于打开的从动部件的中央且障碍物竖直高度为700 mm，提升障碍物使其离开地面，使障碍物处于地面和从动部件高度下方300 mm(或地面以上2 500 mm处，两者取距地面较近的数值)之间的最不利位置，在上述条件下重复该试验。

20.107.1.2 将尺寸约为80 mm×300 mm、高度为100 mm的障碍物放置在前边沿的路径上的沿从动部件打开的300 mm长度上的任一位置的地面上。

对于竖直移动的从动部件，运行驱动装置将从动部件从100 mm高度、1 000 mm高度及它的完全打开位置处开始关闭。从动部件不应移动或只应在打开方向上移动。

20.107.1.3 将障碍物的高度调整到 700 mm,并使障碍物以 3 m/s±0.6 m/s 速度直线运动,以最不利角度穿过打开的门的平面。

对于水平和竖直移动的从动部件,运行驱动装置来关闭从动部件。从动部件应停止或向相反方向移动,而不接触障碍物。

20.107.1.4 如果防夹保护系统装有一个压力感应地垫,则使用一个直径约为 60 mm、质量为 15 kg±0.5 kg 的重物来替代木质障碍物。

下述无反应的地垫区域被排除在本要求之外:

——从动部件的打开宽度的每一侧的最后 38 mm;

——并排连接在一起的地垫,其最长尺寸垂直于打开的从动部件,沿着地垫接缝的 60 mm 宽度;

——并排连接在一起的地垫,其最长尺寸平行于打开的从动部件,沿着地垫接缝的 90 mm 宽度;

——在门槛处接合的地垫,横穿接缝的 150 mm 宽度。

注 1:压力感应地垫的无反应区域如图 102 所示。

20.107.2 给驱动装置装上一个从动部件,如果驱动装置所施加的作用力可在使用、用户维护或安装过程中被调整的话,则将作用力调整到其最大值。给驱动装置供以 0.94 倍和 1.06 倍额定电压之间最不利的电压。

施加 20.107.2.1 的试验,且

——如果驱动装置预期与竖直移动的从动部件一起使用,且该从动部件上有一个可插入 50 mm 管子的开口,则 20.107.2.2 的试验施加于一次从动部件的打开运动;

——如果驱动装置是车库门用的自动驱动装置,或驱动装置是用于作为车库门使用的竖直移动的从动部件,则 20.107.2.3 的试验适用。

20.107.2.1 运行驱动装置将从动部件从完全打开的状态关闭以及从完全关闭的状态打开。在前边沿和相对的边沿之间施加的作用力不应超过:

——150 N,在作用力已超过 25 N 之后的前 5 s 过程中;

——25 N,此后一直。

或者:

——400 N,作用力已超过 150 N 之后的前 0.75 s 过程中;

——150 N,在进一步的 4.25 s 过程中;

——25 N,此后一直。

或者对于作为车库门使用的竖直移动的从动部件:

——600 N,对于不向外摆动的从动部件,作用力已超过 150 N 之后的前 2 s 过程中;

——400 N,对于向外摆动的从动部件,作用力已超过 150 N 之后的前 2 s 过程中;

——150 N,在进一步的 3 s 过程中;

——25 N,此后一直。

注:作用力可能被具有传感装置的防夹保护系统的动作所限制,该传感装置的工作依赖于接触障碍物的从动部件。

利用装有一个直径为 80 mm 的刚性板和一个弹性比率为 500 N/mm±50 N/mm 的弹簧的仪器来测量作用力。弹簧作用在一个与增幅器相连的传感元件上,增幅器的上升和下降时间不超过 5 ms。

对于竖直移动的从动部件,这些作用力数值适用于关闭和打开作用力的竖直分量,以及运动部件的任何相对的边沿之间。

对于竖直移动的从动部件,当缝隙尺寸达到下述数值时在从动部件的前边沿上测量作用力:

——50 mm;

——300 mm;

——500 mm;

——2 500 mm,或最大值以下 300 mm 处,如果这是较低的位置。

对于竖直移动的从动部件，在下述位置测量作用力：

——在前边沿的中心；

——如果前边沿的长度大于800 mm，则距离前边沿的每个末端200 mm处。

对于水平移动的从动部件，当缝隙尺寸为50 mm和500 mm时在下述高度处在从动部件的前边沿上测量作用力：

——50 mm；

——从顶部算起300 mm处，对于高度在1.2 m和5 m之间的从动部件；

——2 500 mm，对于高度超过2.8 m的从动部件；

——在中心点，对于高度不超过2.8 m的从动部件。

在500 mm缝隙时，如果与门向外滑行方向平行的墙之间的距离小于100 mm且该距离是在安装说明书中说明的，则不测量水平滑行的人行门的打开方向上的作用力。

20.107.2.2 预期与竖直运动的从动部件一起使用的驱动装置且从动部件一有一个可插入直径为50 mm的圆柱的开口，驱动装置要经受一次打开试验。给从动部件装上一个质量为20 kg±0.5 kg的负荷，负荷重物的尺寸约为200 mm×200 mm×200 mm，并固定在从动部件的最不利位置处且重物的一个边缘与从动部件的底边缘靠近。

运行驱动装置打开从动部件。如果从动部件的底边缘移动超过500 mm，则在试验重物接触到门横梁之前从动部件的移动应停止。

20.107.2.3 将尺寸约为80 mm×300 mm、高度为100 mm的障碍物放置在地面上且障碍物300 mm的长度垂直于打开的门的平面且位于中央。运行驱动装置将门从已打开的100 mm缝隙、1 000 mm缝隙和全开位置处关闭。门不应移动或仅应在打开的方向上移动。

从门的全开位置重复试验一次，障碍物依次地位于距打开的门的每一末端100 mm处。

将一个直径为50 mm、长度为850 mm的圆柱形障碍物的一端悬挂在距地面900 mm处，且位于打开的门的中间。

运行驱动装置关闭门，圆柱体从45°开始摆动，横跨打开的门。防夹保护系统应使门向相反的方向移动。

20.108 防夹保护系统在系统内出现故障时应提供足够的保护。

是否符合，通过下述试验检查，除非防夹保护系统是一个自动关断开关。

给驱动装置装上一个从动部件，并供以额定电压。运行驱动装置关闭从动部件。在从动部件移动过程中，在系统或安装布线中模拟一个短路或开路故障。

如果系统不能继续正常地运行，则从动部件应在一个工作周期内停止移动，或者在从动部件结束它的移动前从动部件的移动应仅由一个自动关断开关控制。

在从动部件的打开移动过程中重复该试验。

如果系统能够继续正常地运行，则在模拟一个增加的故障情况下重复该试验。

注：可能有必要模拟多个故障情况才能结束试验。

20.109 窗用的驱动装置的运行应保证窗的移动不可能引起人员伤害。

是否符合，通过下述检查：

——由自动关断开关控制的驱动装置，通过20.104的试验检查；

——装有防夹保护系统的驱动装置，通过20.107和20.108的试验检查。

其他驱动装置要经受下述试验。

给驱动装置装上一个窗，并供以0.94倍～1.06倍额定电压之间最不利的电压。如果使用说明书提到作用力的调整，则调整驱动装置以便获得最大打开和关闭作用力。

运行驱动装置打开窗，在窗从关闭位置行走15 mm～50 mm之间时，测量前边沿的速度。该速度不应超过50 mm/s。

当完全打开时,窗的缝隙不应超过 200 mm,除非打开移动是由火焰传感系统控制的。然后运行驱动装置关闭窗,并重复测量。速度不应超过 15 mm/s。

21 机械强度

GB 4706.1—2005 的该章适用。

22 结构

GB 4706.1—2005 的该章除下述内容外均适用。

22.40 不适用。

22.101 质量超过 20 kg 的驱动装置应装有适合的操纵装置,如吊钩。

是否符合,通过视检检查。

22.102 驱动装置上装有的所有控制器都应按相同的方式来标识它们的功能。

是否符合,通过视检检查。

22.103 任何表示被选运行模式的标识不应产生误导。

是否符合,通过视检检查。

22.104 对可能影响符合本标准的调整,仅应通过工具或使用代码才能进行调整。

是否符合,通过视检检查。

22.105 装有角门的门或闸门用的驱动装置,其结构应保证当角门处于打开状态时驱动装置不能运行。

是否符合,通过视检检查。

22.106 对于指定的操作模式,应给驱动装置提供符合本标准必需的所有相关元件。其他可选的操作模式所需要的元件可以单独供货,只需在使用说明书上列出。

是否符合,通过视检检查。

22.107 正在开发中。

23 内部布线

GB 4706.1—2005 的该章适用。

24 元件

GB 4706.1—2005 的该章除下述内容外均适用。

24.1.3 增加:

如果一个开关用于在手动释放装置被操作时断开驱动装置,则该开关要试验 300 个工作周期。

25 电源连接和外部软线

GB 4706.1—2005 的该章除下述内容外均适用。

25.5 修改:

额定输入功率不超过 100 W 的驱动装置以及室内使用的独立电源,允许使用 Z 型连接。

25.7 增加:

户外使用的驱动装置的电源软线应是氯丁橡胶护套的,且不应轻于普通氯丁橡胶护套软线(GB 5013.1 的 57 号线)。

25.23 增加:

Z 型连接允许用于单独的控制器。

26 外部导线用接线端子

GB 4706.1—2005 的该章适用。

27 接地措施

GB 4706.1—2005 的该章适用。

28 螺钉和连接

GB 4706.1—2005 的该章适用。

29 电气间隙、爬电距离和固体绝缘

GB 4706.1—2005 的该章适用。

30 耐热和耐燃

GB 4706.1—2005 的该章除下述内容外均适用。

30.2 增加：

对于由自动关断开关操作的驱动装置，30.2.2 适用。

对于其他驱动装置，30.2.3 适用。

31 防锈

GB 4706.1—2005 的该章除下述内容外均适用。

增加：

对于预期安装在户外的部件，是否符合要求，通过 GB/T 2423.18—2000(idt IEC 60068-2-52：1996)的盐雾试验来检查，污染等级 2 适用。

试验前，利用硬化钢销钉刮划涂层，销钉的端部是 40°角的圆锥，尖部有半径为 0.25 mm±0.02 mm 的倒圆。给销钉加负载，使得其沿轴向施加的作用力为 10 N±0.5 N。沿着涂层表面以约 20 mm/s 的速度拉动销钉产生划痕。至少每间隔 5 mm 产生一条划痕，且距离边缘至少 5 mm。

试验后，驱动装置不应恶化到损害符合本标准特别是第 8 章和第 27 章的程度。涂层不应破裂，且不应与金属表面脱离。

32 辐射、毒性和类似危险

GB 4706.1—2005 的该章除下述内容外均适用。

32.101 装有激光的器具的结构应保证它们能提供对激光辐射的足够保护。

是否符合，通过下述试验检查。

拆下可拆卸的部件。调整任何可接近的控制器以便给出最大激光辐射，必要时需要一个工具来进行调整。如果控制器是不可接近的，也要调整它给出最大激光辐射，除非它的启动件被充分地锁定在位。

注：焊接或密封剂被认为是提供充分的锁定。

给驱动装置供以额定电压，并在正常工作条件下运行。按照 GB 7247.1—2001(idt IEC 60825-1：1993 及修正件 1 和修正件 2)的 9.2 测量激光辐射，可接触的发射水平不应超过该标准中表 1 为等级 1 规定的限值。分类的时间基准是 100 s。

在第 19 章规定的条件下重复该试验，并再次测量激光辐射。对于 400 nm～700 nm 的波长，可接触的发射水平不应超过为等级 1 规定的限值的 5 倍。对于其他波长，不应超过 GB 7247.1—2001 的表 3 为等级 3R 规定的限值。

如果符合 GB 7247.1—2001 的要求需要依赖于一个联锁装置的工作，那么该联锁装置应是失效保险型的，或者在 24.1.4 的条件下试验 30 000 个工作周期。

说明：

A——滚筒形卷门；

B——水平摆动门；

C——水平滑动门；

D——旋转门；

E——竖直铰窗；

F——水平铰窗；

G——水平滑动闸门。

图 101　从动部件的例子

单位为毫米

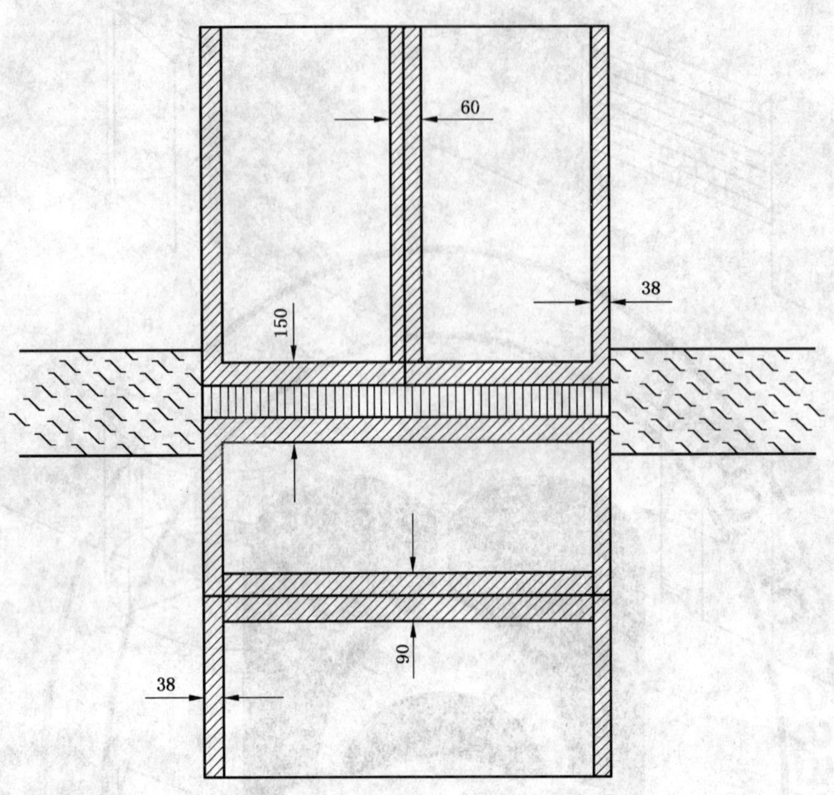

说明：

门槛

无反应区域

墙壁

图 102　压力感应地垫的无反应区域

附 录

GB 4706.1—2005 的附录除下述内容外均适用。

附 录 AA
（规范性附录）
紧急通道和出口使用的动力人行门的驱动装置

下述对本标准的增加适用于紧急通道和紧急出口使用的门的驱动装置。

注 1：在许多国家，附加要求由国家负责建筑法规和消防的部门来规定。

注 2：本附录中增加的条款从 201 开始编号。

7 标志和说明

7.7 与着火报警系统连接的端子应是可识别的。

7.12 使用说明书应包括如下内容：

确保被设置于锁定位置的控制器只有当室内没有其他人时才能被启动。

7.12.1 使用说明书应包括如下内容：

——驱动装置的连接要保证，门是朝逃生方向打开的，除非该系统允许门在这个方向爆开；

——自动运行打开门的驱动装置应电气连接到一个着火报警系统上。

应给出对端子标志的说明以及如何将驱动装置连接到着火报警系统的说明。

19 非正常工作

19.11.2 正在开发中。

22 结构

22.201 驱动装置的结构应保证它们不能进入一种阻止门从里面打开的锁定模式，除非夜晚安全位置是由一个锁、代码系统或类似装置来选择的。

是否符合，通过视检检查。

22.202 驱动装置的结构应保证它们能操作爆开门或自动打开的门。

是否符合，通过视检检查。

22.203 爆开门用的驱动装置的结构应保证它们在紧急情况下能将门释放。

是否符合，通过下述试验检查。

给驱动装置装上一个门，并供以额定电压。在爆开方向，在门的前边沿的 1 m±10 mm 高度处施加 220 N 的作用力。门应从驱动装置的控制中释放出来。

22.204 自动打开的门的驱动装置的结构应保证，在停电且该系统未被有意地选择成处于安全位置时门能自动打开。

是否符合，通过 22.204.1 的试验检查，如需要电池，还要通过 22.204.2 和 22.204.3 来检查。

22.204.1 给驱动装置装上一个门，并供以额定电压，任何电池都充满电。将电源断开，门应立即开始以至少 200 mm/s 的速度打开。然后，门应保持打开状态。

22.204.2 给驱动装置装上一个门，并供以额定电压，任何电池都充满电。以约每小时 25%额定容量的速率给电池放电。在 4 h 内门应开始打开，打开速度至少为 200 mm/s。然后，门应保持打开状态。

22.204.3 给驱动装置装上一个门，并供以额定电压。将电池断开。在 30 min 内门应开始打开，打开速度至少为 200 mm/s。然后,门应保持打开状态。

22.205　自动打开的门的驱动装置的结构应保证,作为对来自着火报警系统的信号的响应,门自动打开。

是否符合,通过下述试验检查。

给驱动装置装上一个门,并供以额定电压。引入来自着火报警系统的一个相应信号。门应以安装过程中选择的速度立即打开,并应保持打开状态。

22.206　自动打开的门的驱动装置应带有与着火报警系统连接的端子。端子应适合连接 24 Vdc/1 A 电路,且对地没有电势。

是否符合,通过视检和测量检查。

参 考 文 献

GB 4706.1—2005 的参考文献除下述内容外均适用。

增加：

GB 4706.68(idt IEC 60335-2-95)家用和类似用途电器的安全　住宅用垂直运动车库门的驱动装置的特殊要求(GB 4706.68—2008,IEC 60335-2-95:2005,IDT)

IEC 60335-2-97　家用和类似用途电器的安全　第 2-97 部分:滚动百叶窗、遮篷、帷幕和类似设备的驱动装置的特殊要求

ICS 29.160.40
K 52

中华人民共和国国家标准

GB/T 4712—2008
代替 GB/T 4712—1996

自动化柴油发电机组分级要求

Requirements of classification for automatic diesel generating set

2008-06-13 发布 2009-03-01 实施

中华人民共和国国家质量监督检验检疫总局
中国国家标准化管理委员会 发布

前言

本标准代替 GB/T 4712—1996《自动化柴油发电机组分级要求》。

本标准与原 GB/T 4712—1996 相比,技术内容有如下变化:

——引用标准变为 JB/T 8194 和 GB/T 12786。

——自动化分级由原来的四个等级变更为三个等级,并取消了无人值守时间的要求。

——机组并联与解列不限于同型号机组。

——增加了远程计算机通信控制功能要求。

本标准由中国电器工业协会提出。

本标准由兰州电源车辆研究所归口。

本标准主要起草单位:兰州电源车辆研究所。

本标准参加起草单位:军械工程学院、郑州佛光发电设备有限公司、科泰电源设备(上海)有限公司、深圳市赛瓦特动力科技有限公司、英泰集团。

本标准主要起草人:张洪战、赵锦成、王忠华、庄衍平、张贵财、潘跃明、王丰玉。

本标准所代替标准的历次版本发布情况为:

——GB/T 4712—1984;

——GB/T 4712—1996。

自动化柴油发电机组分级要求

1 范围

本标准规定了自动化柴油发电机组的自动化分级要求。

本标准适用于按 GB/T 12786《自动化内燃机电站通用技术条件》制造的自动化柴油发电机组(以下简称机组)。

2 规范性引用文件

下列文件中的条款通过本标准的引用而成为本标准的条款。凡是注日期的引用文件,其随后所有的修改单(不包括勘误的内容)或修订版均不适用于本标准,然而,鼓励根据本标准达成协议的各方研究是否可使用这些文件的最新版本。凡是不注日期的引用文件,其最新版本适用于本标准。

GB/T 12786 自动化内燃机电站通用技术条件

JB/T 8194 内燃机电站名词术语

3 术语和定义

本标准采用了 JB/T 8194 中的术语和下列术语。

3.1

远程计算机通信控制功能 remote computer communication and control function

远距测量机组的主要性能参数、自动实现启动和停机、显示机组运行状态的功能。

4 总要求

4.1 机组应符合本标准和 GB/T 12786 的规定。

4.2 对机组有特殊要求时,应在其产品技术条件中补充规定。

5 自动化分级

5.1 机组的自动化等级

机组的自动化等级应符合表 1 的规定。

表 1

自动化等级	自动化等级特征
1	维持准备运行状态等的自动控制、保护和显示
2	1 级的特征,燃油、机油、冷却介质的自动补给以及并联运行等的自动控制
3	a) 1 级的特征以及远程计算机通信控制功能的自动控制 b) 2 级的特征以及远程计算机通信控制功能的自动控制、集中监控和故障自诊断

5.2 自动化等级特征内容

5.2.1 1 级自动化

a) 按自动控制指令或遥控指令实现自动启动;

b) 按带载指令自动接受负载;

c) 按自动控制指令或遥控指令实现自动停机;

d) 自动调整频率和电压,保证调频和调压的精度满足产品技术条件的要求;

e) 实现蓄电池的自动补充充电和(或)压缩空气瓶自动补充充气;

f) 有过载、短路、过速度(或过频率)、冷却介质温度过高、机油压力过低等保护装置。根据需要选设过电压、欠电压、失电压、欠速度(或欠频率)、机油温度过高、启动空气压力过低、燃油箱油面过低、发电机绕组温度过高等方面的保护装置;

g) 有表明正常运行或非正常运行的声光信号系统;

h) 必要时,应能自动维持应急机组的准备运行状态,即柴油机应急启动和快速加载时的机油压力、机油温度和冷却介质温度均达到产品技术条件的规定值;

i) 当一台机组自动启动失败时,程序启动系统自动地将启动指令传递给另一台备用机组。

5.2.2 2级自动化

a) 5.2.1规定的各项内容;

b) 燃油、(和有要求时)机油和冷却介质的自动补充;

c) 按自动控制指令或遥控指令完成机组与机组或机组与电网之间的自动并联与解列、自动平稳转移负载的有功功率和无功功率。

5.2.3 3级自动化

5.2.3.1 3 a)级自动化

按遥控指令实现5.2.1规定的各项内容,并具有远程计算机通信控制功能。

5.2.3.2 3 b)级自动化

a) 按遥控指令实现5.2.2规定的各项功能,并具有远程计算机通信控制功能;

b) 集中自动控制。即可由统一的控制中心对多台自动化机组的工作状态实现自动控制;

c) 具备一定的主控件故障自动诊断能力。即可由一定的自动装置确定调速装置和调压装置的技术状态。

ICS 29.020
K 04

中华人民共和国国家标准

GB/T 4728.6—2008/IEC 60617 database
代替 GB/T 4728.6—2000

电气简图用图形符号
第6部分:电能的发生与转换

Graphical symbols for diagrams—
Part 6:Production and conversion of electrical energy

(IEC 60617 database,IDT)

2008-05-28 发布　　　　2009-01-01 实施

中华人民共和国国家质量监督检验检疫总局
中国国家标准化管理委员会　发布

前　言

GB/T 4728《电气简图用图形符号》分为13个部分：

——第1部分：一般要求；

——第2部分：符号要素、限定符号和其他常用符号；

——第3部分：导体和连接件；

——第4部分：基本无源元件；

——第5部分：半导体管和电子管；

——第6部分：电能的发生与转换；

——第7部分：开关、控制和保护器件；

——第8部分：测量仪表、灯和信号器件；

——第9部分：电信：交换和外围设备；

——第10部分：电信：传输；

——第11部分：建筑安装平面布置图；

——第12部分：二进制逻辑元件；

——第13部分：模拟元件。

本部分为GB/T 4728的第6部分，等同采用IEC 60617 database《电气简图用图形符号》数据库标准(IEC 60617_Snapshot-2007-08-03英文版)。

本部分代替了GB/T 4728.6—2000《电气简图用图形符号　第6部分：电能的发生与转换》。同GB/T 4728.6—2000相比，有如下变化：

——增加了新符号：S01837、S01838、S01839、S01840、S01841、S01842、S01843、S01846、S01833、S01834；

——废除了5个符号：S00815(06-03-01)、S00816(06-03-02)、S00817(06-03-03)、S00822(06-03-03)、S00892(06-14-01)；

——根据IEC 60617数据库标准，各符号列出的信息较旧版增加了多项内容。

本部分符号中的“所替代的符号”项是指当前符号为标准符号，被该标准符号所代替的符号。本部分符号中的“替代符号”项是指当前符号废止，代替该废止符号的符号。

本部分由全国电气信息结构、文件编制和图形符号标准化技术委员会提出并归口。

本部分主要起草单位：机械科学研究总院中机生产力促进中心。

本部分参加起草单位：国电华北电力设计院工程有限公司、中国电力企业联合会、中国航空综合技术研究所、中国航天科工集团二院、中国电子工业标准化所、邮电工业标准化所、五洲工程设计研究院、中国纺织工业设计院、中国航天科工集团二院23所、中国船舶工业综合技术经济研究院、中国航空工业规划设计研究院、上海电器科学研究所、许昌继电器研究所等。

本部分主要起草人：郭汀、高惠民、于明、沈兵、李旭亮、徐云驰、武冰梅、谭泳、王素英、李道本、李萍、武晶、陈泽毅、季慧玉、李志勇、高永梅。

本部分所代替标准历次发布情况为：

——GB/T 4728.6—1984；

——GB/T 4728.6—2000。

电气简图用图形符号
第6部分:电能的发生与转换

S00796

名　　称:一个绕组
One winding
状　　态:标准
IEC发布日期:2001-07-01
上版标准序号:GB/T 4728.6　06-01-01
关　键　词:绕组互连,绕组—限定符号,独立绕组
用　　于:S00797,S00798,S00800,S00799
应用注释:A00120,A00122
形状类别:直线
功能类别:功能要素或属性
应用类别:理论上的元件或限定符号

S00797

名　　称:三个独立绕组
Three separate windings
状　　态:标准
IEC发布日期:2001-07-01
上版标准序号:GB/T 4728.6　06-01-02
关　键　词:绕组互连,绕组—限定符号,独立绕组
用　　于:S00027,S00028,S00834
采用符号:S00796
应用注释:A00120
形状类别:直线
功能类别:功能要素或属性
应用类别:概念要素或限定符号

S00798

6

名　　称:六个独立绕组
Six separate windings
状　　态:标准

IEC发布日期：2001-07-01
上版标准序号：GB/T 4728.6　06-01-03
关　　键　　词：绕组互连，绕组—限定符号，独立绕组
采　用　符　号：S00796
应　用　注　释：A00120
形　状　类　别：字符，直线
功　能　类　别：功能要素或属性
应　用　类　别：概念要素或限定符号

S00799

名　　　　　称：互不连接的三相绕组
Three-phase winding, phases not interconnected
状　　　　　态：标准
IEC发布日期：2001-07-01
上版标准序号：GB/T 4728.6　06-01-04
关　　键　　词：绕组互连，绕组—限定符号，独立绕组
采　用　符　号：S00796；S01403
应　用　注　释：A00120，A00122
形　状　类　别：直线
功　能　类　别：功能要素或属性
应　用　类　别：概念要素或限定符号

S00800

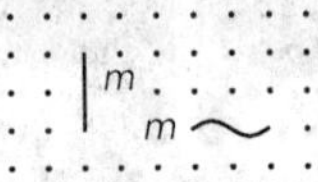

名　　　　　称：互不连接的 m 相绕组
m-phase winding, phases not interconnected
状　　　　　态：标准
IEC发布日期：2001-07-01
上版标准序号：GB/T 4728.6　06-01-05
关　　键　　词：绕组互连，绕组—限定符号，独立绕组
采　用　符　号：S00796；S01403
应　用　注　释：A00122
形　状　类　别：直线
功　能　类　别：功能要素或属性
应　用　类　别：概念要素或限定符号

S00801

名　　称：两相四端绕组
　　　　　Two-phase winding，four-wire
状　　态：标准
IEC发布日期：2001-07-01
上版标准序号：GB/T 4728.6　06-01-06
关　键　词：绕组互连，绕组—限定符号，独立绕组
形 状 类 别：直线
功 能 类 别：功能要素或属性
应 用 类 别：概念要素或限定符号

S00802

名　　称：两相绕组
　　　　　Two-phase winding
状　　态：标准
IEC发布日期：2001-07-01
上版标准序号：GB/T 4728.6　06-02-01
关　键　词：绕组互连，内部连接的绕组，绕组—限定符号
应 用 注 释：A00135
形 状 类 别：直线
功 能 类 别：功能要素或属性
应 用 类 别：概念要素或限定符号

S00803

名　　称：V形(60°)连接的三相绕组
　　　　　Three-phase winding，V (60°)
状　　态：标准
IEC发布日期：2001-07-01
上版标准序号：GB/T 4728.6　06-02-02
关　键　词：绕组互连，内部连接的绕组，绕组—限定符号
应 用 注 释：A00135
形 状 类 别：直线
功 能 类 别：功能要素或属性
应 用 类 别：概念要素或限定符号

S00804

名　　称：中性点引出的四相绕组
　　　　　Four-phase winding with neutral brought out

状　　　态：标准
IEC发布日期：2001-07-01
上版标准序号：GB/T 4728.6　06-02-03
关　键　词：绕组互连，内部连接的绕组，绕组—限定符号
应 用 注 释：A00135
形 状 类 别：圆点(点)，直线
功 能 类 别：功能要素或属性
应 用 类 别：概念要素或限定符号

S00805

名　　　称：T形连接的三相绕组
　　　　　　Three-phase winding，T
状　　　态：标准
IEC发布日期：2001-07-01
上版标准序号：GB/T 4728.6　06-02-04
关　键　词：绕组互连，内部连接的绕组，绕组—限定符号
应 用 注 释：A00135
形 状 类 别：直线
功 能 类 别：功能要素或属性
应 用 类 别：概念要素或限定符号

S00806

名　　　称：三角形连接的三相绕组
　　　　　　Three-phase winding，delta
状　　　态：标准
IEC发布日期：2001-07-01
上版标准序号：GB/T 4728.6　06-02-05
关　键　词：绕组互连，内部连接的绕组，绕组—限定符号
用　　　于：S00302，S00868，S00858，S00862，S00864
应 用 注 释：A00121，A00135
形 状 类 别：等边三角形
功 能 类 别：功能要素或属性
应 用 类 别：概念要素或限定符号

S00807

名　　　称：开口三角形连接的三相绕组
　　　　　　Three-phase winding，open delta

状　　　态：标准
IEC发布日期：2001-07-01
上版标准序号：GB/T 4728.6　06-02-06
关　键　词：绕组互连，内部连接的绕组，绕组—限定符号
应 用 注 释：A00135
形 状 类 别：直线
功 能 类 别：功能要素或属性
应 用 类 别：概念要素或限定符号

S00808

名　　　称：星形连接的三相绕组
Three-phase winding, star
状　　　态：标准
IEC发布日期：2001-07-01
上版标准序号：GB/T 4728.6　06-02-07
关　键　词：绕组互连，内部连接的绕组，绕组—限定符号
用　　　于：S00302，S00839，S00872，S00860，S00868，S00866，S00858，S00862，S00864
应 用 注 释：A00123，A00135
形 状 类 别：直线
功 能 类 别：功能要素或属性
应 用 类 别：概念要素或限定符号

S00809

名　　　称：中性点引出的星形连接的三相绕组
Three-phase winding, star, with neutral brought out
状　　　态：标准
IEC发布日期：2001-07-01
上版标准序号：GB/T 4728.6　06-02-08
关　键　词：绕组互连，内部连接的绕组，绕组—限定符号
用　　　于：S00833
应 用 注 释：A00135
形 状 类 别：圆点(点)，直线
功 能 类 别：功能要素或属性
应 用 类 别：概念要素或限定符号

S00810

名　　　称：曲折形或互联星形的三相绕组
Three-phase winding，zigzag or interconnected star
状　　　态：标准
IEC发布日期：2001-07-01
上版标准序号：GB/T 4728.6　06-02-09
关　键　词：绕组互连，内部连接的绕组，绕组—限定符号
用　　　于：S00866
应 用 注 释：A00135
形 状 类 别：直线
功 能 类 别：功能要素或属性
应 用 类 别：概念要素或限定符号

S00811

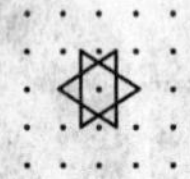

名　　　称：双三角形连接的六相绕组
Six-phase winding，double delta
状　　　态：标准
IEC发布日期：2001-07-01
上版标准序号：GB/T 4728.6　06-02-10
关　键　词：绕组互连，内部连接的绕组，绕组—限定符号
应 用 注 释：A00135
形 状 类 别：等边三角形
功 能 类 别：功能要素或属性
应 用 类 别：概念要素或限定符号

S00813

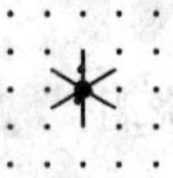

名　　　称：星形连接的六相绕组
Six-phase winding，star
状　　　态：标准
IEC发布日期：2001-07-01
上版标准序号：GB/T 4728.6　06-02-12
关　键　词：绕组互连，内部连接的绕组，绕组—限定符号
应 用 注 释：A00135
形 状 类 别：直线
功 能 类 别：功能要素或属性
应 用 类 别：概念要素或限定符号

S00814

名　　　　称：中性点引出的叉形连接的六相绕组

Six-phase winding, fork with neutral brought out

状　　　　态：标准

IEC发布日期：2001-07-01

上版标准序号：GB/T 4728.6　06-02-13

关　键　词：绕组互连，内部连接的绕组，绕组—限定符号

应 用 注 释：A00135

形 状 类 别：圆点(点)，直线

功 能 类 别：功能要素或属性

应 用 类 别：概念要素或限定符号

S00818

名　　　　称：电刷(集电环或换向器上的)

Brush (on slip-ring or commutator)

状　　　　态：标准

IEC发布日期：2001-07-01

上版标准序号：GB/T 4728.6　06-03-04

关　键　词：电刷，电机元件

用　　　　于：S00825

应 用 注 释：A00124

形 状 类 别：正方形

功 能 类 别：功能要素或属性

应 用 类 别：概念要素或限定符号

S00819

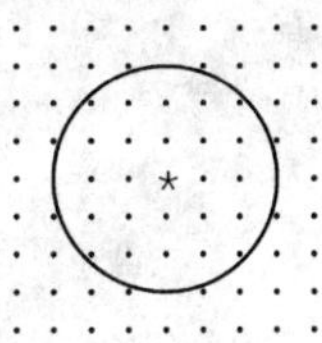

名　　　　称：电机，一般符号

Machine, general symbol

状　　　　态：标准

IEC发布日期：2001-07-01

上版标准序号：GB/T 4728.6　06-04-01

别　　　　名：旋转换流机；发电机；同步发电机；电动机；同步电动机

关　键　词：换流机，发电机，电机类型，电动机，电能发生器

用　　　　于：S00027, S00028, S00165, S00164, S00192, S00830, S00839, S00828, S00822, S00834, S00837, S00823, S00825, S00829, S00824, S00827, S00833, S00831, S00820, S00821, S00836, S01009, S00838, S00832, S00826, S00835

应 用 注 释：A00125, A00126, A00191

形 状 类 别：圆

功 能 类 别：G 启动流量，M 提供机械能，T 保持性质的变换
应 用 类 别：电路图，接线图，功能图，安装简图，概略图

S00820

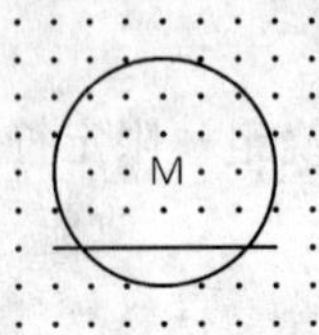

名　　　　称：直线电动机，一般符号
Linear motor，general symbol
状　　　　态：标准
IEC发布日期：2001-07-01
上版标准序号：GB/T 4728.6　06-04-02
关　　键　　词：电机类型，电动机
用　　　　于：S00840
采 用 符 号：S00819
形 状 类 别：字符，圆，直线
功 能 类 别：M 提供机械能
应 用 类 别：电路图，接线图，功能图，安装简图，概略图

S00821

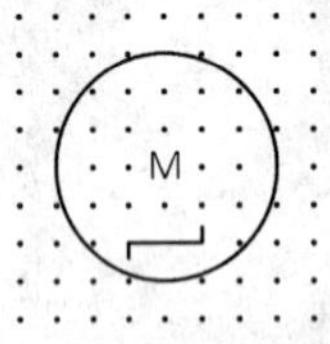

名　　　　称：步进电动机，一般符号
Stepping motor，general symbol
状　　　　态：标准
IEC发布日期：2001-07-01
上版标准序号：GB/T 4728.6　06-04-03
关　　键　　词：电机类型，电动机
采 用 符 号：S00087；S00819
形 状 类 别：圆，直线
功 能 类 别：M 提供机械能
应 用 类 别：电路图，接线图，功能图，安装简图，概略图

S00823

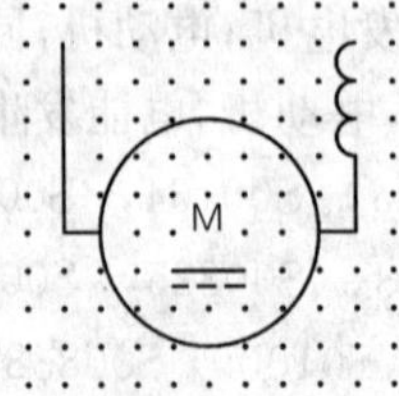

名　　　　称：直流串励电动机
Series motor，DC

状　　　态：标准
IEC发布日期：2001-07-01
上版标准序号：GB/T 4728.6　06-05-01
关　键　词：直流电机，电动机
采 用 符 号：S00583；S00819；S01401
应 用 注 释：A00126
形 状 类 别：圆，半圆
功 能 类 别：M 提供机械能
应 用 类 别：电路图

S00824

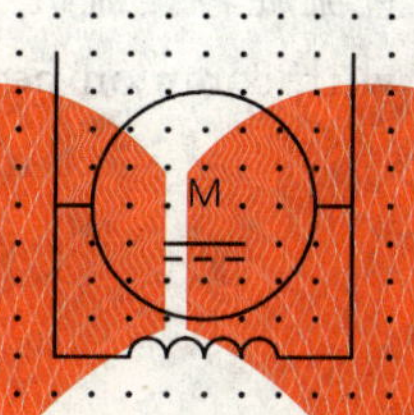

名　　　称：直流并励电动机
Shunt motor，DC
状　　　态：标准
IEC发布日期：2001-07-01
上版标准序号：GB/T 4728.6　06-05-02
关　键　词：直流电机，电动机
采 用 符 号：S00583；S00819；S01401
应 用 注 释：A00126
形 状 类 别：圆，半圆
功 能 类 别：M 提供机械能
应 用 类 别：电路图

S00825

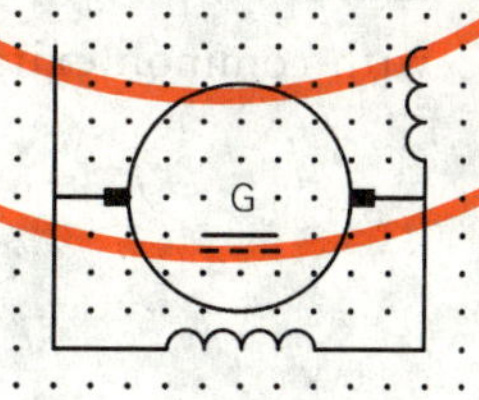

名　　　称：短分路复励直流发电机
Generator，DC，compound excited (short shunt)
状　　　态：标准
IEC发布日期：2001-07-01
上版标准序号：GB/T 4728.6　06-05-03
关　键　词：发电机，直流电机，电能发生器
采 用 符 号：S00583；S00818；S00819；S01401
应 用 注 释：A00126

形 状 类 别：圆，半圆
功 能 类 别：G 启动流量
应 用 类 别：电路图
备　　　注：示出接线端子和电刷。

S00826

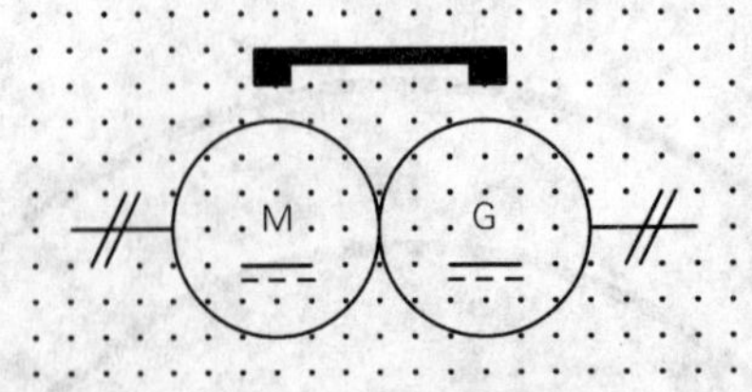

名　　　称：具有公共永久磁场的直流/直流旋转变流机
Rotary converter，DC/DC with common permanent magnet field
状　　　态：标准
IEC发布日期：2001-07-01
上版标准序号：GB/T 4728.6　06-05-04
关　键　词：变流机，直流电机
采 用 符 号：S00001；S00210；S00819；S01401
应 用 注 释：A00126
形 状 类 别：圆
功 能 类 别：T 保持性质的变换
应 用 类 别：功能图，概略图

S00827

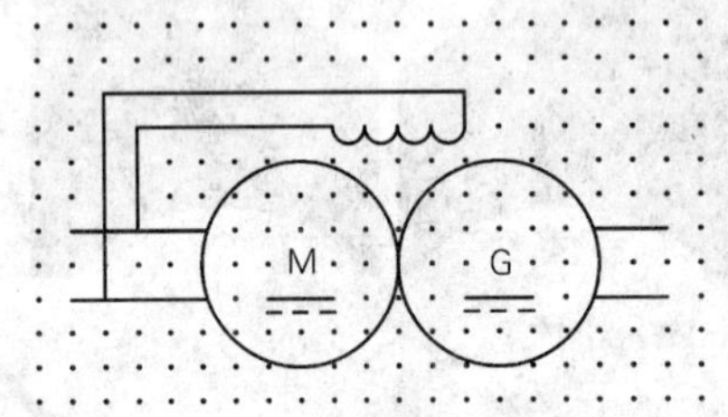

名　　　称：具有公共磁场绕组的直流/直流旋转变流机
Rotary converter，DC/DC with common exitation winding
状　　　态：标准
IEC发布日期：2001-07-01
上版标准序号：GB/T 4728.6　06-05-05
关　键　词：变流机，直流电机
采 用 符 号：S00583；S00819；S01401
应 用 注 释：A00126
形 状 类 别：圆，半圆
功 能 类 别：T 保持性质的变换
应 用 类 别：电路图

S00828

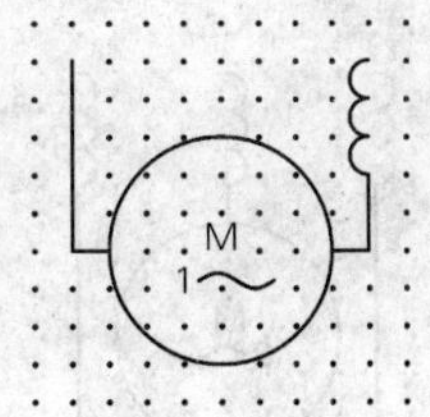

名　　称：单相串励电动机
　　　　Series motor，single-phase
状　　态：标准
IEC发布日期：2001-07-01
上版标准序号：GB/T 4728.6　06-06-01
关　键　词：换向电机，直流换向电机，电动机
采 用 符 号：S00583；S00819；S01403
应 用 注 释：A00126
形 状 类 别：圆，半圆
功 能 类 别：M 提供机械能
应 用 类 别：电路图

S00829

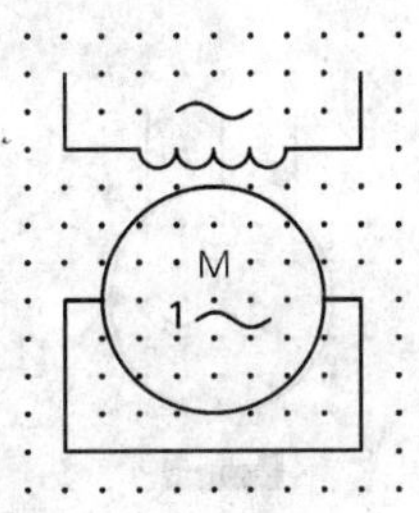

名　　称：单相推斥电动机
　　　　Repulsion motor，single-phase
状　　态：标准
IEC发布日期：2001-07-01
上版标准序号：GB/T 4728.6　06-06-02
关　键　词：换向电机，直流换向电机，电动机
采 用 符 号：S00583；S00819；S01403
应 用 注 释：A00126
形 状 类 别：圆，半圆
功 能 类 别：M 提供机械能
应 用 类 别：电路图

S00830

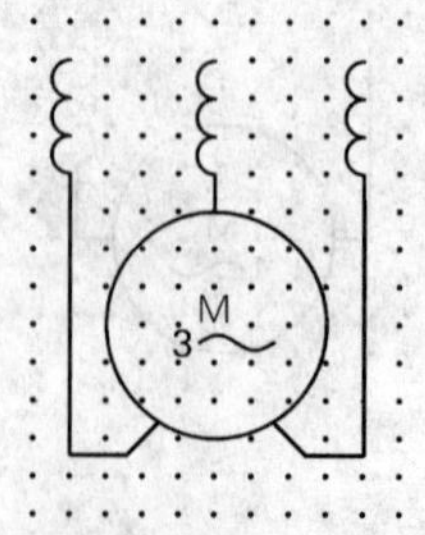

名　　　　称：三相串励电动机
　　　　　　Series motor，three-phase
状　　　　态：标准
IEC发布日期：2001-07-01
上版标准序号：GB/T 4728.6　06-06-03
关　键　词：换向电机，直流换向电机，电动机
采 用 符 号：S00583；S00819；S01403
应 用 注 释：A00126
形 状 类 别：圆，半圆
功 能 类 别：M 提供机械能
应 用 类 别：电路图

S00831

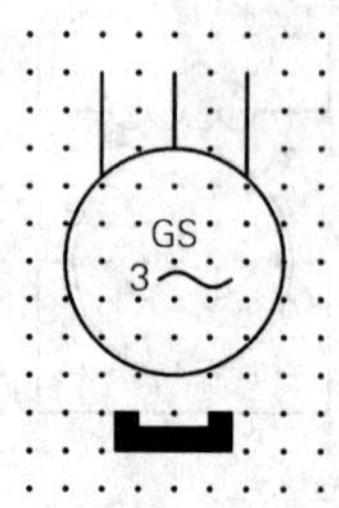

名　　　　称：三相永磁同步发电机
　　　　　　Synchronous generator，three-phase with permanent magnet
状　　　　态：标准
IEC发布日期：2001-07-01
上版标准序号：GB/T 4728.6　06-07-01
关　键　词：发电机，同步电机，电能发生器
采 用 符 号：S00210；S00819；S01403
应 用 注 释：A00126
形 状 类 别：圆，描述形状
功 能 类 别：G 启动流量
应 用 类 别：电路图

S00832

名　　　称：单相同步发电机
　　　　　　Synchronous motor, single-phase
状　　　态：标准
IEC发布日期：2001-07-01
上版标准序号：GB/T 4728.6　06-07-02
关　键　词：同步电机，电动机
采 用 符 号：S00583；S00819；S01401；S01403
应 用 注 释：A00126
形 状 类 别：圆，半圆
功 能 类 别：M 提供机械能
应 用 类 别：电路图

S00833

名　　　称：中性点引出的星形连接的三相同步发电机
　　　　　　Synchronous generator, three-phase, star connected, neutral brought out
状　　　态：标准
IEC发布日期：2001-07-01
上版标准序号：GB/T 4728.6　06-07-03
关　键　词：发电机，同步电机，电能发生器
采 用 符 号：S00583；S00809；S00819；S01401
应 用 注 释：A00126
形 状 类 别：圆，半圆
功 能 类 别：G 启动流量
应 用 类 别：电路图

S00834

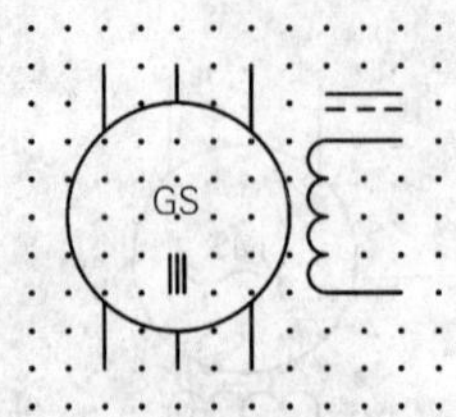

名　　　称：每相绕组两端都引出的三相同步发电机
Synchronous generator，three-phase，both ends of each phase winding brought out
状　　　态：标准
IEC发布日期：2001-07-01
上版标准序号：GB/T 4728.6　06-07-04
关　键　词：发电机，同步电机，电能发生器
采 用 符 号：S00583；S00797；S00819；S01401
应 用 注 释：A00126
形 状 类 别：圆，半圆
功 能 类 别：G 启动流量
应 用 类 别：电路图

S00835

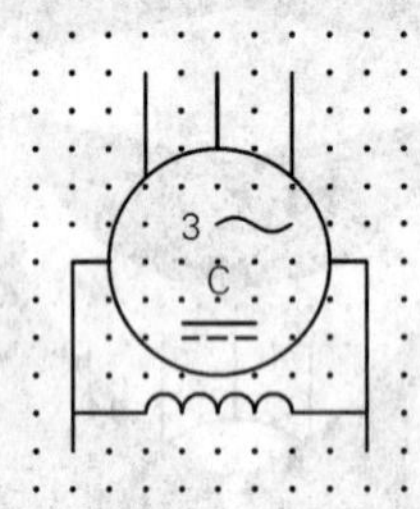

名　　　称：三相并励同步旋转变流机
Synchronous rotary converter，three-phase，shunt-excited
状　　　态：标准
IEC发布日期：2001-07-01
上版标准序号：GB/T 4728.6　06-07-05
关　键　词：变流机，同步电机
采 用 符 号：S00583；S00819；S01401；S01403
应 用 注 释：A00126
形 状 类 别：圆，半圆
功 能 类 别：T 保持性质的变换
应 用 类 别：电路图

S00836

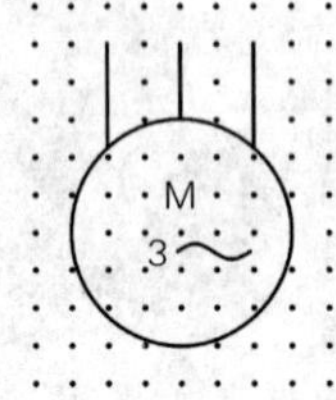

名　　　称：三相鼠笼式感应电动机
　　　　　　Induction motor，three-phase，squirrel cage
状　　　态：标准
IEC发布日期：2001-07-01
上版标准序号：GB/T 4728.6　06-08-01
关　键　词：异步电机，电动机
采 用 符 号：S00819；S01403
应 用 注 释：A00126，A00133
形 状 类 别：圆
功 能 类 别：M 提供机械能
应 用 类 别：电路图

S00837

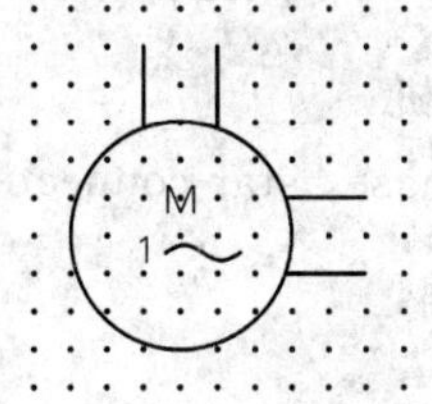

名　　　称：单相鼠笼式感应电动机
　　　　　　Induction motor，single-phase，squirrel-cage
状　　　态：标准
IEC发布日期：2001-07-01
上版标准序号：GB/T 4728.6　06-08-02
关　键　词：异步电机，电动机
采 用 符 号：S00819；S01403
应 用 注 释：A00126，A00133
形 状 类 别：圆
功 能 类 别：M 提供机械能
应 用 类 别：电路图
备　　　注：有绕组分相引出端头。

S00838

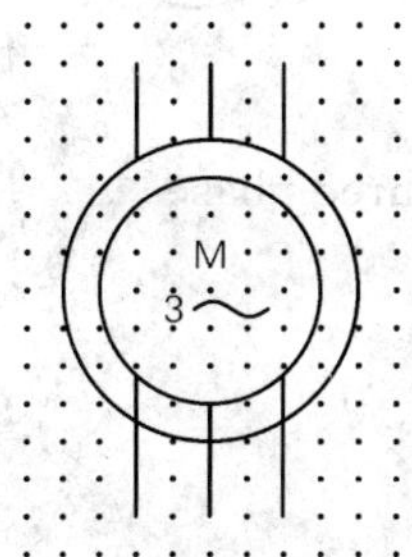

名　　　称：三相绕线式转子感应电动机
　　　　　　Induction motor，three-phase，with wound rotor
状　　　态：标准
IEC发布日期：2001-07-01

上版标准序号：GB/T 4728.6　06-08-03
关　　键　　词：异步电机，电动机
采　用　符　号：S00819；S01403
应　用　注　释：A00126，A00133
形　状　类　别：圆
功　能　类　别：M 提供机械能
应　用　类　别：电路图

S00839

名　　　　　称：三相星形连接的感应电动机
Induction motor，three-phase，star-connected
状　　　　　态：标准
IEC发布日期：2001-07-01
上版标准序号：GB/T 4728.6　06-08-04
关　　键　　词：异步电机，电动机
采　用　符　号：S00808；S00819
应　用　注　释：A00126，A00133
形　状　类　别：圆
功　能　类　别：M 提供机械能
应　用　类　别：电路图
备　　　　　注：有内置自启动器。

S00840

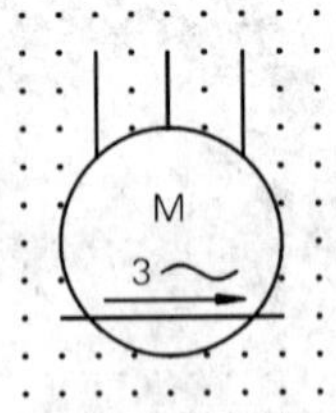

名　　　　　称：三相直线感应电动机
Linear induction motor，three-phase
状　　　　　态：标准
IEC发布日期：2001-07-01
上版标准序号：GB/T 4728.6　06-08-05
关　　键　　词：异步电机，电动机
采　用　符　号：S00093；S00820；S01403
应　用　注　释：A00126，A00133
形　状　类　别：箭头，圆，直线
功　能　类　别：M 提供机械能

应 用 类 别：电路图
备　　　注：限于一个方向运动。

S00841

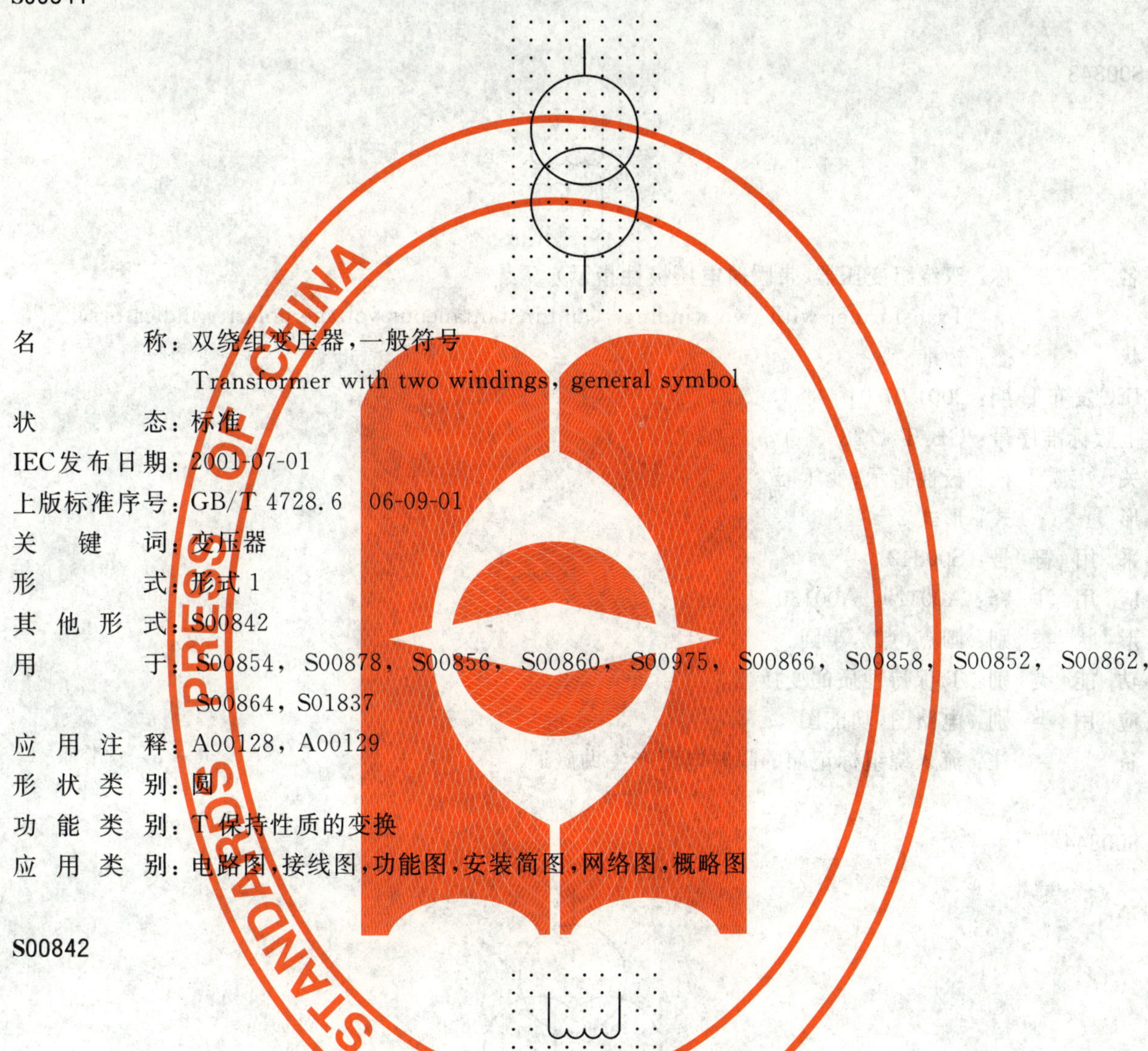

名　　　称：双绕组变压器，一般符号
Transformer with two windings, general symbol
状　　　态：标准
IEC发布日期：2001-07-01
上版标准序号：GB/T 4728.6　06-09-01
关　键　词：变压器
形　　　式：形式 1
其 他 形 式：S00842
用　　　于：S00854，S00878，S00856，S00860，S00975，S00866，S00858，S00852，S00862，S00864，S01837
应 用 注 释：A00128，A00129
形 状 类 别：圆
功 能 类 别：T 保持性质的变换
应 用 类 别：电路图，接线图，功能图，安装简图，网络图，概略图

S00842

名　　　称：双绕组变压器，一般符号
Transformer with two windings, general symbol
状　　　态：标准
IEC发布日期：2001-07-01
上版标准序号：GB/T 4728.6　06-09-02
关　键　词：变压器
形　　　式：形式 2
其 他 形 式：S00841
用　　　于：S00851，S00861，S00857，S01344，S00877，S00859，S00869，S00843，S00853，S00879，S00865，S00867，S00863，S00855，S01838
采 用 符 号：S00583

应 用 注 释：A00127，A00128，A00129，A00130
形 状 类 别：半圆
功 能 类 别：T 保持性质的变换
应 用 类 别：电路图

S00843

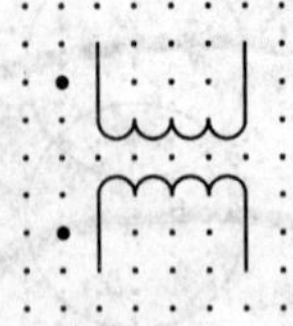

名　　　称：双绕组变压器(带瞬时电压极性指示)
Transformer with two windings (and instantaneous voltage polarity indicators)
状　　　态：标准
IEC发布日期：2001-07-01
上版标准序号：GB/T 4728.6　06-09-03
关　键　词：极性指示，变压器
形　　　式：形式 2
采 用 符 号：S00842
应 用 注 释：A00129，A00130
形 状 类 别：圆点(点)，半圆
功 能 类 别：T 保持性质的变换
应 用 类 别：电路图，功能图
备　　　注：流入绕组标记端的瞬时电流产生助磁通。

S00844

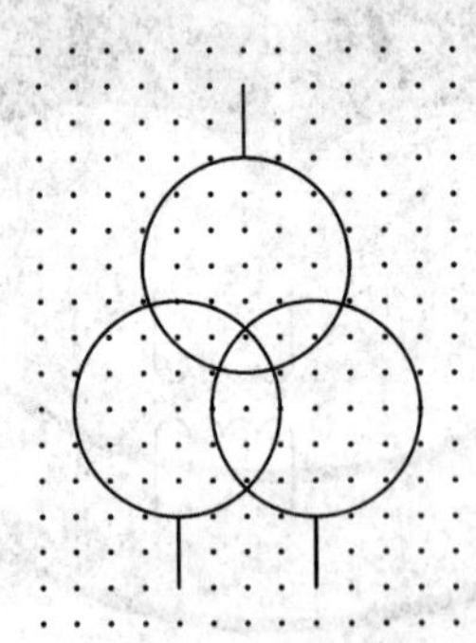

名　　　称：三绕组变压器，一般符号
Transformer with three windings, general symbol
状　　　态：标准
IEC发布日期：2001-07-01
上版标准序号：GB/T 4728.6　06-09-04
关　键　词：变压器
形　　　式：形式 1
其 他 形 式：S00845
用　　　于：S00868
应 用 注 释：A00128，A00129

形 状 类 别：圆
功 能 类 别：T 保持性质的变换
应 用 类 别：电路图，接线图，功能图，安装简图，网络图，概略图

S00845

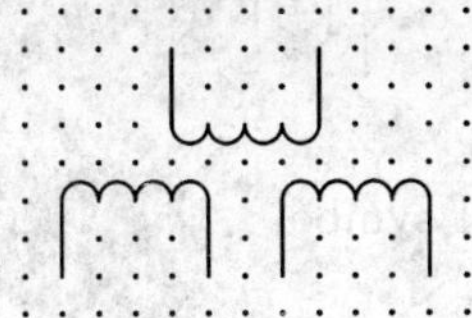

名　　　　称：三绕组变压器，一般符号
　　　　　　　Transformer with three windings，general symbol
状　　　　态：标准
IEC发布日期：2001-07-01
上版标准序号：GB/T 4728.6　06-09-05
关　　键　　词：变压器
形　　　　式：形式 2
其 他 形 式：S00844
采 用 符 号：S00583
应 用 注 释：A00127，A00128，A00129，A00130
形 状 类 别：半圆
功 能 类 别：T 保持性质的变换
应 用 类 别：电路图

S00846

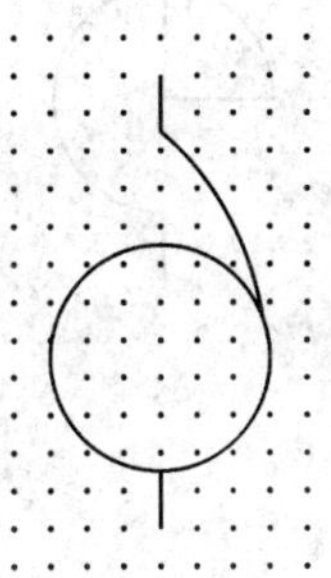

名　　　　称：自耦变压器，一般符号
　　　　　　　Auto-transformer，general symbol
状　　　　态：标准
IEC发布日期：2001-07-01
上版标准序号：GB/T 4728.6　06-09-06
关　　键　　词：自耦变压器，变压器
形　　　　式：形式 1
其 他 形 式：S00847
用　　　　于：S00303，S00874，S00872，S00870
应 用 注 释：A00128
形 状 类 别：圆
功 能 类 别：T 保持性质的变换

应 用 类 别：电路图，接线图，功能图，安装简图，网络图，概略图

S00847

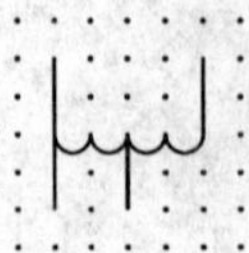

名　　　称：自耦变压器，一般符号
　　　　　　Auto-transformer，general symbol
状　　　态：标准
IEC发布日期：2001-07-01
上版标准序号：GB/T 4728.6　06-09-07
关　键　词：自耦变压器，变压器
形　　　式：形式 2
其 他 形 式：S00846
用　　　于：S00871，S00873，S00875
采 用 符 号：S00583
应 用 注 释：A00128，A00130
形 状 类 别：半圆
功 能 类 别：T 保持性质的变换
应 用 类 别：电路图

S00848

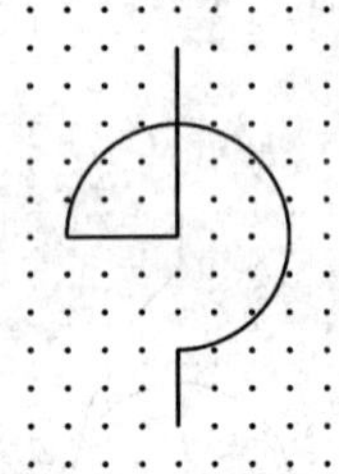

名　　　称：电抗器，一般符号
　　　　　　Reactor，general symbol
状　　　态：标准
IEC发布日期：2001-07-01
上版标准序号：GB/T 4728.6　06-09-08
别　　　名：扼流圈
关　键　词：扼流圈，电抗器
形　　　式：形式 1
其 他 形 式：S00849
应 用 注 释：A00128
形 状 类 别：圆弧，圆，直线
功 能 类 别：R 限制或稳定
应 用 类 别：电路图，接线图，功能图，概略图

S00849

名　　　称：电抗器，一般符号
Reactor，general symbol
状　　　态：标准
IEC发布日期：2001-07-01
上版标准序号：GB/T 4728.6　06-09-09
别　　　名：扼流圈
关　键　词：扼流圈，电抗器
形　　　式：形式 2
其 他 形 式：S00848
采 用 符 号：S00583
应 用 注 释：A00127，A00128，A00130
形 状 类 别：半圆
功 能 类 别：R 限制或稳定
应 用 类 别：电路图

S00850

名　　　称：电流互感器，一般符号
Current transformer，general symbol
状　　　态：标准
IEC发布日期：2001-07-01
上版标准序号：GB/T 4728.6　06-09-10
关　键　词：电流互感器，互感器
形　　　式：形式 1
其 他 形 式：S00851
用　　　于：S00880，S00888，S00886，S00890，S00884，S00882，S01841
应 用 注 释：A00128，A00129
形 状 类 别：圆
功 能 类 别：B 变量转换为信号
应 用 类 别：电路图，接线图，功能图，安装简图，网络图，概略图

S00851

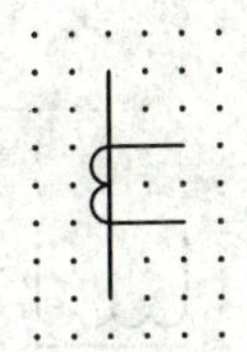

名　　　称：电流互感器，一般符号
Current transformer，general symbol

状　　　态：标准
IEC发布日期：2001-07-01
上版标准序号：GB/T 4728.6　06-09-11
关　键　词：电流互感器，互感器
形　　　式：形式 2
其 他 形 式：S00850
用　　　于：S00885，S00887，S00891，S00881，S00889，S00883，S01842
采 用 符 号：S00842
应 用 注 释：A00127，A00128，A00129，A00130
形 状 类 别：半圆，直线
功 能 类 别：B 变量转换为信号
应 用 类 别：电路图

S00852

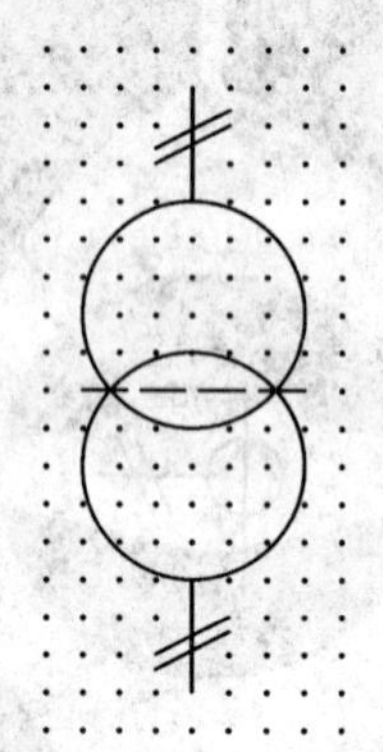

名　　　称：绕组间有屏蔽的双绕组变压器
Transformer with two windings and screen
状　　　态：标准
IEC发布日期：2001-07-01
上版标准序号：GB/T 4728.6　06-10-01
关　键　词：变压器，有独立绕组的变压器
形　　　式：形式 1
其 他 形 式：S00853
采 用 符 号：S00002；S00065；S00841
应 用 注 释：A00128
形 状 类 别：圆，直线
功 能 类 别：T 保持性质的变换
应 用 类 别：电路图，接线图，功能图，安装简图，网络图，概略图

S00853

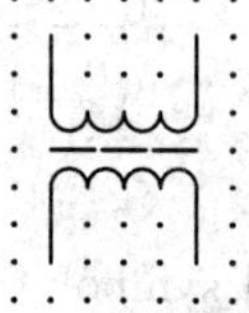

名　　　称：绕组间有屏蔽的双绕组变压器
　　　　　Transformer with two windings and screen
状　　　态：标准
IEC发布日期：2001-07-01
上版标准序号：GB/T 4728.6　06-10-02
关　键　词：变压器，有独立绕组的变压器
形　　　式：形式2
其 他 形 式：S00852
采 用 符 号：S00065；S00842
应 用 注 释：A00127，A00128，A00130
形 状 类 别：半圆，直线
功 能 类 别：T 保持性质的变换
应 用 类 别：电路图

S00854

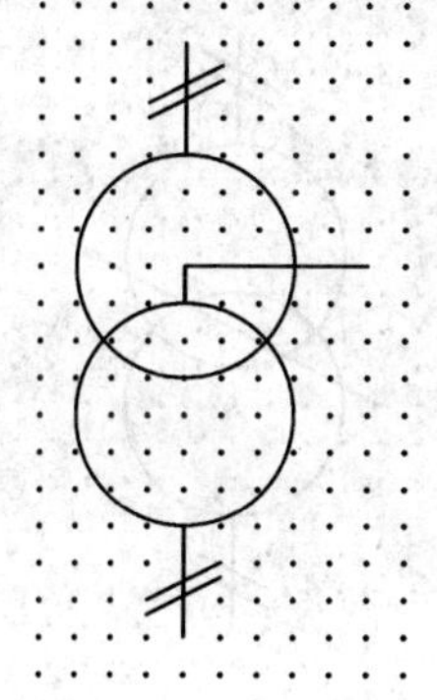

名　　　称：一个绕组上有中间抽头的变压器
　　　　　Transformer with center tap on one winding
状　　　态：标准
IEC发布日期：2001-07-01
上版标准序号：GB/T 4728.6　06-10-03
关　键　词：变压器，有独立绕组的变压器
形　　　式：形式1
其 他 形 式：S00855
采 用 符 号：S00002；S00841
应 用 注 释：A00128
形 状 类 别：圆，直线
功 能 类 别：T 保持性质的变换
应 用 类 别：电路图，接线图，功能图，安装简图，网络图，概略图

S00855

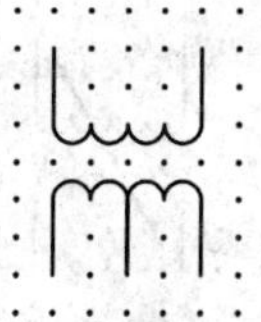

名　　　　称：一个绕组上有中间抽头的变压器

Transformer with center tap on one winding

状　　　　态：标准

IEC发布日期：2001-07-01

上版标准序号：GB/T 4728.6　06-10-04

关　键　词：变压器，有独立绕组的变压器

形　　　　式：形式 2

其 他 形 式：S00854

采 用 符 号：S00842

应 用 注 释：A00127，A00128，A00130

形 状 类 别：半圆

功 能 类 别：T 保持性质的变换

应 用 类 别：电路图

S00856

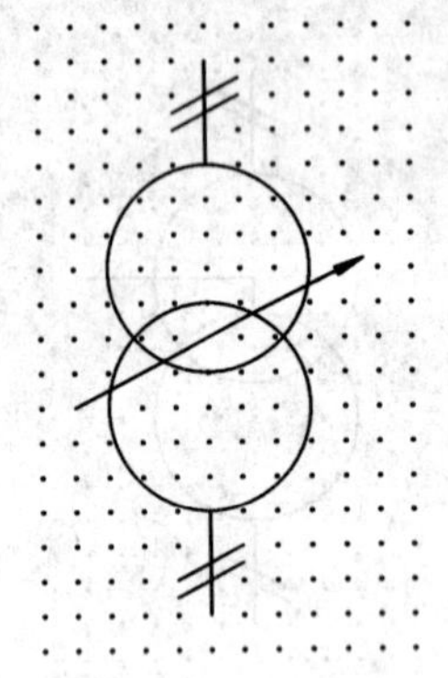

名　　　　称：耦合可变的变压器

Transformer with variable coupling

状　　　　态：标准

IEC发布日期：2001-07-01

上版标准序号：GB/T 4728.6　06-10-05

关　键　词：变压器，有独立绕组的变压器，可变性

形　　　　式：形式 1

其 他 形 式：S00857

采 用 符 号：S00002；S00081；S00841

应 用 注 释：A00128

形 状 类 别：箭头，圆，直线

功 能 类 别：T 保持性质的变换

应 用 类 别：电路图，接线图，功能图，安装简图，网络图，概略图

S00857

名　　　　称：耦合可变的变压器
Transformer with variable coupling
状　　　　态：标准
IEC发布日期：2001-07-01
上版标准序号：GB/T 4728.6　06-10-06
关　键　词：变压器，有独立绕组的变压器，可变性
形　　　　式：形式 2
其 他 形 式：S00856
采 用 符 号：S00081；S00842
应 用 注 释：A00127，A00128，A00130
形 状 类 别：箭头，半圆
功 能 类 别：T 保持性质的变换
应 用 类 别：电路图

S00858

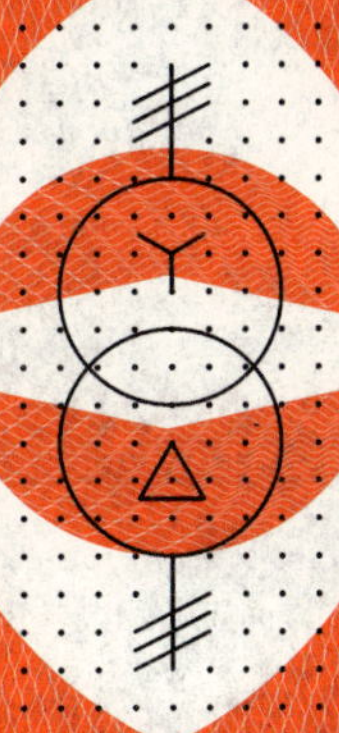

名　　　　称：星形-三角形连接的三相变压器
Three-phase transformer，connection star-delta
状　　　　态：标准
IEC发布日期：2001-07-01
上版标准序号：GB/T 4728.6　06-10-07
关　键　词：变压器，有独立绕组的变压器
形　　　　式：形式 1
其 他 形 式：S00859
采 用 符 号：S00002；S00806；S00808；S00841
应 用 注 释：A00128
形 状 类 别：圆，等边三角形，直线
功 能 类 别：T 保持性质的变换
应 用 类 别：电路图，接线图，功能图，安装简图，网络图，概略图

S00859

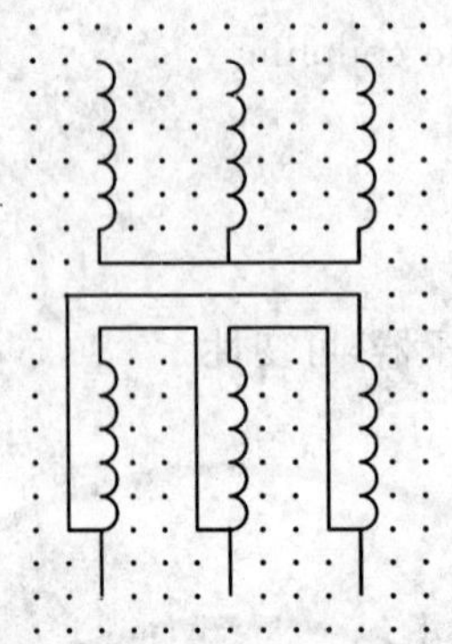

名　　　称：星形-三角形连接的三相变压器
Three-phase transformer，connection star-delta
状　　　态：标准
IEC发布日期：2001-07-01
上版标准序号：GB/T 4728.6　06-10-08
关　键　词：变压器，有独立绕组的变压器
形　　　式：形式 2
其 他 形 式：S00858
采 用 符 号：S00842
应 用 注 释：A00127，A00128，A00130
形 状 类 别：半圆
功 能 类 别：T 保持性质的变换
应 用 类 别：电路图

S00860

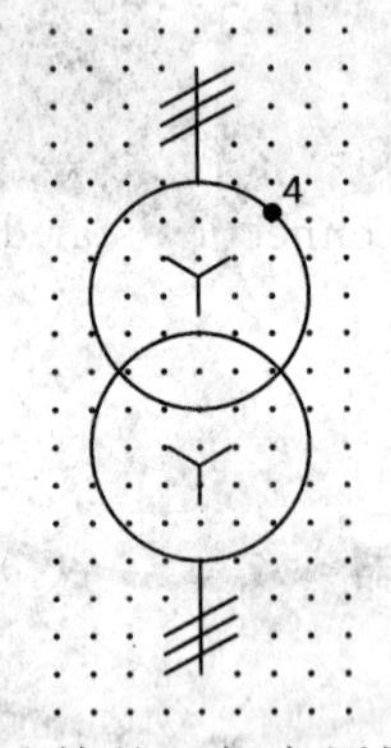

名　　　称：具有 4 个抽头的星形-星形连接的三相变压器
Three-phase transformer with four taps，connection：star-star
状　　　态：标准
IEC发布日期：2001-07-01
上版标准序号：GB/T 4728.6　06-10-09
关　键　词：变压器，有独立绕组的变压器
形　　　式：形式 1
其 他 形 式：S00861
采 用 符 号：S00002；S00808；S00841
应 用 注 释：A00128

形 状 类 别：字符，圆，圆点（点），直线
功 能 类 别：T 保持性质的变换
应 用 类 别：电路图，接线图，功能图，安装简图，网络图，概略图
备　　　　注：每个初级绕组除其端头外还示出 4 个可用的连接点。

S00861

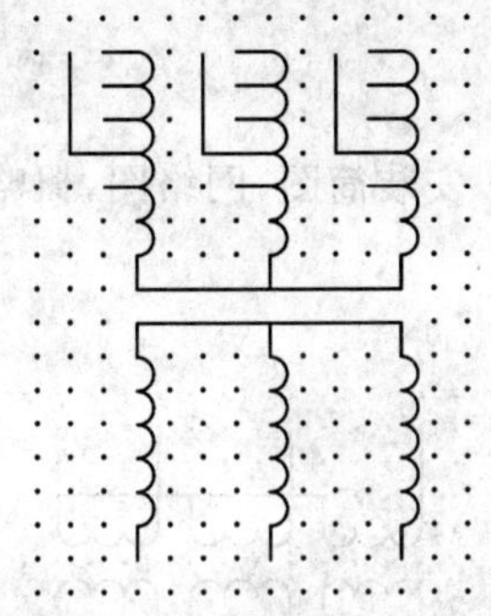

名　　　　称：具有 4 个抽头的星形-星形连接的三相变压器
Three-phase transformer with four taps, connection: star-star
状　　　　态：标准
IEC发布日期：2001-07-01
上版标准序号：GB/T 4728.6　06-10-10
关　　键　　词：变压器，有独立绕组的变压器
形　　　　式：形式 2
其 他 形 式：S00860
采 用 符 号：S00842
应 用 注 释：A00127，A00128，A00130
形 状 类 别：半圆，直线
功 能 类 别：T 保持性质的变换
应 用 类 别：电路图
备　　　　注：每个初级绕组除其端头外还示出 4 个可用的连接点。

S00862

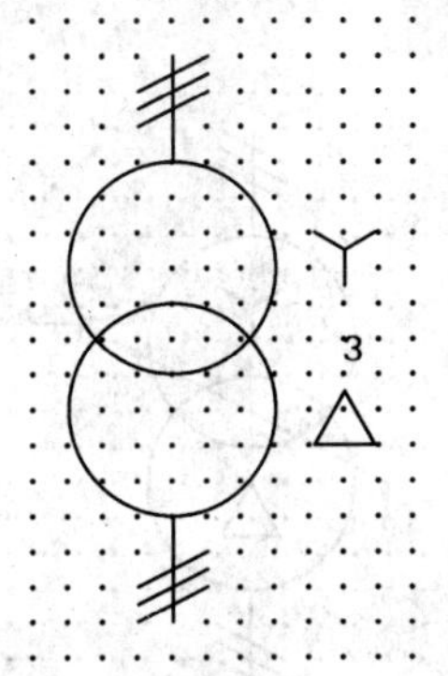

名　　　　称：单相变压器组成的三相变压器，星形-三角形连接
Three-phase bank of single-phase transformers, connection star-delta
状　　　　态：标准
IEC发布日期：2001-07-01

上版标准序号：GB/T 4728.6　06-10-11
关　　键　　词：变压器，有独立绕组的变压器
形　　　　　式：形式 1
其　他　形　式：S00863
采　用　符　号：S00002；S00806；S00808；S00841
应　用　注　释：A00128
形　状　类　别：字符，圆，直线
功　能　类　别：T 保持性质的变换
应　用　类　别：电路图，接线图，功能图，安装简图，网络图，概略图

S00863

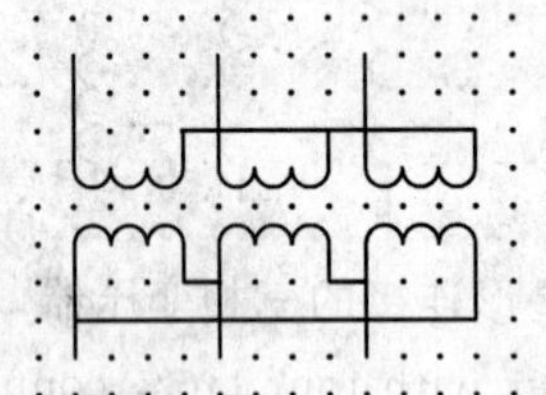

名　　　　　称：单相变压器组成的三相变压器，星形-三角形连接
Three-phase bank of single-phase transformers，connection star-delta
状　　　　　态：标准
IEC发布日期：2001-07-01
上版标准序号：GB/T 4728.6　06-10-12
关　　键　　词：变压器
形　　　　　式：形式 2
其　他　形　式：S00862
采　用　符　号：S00842
应　用　注　释：A00127，A00128，A00130
形　状　类　别：半圆
功　能　类　别：T 保持性质的变换
应　用　类　别：电路图

S00864

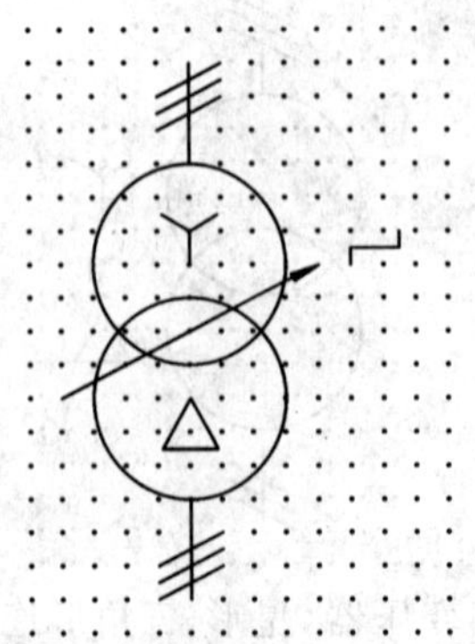

名　　　　　称：具有分接开关的三相变压器
Three-phase transformer with tap changer
状　　　　　态：标准

IEC发布日期：2001-07-01
上版标准序号：GB/T 4728.6　06-10-13
关　　键　　词：分接开关，变压器，有独立绕组的变压器
形　　　　　式：形式 1
其　他　形　式：S00865
采　用　符　号：S00002；S00081；S00087；S00806；S00808；S00841
应　用　注　释：A00128
形　状　类　别：箭头，圆，直线
功　能　类　别：T 保持性质的变换
应　用　类　别：电路图，接线图，功能图，安装简图，概略图
备　　　　　注：有载分接开关，星形-三角形连接。

S00865

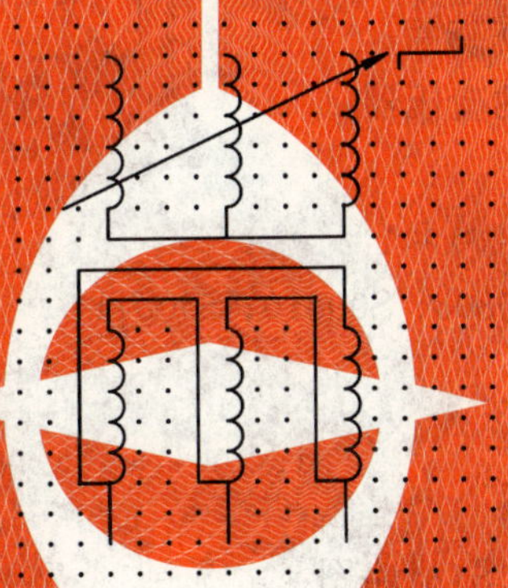

名　　　　　称：具有分接开关的三相变压器
Three-phase transformer with tap changer
状　　　　　态：标准
IEC发布日期：2001-07-01
上版标准序号：GB/T 4728.6　06-10-14
关　　键　　词：分接开关，变压器，有独立绕组的变压器
形　　　　　式：形式 2
其　他　形　式：S00864
采　用　符　号：S00081；S00087；S00842
应　用　注　释：A00127，A00128，A00130
形　状　类　别：箭头，半圆
功　能　类　别：T 保持性质的变换
应　用　类　别：电路图
备　　　　　注：有载分接开关，星形-三角形连接。

S00866

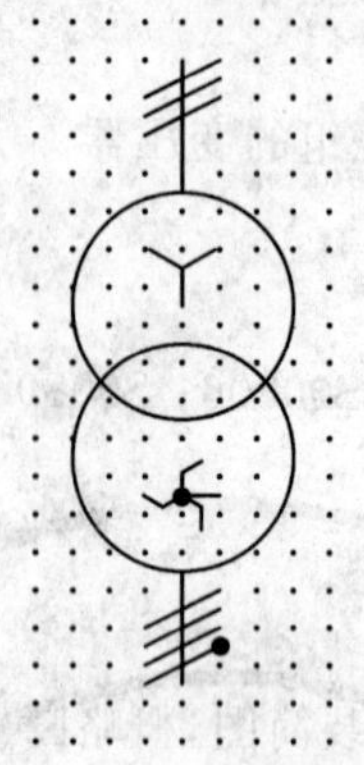

名　　　称：中性点引出的星形-曲折形连接的三相变压器
Three-phase transformer，connection star-zigzag with the neutral brought out
状　　　态：标准
IEC发布日期：2001-07-01
上版标准序号：GB/T 4728.6　06-10-15
关　键　词：变压器，有独立绕组的变压器
形　　　式：形式1
其 他 形 式：S00867
采 用 符 号：S00002；S00446；S00808；S00810；S00841
应 用 注 释：A00128
形 状 类 别：圆，直线
功 能 类 别：T 保持性质的变换
应 用 类 别：电路图，接线图，功能图，概略图

S00867

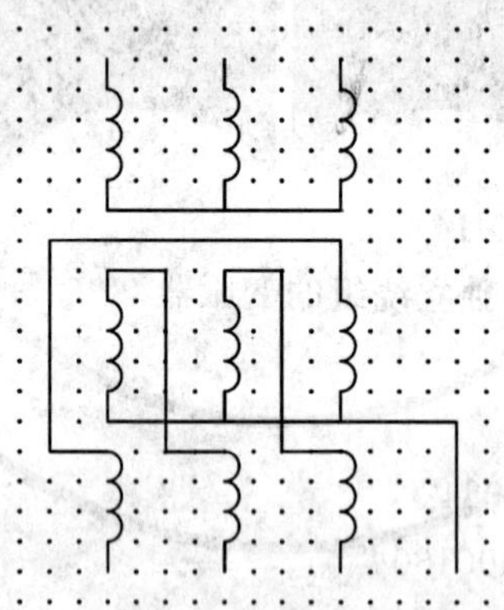

名　　　称：中性点引出的星形-曲折形连接的三相变压器
Three-phase transformer，connection star-zigzag with the neutral brought out
状　　　态：标准
IEC发布日期：2001-07-01
上版标准序号：GB/T 4728.6　06-10-16
关　键　词：变压器，有独立绕组的变压器
形　　　式：形式2
其 他 形 式：S00866
采 用 符 号：S00842

应 用 注 释：A00127，A00128，A00130
形 状 类 别：半圆
功 能 类 别：T 保持性质的变换
应 用 类 别：电路图

S00868

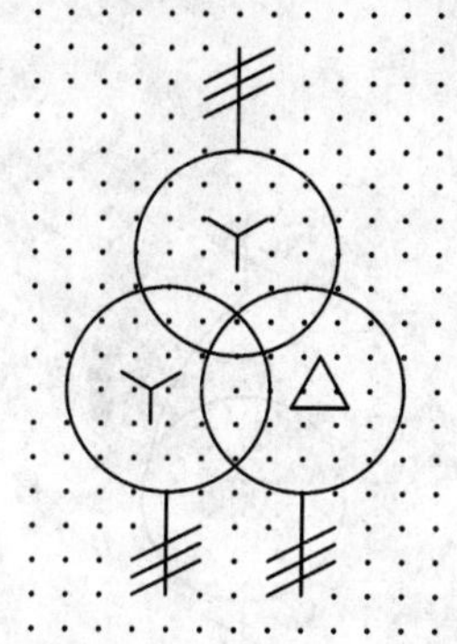

名　　　称：三相变压器，星形-星形-三角形连接
　　　　　Three-phase transformer，connection star-star-delta
状　　　态：标准
IEC发布日期：2001-07-01
上版标准序号：GB/T 4728.6　06-10-17
关　键　词：变压器，有独立绕组的变压器
形　　　式：形式 1
其 他 形 式：S00869
采 用 符 号：S00002；S00806；S00808；S00844
应 用 注 释：A00128
形 状 类 别：圆，等边三角形，直线
功 能 类 别：T 保持性质的变换
应 用 类 别：电路图，接线图，功能图，概略图

S00869

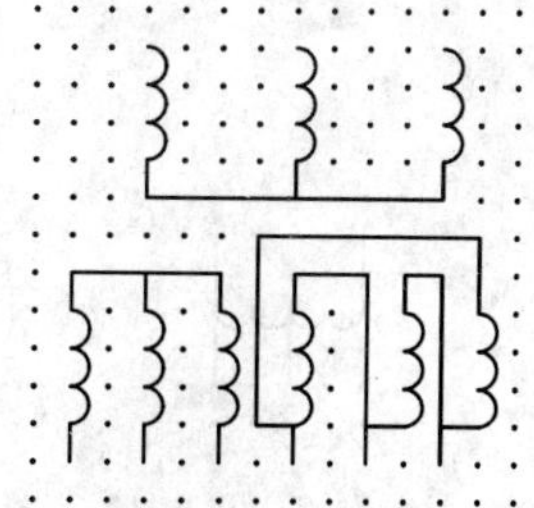

名　　　称：三相变压器，星形-星形-三角形连接
　　　　　Three-phase transformer，connection star-star-delta
状　　　态：标准
IEC发布日期：2001-07-01
上版标准序号：GB/T 4728.6　06-10-18
关　键　词：变压器，有独立绕组的变压器
形　　　式：形式 2

其他形式：S00868
采用符号：S00842
应用注释：A00127，A00128，A00130
形状类别：半圆
功能类别：T 保持性质的变换
应用类别：电路图

S00870

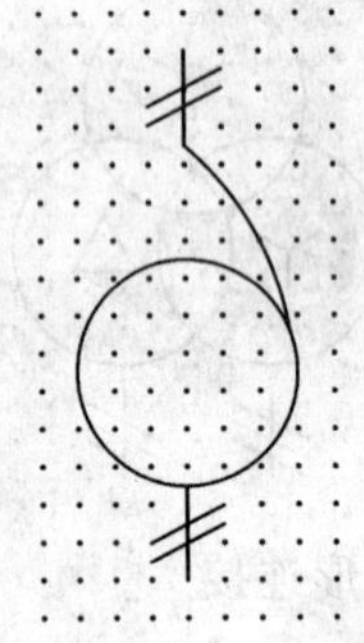

名　　称：单相自耦变压器
Auto-transformer，single-phase
状　　态：标准
IEC发布日期：2001-07-01
上版标准序号：GB/T 4728.6　06-11-01
关 键 词：自耦变压器，变压器
形　　式：形式 1
其他形式：S00871
用　　于：S00874
采用符号：S00002；S00846
应用注释：A00128
形状类别：圆
功能类别：T 保持性质的变换
应用类别：电路图，接线图，功能图，概略图

S00871

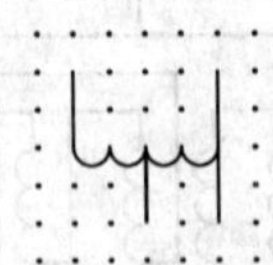

名　　称：单相自耦变压器
Auto-transformer，single-phase
状　　态：标准
IEC发布日期：2001-07-01
上版标准序号：GB/T 4728.6　06-11-02
关 键 词：自耦变压器，变压器
形　　式：形式 2
其他形式：S00870

采 用 符 号：S00847
应 用 注 释：A00127，A00128
形 状 类 别：半圆
功 能 类 别：T 保持性质的变换
应 用 类 别：电路图

S00872

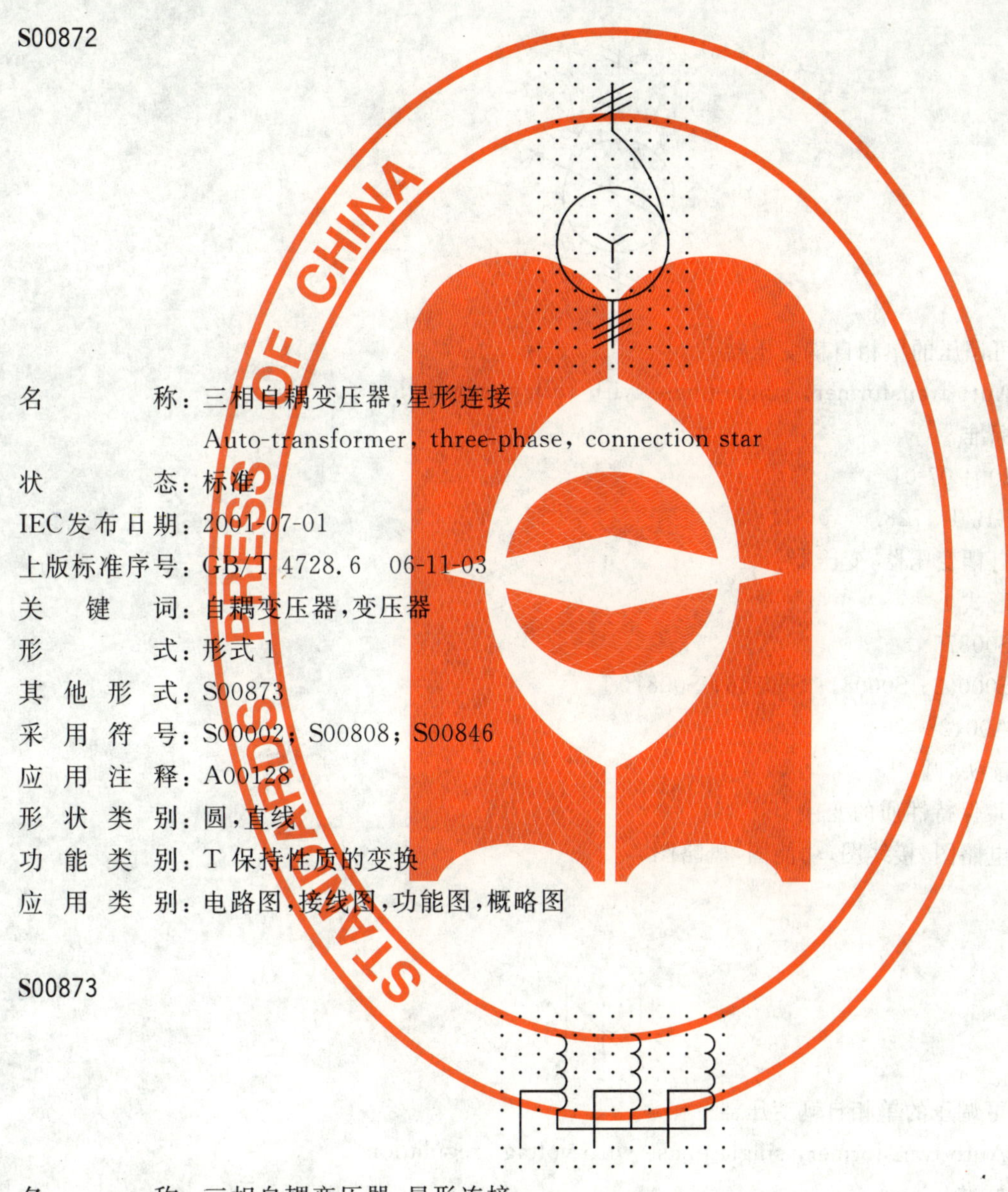

名　　　称：三相自耦变压器，星形连接
　　　　　Auto-transformer，three-phase，connection star
状　　　态：标准
IEC发布日期：2001-07-01
上版标准序号：GB/T 4728.6　06-11-03
关　键　词：自耦变压器，变压器
形　　　式：形式 1
其 他 形 式：S00873
采 用 符 号：S00002；S00808；S00846
应 用 注 释：A00128
形 状 类 别：圆，直线
功 能 类 别：T 保持性质的变换
应 用 类 别：电路图，接线图，功能图，概略图

S00873

名　　　称：三相自耦变压器，星形连接
　　　　　Auto-transformer，three-phase，connection star
状　　　态：标准
IEC发布日期：2001-07-01
上版标准序号：GB/T 4728.6　06-11-04
关　键　词：自耦变压器，变压器
形　　　式：形式 2
其 他 形 式：S00872
采 用 符 号：S00847

应 用 注 释：A00127，A00128，A00130
形 状 类 别：半圆
功 能 类 别：T 保持性质的变换
应 用 类 别：电路图

S00874

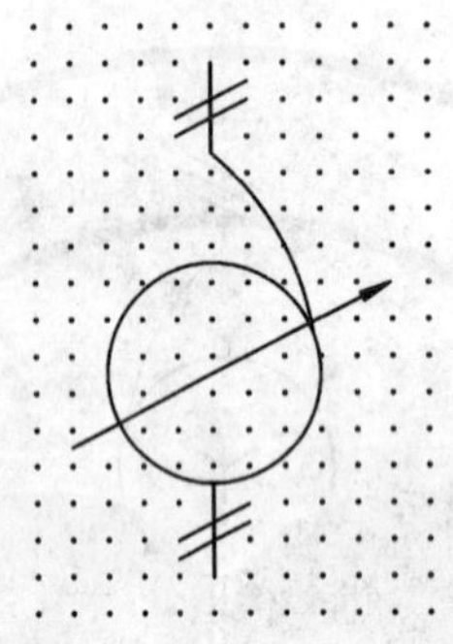

名　　　称：可调压的单相自耦变压器
　　　　　　Auto-transformer，single-phase with voltage regulation
状　　　态：标准
IEC发布日期：2001-07-01
上版标准序号：GB/T 4728.6　06-11-05
关　键　词：自耦变压器，变压器
形　　　式：形式 1
其 他 形 式：S00875
采 用 符 号：S00002；S00081；S00846；S00870
应 用 注 释：A00128
形 状 类 别：箭头，圆
功 能 类 别：T 保持性质的变换
应 用 类 别：电路图，接线图，功能图，概略图

S00875

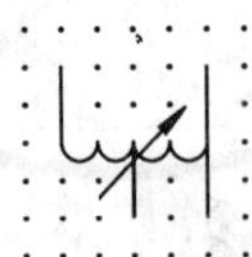

名　　　称：可调压的单相自耦变压器
　　　　　　Auto-transformer，single-phase with voltage regulation
状　　　态：标准
IEC发布日期：2001-07-01
上版标准序号：GB/T 4728.6　06-11-06
关　键　词：自耦变压器，变压器
形　　　式：形式 2
其 他 形 式：S00874
采 用 符 号：S00081；S00847
应 用 注 释：A00127，A00128
形 状 类 别：箭头，半圆

功 能 类 别：T 保持性质的变换
应 用 类 别：电路图

S00876

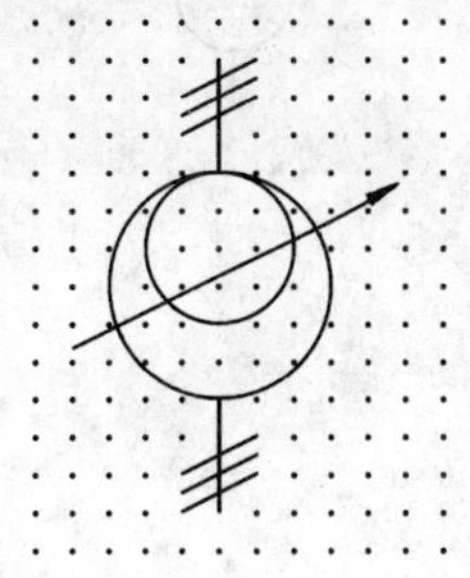

名　　　　称：三相感应调压器
Three-phase induction regulator
状　　　　态：标准
IEC发布日期：2001-07-01
上版标准序号：GB/T 4728.6　06-12-01
关　　键　　词：感应调压器,感应器,电抗器
形　　　　式：形式 1
其 他 形 式：S00877
采 用 符 号：S00002；S00081
应 用 注 释：A00128
形 状 类 别：箭头,圆,直线
功 能 类 别：R 限制或稳定,T 保持性质的变换
应 用 类 别：电路图,接线图,功能图,概略图

S00877

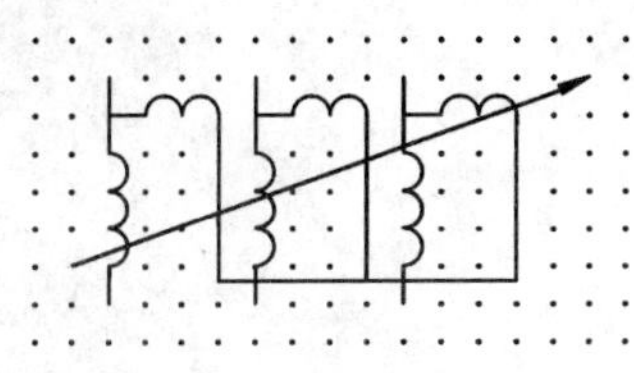

名　　　　称：三相感应调压器
Three-phase induction regulator
状　　　　态：标准
IEC发布日期：2001-07-01
上版标准序号：GB/T 4728.6　06-12-02
关　　键　　词：感应调压器,感应器,电抗器
形　　　　式：形式 2
其 他 形 式：S00876
采 用 符 号：S00081；S00842
应 用 注 释：A00127，A00128，A00130
形 状 类 别：箭头,半圆
功 能 类 别：T 保持性质的变换
应 用 类 别：电路图

S00878

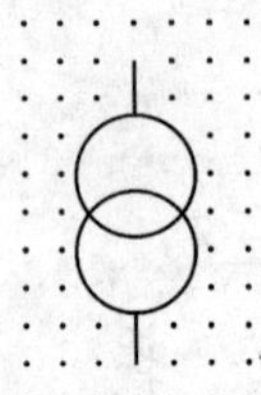

名　　　　称：电压互感器
　　　　　　Voltage transformer
状　　　　态：标准
IEC发布日期：2001-07-01
上版标准序号：GB/T 4728.6　06-13-01A
别　　　　名：仪用互感器
关　　键　词：仪用互感器，互感器，电压互感器
形　　　　式：形式 1
其 他 形 式：S00879
采 用 符 号：S00841
应 用 注 释：A00128，A00134
形 状 类 别：圆
功 能 类 别：B 变量转换为信号
应 用 类 别：电路图，接线图，功能图，概略图

S00879

名　　　　称：电压互感器
　　　　　　Voltage transformer
状　　　　态：标准
IEC发布日期：2001-07-01
上版标准序号：GB/T 4728.6　06-13-01B
别　　　　名：仪用互感器
关　　键　词：仪用互感器，互感器，电压互感器
形　　　　式：形式 2
其 他 形 式：S00878
采 用 符 号：S00842
应 用 注 释：A00127，A00128，A00130，A00134
形 状 类 别：半圆
功 能 类 别：B 变量转换为信号
应 用 类 别：电路图

S00880

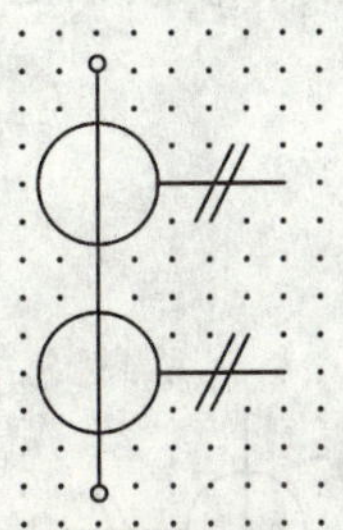

名　　　称：具有两个铁心，每个铁心有一个次级绕组的电流互感器
Current transformer with two cores with one secondary winding on each core
状　　　态：标准
IEC发布日期：2001-07-01
上版标准序号：GB/T 4728.6　06-13-02
关　键　词：电流互感器，仪用互感器，互感器
形　　　式：形式 1
其 他 形 式：S00881
采 用 符 号：S00002；S00017；S00850
应 用 注 释：A00128，A00129，A00134
形 状 类 别：圆，直线
功 能 类 别：B 变量转换为信号
应 用 类 别：电路图，接线图，功能图，概略图
备　　　注：在一次回路中每端示出端子符号表明只是一个单独器件。如果使用了端子代号，则端子符号可以省略。

S00881

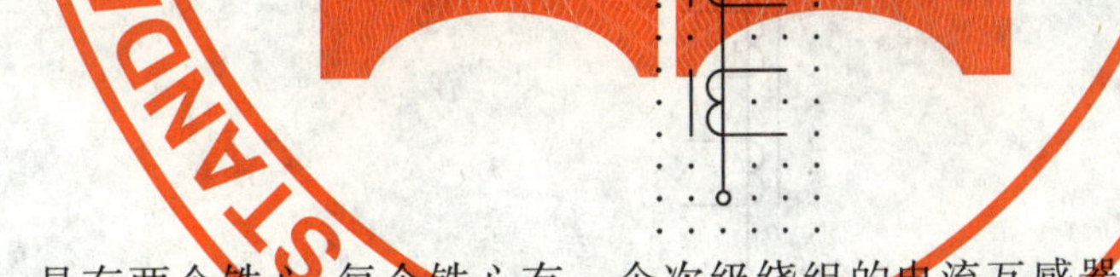

名　　　称：具有两个铁心，每个铁心有一个次级绕组的电流互感器
Current transformer with two cores with one secondary winding on each core
状　　　态：标准
IEC发布日期：2001-07-01
上版标准序号：GB/T 4728.6　06-13-03
关　键　词：电流互感器，仪用互感器，互感器
形　　　式：形式 2
其 他 形 式：S00880
采 用 符 号：S00017；S00851
应 用 注 释：A00127，A00128，A00129，A00130，A00134
形 状 类 别：半圆，直线
功 能 类 别：B 变量转换为信号
应 用 类 别：电路图

备　　　注：在一次回路中每端示出端子符号表明只是一个单独器件。如果使用了端子代号，则端子符号可以省略。

形式 2 中铁心符号可以略去。

S00882

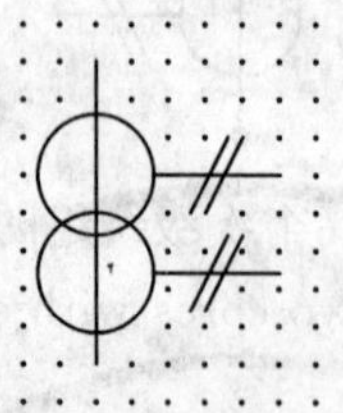

名　　　称：在一个铁心上具有两个次级绕组的电流互感器

Current transformer with two secondary windings on one core

状　　　态：标准

IEC发布日期：2001-07-01

上版标准序号：GB/T 4728.6　06-13-04

关　键　词：电流互感器，仪用互感器，互感器

形　　　式：形式 1

其 他 形 式：S00883

采 用 符 号：S00002；S00850

应 用 注 释：A00128，A00129，A00134

形 状 类 别：圆，直线

功 能 类 别：B 变量转换为信号

应 用 类 别：电路图，接线图，功能图，概略图

S00883

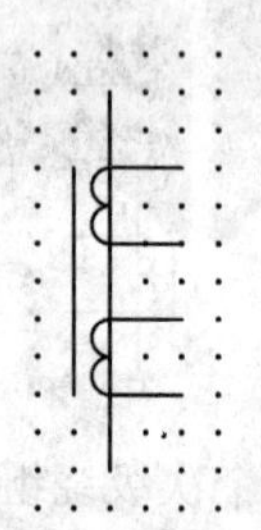

名　　　称：在一个铁心上具有两个次级绕组的电流互感器

Current transformer with two secondary windings on one core

状　　　态：标准

IEC发布日期：2001-07-01

上版标准序号：GB/T 4728.6　06-13-05

关　键　词：电流互感器，仪用互感器，互感器

形　　　式：形式 2

其 他 形 式：S00882

采 用 符 号：S00851

应 用 注 释：A00127，A00128，A00129，A00130，A00134

形 状 类 别：半圆，直线

功 能 类 别：B 变量转换为信号

应 用 类 别：电路图
备　　　注：形式 2 中铁心符号必须画出。

S00884

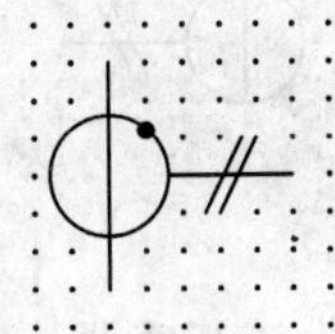

名　　　称：一个次级绕组带一个抽头的电流互感器
Current transformer with one secondary winding with one tap
状　　　态：标准
IEC发布日期：2001-07-01
上版标准序号：GB/T 4728.6　06-13-06
关　键　词：电流互感器，仪用互感器，互感器
形　　　式：形式 1
其 他 形 式：S00885
采 用 符 号：S00002；S00850
应 用 注 释：A00128，A00129，A00134
形 状 类 别：圆，圆点（点），直线
功 能 类 别：B 变量转换为信号
应 用 类 别：电路图，接线图，功能图，概略图

S00885

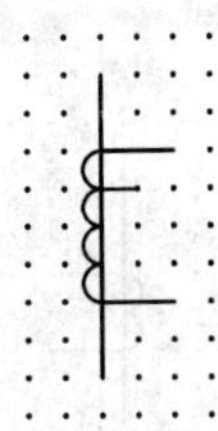

名　　　称：一个次级绕组带一个抽头的电流互感器
Current transformer with one secondary winding with one tap
状　　　态：标准
IEC发布日期：2001-07-01
上版标准序号：GB/T 4728.6　06-13-07
关　键　词：电流互感器，仪用互感器，互感器
形　　　式：形式 2
其 他 形 式：S00884
采 用 符 号：S00851
应 用 注 释：A00127，A00128，A00129，A00130，A00134
形 状 类 别：半圆，直线
功 能 类 别：B 变量转换为信号
应 用 类 别：电路图

S00886

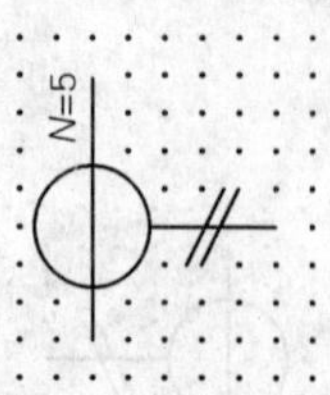

名　　　称：初级绕组为 5 匝导体贯穿的电流互感器
Current transformer with five passages of a conductor acting as a primary winding
状　　　态：标准
IEC发布日期：2001-07-01
上版标准序号：GB/T 4728.6　06-13-08
关　键　词：电流互感器，仪用互感器，互感器
形　　　式：形式 1
其 他 形 式：S00887
采 用 符 号：S00002；S00850
应 用 注 释：A00128，A00129，A00134
形 状 类 别：圆，直线
功 能 类 别：B 变量转换为信号
应 用 类 别：电路图，接线图，功能图，概略图
备　　　注：这种形式的电流互感器不带内装式初级绕组。

S00887

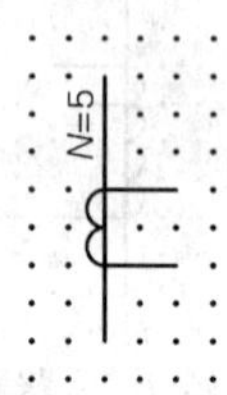

名　　　称：初级绕组为 5 匝导体贯穿的电流互感器
Current transformer with five passages of a conductor acting as a primary winding
状　　　态：标准
IEC发布日期：2001-07-01
上版标准序号：GB/T 4728.6　06-13-09
关　键　词：电流互感器，仪用互感器，互感器
形　　　式：形式 2
其 他 形 式：S00886
采 用 符 号：S00851
应 用 注 释：A00127，A00128，A00129，A00130，A00134
形 状 类 别：半圆，直线
功 能 类 别：B 变量转换为信号
应 用 类 别：电路图
备　　　注：这种形式的电流互感器不带内装式初级绕组。

S00888

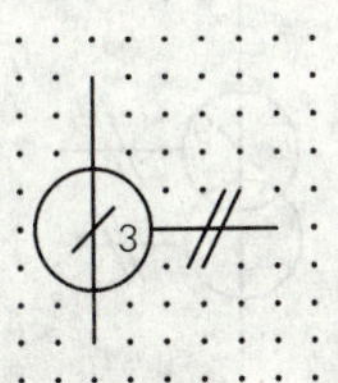

名　　　　称：具有三条穿线一次导体的脉冲变压器或电流互感器
Pulse or current transformer with three threaded primary conductors
状　　　　态：标准
IEC发布日期：2001-07-01
上版标准序号：GB/T 4728.6　06-13-10
关　键　词：电流互感器，仪用互感器，脉冲变压器，互感器
形　　　　式：形式 1
其 他 形 式：S00889
采 用 符 号：S00002；S00003；S00850
应 用 注 释：A00128，A00129，A00134
形 状 类 别：圆，直线
功 能 类 别：B 变量转换为信号
应 用 类 别：电路图，接线图，功能图，概略图

S00889

名　　　　称：具有三条穿线一次导体的脉冲变压器或电流互感器
Pulse or current transformer with three threaded primary conductors
状　　　　态：标准
IEC发布日期：2001-07-01
上版标准序号：GB/T 4728.6　06-13-11
关　键　词：电流互感器，仪用互感器，脉冲变压器，互感器
形　　　　式：形式 2
其 他 形 式：S00888
采 用 符 号：S00851
应 用 注 释：A00127，A00128，A00129，A00130，A00134
形 状 类 别：半圆，直线
功 能 类 别：B 变量转换为信号
应 用 类 别：电路图

S00890

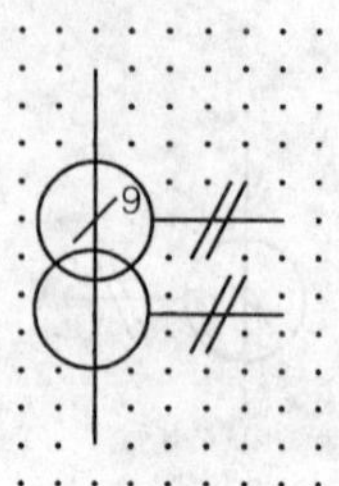

名　　　称：在同一个铁心有两个次级绕组的脉冲变压器或电流互感器
Pulse or current transformer with two secondary windings on the same core
状　　　态：标准
IEC发布日期：2001-07-01
上版标准序号：GB/T 4728.6　06-13-12
关　键　词：电流互感器，仪用互感器，脉冲变压器，变压器
形　　　式：形式 1
其 他 形 式：S00891
采 用 符 号：S00002；S00003；S00850
应 用 注 释：A00128，A00129，A00134
形 状 类 别：圆，直线
功 能 类 别：B 变量转换为信号
应 用 类 别：电路图，接线图，功能图，概略图
备　　　注：示出有 9 条穿心一次导体。

S00891

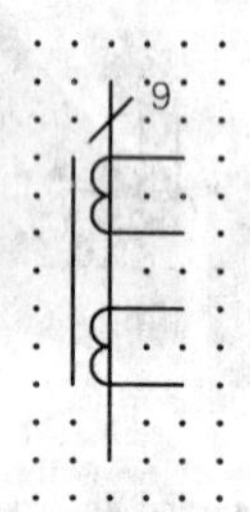

名　　　称：在同一个铁心有两个次级绕组的脉冲变压器或电流互感器
Pulse or current transformer with two secondary windings on the same core
状　　　态：标准
IEC发布日期：2001-07-01
上版标准序号：GB/T 4728.6　06-13-13
关　键　词：电流互感器，仪用互感器，脉冲变压器，变压器
形　　　式：形式 2
其 他 形 式：S00890
采 用 符 号：S00851
应 用 注 释：A00127，A00128，A00129，A00130，A00134
形 状 类 别：半圆，直线
功 能 类 别：B 变量转换为信号
应 用 类 别：电路图
备　　　注：示出有 9 条穿心一次导体。

S00893

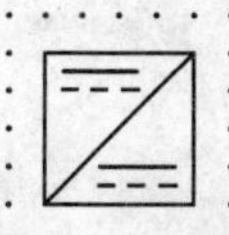

名　　　称：直流/直流变换器
DC/DC converter
状　　　态：标准
IEC发布日期：2001-07-01
上版标准序号：GB/T 4728.6　06-14-02
别　　　名：换流器
关　键　词：变换器，功率变换器，换流器
采 用 符 号：S00059；S00214；S01401
形 状 类 别：正方形
功 能 类 别：T 保持性质的变换
应 用 类 别：电路图，接线图，功能图，概略图

S00894

名　　　称：整流器
Rectifier
状　　　态：标准
IEC发布日期：2001-07-01
上版标准序号：GB/T 4728.6　06-14-03
关　键　词：功率变换器，整流器
采 用 符 号：S00059；S00213；S00214；S01401；S01403
形 状 类 别：正方形
功 能 类 别：T 保持性质的变换
应 用 类 别：电路图，接线图，功能图，概略图

S00895

名　　　称：桥式全波整流器
Rectifier in full wave (bridge) connection
状　　　态：标准
IEC发布日期：2001-07-01
上版标准序号：GB/T 4728.6　06-14-04
关　键　词：功率变换器，整流器
采 用 符 号：S00641

形 状 类 别：正方形
功 能 类 别：T 保持性质的变换
应 用 类 别：电路图，接线图，功能图，概略图

S00896

名　　　称：逆变器
Inverter
状　　　态：标准
IEC发布日期：2001-07-01
上版标准序号：GB/T 4728.6　06-14-05
关　键　词：逆变器，功率变换器
采 用 符 号：S00059；S00214；S01401；S01403
形 状 类 别：正方形
功 能 类 别：T 保持性质的变换
应 用 类 别：电路图，接线图，功能图，概略图

S00897

名　　　称：整流器/逆变器
Rectifier/Inverter
状　　　态：标准
IEC发布日期：2001-07-01
上版标准序号：GB/T 4728.6　06-14-06
关　键　词：逆变器，功率变换器，整流器
采 用 符 号：S00059；S00101；S00214；S01401；S01403
形 状 类 别：箭头，正方形
功 能 类 别：T 保持性质的变换
应 用 类 别：电路图，接线图，功能图，概略图

S00898

名　　　称：原电池
Primary cell
状　　　态：标准
IEC发布日期：2001-07-01
上版标准序号：GB/T 4728.6　06-15-01

别　　　名：电池组
关　键　词：原电池
用　　　于：S01366，S01365，S00686
形 状 类 别：直线
功 能 类 别：G 启动流量
应 用 类 别：电路图，接线图，功能图，概略图
备　　　注：长线代表阳极，短线代表阴极。

S00899

名　　　称：静止电能发生器，一般符号
Static generator，general symbol
状　　　态：标准
IEC发布日期：2001-07-01
上版标准序号：GB/T 4728.6　06-16-01
关　键　词：发生器，电能发生器，静止电能发生器
用　　　于：S00903，S00907，S01217，S00904，S00908，S00906，S01226，S01215，S00905，S01216
采 用 符 号：S00059
应 用 注 释：A00131
形 状 类 别：正方形
功 能 类 别：G 启动流量
应 用 类 别：电路图，接线图，功能图，安装简图，概略图

S00900

名　　　称：热源，一般符号
Heat source，general symbol
状　　　态：标准
IEC发布日期：2001-07-01
上版标准序号：GB/T 4728.6　06-17-01
关　键　词：热源
用　　　于：S00901，S00902，S00903，S00907，S00904，S00906，S00905
采 用 符 号：S00059
形 状 类 别：直线，矩形
功 能 类 别：E 提供辐射能或热能
应 用 类 别：电路图，接线图，功能图，概略图

S00901

名　　　称：放射性同位素热源
Radio-isotope heat source
状　　　态：标准
IEC发布日期：2001-07-01
上版标准序号：GB/T 4728.6　06-17-02
关　键　词：热源
用　　　于：S00907，S00905
采 用 符 号：S00129；S00900
应 用 注 释：A00041，A00042
形 状 类 别：箭头，矩形
功 能 类 别：E 提供辐射能或热能
应 用 类 别：电路图，接线图，功能图，概略图

S00902

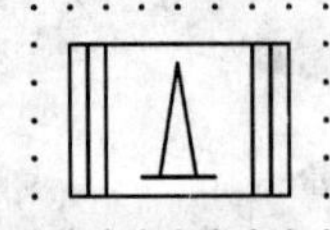

名　　　称：燃烧热源
Combustion heat source
状　　　态：标准
IEC发布日期：2001-07-01
上版标准序号：GB/T 4728.6　06-17-03
关　键　词：热源
用　　　于：S00903
采 用 符 号：S00900
形 状 类 别：等边三角形，矩形
功 能 类 别：E 提供辐射能或热能
应 用 类 别：电路图，接线图，功能图，概略图

S00903

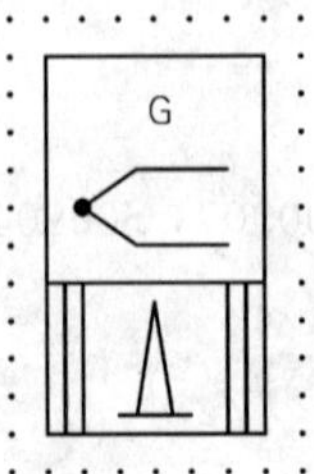

名　　　称：用燃烧热源的热电发生器
Thermoelectric generator，with combustion heat source
状　　　态：标准

IEC发布日期：2001-07-01
上版标准序号：GB/T 4728.6 06-18-01
关　　键　　词：发生器,无旋转的电能发生器,电能发生器
采　用　符　号：S00899；S00900；S00902；S00952
形　状　类　别：等边三角形,矩形,正方形
功　能　类　别：G 启动流量
应　用　类　别：电路图,接线图,功能图,概略图

S00904

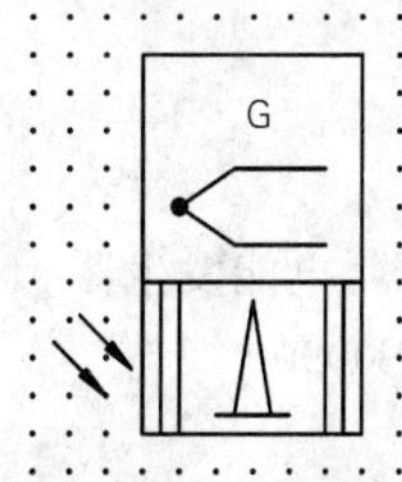

名　　　　　称：用非电离辐射热源的热电发生器
Thermoelectric generator with non-ionizing radiation heat source
状　　　　　态：标准
IEC发布日期：2001-07-01
上版标准序号：GB/T 4728.6 06-18-02
关　　键　　词：发生器,无旋转的电能发生器,电能发生器
采　用　符　号：S00127；S00899；S00900；S00952
形　状　类　别：箭头,矩形,正方形
功　能　类　别：G 启动流量
应　用　类　别：电路图,接线图,功能图,概略图

S00905

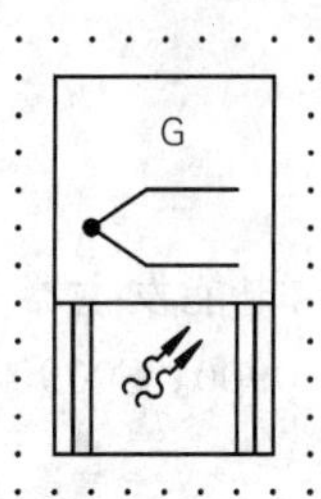

名　　　　　称：用放射性同位素热源的热电发生器
Thermoelectric generator with radio-isotope heat source
状　　　　　态：标准
IEC发布日期：2001-07-01
上版标准序号：GB/T 4728.6 06-18-03
关　　键　　词：发生器,无旋转的电能发生器,电能发生器
采　用　符　号：S00129；S00899；S00900；S00901；S00952
形　状　类　别：箭头,矩形,正方形
功　能　类　别：G 启动流量
应　用　类　别：电路图,接线图,功能图,概略图

S00906

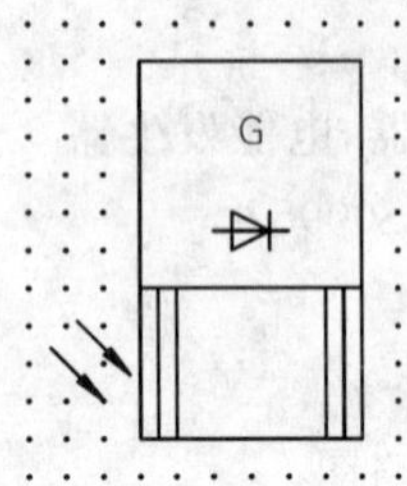

名　　　称：用非电离辐射热源的热离子二极管发生器
Thermionic diode generator with non-ionizing radiation heat source
状　　　态：标准
IEC发布日期：2001-07-01
上版标准序号：GB/T 4728.6　06-18-04
关　键　词：发生器，无旋转的电能发生器，电能发生器
采 用 符 号：S00127；S00641；S00899；S00900
形 状 类 别：箭头，矩形，正方形
功 能 类 别：G 启动流量
应 用 类 别：电路图，接线图，功能图，概略图

S00907

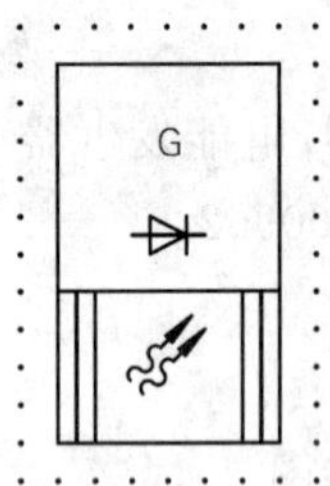

名　　　称：用放射性同位素热源的热离子二极管发生器
Thermionic diode generator with radio-isotope heat source
状　　　态：标准
IEC发布日期：2001-07-01
上版标准序号：GB/T 4728.6　06-18-05
关　键　词：发生器，无旋转的电能发生器，电能发生器
采 用 符 号：S00129；S00641；S00899；S00900；S00901
形 状 类 别：箭头，矩形，正方形
功 能 类 别：G 启动流量
应 用 类 别：电路图，接线图，功能图，概略图

S00908

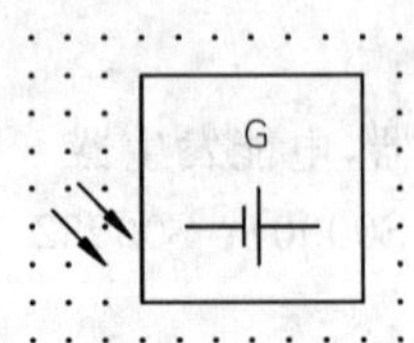

名　　　称：光电发生器
Photovoltaic generator

状　　　　态：标准
IEC发布日期：2001-07-01
上版标准序号：GB/T 4728.6　06-18-06
关　　键　　词：发生器，无旋转的电能发生器，电能发生器
采 用 符 号：S00127；S00899；S01342
形 状 类 别：箭头，直线，正方形
功 能 类 别：G 启动流量
应 用 类 别：电路图，接线图，功能图，概略图

S00909

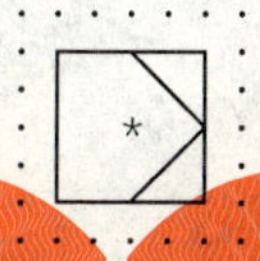

名　　　　称：闭环控制器
Closed-loop controller
状　　　　态：标准
IEC发布日期：2001-07-01
上版标准序号：GB/T 4728.6　06-19-01
关　　键　　词：闭环控制器，控制器
应 用 注 释：A00132，A00256
形 状 类 别：等边三角形，正方形
功 能 类 别：K 处理信号或信息
应 用 类 别：电路图，接线图，功能图，概略图
备　　　　注：应用的示例见 A00256。

S01341

名　　　　称：蓄电池
Secondary cell
状　　　　态：标准
IEC发布日期：2001-07-01
上版标准序号：GB/T 4728.6　06-15-01
关　　键　　词：蓄电池
用　　　　于：S01365，S01366
形 状 类 别：直线
功 能 类 别：G 启动流量
应 用 类 别：电路图，接线图，功能图，安装简图，概略图
备　　　　注：长线代表阳极，短线代表阴极。

S01342

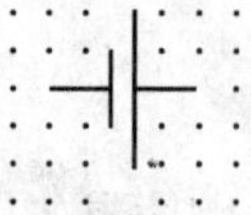

名　　　　称：原电池或蓄电池组
Battery of primary or secondary cells
状　　　　态：标准
IEC发布日期：2001-07-01
上版标准序号：GB/T 4728.6　06-15-01
关　 键　 词：蓄能器，电池组，原电池，蓄电池
用　　　　于：S01018，S00908
所替代的符号：S01365；S01366
形 状 类 别：直线
功 能 类 别：G 启动流量
应 用 类 别：电路图，接线图，功能图，安装简图，概略图
备　　　　注：长线代表阳极，短线代表阴极。

S01343

名　　　　称：脉冲变压器
Pulse transformer
状　　　　态：标准
IEC发布日期：2001-07-01
上版标准序号：GB/T 4728.6　06-09-10
关　 键　 词：脉冲变压器，变压器
形　　　　式：形式 1
其 他 形 式：S01344
应 用 注 释：A00128，A00129
形 状 类 别：圆，直线
功 能 类 别：B 变量转换为信号
应 用 类 别：电路图，接线图，功能图，安装简图，网络图，概略图

S01344

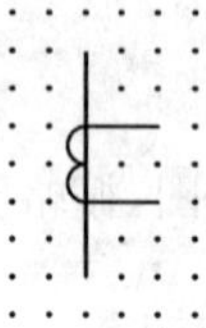

名　　　　称：脉冲变压器
Pulse transformer
状　　　　态：标准

IEC发布日期：2001-07-01
上版标准序号：GB/T 4728.6　06-09-11
关　　键　　词：脉冲变压器，变压器
形　　　　　式：形式 2
其　他　形　式：S01343
采　用　符　号：S00842
应　用　注　释：A00127，A00128，A00129，A00130
形　状　类　别：半圆，直线
功　能　类　别：B 变量转换为信号
应　用　类　别：电路图

S01423

名　　　　　称：直流电源功能，一般符号
DC supply function，general symbol
状　　　　　态：标准
IEC发布日期：2003-08-12
关　　键　　词：电能发生器
形　状　类　别：直线
功　能　类　别：功能要素或属性
应　用　类　别：概念要素或限定符号
备　　　　　注：长线代表阳极，短线（用相同的线宽）代表阴极。

S01833

名　　　　　称：用于电压回路的试验端子（电压互感器的二次回路）
Testing terminal for voltage circuit (voltage transformer secondary circuit)
状　　　　　态：标准
IEC发布日期：2005-06-09
关　　键　　词：端子
形　　　　　式：形式 1
其　他　形　式：S01834；S01835
采　用　符　号：S00016
形　状　类　别：圆点（点）
功　能　类　别：功能要素或属性
应　用　类　别：电路图，接线图

S01834

名　　　称：用于电压回路的试验端子(电压互感器的二次回路)
　　　　　　Testing terminal for voltage circuit (voltage transformer secondary circuit)
状　　　态：标准
IEC发布日期：2005-06-09
关　键　词：端子
形　　　式：形式 2
其 他 形 式：S01833；S01835
采 用 符 号：S00016
形 状 类 别：圆点(点)
功 能 类 别：功能要素或属性
应 用 类 别：电路图，接线图

S01837

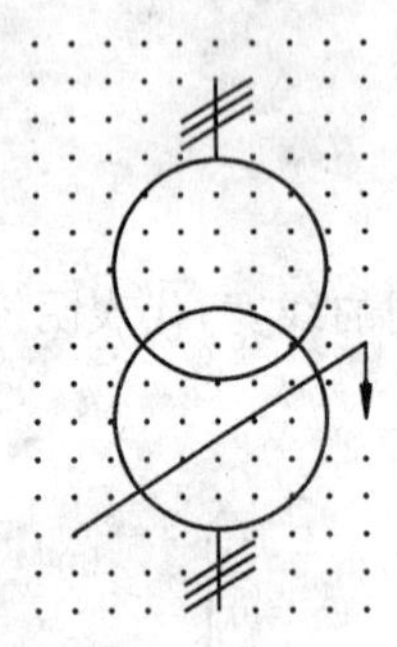

名　　　称：移相变压器，三相
　　　　　　Phase-shifting transformer，three-phase
状　　　态：标准
IEC发布日期：2005-11-15
关　键　词：移相，变压器
形　　　式：形式 1
其 他 形 式：S01838
采 用 符 号：S00002；S00841；S01846
应 用 注 释：A00128
形 状 类 别：箭头，圆，直线
功 能 类 别：T 保持性质的变换
应 用 类 别：电路图，接线图

S01838

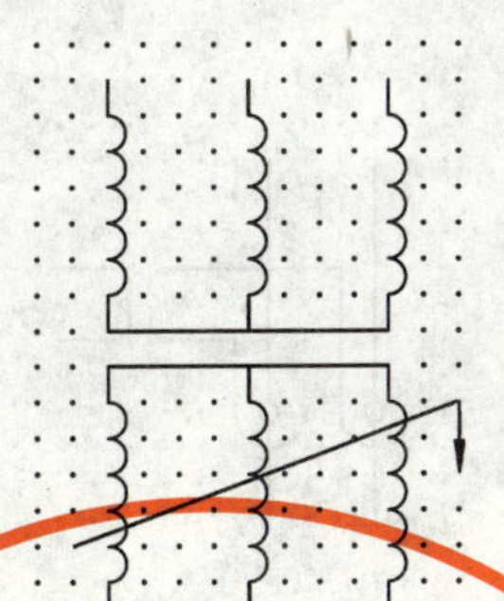

名　　　称：移相变压器，三相

Phase-shifting transformer，three-phase

状　　　态：标准

IEC发布日期：2005-11-15

关　键　词：移相，变压器

形　　　式：形式 2

其 他 形 式：S01837

采 用 符 号：S00842；S01846

应 用 注 释：A00128

形 状 类 别：箭头，半圆，直线

功 能 类 别：T 保持性质的变换

应 用 类 别：电路图，接线图

S01839

名　　　称：套管式电压互感器

Bushing type voltage transformer

状　　　态：标准

IEC发布日期：2005-11-15

关　键　词：仪用互感器，互感器，电压互感器

形　　　式：形式 1

其 他 形 式：S01840

采 用 符 号：S00017；S00878

形 状 类 别：圆，半圆，直线

功 能 类 别：B 变量转换为信号

应 用 类 别：电路图，接线图

S01840

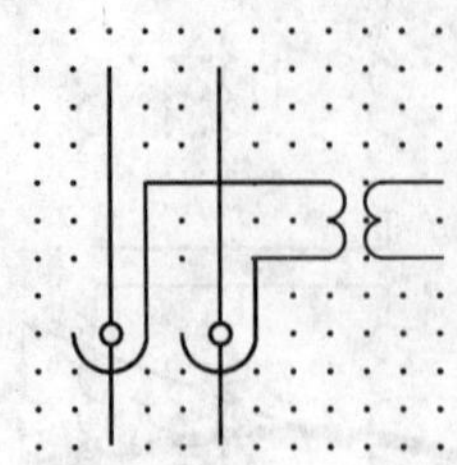

名　　　　称：套管式电压互感器
Bushing type voltage transformer
状　　　　态：标准
IEC发布日期：2005-11-15
上版标准序号：不适用
关　键　词：仪用互感器，互感器，电压互感器
形　　　　式：形式 2
其 他 形 式：S01839
采 用 符 号：S00017；S00878
应 用 注 释：A00128
形 状 类 别：半圆
功 能 类 别：B 变量转换为信号
应 用 类 别：电路图，接线图

S01841

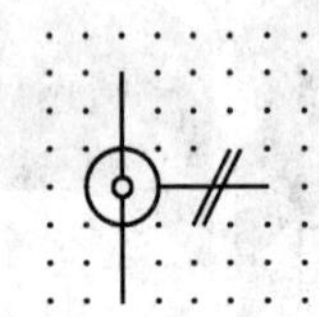

名　　　　称：套管式电流互感器
Bushing type current transformer
状　　　　态：标准
IEC发布日期：2005-11-15
关　键　词：电流互感器，互感器
形　　　　式：形式 1
其 他 形 式：S01842
采 用 符 号：S00017；S00850
应 用 注 释：A00128
形 状 类 别：圆，直线
功 能 类 别：B 变量转换为信号
应 用 类 别：电路图，接线图

S01842

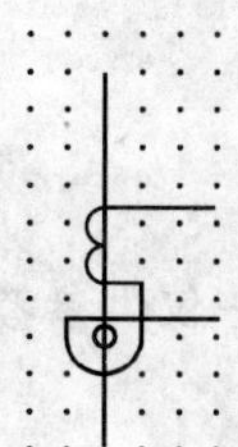

名　　　称：套管式电流互感器
Bushing type current transformer
状　　　态：标准
IEC发布日期：2005-11-15
关　键　词：电流互感器，仪用互感器
形　　　式：形式 2
其 他 形 式：S01841
采 用 符 号：S00017；S00851
应 用 注 释：A00128
形 状 类 别：半圆，直线
功 能 类 别：B 变量转换为信号
应 用 类 别：电路图，接线图

S01843

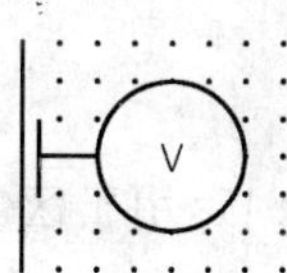

名　　　称：简易电压指示器（带电指示器）
Simplicity voltage detector
状　　　态：标准
IEC发布日期：2005-11-15
关　键　词：指示仪器，仪器，测量仪器，伏特计
采 用 符 号：S00910；S00913
形 状 类 别：字符，圆，直线
功 能 类 别：P 提供信息
应 用 类 别：电路图，接线图

S01846

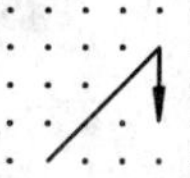

名　　　称：移相
Phase-shifting
状　　　态：标准
IEC发布日期：2005-11-15
关　键　词：移相
用　　　于：S01837，S01838

形 状 类 别：箭头，直线
功 能 类 别：功能要素或属性
应 用 类 别：理论上的元件或限定符号

废除——仅供参考的符号

S00815

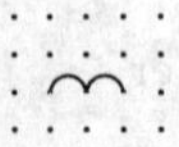

名　　　称：电机绕组（区别换向或补偿功能）
Winding of machine (different functions: commutating or compensating)
状　　　态：废除——仅供参考
IEC发布日期：2001-07-01
IEC废除日期：2002-01-27
上版标准序号：GB/T 4728.6　06-03-01
别　　　名：换向绕组；补偿绕组
关　键　词：电机的零件，绕组
采 用 符 号：S00583
替 代 符 号：S00583
形 状 类 别：半圆
功 能 类 别：功能要素或属性
应 用 类 别：概念要素或限定符号
备　　　注：符号 S00815，S00816 和 S00817，用于区分这些绕组所具有的不同功能。按 A00263 应用注释，用符号 S00583 代替。

S00816

名　　　称：电机绕组（区别串激绕组功能）
Winding of machine (different functions: series winding)
状　　　态：废除——仅供参考
IEC发布日期：2001-07-01
IEC废除日期：2002-01-27
上版标准序号：GB/T 4728.6　06-03-02
别　　　名：串激绕组
关　键　词：电机元件，绕组
采 用 符 号：S00583
替 代 符 号：S00583
形 状 类 别：半圆
功 能 类 别：功能要素或属性
应 用 类 别：概念要素或限定符号
备　　　注：符号 S00815，S00816 和 S00817，用于区分这些绕组所具有的不同功能。按 A00263 应用注释，用符号 S00583 代替。

S00817

名　　　称：电机绕组(区别并励或他励绕组功能)
Winding of machine (different functions: shunt or separate winding)
状　　　态：废除——仅供参考
IEC发布日期：2001-07-01
IEC废除日期：2002-01-27
上版标准序号：GB/T 4728.6　06-03-03
别　　　名：并励绕组;他励绕组
关　键　词：电机元件,绕组
采 用 符 号：S00583
替 代 符 号：S00583
形 状 类 别：半圆
功 能 类 别：功能要素或属性
应 用 类 别：概念要素或限定符号
备　　　注：符号 S00815,S00816 和 S00817,用于区分这些绕组所具有的不同功能。按 A00263 应用注释,用符号 S00583 代替。

S00822

名　　　称：手摇发电机(磁石电话)
Hand-generator (magneto caller)
状　　　态：废除——仅供参考
IEC发布日期：2001-07-01
IEC废除日期：2002-01-27
上版标准序号：GB/T 4728.6　06-04-04
关　键　词：发电机,电机类型
采 用 符 号：S00147; S00180; S00819
形 状 类 别：圆,直线
功 能 类 别：G 启动流量
应 用 类 别：电路图,接线图,功能图,安装简图,概略图
备　　　注：因为技术陈旧而取消。

S00892

名　　　称：变换器,一般符号
Converter, general symbol

状　　　态：废除——仅供参考
IEC发布日期：2001-07-01
IEC废除日期：2002-01-27
上版标准序号：GB/T 4728.6　06-14-01
关　　键　词：变换器，功率变换器
替 代 符 号：S00214
形 状 类 别：直线
功 能 类 别：功能要素或属性
应 用 类 别：概念要素或限定符号
符 号 限 制：用符号 S00214 替换

S01365

名　　　称：原电池或蓄电池组
Battery of primary or secondary cells
状　　　态：废除——仅供参考
IEC废除日期：1996-05
上版标准序号：GB/T 4728.6　06-A1-01
关　　键　词：蓄能器，电池组，原电池，蓄电池
采 用 符 号：S00898；S01341
替 代 符 号：S01342
形 状 类 别：直线
功 能 类 别：C 存储
应 用 类 别：电路图
符 号 限 制：旧形式，用简化符号 S01342 代替
备　　　注：长线代表阳极，短线代表阴极。

S01366

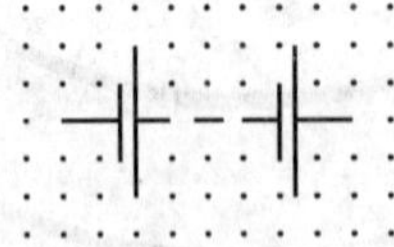

名　　　称：原电池或蓄电池组
Battery of primary or secondary cells
状　　　态：废除——仅供参考
IEC废除日期：1996-05
上版标准序号：GB/T 4728.6　06-A1-02
关　　键　词：蓄能器，电池组，原电池，蓄电池
采 用 符 号：S00898；S01341
替 代 符 号：S01342
形 状 类 别：直线
功 能 类 别：C 存储

应 用 类 别：电路图

符 号 限 制：旧形式，用符号 S01342 代替

备　　　 注：长线代表阳极，短线代表阴极。

应用注释

应用注释 A00041

箭头指向一个符号，表示该符号所代表的器件对所指类型的辐射起反应。

箭头指向是从一个符号向外，表示该符号所代表的器件发生所指类型的辐射。

箭头位于符号内，表示自身具有辐射源。

应用于：S00127，S00128，S00129，S00130，S00131，S00901

应用注释 A00042

若已标明源和靶，则箭头从源指向靶。

如果有靶而未明确指明源，则箭头指向右下。

如果未明确标出靶，则箭头指向右上。

应用于：S00127，S00128，S00129，S00901

应用注释 A00120

独立绕组的数目应当通过以下方法表示：

画出的短线的数目，或在符号上添加数字。

应用于：S00796，S00797，S00798，S00799

应用注释 A00121

通过加注表示相数的数字，本符号可用来表示多边形连接的多相绕组。

应用于：S00806

应用注释 A00122

符号 S00796 也可用于表示各种外部连接的绕组。

应用于：S00796，S00799，S00800

应用注释 A00123

通过加注表示相数的数字，符号 S00808 可用来表示星形连接的多相绕组。

应用于：S00808

应用注释 A00124

仅在必要时标示出电刷。应用示例见符号 S00825。

应用于：S00818

应用注释 A00125

星号“∗”应当用以下字母之一代替：

C 旋转变流机

G 发电机

GP 永磁发电机

GS 同步发电机

M 电动机

MG 能作为发电机或电动机使用的电机

MGS 同步发电机-电动机

MP 永磁电动机

MS 同步电动机

RC 调相机

应用于：S00819

应用注释 A00126

可加上符号 S00067 和 S00107，如许多示例所示。

应用于：S00819，S00823，S00824，S00825，S00826，S00827，S00828，S00829，S00830，S00831，S00832，S00833，S00834，S00835，S00836，S00837，S00838，S00839，S00840

应用注释 A00127

若需要表示带磁芯的电感器，则可在该符号上加一平行线。若磁芯为非磁性材料可加注释；若磁芯有间隙则这条线可断开画。

应用于：S00583，S00842，S00845，S00849，S00851，S00853，S00855，S00857，S00859，S00861，S00863，S00865，S00867，S00869，S00871，S00873，S00875，S00877，S00879，S00881，S00883，S00885，S00887，S00889，S00891，S01344

应用注释 A00128

同一类型的变压器给出两种形式的符号：

——形式 1 用一个圆表示每个绕组，其用法局限于单线表示法。

表示变压器铁心的符号不适用于此形式。

——形式 2 使用符号 S00583 表示每个绕组，用不同半圆的数量来区分不同的绕组。

应用于：S00841，S00842，S00844，S00845，S00846，S00847，S00848，S00849，S00850，S00851，S00852，S00853，S00854，S00855，S00856，S00857，S00858，S00859，S00860，S00861，S00862，S00863，S00864，S00865，S00866，S00867，S00868，S00869，S00870，S00871，S00872，S00873，S00874，S00875，S00876，S00877，S00878，S00879，S00880，S00881，S00882，S00883，S00884，S00885，S00886，S00887，S00888，S00889，S00890，S00891，S01343，S01344，S01837，S01838，S01840，S01841，S01842

应用注释 A00129

电流互感器和脉冲变压器的符号中用直线表示初级绕组，可用于形式 1 和形式 2。

应用于：S00841，S00842，S00843，S00844，S00845，S00850，S00851，S00880，S00881，S00882，S00883，S00884，S00885，S00886，S00887，S00888，S00889，S00890，S00891，S01343，S01344

应用注释 A00130

瞬时电压的极性可在符号的形式 2 中表示。IEC 60375 给出一个表示耦合电路瞬时电压极性的方法。示例见 S00843。

应用于：S00842，S00843，S00845，S00847，S00849，S00851，S00853，S00855，S00857，S00859，S00861，S00863，S00865，S00867，S00869，S00873，S00877，S00879，S00881，S00883，S00885，S00887，S00889，S00891，S01344

应用注释 A00131

对于旋转的电能发生器，使用符号 S00819。

应用于：S00899

应用注释 A00132

星号应由表示转换状态的字母或图形代替，或者省略。为了表示开环控制器，应使用仅带一个输入的符号。

应用于：S00909

应用注释 A00133

电机一般符号 S00819 用于表示转子无外部连接的异步电机，例如鼠笼式电动机。如转子有外部连接，则应当在一般符号内用一个圆表示转子，见示例符号 S00838。

应用于：S00836，S00837，S00838，S00839，S00840

应用注释 A00134

用适当的符号 S00841 - S00851 和 S01343 - S01344 表示互感器和脉冲变压器。

应用于：S00878，S00879，S00880，S00881，S00882，S00883，S00884，S00885，S00886，S00887，S00888，S00889，S00890，S00891

应用注释 A00135

连接变压器绕组的方法也可以用代码表示。见 IEC 60076：电力变压器。

应用于：S00802，S00803，S00804，S00805，S00806，S00807，S00808，S00809，S00810，S00811，S00812，S00813，S00814

应用注释 A00191

对于静电发电机，见符号 S00899 及其示例。

应用于：S00819

应用注释 A00256

序号	图形符号	说　　明
06-19-01	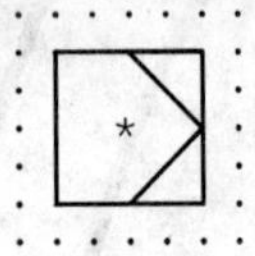	闭环控制器 星号应由一种表示转换状态的字母或图形所替换，或者省略。 在表示一个开环控制器时，应使用仅带一个输入的符号。 示例： 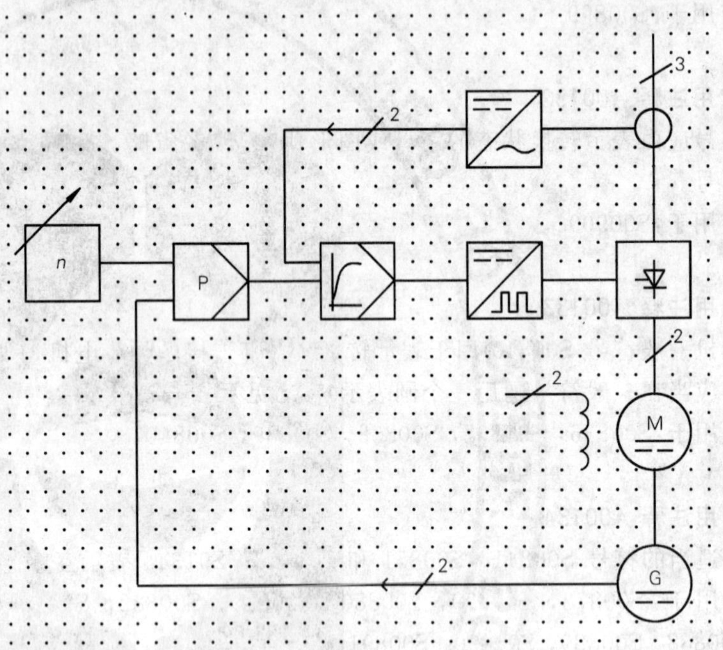

应用于：S00909

ICS 29.020
K 04

中华人民共和国国家标准

GB/T 4728.7—2008/IEC 60617database
代替 GB/T 4728.7—2000

电气简图用图形符号
第7部分:开关、控制和保护器件

Graphical symbols for diagrams—
Part 7:Switchgear,controlgear and protective devices

(IEC 60617database,IDT)

2008-05-28 发布　　2009-01-01 实施

中华人民共和国国家质量监督检验检疫总局
中国国家标准化管理委员会　发布

前言

GB/T 4728《电气简图用图形符号》分为13个部分：

——第1部分：一般要求；

——第2部分：符号要素、限定符号和其他常用符号；

——第3部分：导体和连接件；

——第4部分：基本无源元件；

——第5部分：半导体管和电子管；

——第6部分：电能的发生与转换；

——第7部分：开关、控制和保护器件；

——第8部分：测量仪表、灯和信号器件；

——第9部分：电信：交换和外围设备；

——第10部分：电信：传输；

——第11部分：建筑安装平面布置图；

——第12部分：二进制逻辑元件；

——第13部分：模拟元件。

本部分为GB/T 4728的第7部分，等同采用IEC 60617database《电气简图用图形符号》数据库标准(IEC 60617_Snapshot_2007-08-03英文版)。

本部分代替了GB/T 4728.7—2000《电气简图用图形符号 第7部分：开关、控制和保护器件》。同GB/T 4728.7—2000相比，有如下变化：

——增加了新符号S01413、S01454、S01462；

——废除了26个符号：S00224(07-01-07)、S00225(07-01-08)、S00228(07-02-02)、S00249(07-06-01)、S00250(07-06-02)、S00251(07-06-03)、S00252(07-06-04)、S00267(07-11-01)、S00268(07-11-02)、S00269(07-11-03)、S00273(07-11-07)、S00274(07-11-08)、S00275(07-11-09)、S00276(07-11-10)、S00277(07-06-02)、S00278(07-11-12)、S00279(07-11-13)、S00280(07-12-01)、S00281(07-12-02)、S00282(07-12-03)、S00283(07-13-01)、S00306(07-15-02)、S00308(07-15-04)、S00309(07-15-05)、S00310(07-15-06)、S00322(07-15-18)；

——根据IEC 60617数据库标准，各符号列出的信息较旧版增加了多项内容。

本部分符号中的"所替代的符号"项是指当前符号为标准符号，被该标准符号所代替的符号。本部分符号中的"替代符号"项是指当前符号废止，代替该废止符号的符号。

本部分由全国电气信息结构、文件编制和图形符号标准化技术委员会提出并归口。

本部分主要起草单位：机械科学研究总院中机生产力促进中心。

本部分参加起草单位：国电华北电力设计院工程有限公司、中国航空工业规划设计研究院、中国航空综合技术研究所、中国航天科工集团二院、上海电器科学研究所、许昌继电器研究所、中国电子工业标准化所、邮电工业标准化所、中国电力企业联合会、五洲工程设计研究院、中国纺织工业设计院、中国航天科工集团二院23所、中国船舶工业综合技术经济研究院、中国航天科工集团二院706所等。

本部分主要起草人：郭汀、高惠民、陈泽毅、沈兵、李旭亮、季慧玉、李志勇、徐云驰、武冰梅、谭泳、于明、王素英、李道本、李萍、武晶、高永梅、白璐玲。

本部分所代替标准历次发布情况为：

——GB/T 4728.7—1984；

——GB/T 4728.7—2000。

电气简图用图形符号
第7部分：开关、控制和保护器件

S00218

名　　　称：接触器功能
Contactor function
状　　　态：标准
IEC发布日期：2001-07-01
上版标准序号：GB/T 4728.7　07-01-01
关　键　词：接触器，触点
用　　　于：S00284，S00285，S00286，S00377，S01413
应用注释：A00061
形状类别：半圆
功能类别：功能要素或属性
应用类别：概念要素或限定符号

S00219

名　　　称：断路器功能
Circuit breaker function
状　　　态：标准
IEC发布日期：2001-07-01
上版标准序号：GB/T 4728.7　07-01-02
关　键　词：断路器
用　　　于：S00287，S01413
应用注释：A00061
形状类别：直线
功能类别：功能要素或属性
应用类别：概念要素或限定符号

S00220

名　　　　称：隔离开关(隔离器)功能
　　　　　　Disconnector (isolator) function
状　　　　态：标准
IEC发布日期：2001-07-01
上版标准序号：GB/T 4728.7　07-01-03
关　键　词：隔离开关
用　　　　于：S00288,S00289,S00292,S00369,S01413
应 用 注 释：A00061
形 状 类 别：直线
功 能 类 别：功能要素或属性
应 用 类 别：概念要素或限定符号

S00221

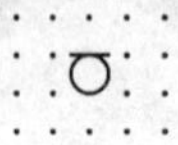

名　　　　称：隔离开关功能
　　　　　　Switch-disconnector function
状　　　　态：标准
IEC发布日期：2001-07-01
上版标准序号：GB/T 4728.7　07-01-04
关　键　词：隔离开关,开关
用　　　　于：S00290,S00291,S00370
应 用 注 释：A00061
形 状 类 别：圆,直线
功 能 类 别：功能要素或属性
应 用 类 别：概念要素或限定符号

S00222

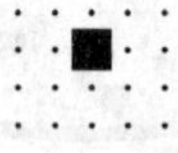

名　　　　称：自动释放功能
　　　　　　Automatic tripping function
状　　　　态：标准
IEC发布日期：2001-07-01
上版标准序号：GB/T 4728.7　07-01-05
关　键　词：释放
用　　　　于：S00285,S00291,S01413
应 用 注 释：A00061
形 状 类 别：正方形
功 能 类 别：功能要素或属性

应 用 类 别:概念要素或限定符号
备　　　注:自动释放功能由内置的测量继电器或脱扣器启动。

S00223

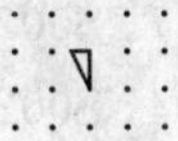

名　　　称:位置开关功能
Position switch function
状　　　态:标准
IEC发布日期:2001-07-01
上版标准序号:GB/T 4728.7　07-01-06
关　键　词:位置开关
用　　　于:S00259,S00260,S00261
应 用 注 释:A00061,A00062,A00063
形 状 类 别:直角三角形
功 能 类 别:功能要素或属性
应 用 类 别:概念要素或限定符号

S00226

名　　　称:开关的正向动作
Positive operation of a switch
状　　　态:标准
IEC发布日期:2001-07-01
上版标准序号:GB/T 4728.7　07-01-09
关　键　词:正向动作
用　　　于:S00257,S00258,S00262,S00296
应 用 注 释:A00061,A00068,A00069
形 状 类 别:箭头,圆
功 能 类 别:功能要素或属性
应 用 类 别:概念要素或限定符号

S00227

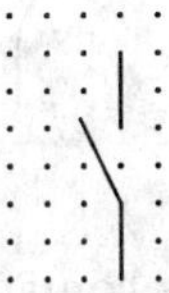

名　　　称:动合(常开)触点,一般符号;开关,一般符号
Make contact,general symbol;Switch,general symbol

状　　　态:标准
IEC发布日期:2001-07-01
上版标准序号: GB/T 4728.7　07-02-01
关　键　词:触点,电力开关器件,开关
用　　　于:S00243,S00244,S00247,S00248,S00249,S00250,S00253,S00254,S00255,S00256,S00259,S00261,S00263,S00267,S00268,S00269,S00284,S00285,S00287,S00288,S00290,S00291,S00292,S00294,S00295,S00296,S00358,S00359,S00365,S00366,S00367,S00376,S01413,S01454,S00961,S00951,S00950
应 用 注 释:A00060,A00061
所替代的符号:S00228;S00283
形 状 类 别:直线
功 能 类 别:K 处理信号或信息,Q 受控切换或改变
应 用 类 别:电路图,接线图,功能图,框图

S00229

名　　　称:动断(常闭)触点
Break contact
状　　　态:标准
IEC发布日期:2001-07-01
上版标准序号:GB/T 4728.7　07-02-03
关　键　词:触点,开关
用　　　于:S00245,S00246,S00251,S00258,S00260,S00261,S00264,S00265,S00267,S00268,S00269,S00286,S00294,S00295,S00296,S00361,S01462
应 用 注 释:A00060,A00061
形 状 类 别:直线
功 能 类 别:K 处理信号或信息,Q 受控切换或改变
应 用 类 别:电路图,接线图,功能图,框图

S00230

名　　　称:先断后合的转换触点
Change-over break before make contact
状　　　态:标准
IEC发布日期:2001-07-01

上版标准序号:GB/T 4728.7　07-02-04
关　　键　　词:触点,开关
用　　　　　于:S00267,S00268,S00269,S00320,S01416,S01330
应 用 注 释:A00060,A00061
形 状 类 别:直线
功 能 类 别:K 处理信号或信息
应 用 类 别:电路图,接线图,功能图,框图

S00231

名　　　　　称:中间断开的转换触点
Change-over contact with off-position
状　　　　　态:标准
IEC发布日期:2001-07-01
上版标准序号:GB/T 4728.7　07-02-05
关　　键　　词:触点,开关
用　　　　　于:S00252,S00321
应 用 注 释:A00061
形 状 类 别:圆,直线
功 能 类 别:K 处理信号或信息,Q 受控切换或改变
应 用 类 别:电路图,接线图,功能图,框图

S00232

名　　　　　称:先合后断的双向转换触点
Change-over make before break contact,both ways
状　　　　　态:标准
IEC发布日期:2001-07-01
上版标准序号:GB/T 4728.7　07-02-06
关　　键　　词:触点,开关
形　　　　　式:形式 1
其 他 形 式:S00233
应 用 注 释:A00060,A00061
形 状 类 别:直线

功 能 类 别:K 处理信号或信息

应 用 类 别:电路图,接线图,功能图,框图

S00233

名　　　称:先合后断的双向转换触点

Change-over make before break contact,both ways

状　　　态:标准

IEC发布日期:2001-07-01

上版标准序号:GB/T 4728.7　07-02-07

关　　键　词:触点,开关

形　　　式:形式 2

其 他 形 式:S00232

用　　　于:S00040,S00267

应 用 注 释:A00060,A00061

形 状 类 别:直线

功 能 类 别:K 处理信号或信息

应 用 类 别:电路图,接线图,功能图,框图

S00234

名　　　称:双动合触点

Contact with two makes

状　　　态:标准

IEC发布日期:2001-07-01

上版标准序号:GB/T 4728.7　07-02-08

关　　键　词:触点,开关

应 用 注 释:A00060,A00061

形 状 类 别:直线

功 能 类 别:K 处理信号或信息

应 用 类 别:电路图,接线图,功能图,框图

S00235

名　　　称:双动断触点

Contact with two breaks

状　　　态:标准

IEC发布日期:2001-07-01

上版标准序号:GB/T 4728.7　07-02-09

关　键　词:触点,开关

应 用 注 释:A00060,A00061

形 状 类 别:直线

功 能 类 别:K 处理信号或信息

应 用 类 别:电路图,接线图,功能图,框图

S00236

名　　　称:吸合时的过渡动合触点

Passing make contact when actuated

状　　　态:标准

IEC发布日期:2001-07-01

上版标准序号:GB/T 4728.7　07-03-01

关　键　词:触点,开关

应 用 注 释:A00060,A00061

形 状 类 别:直线

功 能 类 别:K 处理信号或信息

应 用 类 别:电路图,接线图,功能图,框图

备　　　注:当动作器件被吸合时,此触点短时闭合。

S00237

名　　　称:释放时的过渡动合触点

Passing make contact when released

状　　　态:标准
IEC发布日期:2001-07-01
上版标准序号:GB/T 4728.7　07-03-02
关　键　词:触点,开关
应 用 注 释:A00060,A00061
形 状 类 别:直线
功 能 类 别:K处理信号或信息
应 用 类 别:电路图,接线图,功能图,框图
备　　　注:当动作器件被释放时,此触点短时闭合。

S00238

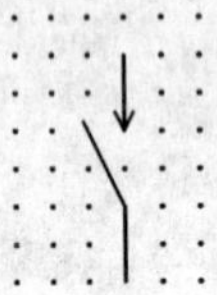

名　　　称:过渡动合触点
Passing make contact
状　　　态:标准
IEC发布日期:2001-07-01
上版标准序号:GB/T 4728.7　07-03-03
关　键　词:触点,开关
应 用 注 释:A00060,A00061
形 状 类 别:直线
功 能 类 别:K处理信号或信息
应 用 类 别:电路图,接线图,功能图,框图
备　　　注:当动作器件被吸合或释放时,此触点短时闭合。

S00239

名　　　称:提前闭合的动合触点
Make contact,early closing
状　　　态:标准
IEC发布日期:2001-07-01
上版标准序号:GB/T 4728.7　07-04-01
关　键　词:触点,开关
用　　　于:S00279
应 用 注 释:A00060,A00061
形 状 类 别:直线

功 能 类 别:K 处理信号或信息
应 用 类 别:电路图,接线图,功能图,框图
备　　　注:多触点组中此动合触点比其他动合触点提前闭合。

S00240

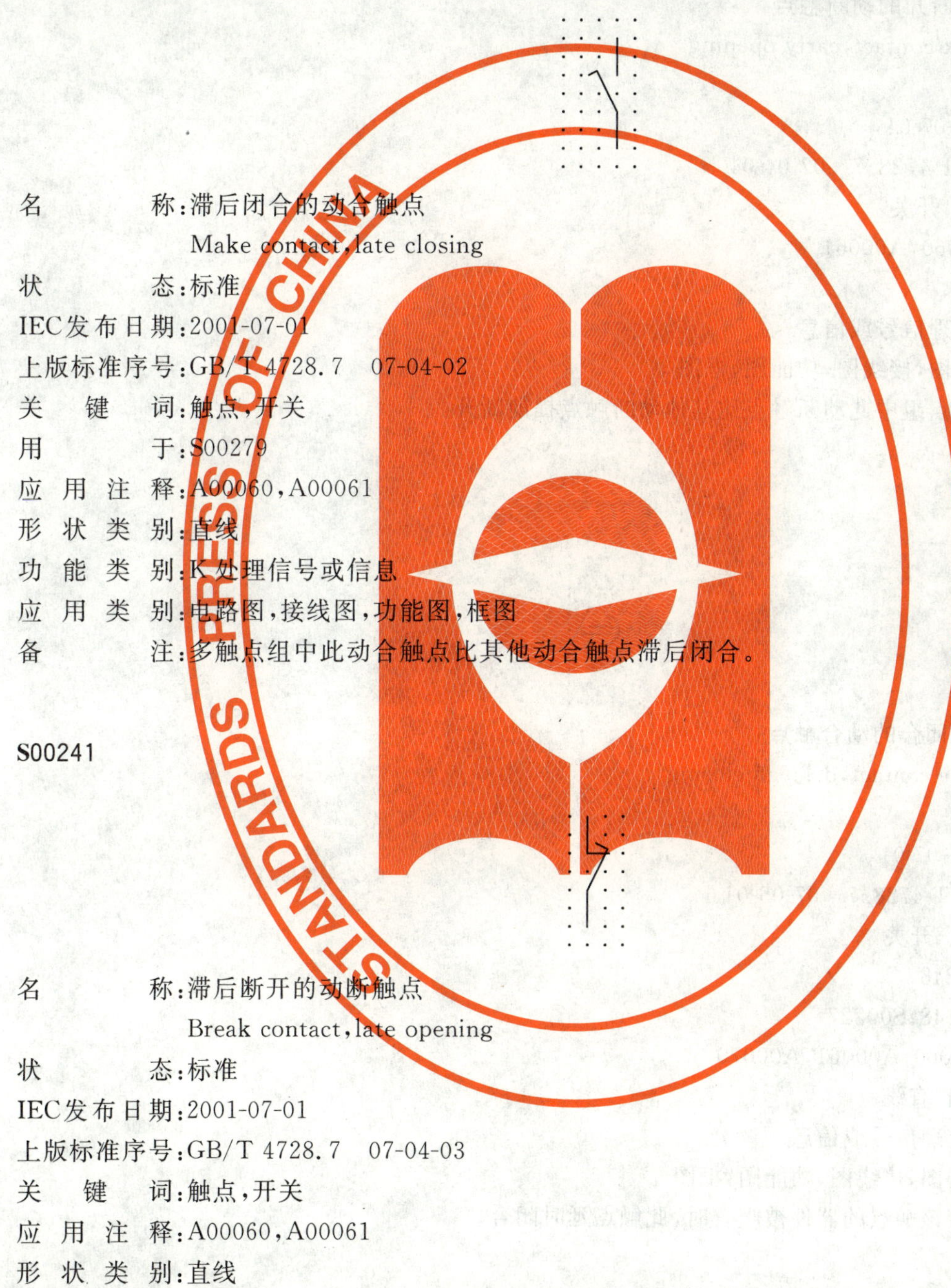

名　　　称:滞后闭合的动合触点
Make contact,late closing
状　　　态:标准
IEC发布日期:2001-07-01
上版标准序号:GB/T 4728.7　07-04-02
关　键　词:触点,开关
用　　　于:S00279
应 用 注 释:A00060,A00061
形 状 类 别:直线
功 能 类 别:K 处理信号或信息
应 用 类 别:电路图,接线图,功能图,框图
备　　　注:多触点组中此动合触点比其他动合触点滞后闭合。

S00241

名　　　称:滞后断开的动断触点
Break contact,late opening
状　　　态:标准
IEC发布日期:2001-07-01
上版标准序号:GB/T 4728.7　07-04-03
关　键　词:触点,开关
应 用 注 释:A00060,A00061
形 状 类 别:直线
功 能 类 别:K 处理信号或信息
应 用 类 别:电路图,接线图,功能图,框图
备　　　注:多触点组中此动断触点比其他动断触点滞后断开。

S00242

名　　　称：提前断开的动断触点
Break contact，early opening
状　　　态：标准
IEC发布日期：2001-07-01
上版标准序号：GB/T 4728.7　07-04-04
关　键　词：触点，开关
应 用 注 释：A00060，A00061
形 状 类 别：直线
功 能 类 别：K 处理信号或信息
应 用 类 别：电路图，接线图，功能图，框图
备　　　注：多触点组中此动断触点比其他动断触点提前断开。

S00243

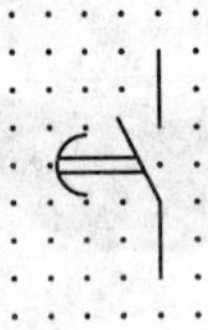

名　　　称：延时闭合的动合触点
Make contact，delayed closing
状　　　态：标准
IEC发布日期：2001-07-01
上版标准序号：GB/T 4728.7　07-05-01
关　键　词：触点，开关
用　　　于：S00248
采 用 符 号：S00148；S00227
应 用 注 释：A00060，A00061，A00070
形 状 类 别：半圆，直线
功 能 类 别：K 处理信号或信息
应 用 类 别：电路图，接线图，功能图，框图
备　　　注：当带该触点的器件被吸合时，此触点延时闭合。

S00244

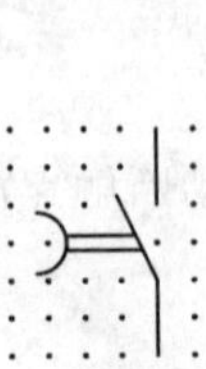

名　　　称：延时断开的动合触点

Make contact，delayed opening

状　　　态：标准

IEC发布日期：2001-07-01

上版标准序号：GB/T 4728.7　07-05-02

关　键　词：触点，开关

采 用 符 号：S00149；S00227

应 用 注 释：A00060，A00061，A00070

形 状 类 别：半圆，直线

功 能 类 别：K 处理信号或信息

应 用 类 别：电路图，接线图，功能图，框图

备　　　注：当带该触点的器件被释放时，此触点延时断开。

S00245

名　　　称：延时断开的动断触点

Break contact，delayed opening

状　　　态：标准

IEC发布日期：2001-07-01

上版标准序号：GB/T 4728.7　07-05-03

关　键　词：触点，开关

采 用 符 号：S00148；S00229

应 用 注 释：A00060，A00061，A00070

形 状 类 别：半圆，直线

功 能 类 别：K 处理信号或信息

应 用 类 别：电路图，接线图，功能图，框图

备　　　注：当带该触点的器件被吸合时，此触点延时断开。

S00246

名　　　称：延时闭合的动断触点

Break contact，delayed closing

状　　　态：标准

IEC发布日期：2001-07-01

上版标准序号:GB/T 4728.7　07-05-04
关　键　词:触点,开关
用　　　于:S00248
采 用 符 号:S00149;S00229
应 用 注 释:A00060,A00061,A00070
形 状 类 别:半圆,直线
功 能 类 别:K 处理信号或信息
应 用 类 别:电路图,接线图,功能图,框图
备　　　注:当带该触点的器件被释放时,此触点延时闭合。

S00247

名　　　称:延时动合触点
　　　　　Make contact,delayed
状　　　态:标准
IEC发布日期:2001-07-01
上版标准序号:GB/T 4728.7　07-05-05
关　键　词:触点,开关
采 用 符 号:S00148;S00149;S00227
应 用 注 释:A00060,A00061,A00070
形 状 类 别:半圆,直线
功 能 类 别:K 处理信号或信息
应 用 类 别:电路图,接线图,功能图,框图
备　　　注:无论带该触点的器件被吸合还是释放,此触点均延时。

S00248

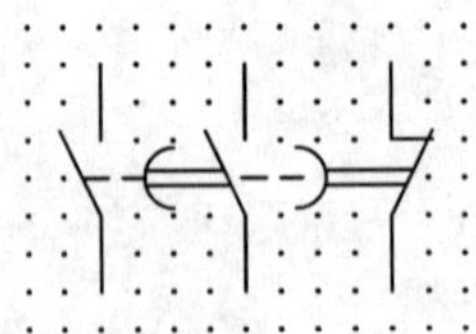

名　　　称:触点组
　　　　　Contact assembly
状　　　态:标准
IEC发布日期:2001-07-01
上版标准序号:GB/T 4728.7　07-05-06
关　键　词:触点,开关
采 用 符 号:S00144;S00227;S00243;S00246
应 用 注 释:A00060,A00061,A00070

形 状 类 别:半圆,直线

功 能 类 别:K 处理信号或信息

应 用 类 别:电路图,接线图,功能图,框图

备　　　注:该触点组表示一个不延时的动合触点,一个延时闭合的动合触点和一个延时闭合的动断触点。

S00253

名　　　称:手动操作开关,一般符号
　　　　　Switch,manually operated,general symbol

状　　　态:标准

IEC发布日期:2001-07-01

上版标准序号:GB/T 4728.7　07-07-01

关　键　词:触点,开关

采 用 符 号:S00167;S00227

应 用 注 释:A00060,A00061,A00082,A00083

形 状 类 别:直线

功 能 类 别:S 把手动操作转换为信号

应 用 类 别:电路图,接线图,功能图,框图

S00254

名　　　称:自动复位的手动按钮开关
　　　　　Switch,manually operated,push-button,automatic return

状　　　态:标准

IEC发布日期:2001-07-01

上版标准序号:GB/T 4728.7　07-07-02

关　键　词:触点,开关

用　　　于:S00257

采 用 符 号:S00171;S00227

应 用 注 释:A00060,A00061,A00082

形 状 类 别:直线

功 能 类 别:S 把手动操作转换为信号

应 用 类 别:电路图,接线图,功能图,框图

S00255

名　　　称:自动复位的手动拉拔开关

Switch,manually operated,pulling,automatic return

状　　　态:标准

IEC发布日期:2001-07-01

上版标准序号:GB/T 4728.7　07-07-03

关　键　词:触点,开关

采 用 符 号:S00169;S00227

应 用 注 释:A00060,A00061,A00082

形 状 类 别:直线

功 能 类 别:S 把手动操作转换为信号

应 用 类 别:电路图,接线图,功能图,框图

S00256

名　　　称:无自动复位的手动旋转开关

Switch,manually operated,turning,stay-put

状　　　态:标准

IEC发布日期:2001-07-01

上版标准序号:GB/T 4728.7　07-07-04

关　键　词:触点,开关

采 用 符 号:S00170;S00227

应 用 注 释:A00060,A00061,A00083

形 状 类 别:直线

功 能 类 别:S 把手动操作转换为信号

应 用 类 别:电路图,接线图,功能图,框图

S00257

名　　　称:正向操作且自动复位的手动按钮开关

Switch,manually operated with positive operation,push-button,automatic return

状　　　态:标准
IEC发布日期:2001-07-01
上版标准序号:GB/T 4728.7　07-07-05
别　　　名:报警开关
关　键　词:触点,开关
采 用 符 号:S00226;S00254
应 用 注 释:A00060,A00061,A00082
形 状 类 别:箭头,圆,直线
功 能 类 别:S 把手动操作转换为信号
应 用 类 别:电路图,接线图,功能图,框图

S00258

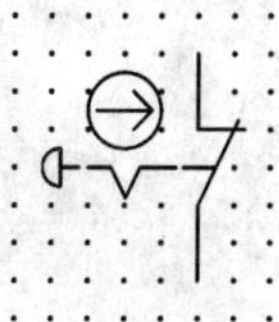

名　　　称:应急制动开关
Switch,emergency stop
状　　　态:标准
IEC发布日期:2001-07-01
上版标准序号:GB/T 4728.7　07-07-06
关　键　词:触点,开关
采 用 符 号:S00151;S00174;S00226;S00229
应 用 注 释:A00060,A00061,A00082
形 状 类 别:箭头,圆,直线
功 能 类 别:S 把手动操作转换为信号
应 用 类 别:电路图,接线图,功能图,框图
备　　　注:用“蘑菇头”触发,正向操作的动断触点,有保持功能。

S00259

名　　　称:带动合触点的位置开关
Position switch,make contact
状　　　态:标准
IEC发布日期:2001-07-01
上版标准序号:GB/T 4728.7　07-08-01
关　键　词:触点,位置开关,开关
采 用 符 号:S00223;S00227

应 用 注 释:A00060,A00061,A00084
形 状 类 别:直线,直角三角形
功 能 类 别:K 处理信号或信息
应 用 类 别:电路图,接线图,功能图,框图

S00260

名　　　称:带动断触点的位置开关
Position switch,break contact
状　　　态:标准
IEC发布日期:2001-07-01
上版标准序号:GB/T 4728.7　07-08-02
关　键　词:触点,位置开关,开关
用　　　于:S00262
采 用 符 号:S00223;S00229
应 用 注 释:A00060,A00061,A00084
形 状 类 别:直线,直角三角形
功 能 类 别:K 处理信号或信息
应 用 类 别:电路图,接线图,功能图,框图

S00261

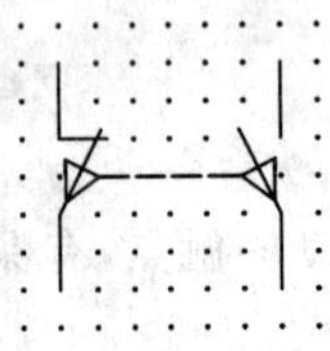

名　　　称:组合位置开关
Position switch assembly
状　　　态:标准
IEC发布日期:2001-07-01
上版标准序号:GB/T 4728.7　07-08-03
关　键　词:触点,位置开关,开关
采 用 符 号:S00144;S00223;S00227;S00229
应 用 注 释:A00060,A00061,A00084
形 状 类 别:直线,直角三角形
功 能 类 别:K 处理信号或信息
应 用 类 别:电路图,接线图,功能图,框图
备　　　注:对两个独立的电路作双向机械操作。

S00262

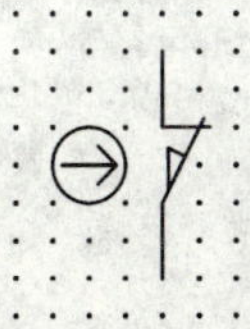

名　　　称：能正向操作带动断触点的位置开关
Position switch, break contact, positive operation
状　　　态：标准
IEC发布日期：2001-07-01
上版标准序号：GB/T 4728.7　07-08-04
别　　　名：限位开关
关　键　词：触点，位置开关，正向操作，开关
采 用 符 号：S00226；S00260
应 用 注 释：A00060，A00061，A00084
形 状 类 别：箭头，圆，直线
功 能 类 别：K 处理信号或信息
应 用 类 别：电路图，接线图，功能图，框图

S00263

名　　　称：带动合触点的热敏开关
Temperature sensitive switch, make contact
状　　　态：标准
IEC发布日期：2001-07-01
上版标准序号：GB/T 4728.7　07-09-01
关　键　词：触点，开关，温度
采 用 符 号：S00227
应 用 注 释：A00060，A00061，A00085
形 状 类 别：字符，直线
功 能 类 别：S 把输入变量转换为信号
应 用 类 别：电路图，接线图，功能图，框图

S00264

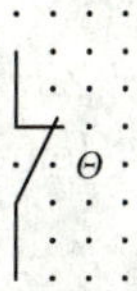

名　　　称：带动断触点的热敏开关
Temperature sensitive switch, break contact

状　　态:标准
IEC发布日期:2001-07-01
上版标准序号:GB/T 4728.7　07-09-02
关　键　词:触点,开关,温度
采 用 符 号:S00229
应 用 注 释:A00060,A00061
形 状 类 别:字符,直线
功 能 类 别:S 把输入变量转换为信号
应 用 类 别:电路图,接线图,功能图,框图

S00265

名　　称:带动断触点的热敏自动开关
Thermal switch,self-operating,break contact
状　　态:标准
IEC发布日期:2001-07-01
上版标准序号:GB/T 4728.7　07-09-03
别　　名:双金属片动断触点
关　键　词:触点,开关,温度
采 用 符 号:S00120;S00229
应 用 注 释:A00060,A00061
形 状 类 别:直线
功 能 类 别:S 把输入变量转换为信号
应 用 类 别:电路图,接线图,功能图,框图
备　　注:注意区别此触点和热继电器的触点。热继电器用符号 S00191 表示。

S00266

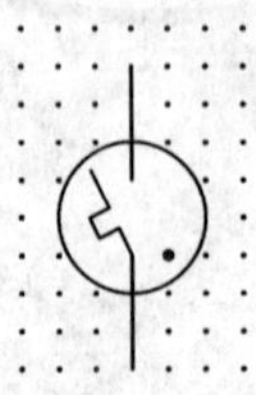

名　　称:有热元件的气体放电管
Gas discharge tube with thermal element
状　　态:标准
IEC发布日期:2001-07-01
上版标准序号:GB/T 4728.7　07-09-04

别　　　名:荧光灯启动器
关　键　词:触点,开关
采用符号:S00062;S00116;S00120
形状类别:圆,点,直线
功能类别:K 处理信号或信息
应用类别:电路图,接线图,功能图,框图

S00270

名　　　称:多位开关
Multi-position switch
状　　　态:标准
IEC发布日期:2001-07-01
上版标准序号:GB/T 4728.7　07-11-04
关　键　词:触点,开关
用　　　于:S00275,S00276,S00277,S00278,S00279
应用注释:A00061
形状类别:直线
功能类别:S 把手动操作转换为信号
应用类别:电路图
备　　　注:示出 6 个位置。

S00271

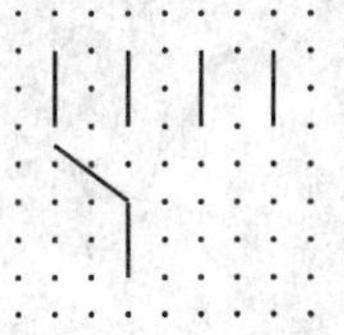

名　　　称:多位开关,最多四位
Multi-position switch, maximum four positions
状　　　态:标准
IEC发布日期:2001-07-01
上版标准序号:GB/T 4728.7　07-11-05
关　键　词:触点,开关
用　　　于:S00272,S00274
应用注释:A00060,A00061
形状类别:直线
功能类别:S 把手动操作转换为信号
应用类别:电路图

S00272

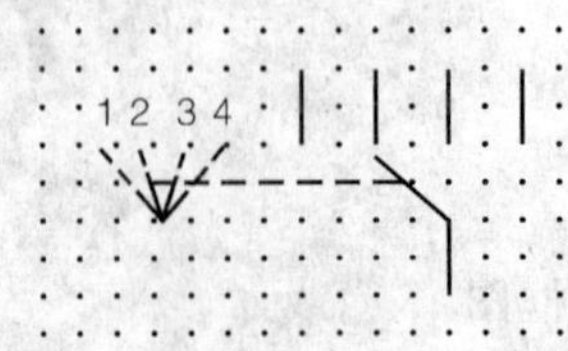

名　　　称：带位置图示的多位开关
Multi-position switch, with position diagram
状　　　态：标准
IEC发布日期：2001-07-01
上版标准序号：GB/T 4728.7　07-11-06
关　键　词：触点，开关
应 用 注 释：A00060，A00061，A00251
形 状 类 别：直线
功 能 类 别：S 把手动操作转换为信号
应 用 类 别：电路图

S00284

名　　　称：接触器；接触器的主动合触点
Contactor; Main make contact of a contactor
状　　　态：标准
IEC发布日期：2001-07-01
上版标准序号：GB/T 4728.7　07-13-02
关　键　词：接触器，触点，电力开关器件
用　　　于：S00301
采 用 符 号：S00218；S00227
应 用 注 释：A00060
形 状 类 别：半圆，直线
功 能 类 别：Q 受控切换或改变
应 用 类 别：电路图，接线图，功能图，框图
备　　　注：在非操作位置上触点断开。

S00285

名　　　称:带自动释放功能的接触器
Contactor with automatic tripping
状　　　态:标准
IEC发布日期:2001-07-01
上版标准序号:GB/T 4728.7　07-13-03
关　键　词:接触器,电力开关器件,开关
采 用 符 号:S00218;S00222;S00227
应 用 注 释:A00060
形 状 类 别:半圆,直线,正方形
功 能 类 别:Q 受控切换或改变
应 用 类 别:电路图,接线图,功能图,框图
备　　　注:由内装的测量继电器或脱扣器触发。

S00286

名　　　称:接触器;接触器的主动断触点
Contactor;Main break contact of a contactor
状　　　态:标准
IEC发布日期:2001-07-01
上版标准序号:GB/T 4728.7　07-13-04
关　键　词:接触器,触点,电力开关器件
采 用 符 号:S00218;S00229
应 用 注 释:A00060
形 状 类 别:半圆,直线
功 能 类 别:Q 受控切换或改变
应 用 类 别:电路图,接线图,功能图,框图
备　　　注:在非操作位置上触点闭合。

S00287

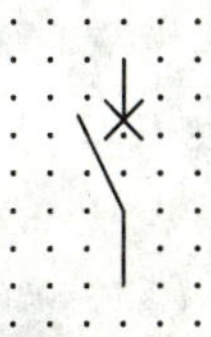

名　　　称:断路器
Circuit breaker
状　　　态:标准
IEC发布日期:2001-07-01

上版标准序号:GB/T 4728.7 07-13-05
关　　键　　词:断路器,触点,电力开关器件
采 用 符 号:S00219;S00227
应 用 注 释:A00060
形 状 类 别:直线
功 能 类 别:Q 受控切换或改变
应 用 类 别:电路图,接线图,功能图,框图

S00288

名　　　　称:隔离开关;隔离器
Disconnector;Isolator
状　　　　态:标准
IEC发布日期:2001-07-01
上版标准序号:GB/T 4728.7 07-13-06
关　　键　　词:触点,隔离器,电力开关器件
采 用 符 号:S00220;S00227
应 用 注 释:A00060
形 状 类 别:直线
功 能 类 别:Q 受控切换或改变
应 用 类 别:电路图,接线图,功能图,框图

S00289

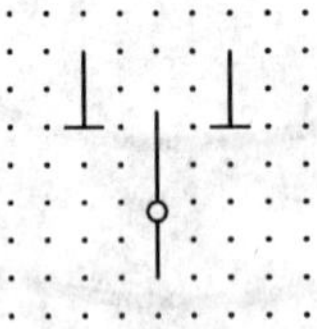

名　　　　称:双向隔离开关;双向隔离器
Two-way disconnector;Two-way isolator
状　　　　态:标准
IEC发布日期:2001-07-01
上版标准序号:GB/T 4728.7 07-13-07
关　　键　　词:隔离器,电力开关器件
采 用 符 号:S00220;S00228
形 状 类 别:圆,直线
功 能 类 别:Q 受控切换或改变
应 用 类 别:电路图,接线图,功能图,框图

备　　　注:具有中间断开位置。

S00290

名　　　称:隔离开关;负荷隔离开关
Switch-disconnector;On-load isolating switch
状　　　态:标准
IEC发布日期:2001-07-01
上版标准序号:GB/T 4728.7　07-13-08
关　键　词:隔离器,电力开关器件,开关
采 用 符 号:S00221;S00227
应 用 注 释:A00060
形 状 类 别:圆,直线
功 能 类 别:Q受控切换或改变
应 用 类 别:电路图,接线图,功能图,框图

S00291

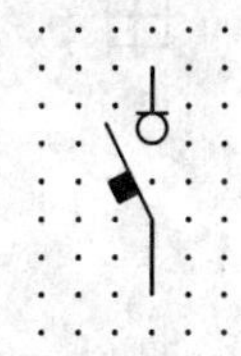

名　　　称:带自动释放功能的负荷隔离开关
Switch-disconnector,automatic release;On-load isolating switch,automatic
状　　　态:标准
IEC发布日期:2001-07-01
上版标准序号:GB/T 4728.7　07-13-09
关　键　词:隔离器,电力开关器件,开关
采 用 符 号:S00221;S00222;S00227
应 用 注 释:A00060
形 状 类 别:半圆,直线,正方形
功 能 类 别:Q受控切换或改变
应 用 类 别:电路图,接线图,功能图,框图
备　　　注:具有由内装的测量继电器或脱扣器触发的自动释放功能。

S00292

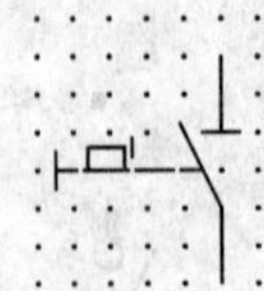

名　　　称:隔离开关;隔离器

Disconnector;Isolator

状　　　态:标准

IEC发布日期:2001-07-01

上版标准序号:GB/T 4728.7　07-13-10

关　键　词:隔离器,电力开关器件

采 用 符 号:S00158;S00167;S00220;S00227

应 用 注 释:A00060,A00082,A00083

形 状 类 别:直线,正方形

功 能 类 别:Q 受控切换或改变

应 用 类 别:电路图,接线图,功能图,框图

备　　　注:带有手工操作的闭锁装置。

S00293

名　　　称:自由脱扣机构

Trip-free mechanism

状　　　态:标准

IEC发布日期:2001-07-01

上版标准序号:GB/T 4728.7　07-13-11

关　键　词:机械控制,电力开关器件

用　　　于:S00294

应 用 注 释:A00247

形 状 类 别:直线,正方形

功 能 类 别:功能要素或属性

应 用 类 别:概念要素或限定符号

S00294

名　　　称:自由脱扣机构,应用

Trip-free mechanism,application

状　　　态:标准

IEC发布日期:2001-07-01

上版标准序号:GB/T 4728.7　07-13-12

关　键　词:电力开关器件

采 用 符 号:S00003;S00145;S00150;S00151;S00167;S00192;S00227;S00229;S00293;S00305;S00325;S00345

应 用 注 释:A00060,A00082,A00083

形 状 类 别:直线,正方形

功 能 类 别:Q受控切换或改变

应 用 类 别:电路图

备　　　注:三极机械式开关装置,电动或手动操作,具有自由脱扣机构和:

——过负荷热脱扣器;

——过电流脱扣器;

——带闭锁的手动脱扣器;

——遥控脱扣线圈;

——一个动合和一个动断辅助触点。

S00295

名　　　称:三极机械式开关装置

Mechanical switching device,three-pole

状　　　态：标准
IEC发布日期：2001-07-01
上版标准序号：GB/T 4728.7　07-13-13
关　键　词：电力开关器件
采 用 符 号：S00003；S00145；S00150；S00167；S00192；S00227；S00229；S00305；S00325；S00345；S01406
应 用 注 释：A00060，A00082，A00083
形 状 类 别：直线，矩形，正方形
功 能 类 别：Q受控切换或改变
应 用 类 别：电路图
备　　　注：弹簧贮能电动操作和：
——三个过负荷脱扣器；
——三个过电流脱扣器；
——手动脱扣器；
——遥控脱扣线圈；
——三个动合主触点；
——一个动合和一个动断辅助触点；
——一个用于电动机的起动和停止操作的位置开关。

S00296

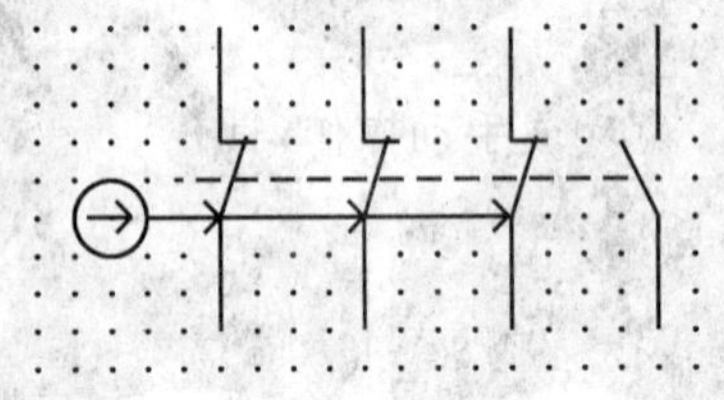

名　　　称：正向断开开关
Switch with positive opening
状　　　态：标准
IEC发布日期：2001-07-01
上版标准序号：GB/T 4728.7　07-13-14
关　键　词：正向操作，电力开关器件
采 用 符 号：S00226；S00227；S00229
形 状 类 别：箭头，圆，直线
功 能 类 别：Q受控切换或改变
应 用 类 别：电路图
备　　　注：三个主动断触点具有正向断开操作而辅助动合触点无正向操作的开关。

S00297

名　　　　称:电动机起动器,一般符号

Motor starter,general symbol

状　　　　态:标准

IEC发布日期:2001-07-01

上版标准序号:GB/T 4728.7　07-14-01

关　键　词:电动机起动器

用　　　　于:S00298,S00299,S00301,S00302,S00303

应 用 注 释:A00087

形 状 类 别:等边三角形,方形

功 能 类 别:Q受控切换或改变

应 用 类 别:电路图,接线图,功能图,框图

S00298

名　　　　称:步进起动器

Starter operating in steps

状　　　　态:标准

IEC发布日期:2001-07-01

上版标准序号:GB/T 4728.7　07-14-02

关　键　词:电动机起动器

采 用 符 号:S00087;S00297

应 用 注 释:A00088

形 状 类 别:等边三角形,直线,正方形

功 能 类 别:Q受控切换或改变

应 用 类 别:电路图,接线图,功能图,框图

S00299

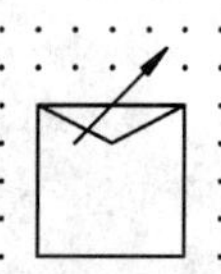

名　　　　称:调节-起动器

Starter-regulator

状　　　　态:标准

IEC发布日期:2001-07-01

上版标准序号:GB/T 4728.7　07-14-03

关　键　词:电动机起动器

用　　　　于:S00304
采 用 符 号:S00081;S00297
形 状 类 别:箭头,等边三角形,正方形
功 能 类 别:Q 受控切换或改变
应 用 类 别:电路图,接线图,功能图,框图

S00301

名　　　　称:可逆直接在线起动器
　　　　　　Direct-on-line starter,reversing
状　　　　态:标准
IEC发布日期:2001-07-01
上版标准序号:GB/T 4728.7　07-14-05
关　　键　词:电动机起动器,可逆式
采 用 符 号:S00096;S00284;S00297
形 状 类 别:箭头,等边三角形,正方形
功 能 类 别:Q 受控切换或改变
应 用 类 别:电路图,接线图,功能图,框图

S00302

名　　　　称:星-三角起动器
　　　　　　Star-delta starter
状　　　　态:标准
IEC发布日期:2001-07-01
上版标准序号:GB/T 4728.7　07-14-06
关　　键　词:电动机起动器
采 用 符 号:S00297;S00806;S00808
形 状 类 别:等边三角形,正方形
功 能 类 别:Q 受控切换或改变
应 用 类 别:电路图,接线图,功能图,框图

S00303

名　　　　称：带自耦变压器的起动器
　　　　Starter with auto-transformer
状　　　　态：标准
IEC发布日期：2001-07-01
上版标准序号：GB/T 4728.7　07-14-07
关　键　词：电动机起动器
采 用 符 号：S00297；S00846
形 状 类 别：圆，等边三角形，正方形
功 能 类 别：Q受控切换或改变
应 用 类 别：电路图，接线图，功能图，框图

S00304

名　　　　称：带可控硅整流器的调节-起动器
　　　　Starter-regulator with thyristors
状　　　　态：标准
IEC发布日期：2001-07-01
上版标准序号：GB/T 4728.7　07-14-08
关　键　词：电动机起动器
采 用 符 号：S00299；S00641
形 状 类 别：箭头，等边三角形，正方形
功 能 类 别：Q受控切换或改变
应 用 类 别：电路图，接线图，功能图，框图

S00305

名　　　　称：驱动器件，一般符号；继电器线圈，一般符号
　　　　Operating device，general symbol；Relay coil，general symbol
状　　　　态：标准
IEC发布日期：2001-07-01
上版标准序号：GB/T 4728.7　07-15-01
别　　　　名：选择器的操作线圈
关　键　词：有或无继电器，驱动器件
形　　　　式：形式1
其 他 形 式：S00306
用　　　　于：S00294，S00295，S00307，S00308，S00309，S00310，S00311，S00312，S00315，S00316，

S00317,S00318,S00319,S00323,S00324,S00325,S00326,S00379
应 用 注 释:A00089
代　　　替:S01003
形 状 类 别:矩形
功 能 类 别:K 处理信号或信息
应 用 类 别:电路图,接线图,功能图,框图

S00307

名　　　称:驱动器件;继电器线圈(组合表示法)
Operating device;Relay coil (attached representation)
状　　　态:标准
IEC发布日期:2001-07-01
上版标准序号:GB/T 4728.7　07-15-03
关　键　词:有或无继电器,驱动器件
形　　　式:形式 1
其 他 形 式:S00308
采 用 符 号:S00305
形 状 类 别:矩形
功 能 类 别:K 处理信号或信息
应 用 类 别:电路图,接线图,功能图,框图
备　　　注:具有两个独立绕组的驱动器件的组合表示法。

S00311

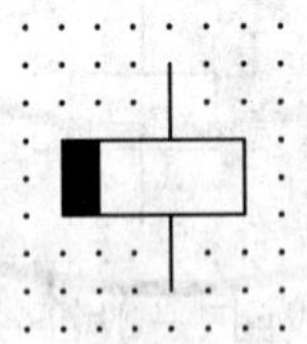

名　　　称:缓慢释放继电器线圈
Relay coil of a slow-releasing relay
状　　　态:标准
IEC发布日期:2001-07-01
上版标准序号:GB/T 4728.7　07-15-07
关　键　词:有或无继电器,驱动器件
用　　　于:S00313
采 用 符 号:S00305
形 状 类 别:矩形

功 能 类 别:K 处理信号或信息
应 用 类 别:电路图,接线图,功能图,框图

S00312

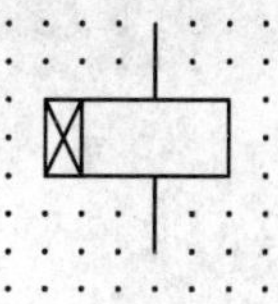

名　　　称:缓慢吸合继电器线圈
　　　Relay coil of a slow-operating relay
状　　　态:标准
IEC发布日期:2001-07-01
上版标准序号:GB/T 4728.7　07-15-08
关　　键　词:有或无继电器,驱动器件
用　　　于:S00313
采 用 符 号:S00305
形 状 类 别:直线,矩形
功 能 类 别:K 处理信号或信息
应 用 类 别:电路图,接线图,功能图,框图

S00313

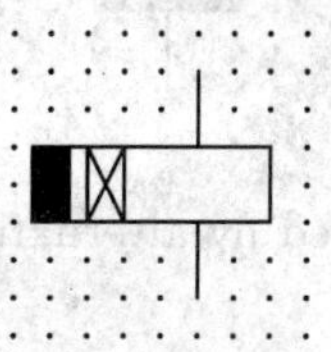

名　　　称:延时继电器线圈
　　　Relay coil of a slow-operating and slow-releasing relay
状　　　态:标准
IEC发布日期:2001-07-01
上版标准序号:GB/T 4728.7　07-15-09
关　　键　词:有或无继电器,驱动器件
采 用 符 号:S00311;S00312
形 状 类 别:直线,矩形
功 能 类 别:K 处理信号或信息
应 用 类 别:电路图,接线图,功能图,框图

S00314

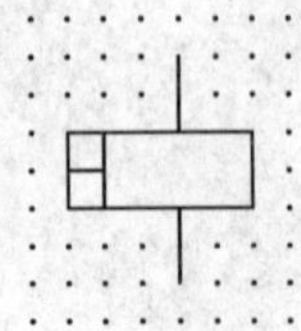

名　　　称:快速继电器线圈
Relay coil of a high speed relay
状　　　态:标准
IEC发布日期:2001-07-01
上版标准序号:GB/T 4728.7　07-15-10
关　键　词:有或无继电器,驱动器件
采 用 符 号:S00005
形 状 类 别:直线,矩形
功 能 类 别:K 处理信号或信息
应 用 类 别:电路图,接线图,功能图,框图
备　　　注:快吸快放。

S00315

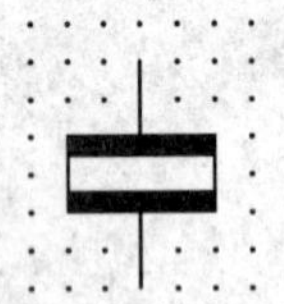

名　　　称:对交流不敏感继电器线圈
Relay coil of a relay unaffected by alternating current
状　　　态:标准
IEC发布日期:2001-07-01
上版标准序号:GB/T 4728.7　07-15-11
关　键　词:有或无继电器,驱动器件
采 用 符 号:S00305
形 状 类 别:直线,矩形
功 能 类 别:K 处理信号或信息
应 用 类 别:电路图,接线图,功能图,框图

S00316

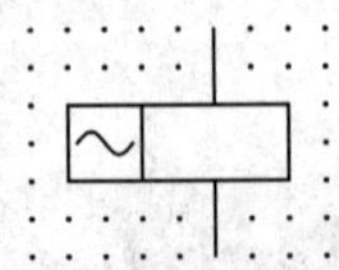

名　　　称:交流继电器线圈
Relay coil of an alternating current relay

状　　　态:标准
IEC发布日期:2001-07-01
上版标准序号:GB/T 4728.7　07-15-12
关　键　词:有或无继电器,驱动器件
采 用 符 号:S00305;S01403
形 状 类 别:描述,矩形
功 能 类 别:K 处理信号或信息
应 用 类 别:电路图,接线图,功能图,框图

S00317

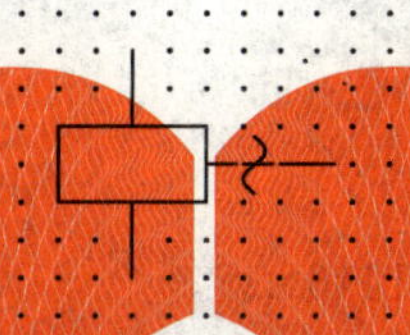

名　　　称:机械谐振继电器线圈
Relay coil of a mechanically resonant relay
状　　　态:标准
IEC发布日期:2001-07-01
上版标准序号:GB/T 4728.7　07-15-13
关　键　词:有或无继电器,驱动器件
采 用 符 号:S00098;S00305
形 状 类 别:描述,矩形
功 能 类 别:K 处理信号或信息
应 用 类 别:电路图,接线图,功能图,框图

S00318

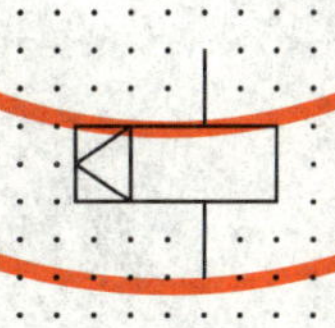

名　　　称:机械保持继电器线圈
Relay coil of a mechanically latched relay
状　　　态:标准
IEC发布日期:2001-07-01
上版标准序号:GB/T 4728.7　07-15-14
关　键　词:有或无继电器,自动控制,驱动器件
采 用 符 号:S00305
形 状 类 别:等边三角形,矩形
功 能 类 别:K 处理信号或信息
应 用 类 别:电路图,接线图,功能图,框图

S00319

名　　　称:极化继电器线圈
　　　　Relay coil of a polarized relay
状　　　态:标准
IEC发布日期:2001-07-01
上版标准序号:GB/T 4728.7　07-15-15
关　键　词:有或无继电器,驱动器件
用　　　于:S00320,S00321,S00322,S01416
采 用 符 号:S00210;S00305
应 用 注 释:A00090
形 状 类 别:矩形
功 能 类 别:K 处理信号或信息
应 用 类 别:电路图,接线图,功能图,框图

S00320

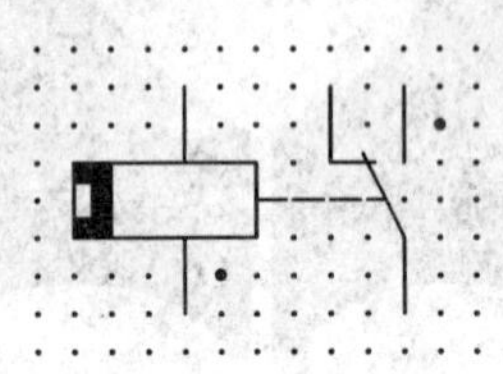

名　　　称:自复位极化继电器
　　　　Polarized relay,self restoring
状　　　态:标准
IEC发布日期:2001-07-01
上版标准序号:GB/T 4728.7　07-15-16
关　键　词:有或无继电器,驱动器件
采 用 符 号:S00230;S00319
形 状 类 别:点,直线,矩形
功 能 类 别:K 处理信号或信息
应 用 类 别:电路图,接线图,功能图,框图
备　　　注:在绕组中只有一个方向的电流起作用,并能自复位的极化继电器。

S00321

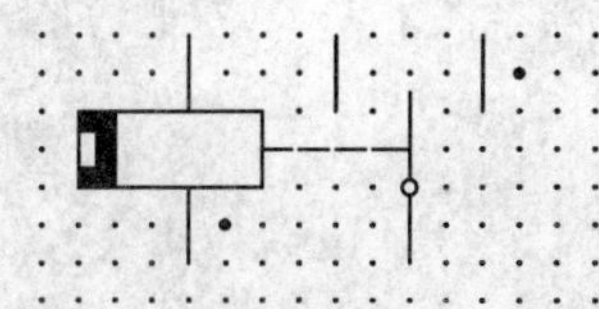

名　　　　称:带中间位置的极化继电器
Polarized relay with neutral position
状　　　　态:标准
IEC发布日期:2001-07-01
上版标准序号:GB/T 4728.7　07-15-17
关　　键　　词:有或无继电器,驱动器件
采　用　符　号:S00231;S00319
形　状　类　别:点,直线,矩形
功　能　类　别:K 处理信号或信息
应　用　类　别:电路图,接线图,功能图,框图
备　　　　注:在绕组中任一方向的电流均可起作用的具有中间位置并能自复位的极化继电器。

S00323

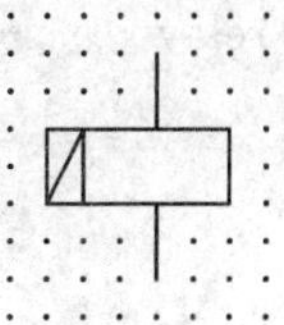

名　　　　称:剩磁继电器线圈
Relay coil of a remanent relay
状　　　　态:标准
IEC发布日期:2001-07-01
上版标准序号:GB/T 4728.7　07-15-19
关　　键　　词:有或无继电器,驱动器件
形　　　　式:形式 1
其　他　形　式:S00324
采　用　符　号:S00305
形　状　类　别:直线,矩形
功　能　类　别:K 处理信号或信息
应　用　类　别:电路图,接线图,功能图,框图

S00324

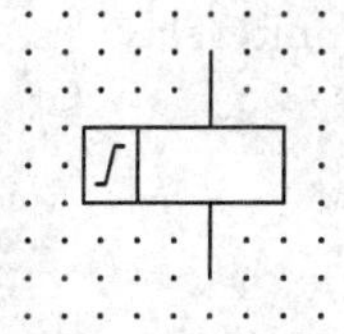

名　　　　称:剩磁继电器线圈
Relay coil of a remanent relay
状　　　　态:标准
IEC发布日期:2001-07-01
上版标准序号:GB/T 4728.7　07-15-20
关　　键　　词:有或无继电器,驱动器件
形　　　　式:形式 2
其 他 形 式:S00323
采 用 符 号:S00305
形 状 类 别:直线,矩形
功 能 类 别:K 处理信号或信息
应 用 类 别:电路图,接线图,功能图,框图

S00325

名　　　　称:热继电器驱动器件
Operating device of a thermal relay
状　　　　态:标准
IEC发布日期:2001-07-01
上版标准序号:GB/T 4728.7　07-15-21
关　　键　　词:有或无继电器,驱动器件
用　　　　于:S00294,S00295
采 用 符 号:S00120;S00305
形 状 类 别:直线,矩形
功 能 类 别:K 处理信号或信息
应 用 类 别:电路图,接线图,功能图,框图

S00326

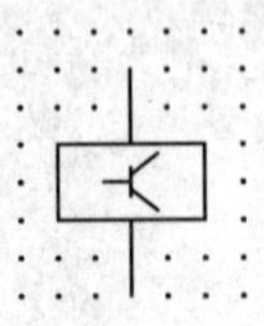

名　　　　称:电子继电器的驱动器件
Operating device of an electronic relay
状　　　　态:标准
IEC发布日期:2001-07-01
上版标准序号:GB/T 4728.7　07-15-22

关　　键　　词:有或无继电器,驱动器件
采　用　符　号:S00125;S00305
形　状　类　别:直线,矩形
功　能　类　别:K 处理信号或信息
应　用　类　别:电路图,接线图,功能图,框图

S00327

名　　　　　称:测量继电器;测量继电器有关的器件
Measuring relay;Device related to a measuring relay
状　　　　　态:标准
IEC发布日期:2001-07-01
上版标准序号:GB/T 4728.7　07-16-01
关　　键　　词:测量继电器,驱动器件
用　　　　　于:S00338,S00339,S00340,S00343,S00344,S00345,S00346,S00347,S00348,S00349,S00350,S00351,S00352,S00353,S00479,S00478
应　用　注　释:A00091,A00092,A00093,A00094
形　状　类　别:矩形
功　能　类　别:B 把变量转换为信号
应　用　类　别:电路图,接线图,功能图,框图

S00328

名　　　　　称:对机壳故障电压;故障时的机壳电位
Voltage failure to frame;Frame potential in case of fault
状　　　　　态:标准
IEC发布日期:2001-07-01
上版标准序号:GB/T 4728.7　07-16-02
关　　键　　词:测量继电器
采　用　符　号:S00203
形　状　类　别:字符,直线
功　能　类　别:功能要素或属性
应　用　类　别:概念要素或限定符号

S00329

U_{rsd}

名　　　称：剩余电压
　　　　　Residual voltage
状　　　态：标准
IEC发布日期：2001-07-01
上版标准序号：GB/T 4728.7　07-16-03
关　键　词：测量继电器
形 状 类 别：字符
功 能 类 别：功能要素或属性
应 用 类 别：概念要素或限定符号

S00330

$I\leftarrow$

名　　　称：反向电流
　　　　　Reverse current
状　　　态：标准
IEC发布日期：2001-07-01
上版标准序号：GB/T 4728.7　07-16-04
关　键　词：测量继电器
用　　　于：S00339
形 状 类 别：箭头，字符
功 能 类 别：功能要素或属性
应 用 类 别：概念要素或限定符号

S00331

I_{d}

名　　　称：差动电流
　　　　　Differential current
状　　　态：标准
IEC发布日期：2001-07-01
上版标准序号：GB/T 4728.7　07-16-05
关　键　词：测量继电器
形 状 类 别：字符
功 能 类 别：功能要素或属性
应 用 类 别：概念要素或限定符号

S00332

I_{d}/I

名　　　　称:差动电流百分比
　　　　　　Percentage differential current
状　　　　态:标准
IEC发布日期:2001-07-01
上版标准序号:GB/T 4728.7　07-16-06
关　键　词:测量继电器
形 状 类 别:字符
功 能 类 别:功能要素或属性
应 用 类 别:概念要素或限定符号

S00333

I ⏚

名　　　　称:对地故障电流
　　　　　　Earth fault current
状　　　　态:标准
IEC发布日期:2001-07-01
上版标准序号:GB/T 4728.7　07-16-07
关　键　词:测量继电器
采 用 符 号:S00200
形 状 类 别:字符,直线
功 能 类 别:功能要素或属性
应 用 类 别:概念要素或限定符号

S00334

I_{N}

名　　　　称:中性线电流
　　　　　　Current in the neutral conductor
状　　　　态:标准
IEC发布日期:2001-07-01
上版标准序号:GB/T 4728.7　07-16-08
关　键　词:测量继电器
形 状 类 别:字符
功 能 类 别:功能要素或属性

应 用 类 别:概念要素或限定符号

S00335

I_{N-N}

名　　　称:两个多相系统中性线之间的电流
Current between neutrals of two polyphase systems
状　　　态:标准
IEC发布日期:2001-07-01
上版标准序号:GB/T 4728.7　07-16-09
关　键　词:测量继电器
形 状 类 别:字符
功 能 类 别:功能要素或属性
应 用 类 别:概念要素或限定符号

S00336

P_α

名　　　称:相角为 α 时的功率
Power at phase angle "alpha"
状　　　态:标准
IEC发布日期:2001-07-01
上版标准序号:GB/T 4728.7　07-16-10
关　键　词:测量继电器
形 状 类 别:字符
功 能 类 别:功能要素或属性
应 用 类 别:概念要素或限定符号

S00337

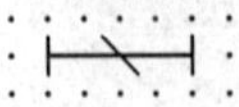

名　　　称:反时限特性
Inverse time-lag characteristic
状　　　态:标准
IEC发布日期:2001-07-01
上版标准序号:GB/T 4728.7　07-16-11
关　键　词:测量继电器
用　　　于:S00351

采 用 符 号:S00124
形 状 类 别:直线
功 能 类 别:功能要素或属性
应 用 类 别:概念要素或限定符号

S00338

名　　　　称:零电压继电器
No voltage relay
状　　　　态:标准
IEC发布日期:2001-07-01
上版标准序号:GB/T 4728.7　07-17-01
关　　键　　词:测量继电器
采 用 符 号:S00111;S00327
形 状 类 别:字符,矩形
功 能 类 别:B 把变量转换为信号
应 用 类 别:电路图,接线图,功能图,框图

S00339

名　　　　称:逆电流继电器
Reverse current relay
状　　　　态:标准
IEC发布日期:2001-07-01
上版标准序号:GB/T 4728.7　07-17-02
关　　键　　词:测量继电器
采 用 符 号:S00327;S00330
形 状 类 别:箭头,字符,矩形
功 能 类 别:B 把变量转换为信号
应 用 类 别:电路图,接线图,功能图,框图

S00340

P <

名　　　　称:欠功率继电器
　　　　　　Underpower relay
状　　　　态:标准
IEC发布日期:2001-07-01
上版标准序号:GB/T 4728.7　07-17-03
关　　键　词:测量继电器
采 用 符 号:S00109;S00327
形 状 类 别:字符,矩形
功 能 类 别:B 把变量转换为信号
应 用 类 别:电路图,接线图,功能图,框图

S00341

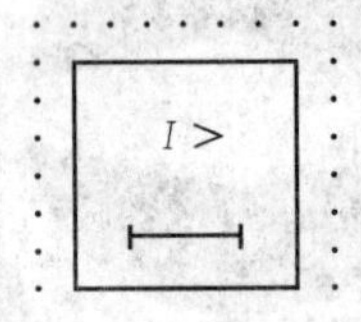

名　　　　称:延时过流继电器
　　　　　　Delayed overcurrent relay
状　　　　态:标准
IEC发布日期:2001-07-01
上版标准序号:GB/T 4728.7　07-17-04
关　　键　词:测量继电器
采 用 符 号:S00108;S00124
形 状 类 别:字符,直线,矩形
功 能 类 别:B 把变量转换为信号
应 用 类 别:电路图,接线图,功能图,框图

S00342

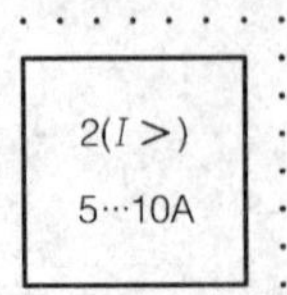

名　　　　称:过流继电器
　　　　　　Overcurrent relay
状　　　　态:标准

IEC发布日期:2001-07-01
上版标准序号:GB/T 4728.7 07-17-05
关　　键　　词:测量继电器
形 状 类 别:字符,矩形
功 能 类 别:B 把变量转换为信号
应 用 类 别:电路图,接线图,功能图,框图
备　　　　注:具有两个测量元件,整定值范围从 5A～10A。

S00343

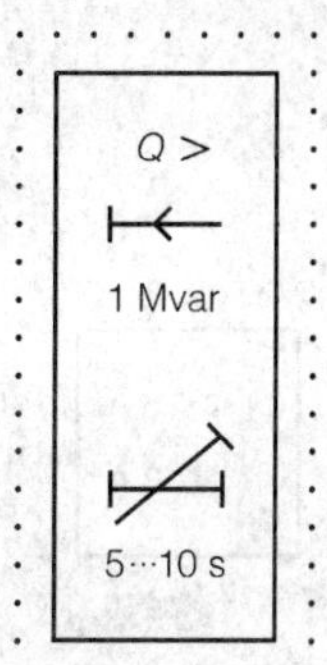

名　　　　称:无功过功率继电器
Overpower relay for reactive power
状　　　　态:标准
IEC发布日期:2001-07-01
上版标准序号:GB/T 4728.7 07-17-06
关　　键　　词:测量继电器
采 用 符 号:S00085;S00105;S00108;S00124;S00327
形 状 类 别:字符,直线,矩形
功 能 类 别:B 把变量转换为信号
应 用 类 别:电路图,接线图,功能图,框图
备　　　　注:无功过功率继电器:
——能量流向母线;
——工作数值 1 Mvar;
——延时调节范围 5 s～10 s。

S00344

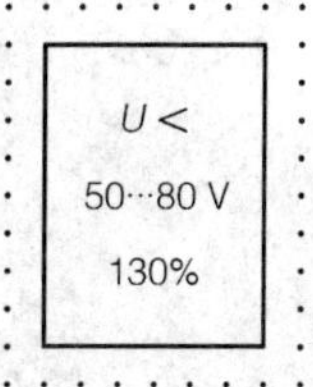

名　　　　称:欠压继电器
Undervoltage relay

状　　　　态:标准
IEC发布日期:2001-07-01
上版标准序号:GB/T 4728.7　07-17-07
关　　键　　词:测量继电器
采　用　符　号:S00109;S00327
形　状　类　别:字符,矩形
功　能　类　别:B把变量转换为信号
应　用　类　别:电路图,接线图,功能图,框图
备　　　　注:欠压继电器,整定值范围从50 V～80 V——重整定比130%。

S00345

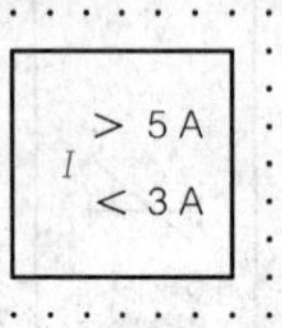

I > 5 A
< 3 A

名　　　　称:电流继电器
　　　　　　Current relay
状　　　　态:标准
IEC发布日期:2001-07-01
上版标准序号:GB/T 4728.7　07-17-08
关　　键　　词:测量继电器
用　　　　于:S00294,S00295
采　用　符　号:S00108;S00109;S00327
形　状　类　别:字符,矩形
功　能　类　别:B把变量转换为信号
应　用　类　别:电路图,接线图,功能图,框图
备　　　　注:有最大和最小整定值,示出限定值3 A和5 A。

S00346

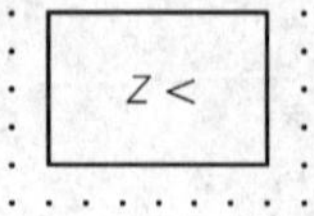

$Z <$

名　　　　称:欠阻抗继电器
　　　　　　Under-impedance relay
状　　　　态:标准
IEC发布日期:2001-07-01
上版标准序号:GB/T 4728.7　07-17-09
关　　键　　词:测量继电器
采　用　符　号:S00109;S00327
形　状　类　别:字符,矩形

功 能 类 别:B 把变量转换为信号
应 用 类 别:电路图,接线图,功能图,框图

S00347

N <

名　　　称:匝间短路检测继电器
Relay detecting short-circuits between windings
状　　　态:标准
IEC发布日期:2001-07-01
上版标准序号:GB/T 4728.7　07-17-10
关　键　词:测量继电器
采 用 符 号:S00109;S00327;S00583
形 状 类 别:字符,半圆,矩形
功 能 类 别:B 把变量转换为信号
应 用 类 别:电路图,接线图,功能图,框图

S00348

名　　　称:断线检测继电器
Divided-conductor detection relay
状　　　态:标准
IEC发布日期:2001-07-01
上版标准序号:GB/T 4728.7　07-17-11
关　键　词:测量继电器
采 用 符 号:S00327;S00583
形 状 类 别:半圆,直线,矩形
功 能 类 别:B 把变量转换为信号
应 用 类 别:电路图,接线图,功能图,框图

S00349

$m < 3$

名　　　　称:断相故障检测继电器
　　　　　　Phase-failure detection relay
状　　　　态:标准
IEC发布日期:2001-07-01
上版标准序号:GB/T 4728.7　07-17-12
关　　键　词:测量继电器
采 用 符 号: S00109;S00327
形 状 类 别:字符,矩形
功 能 类 别:B把变量转换为信号
应 用 类 别:电路图,接线图,功能图,框图
备　　　　注:图示用在三相系统中。

S00350

$n \approx 0$
$I >$

名　　　　称:堵转电流检测继电器
　　　　　　Locked-rotor detection relay
状　　　　态:标准
IEC发布日期:2001-07-01
上版标准序号:GB/T 4728.7　07-17-13
关　　键　词:测量继电器
采 用 符 号:S00108;S00112;S00327
形 状 类 别:字符,矩形
功 能 类 别:B把变量转换为信号
应 用 类 别:电路图,接线图,功能图,框图
备　　　　注:由电流测量值驱动。

S00351

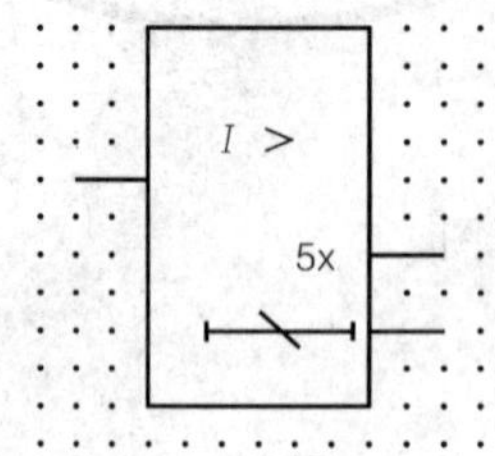

名　　　　称:过流继电器
　　　　　　Overcurrent relay
状　　　　态:标准
IEC发布日期:2001-07-01
上版标准序号:GB/T 4728.7　07-17-14

关　　键　　词：测量继电器
采 用 符 号：S00109；S00327；S00337
形 状 类 别：字符，直线，矩形
功 能 类 别：B 把变量转换为信号
应 用 类 别：电路图，接线图，功能图，框图
备　　　　注：有两路输出。一路在电流大于5倍整定值时动作，另一路依据器件的反时限特性动作。

S00352

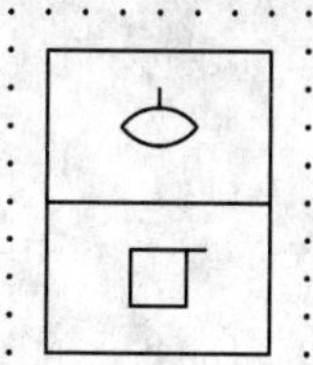

名　　　　称：瓦斯保护器件；气体继电器
Buchholz protective device；Gas relay
状　　　　态：标准
IEC发布日期：2001-07-01
上版标准序号：GB/T 4728.7　07-18-01
关　　键　　词：瓦斯器件，测量继电器
采 用 符 号：S00195；S00198；S00327
形 状 类 别：圆弧，矩形，正方形
功 能 类 别：B 把变量转换为信号
应 用 类 别：电路图，接线图，功能图，框图

S00353

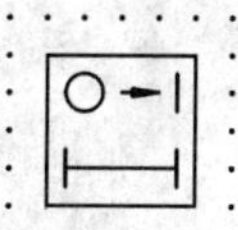

名　　　　称：自动重闭合器件；自动重合闸继电器
Device for auto-reclosing；Auto-reclose relay
状　　　　态：标准
IEC发布日期：2001-07-01
上版标准序号：GB/T 4728.7　07-18-02
关　　键　　词：自动重合器件
采 用 符 号：S00124；S00327
形 状 类 别：圆，直线，矩形
功 能 类 别：K 处理信号或信息
应 用 类 别：电路图，接线图，功能图，框图

S00354

名　　　称:接近传感器
　　　　Proximity sensor
状　　　态:标准
IEC发布日期:2001-07-01
上版标准序号:GB/T 4728.7　07-19-01
关　键　词:接近器件,接触敏感器件
形 状 类 别:直线,正方形
功 能 类 别:B把变量转换为信号
应 用 类 别:电路图,接线图,功能图,框图

S00355

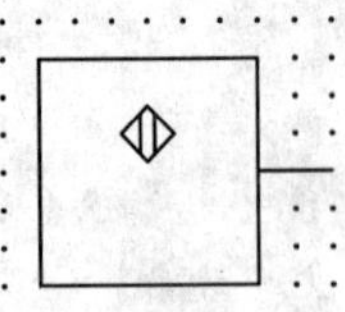

名　　　称:接近传感器件
　　　　Proximity sensing device
状　　　态:标准
IEC发布日期:2001-07-01
上版标准序号:GB/T 4728.7　07-19-02
关　键　词:接近器件,接触敏感器件
用　　　于:S00356
应 用 注 释:A00095
形 状 类 别:直线,正方形
功 能 类 别:B把变量转换为信号
应 用 类 别:电路图,接线图,功能图,框图

S00356

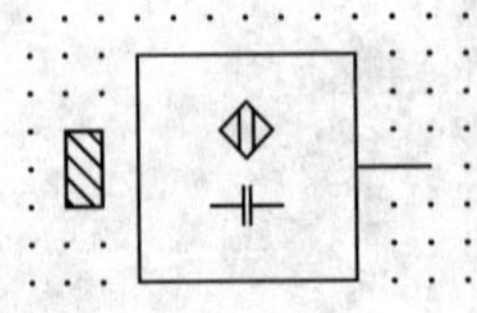

名　　　称:容性接近传感器件
　　　　Proximity sensing device,capacitive
状　　　态:标准
IEC发布日期:2001-07-01
上版标准序号:GB/T 4728.7　07-19-03

关　　键　　词:接近器件,接触敏感器件
采　用　符　号:S00114;S00355;S00567
形　状　类　别:直线,矩形,正方形
功　能　类　别:B 把变量转换为信号
应　用　类　别:电路图,接线图,功能图,框图
备　　　　　注:固体材料接近时动作的电容性接近检测器。

S00357

名　　　　　称:接触传感器
　　　　　　　Touch sensor
状　　　　　态:标准
IEC发布日期:2001-07-01
上版标准序号:GB/T 4728.7　07-19-04
关　　键　　词:接近器件,接触敏感器件
形　状　类　别:直线,正方形
功　能　类　别:B 把变量转换为信号
应　用　类　别:电路图,接线图,功能图,框图

S00358

名　　　　　称:接触敏感开关
　　　　　　　Touch sensitive switch
状　　　　　态:标准
IEC发布日期:2001-07-01
上版标准序号:GB/T 4728.7　07-20-01
关　　键　　词:接近器件,开关,接触敏感器件
采　用　符　号:S00173;S00227
形　状　类　别:直线,正方形
功　能　类　别:B 把变量转换为信号
应　用　类　别:电路图,接线图,功能图,安装图,框图
备　　　　　注:具有动合触点。

S00359

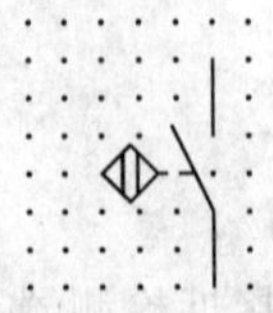

名　　　称:接近开关
Proximity switch
状　　　态:标准
IEC发布日期:2001-07-01
上版标准序号:GB/T 4728.7　07-20-02
关　键　词:接近器件,接触敏感器件
用　　　于:S00360
采 用 符 号:S00172;S00227
形 状 类 别:直线,正方形
功 能 类 别:B 把变量转换为信号
应 用 类 别:电路图,接线图,功能图,框图
备　　　注:示出动合触点。

S00360

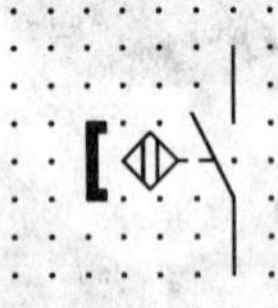

名　　　称:磁控接近开关
Proximity switch,magnetically controlled
状　　　态:标准
IEC发布日期:2001-07-01
上版标准序号:GB/T 4728.7　07-20-03
关　键　词:接近器件,接触敏感器件
采 用 符 号:S00210;S00359
形 状 类 别:直线,正方形
功 能 类 别:B 把变量转换为信号
应 用 类 别:电路图,接线图,功能图,框图
备　　　注:示出磁体接近时动作的动合触点。

S00361

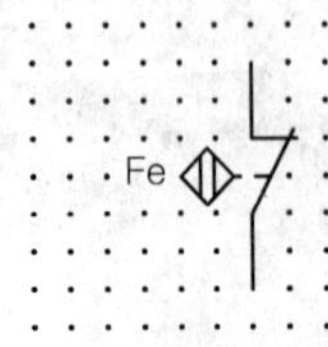

名　　　称:铁控接近开关
　　　　　Proximity switch,controlled by iron
状　　　态:标准
IEC发布日期:2001-07-01
上版标准序号:GB/T 4728.7　07-20-04
关　键　词:接近器件,开关,接触敏感器件
采 用 符 号:S00172;S00229
形 状 类 别:直线,正方形
功 能 类 别:B 把变量转换为信号
应 用 类 别:电路图,接线图,功能图,框图
备　　　注:示出铁金属接近时动作的动断触点。

S00362

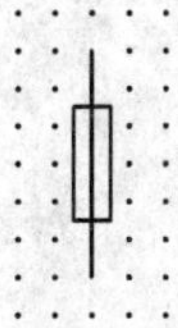

名　　　称:熔断器,一般符号
　　　　　Fuse,general symbol
状　　　态:标准
IEC发布日期:2001-07-01
上版标准序号:GB/T 4728.7　07-21-01
关　键　词:熔断器
用　　　于:S00363,S00364,S00366
形 状 类 别:直线,矩形
功 能 类 别:F 防护
应 用 类 别:电路图,接线图,功能图,框图

S00363

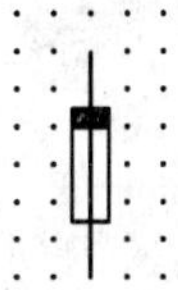

名　　　称:熔断器
　　　　　Fuse
状　　　态:标准
IEC发布日期:2001-07-01
上版标准序号:GB/T 4728.7　07-21-02
关　键　词:熔断器
采 用 符 号:S00362

形 状 类 别:直线,矩形
功 能 类 别:F 防护
应 用 类 别:电路图,接线图,功能图,框图
备　　　注:熔断器烧断后仍带电的一端用粗线表示。

S00364

名　　　称:熔断器;撞击式熔断器
Fuse;Striker fuse
状　　　态:标准
IEC发布日期:2001-07-01
上版标准序号:GB/T 4728.7　07-21-03
关　键　词:熔断器
用　　　于:S00365,S00367
采 用 符 号:S00144;S00362
形 状 类 别:直线,矩形
功 能 类 别:F 防护
应 用 类 别:电路图,接线图,功能图,框图
备　　　注:带机械连杆。

S00365

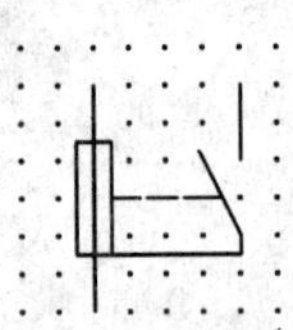

名　　　称:带报警触点熔断器
Fuse with alarm contact
状　　　态:标准
IEC发布日期:2001-07-01
上版标准序号:GB/T 4728.7　07-21-04
关　键　词:熔断器
采 用 符 号:S00227;S00364
形 状 类 别:直线,矩形
功 能 类 别:F 防护
应 用 类 别:电路图,接线图,功能图,框图
备　　　注:具有报警触点的三端熔断器。

S00366

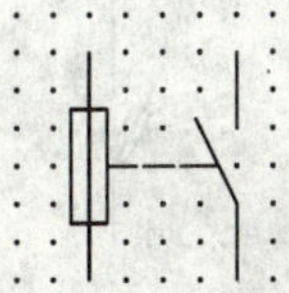

名　　　　称:独立报警熔断器
　　　　　　Fuse with separate alarm
状　　　　态:标准
IEC发布日期:2001-07-01
上版标准序号:GB/T 4728.7　07-21-05
关　　键　　词:熔断器
采　用　符　号:S00227;S00362
形　状　类　别:直线,矩形
功　能　类　别:F 防护
应　用　类　别:电路图,接线图,功能图,框图
备　　　　注:具有独立报警电路。

S00367

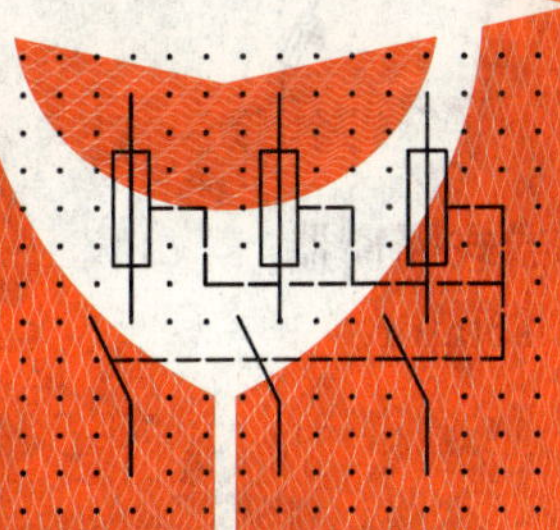

名　　　　称:带撞击式熔断器的三极开关
　　　　　　Three-pole switch with striker fuses
状　　　　态:标准
IEC发布日期:2001-07-01
上版标准序号:GB/T 4728.7　07-21-06
关　　键　　词:熔断器开关
采　用　符　号:S00227;S00364
形　状　类　别:直线,矩形
功　能　类　别:F 防护,Q 受控切换或改变
应　用　类　别:电路图,接线图,功能图,框图
备　　　　注:任何一个撞击式熔断器熔断即自动断路的三极开关。

S00368

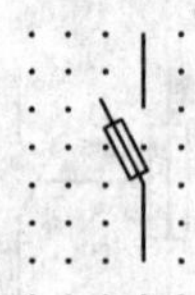

名　　　称:熔断器开关
　　　　　Fuse-switch
状　　　态:标准
IEC发布日期:2001-07-01
上版标准序号:GB/T 4728.7　07-21-07
关　键　词:熔断器开关
用　　　于:S00369,S00370
形 状 类 别:直线,矩形
功 能 类 别:F 防护,Q 受控切换或改变
应 用 类 别:电路图,接线图,功能图,框图

S00369

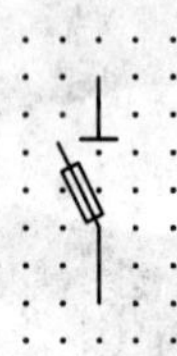

名　　　称:熔断器式隔离开关;熔断器式隔离器
　　　　　Fuse-disconnector;Fuse isolator
状　　　态:标准
IEC发布日期:2001-07-01
上版标准序号:GB/T 4728.7　07-21-08
关　键　词:熔断器开关
采 用 符 号:S00220;S00368
形 状 类 别:直线,矩形
功 能 类 别:F 防护,Q 受控切换或改变
应 用 类 别:电路图,接线图,功能图,框图

S00370

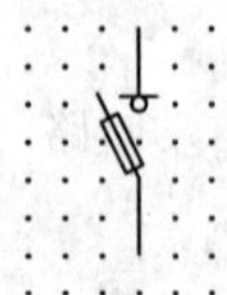

名　　　称:熔断器负荷开关组合电器
　　　　　Fuse switch-disconnector;On-load isolating fuse switch
状　　　态:标准
IEC发布日期:2001-07-01

上版标准序号:GB/T 4728.7　07-21-09
关　　键　　词:熔断器开关
采　用　符　号:S00221;S00368
形　状　类　别:直线,矩形
功　能　类　别:F 防护,Q 受控切换或改变
应　用　类　别:电路图,接线图,功能图,框图

S00371

名　　　　称:火花间隙
　　　　　　Spark gap
状　　　　态:标准
IEC发布日期:2001-07-01
上版标准序号:GB/T 4728.7　07-22-01
关　　键　　词:制动器,火花间隙
用　　　　于:S00372,S00374
形　状　类　别:箭头
功　能　类　别:F 防护
应　用　类　别:电路图,接线图,功能图,框图

S00372

名　　　　称:双火花间隙
　　　　　　Spark gap,double
状　　　　态:标准
IEC发布日期:2001-07-01
上版标准序号:GB/T 4728.7　07-22-02
关　　键　　词:制动器,火花间隙
用　　　　于:S00375
采　用　符　号:S00371
形　状　类　别:箭头
功　能　类　别:F 防护
应　用　类　别:电路图,接线图,功能图,框图

S00373

名　　　称:避雷器
Surge diverter;Lightning arrester
状　　　态:标准
IEC发布日期:2001-07-01
上版标准序号:GB/T 4728.7　07-22-03
关　键　词:制动器
形状类别:箭头,矩形
功能类别:F 防护
应用类别:电路图,接线图,功能图,网络图,框图

S00374

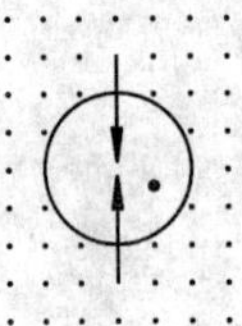

名　　　称:保护用充气放电管
Protective gas discharge tube
状　　　态:标准
IEC发布日期:2001-07-01
上版标准序号:GB/T 4728.7　07-22-04
关　键　词:制动器,火花间隙
采用符号:S00371;S00693
形状类别:箭头,圆,点
功能类别:F 防护
应用类别:电路图,接线图,功能图,框图

S00375

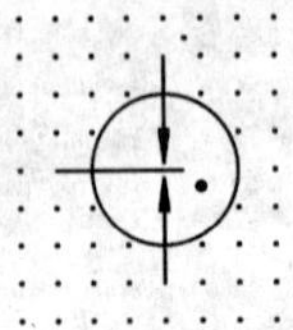

名　　　称:保护用对称充气放电管
Protective gas discharge tube,symmetric
状　　　态:标准

IEC发布日期:2001-07-01

上版标准序号:GB/T 4728.7　07-22-05

关　　键　　词:制动器,火花间隙

采　用　符　号:S00372;S00693

形　状　类　别:箭头,圆,点

功　能　类　别:F 防护

应　用　类　别:电路图,接线图,功能图,框图

S00376

名　　　　　称:静态开关,一般符号

Static switch, general symbol

状　　　　　态:标准

IEC发布日期:2001-07-01

上版标准序号:GB/T 4728.7　07-25-01

关　　键　　词:静态开关

用　　　　　于:S00377,S00378,S00379,S00380

采　用　符　号:S00227

应　用　注　释:A00096,A00097

形　状　类　别:直线

功　能　类　别:K 处理信号或信息

应　用　类　别:电路图,接线图,功能图,框图

S00377

名　　　　　称:静态(半导体)接触器

Static (semiconductor) contactor

状　　　　　态:标准

IEC发布日期:2001-07-01

上版标准序号:GB/T 4728.7　07-25-02

关　　键　　词:接触器,静态开关

采　用　符　号:S00218;S00376

形　状　类　别:半圆,直线

功　能　类　别:Q 受控切换或改变

应　用　类　别:电路图,接线图,功能图,框图

S00378

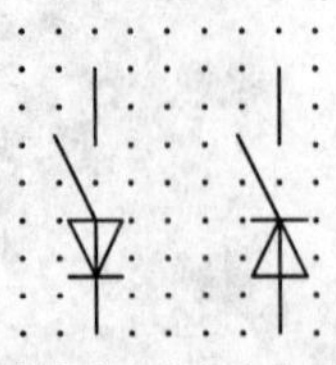

名　　　　称:单向静态开关
　　　　　　Static switch, unidirectional
状　　　　态:标准
IEC发布日期:2001-07-01
上版标准序号:GB/T 4728.7　07-25-03
关　键　词:静态开关
采 用 符 号:S00376;S00619
形 状 类 别:等边三角形,直线
功 能 类 别:K 处理信号或信息
应 用 类 别:电路图,接线图,功能图,框图
备　　　　注:只能单向通过电流。

S00379

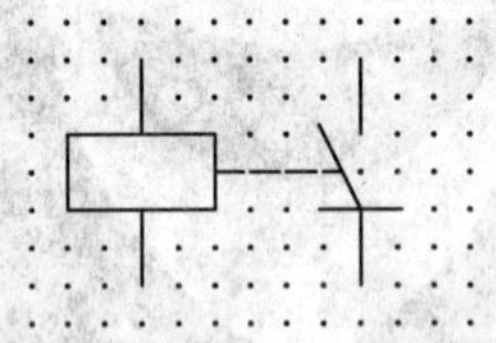

名　　　　称:静态继电器,一般符号
　　　　　　Static relay, general symbol
状　　　　态:标准
IEC发布日期:2001-07-01
上版标准序号:GB/T 4728.7　07-26-01
关　键　词:静态开关器件
用　　　　于:S00381,S00382
采 用 符 号:S00305;S00376
应 用 注 释:A00098
形 状 类 别:直线,矩形
功 能 类 别:K 处理信号或信息
应 用 类 别:电路图,接线图,功能图,框图
备　　　　注:图示为半导体动合触点。

S00380

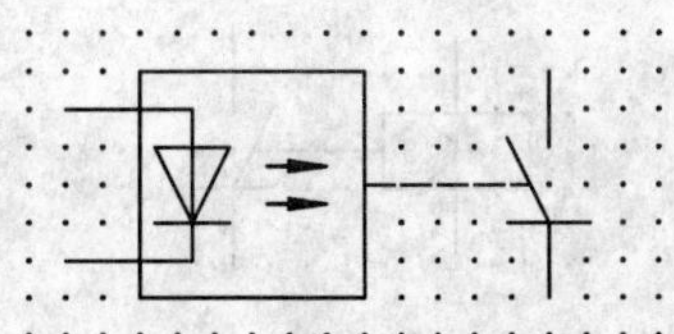

名　　　　称:静态继电器

Static relay

状　　　　态:标准

IEC发布日期:2001-07-01

上版标准序号:GB/T 4728.7　07-26-02

关　　键　　词:静态开关器件

采　用　符　号:S00376;S00642

形　状　类　别:箭头,等边三角形,矩形

功　能　类　别:K 处理信号或信息

应　用　类　别:电路图,接线图,功能图,框图

备　　　　注:发光二极管作驱动元件,同时示出半导体动合触点。

S00381

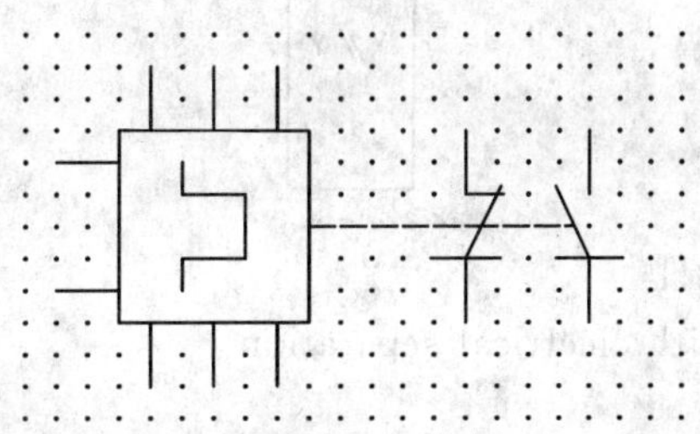

名　　　　称:静态热过载电器

Static thermal overload relay

状　　　　态:标准

IEC发布日期:2001-07-01

上版标准序号:GB/T 4728.7　07-26-03

关　　键　　词:静态开关器件

采　用　符　号:S00120;S00379

形　状　类　别:直线,矩形

功　能　类　别:K 处理信号或信息

应　用　类　别:电路图,接线图,功能图,框图

备　　　　注:三极热过载继电器具有两个半导体触点,其中一个是半导体动合触点,另一个是半导体动断触点;驱动器需要独立辅助电源。

S00382

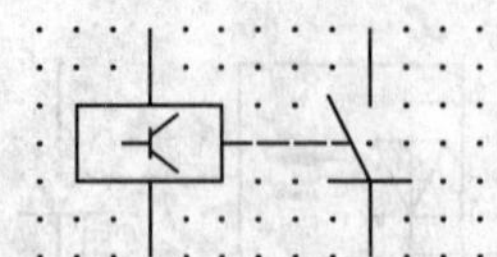

名　　　称:静态继电器

Static relay

状　　　态:标准

IEC发布日期:2001-07-01

上版标准序号:GB/T 4728.7　07-26-04

关　键　词:静态开关器件

采 用 符 号:S00125;S00379

形 状 类 别:直线,矩形

功 能 类 别:K 处理信号或信息

应 用 类 别:电路图,接线图,功能图,框图

备　　　注:具有半导体动合触点的半导体。

S00383

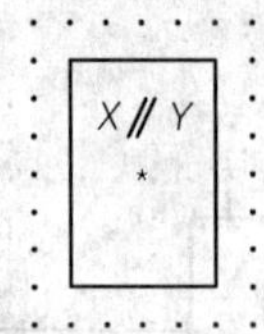

名　　　称:电气独立的耦合器件

Coupling device with electrical separation

状　　　态:标准

IEC发布日期:2001-07-01

上版标准序号:GB/T 4728.7　07-27-01

关　键　词:耦合器件,静态开关器件

采 用 符 号:S00126

应 用 注 释:A00099

形 状 类 别:字符,矩形

功 能 类 别:K 处理信号或信息

应 用 类 别:电路图,接线图,功能图,框图。

S00384

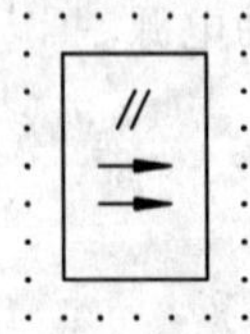

名　　　称:电气独立的光耦合器件

Coupling device with electrical separation,optical

状　　　态:标准

IEC发布日期:2001-07-01

上版标准序号:GB/T 4728.7　07-27-02

关　键　词:耦合器件,静态开关器件

采 用 符 号:S00126;S00127

形 状 类 别:字符,矩形

功 能 类 别:K 处理信号或信息

应 用 类 别:电路图,接线图,功能图,框图

备　　　注:电气上独立的光耦合器件。

S01413

名　　　称:多功能开关器件

Multiple-function switching device

别　　　名:控制和保护开关器件(CPS);可逆 CPS

状　　　态:标准

IEC发布日期:2003-11-10

采 用 符 号:S00024,S00218,S00219,S00220,S00222,S00227

关　键　词:断路器,接触器,绝缘子,可逆

形 状 类 别:半圆,直线,正方形

功 能 类 别:Q 受控切换或改变

应 用 类 别:电路图,功能图,概略图

来　　　源:IEC 60947-6-2

备　　　注:该多功能开关器件包括:可逆功能、断路器功能、隔离功能、接触器功能和自动脱扣功能,可通过使用相关功能符号来表示。为了相位转换,该符号示出了可逆功能。当使用该符号时,应省略不适用的功能符号要素。

S01416

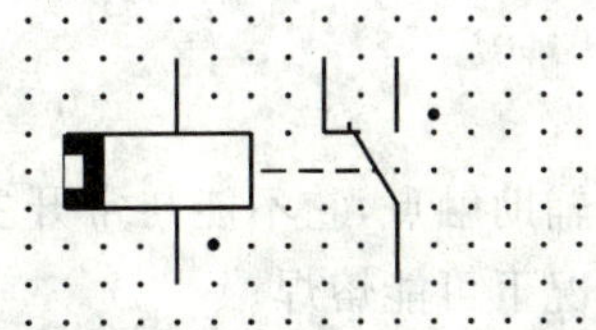

名　　　称:带稳定位置的极化继电器

Polarized relay,stable positions

状　　　态:标准

IEC发布日期:2002-03-23
上版标准序号:GB/T 4728.7 07-15-16
关　　键　　词:有或无继电器,驱动器件
用　　　　　于:S00230;S00319
所替代的符号:S00322
形 状 类 别:点,直线,矩形
功 能 类 别:K 处理信号或信息
应 用 类 别:电路图,接线图,功能图,框图

S01454

名　　　　　称:复合开关,一般符号
Complex switch,general symbol
状　　　　　态:标准
IEC发布日期:2003-03-03
应 用 注 释:A00268
采 用 符 号:S00227,S01808
关　　键　　词:复合开关,开关
所替代的符号:S00273,S00274,S00275,S00276,S00277
形 状 类 别:字符,直线,矩形
功 能 类 别:B 把某一输入变量转换为供进一步处理的信号,S 把手动操作转变为进一步处理的信号
应 用 类 别:电路图,接线图,功能图,概略图

S01462

名　　　　　称:镜像触点
Mirror contact
状　　　　　态:标准
IEC发布日期:2003-08-27
备　　　　　注:镜像触点是一个常闭的辅助触点,它不能与常开主触点同时处于闭合位置,甚至不会像主触点那样在非正常情况下可能熔焊。
采 用 符 号:S00229
关　　键　　词:触点
形 状 类 别:圆点(点),直线

功 能 类 别:K 处理信号或信息
应 用 类 别:电路图,功能图,概略图
来 源:IEC 60947-4-1:2002
备 注:具有两个稳定位置。

废除——仅供参考的符号

S00224

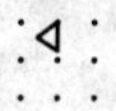

名 称:自动返回功能
Automatic return function
状 态:废除——仅供参考
IEC发布日期:2001-07-01
IEC废除日期:2003-01-25
上版标准序号:GB/T 4728.7 07-01-07
别 名:弹性返回
关 键 词:自动返回
用 于:S00249,S00251,S00252
应 用 注 释:A00061,A00064,A00065
形 状 类 别:等边三角形
功 能 类 别:功能要素或属性
应 用 类 别:概念要素或限定符号

S00225

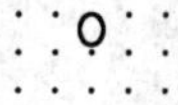

名 称:无自动返回功能
Non-automatic return function
状 态:废除——仅供参考
IEC发布日期:2001-07-01
IEC废除日期:2003-01-25
上版标准序号:GB/T 4728.7 07-01-08
别 名:保持原位功能
关 键 词:无自动返回
用 于:S00250,S00252
应 用 注 释:A00061,A00066,A00067
形 状 类 别:圆
功 能 类 别:功能要素或属性
应 用 类 别:概念要素或限定符号

S00228

名　　　称:动合(常开)触点,一般符号;开关,一般符号
Make contact,general symbol;Switch,general symbol
状　　　态:废除—仅供参考
IEC发布日期:2001-07-01
IEC废除日期:2002-03-23
上版标准序号:GB/T 4728.7　07-02-02
关　键　词:触点,电力开关器件,开关
形　　　式:旧式
用　　　于:S00289
应 用 注 释:A00061
所替代的符号:S00283
替 代 符 号:S00227
形 状 类 别:圆,直线
功 能 类 别:K 处理信号或信息,Q 受控切换或改变
应 用 类 别:电路图,接线图,功能图,框图

S00249

名　　　称:自动返回的动合触点
Make contact,automatic return
状　　　态:废除—仅供参考
IEC发布日期:2001-07-01
IEC废除日期:2002-03-23
上版标准序号:GB/T 4728.7　07-06-01
关　键　词:触点,开关
采 用 符 号:S00224;S00227
应 用 注 释:A00060,A00061,A00064,A00065
形 状 类 别:等边三角形,直线
功 能 类 别:K 处理信号或信息
应 用 类 别:电路图,接线图,功能图,框图
备　　　注:由于技术过时而废除。

S00250

名　　　称：无自动返回的动合触点
Make contact, stay put
状　　　态：废除—仅供参考
IEC发布日期：2001-07-01
IEC废除日期：2002-03-23
上版标准序号：GB/T 4728.7　07-06-02
关　键　词：触点，开关
用　　　于：S00322
采 用 符 号：S00225；S00227
应 用 注 释：A00060，A00061，A00066，A00067
形 状 类 别：圆，直线
功 能 类 别：K 处理信号或信息
应 用 类 别：电路图，接线图，功能图，框图
备　　　注：此动合触点无自动返回功能，由于技术过时而废除。

S00251

名　　　称：自动返回的动断触点
Break contact, automatic return
状　　　态：废除—仅供参考
IEC发布日期：2001-07-01
IEC废除日期：2002-03-23
上版标准序号：GB/T 4728.7　07-06-03
关　键　词：触点，开关
采 用 符 号：S00224；S00229
应 用 注 释：A00060，A00061，A00064，A00065
形 状 类 别：等边三角形，直线
功 能 类 别：K 处理信号或信息
应 用 类 别：电路图，接线图，功能图，框图
备　　　注：由于技术过时而废除。

S00252

名　　称:一边有自动返回,另一边无自动返回的中间断开的转换触点

Change-over contact with off-position,automatic return and stay put

状　　态:废除—仅供参考

IEC发布日期:2001-07-01

IEC废除日期:2002-03-23

上版标准序号:GB/T 4728.7　07-06-04

关　键　词:触点,开关

采 用 符 号:S00224;S00225;S00231

应 用 注 释:A00061,A00064,A00065,A00066,A00067

形 状 类 别:圆,等边三角形,直线

功 能 类 别:K 处理信号或信息

应 用 类 别:电路图,接线图,功能图,框图

备　　注:此触点中间断开,左边可以自动返回,右边无法自动返回。由于技术过时而废除。

S00267

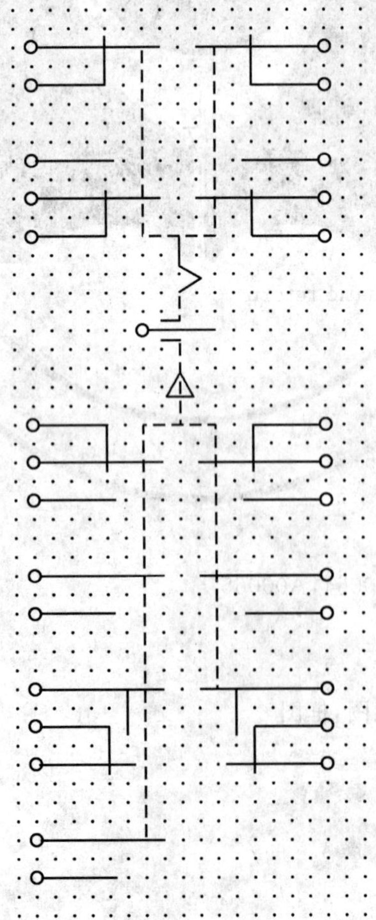

名　　称:杠杆操作组合开关
Switch assembly,lever-operated
状　　态:废除—仅供参考
IEC发布日期:2001-07-01
IEC废除日期:2002-03-23
上版标准序号:GB/T 4728.7　07-11-01
关　键　词:触点,开关
采 用 符 号:S00017;S00144;S00150;S00151;S00227;S00229;S00230;S00233
应 用 注 释:A00061,A00082,A00083
形 状 类 别:直线
功 能 类 别:S 把手动操作转换为信号
应 用 类 别:电路图
备　　注:用端子表示上边位置锁定,下边位置自动复位到中部位置。上边位置由两个动断触点(S00229)和两个开关触点(S00230)组成。下边位置由三个动合触点(S00227),两个开关触点(S00230)和两个先合后断的触点(S00233)组成。由于技术过时而废除。

S00268

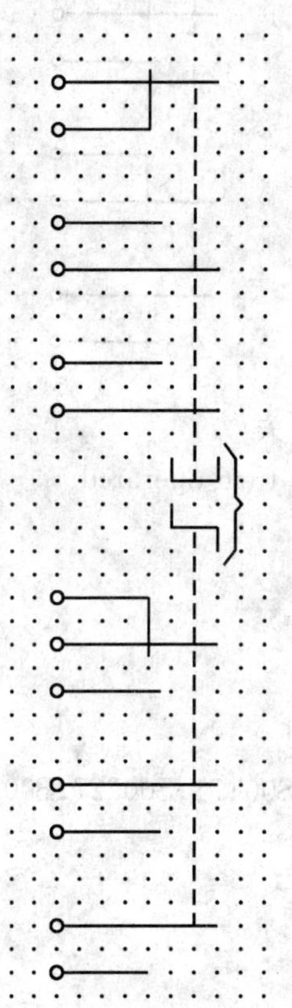

名　　称:一组触点按压操作、一组触点旋转操作的组合开关
Switch assembly,one set push operated,one set turn operated
状　　态:废除—仅供参考
IEC发布日期:2001-07-01
IEC废除日期:2002-03-23
上版标准序号:GB/T 4728.7　07-11-02

关　　键　　词:触点,开关

采　用　符　号:S00017;S00144;S00170;S00171;S00227;S00229;S00230

应　用　注　释:A00061,A00082,A00083

形　状　类　别:直线

功　能　类　别:S 把手动操作转换为信号

应　用　类　别:电路图

备　　　　　注:用端子表示一组触点由推动按钮操作(自动复位),一组由旋转按钮操作(无自动复位)。括号表示只有一个制动器。上边触点组由一个动断触点(S00229)和两个动合触点(S00227)组成。下边触点组由两个动合触点(S00227)和一个开关触点(S00230)组成。由于技术过时而废除。

S00269

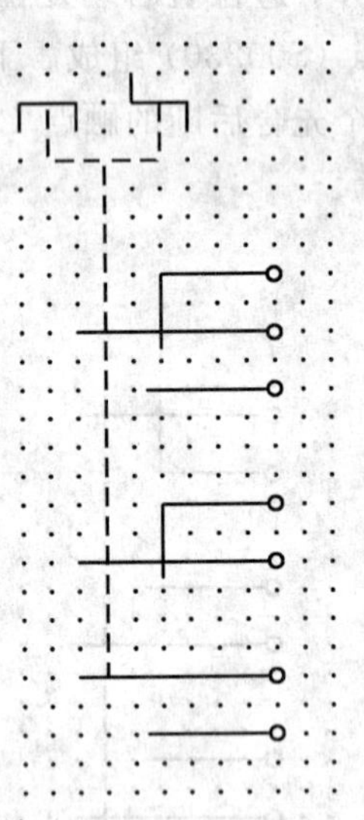

名　　　　　称:按压或旋转操作的组合开关

Switch assembly,push or turn operated

状　　　　　态:废除—仅供参考

IEC发布日期:2001-07-01

IEC废除日期:2002-03-23

上版标准序号:GB/T 4728.7　07-11-03

关　　键　　词:触点,开关

采　用　符　号:S00017;S00144;S00170;S00171;S00227;S00229;S00230

应　用　注　释:A00061,A00082,A00083

形　状　类　别:直线

功　能　类　别:S 把手动操作转换为信号

应　用　类　别:电路图

备　　　　　注:同一组触点可用两种不同方法操作,或是旋转(无自动复位),或是按压(带自动复位)。开关由一个开关触点(S00230),一个动断触点(S00229)和一个动合触点(S00227)组成。由于技术过时而废除。

S00273

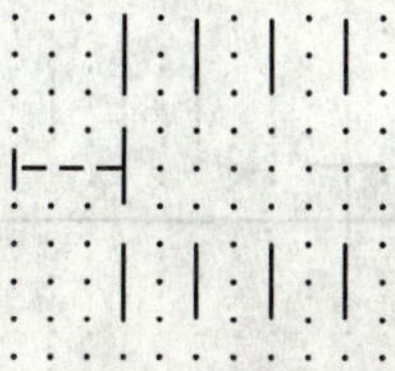

名　　　称:电路独立的多位开关
Multi-position switch,independent circuits
状　　　态:废除—仅供参考
IEC发布日期:2001-07-01
IEC废除日期:2003-08-12
上版标准序号:GB/T 4728.7　07-11-07
关　键　词:触点,开关
采 用 符 号:S00167
应 用 注 释:A00061,A00082,A00083
替 代 符 号: S01454
形 状 类 别:直线
功 能 类 别:S 把手动操作转换为信号
应 用 类 别:电路图
备　　　注:图中显示有四个独立电路的手动多位开关。

S00274

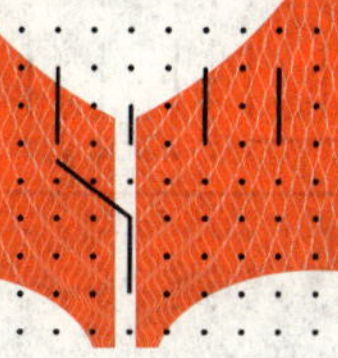

名　　　称:一位不接通的多位开关
Multi-position switch,one position disabled
状　　　态:废除—仅供参考
IEC发布日期:2001-07-01
IEC废除日期:2003-08-12
上版标准序号:GB/T 4728.7　07-11-08
关　键　词:触点,开关
采 用 符 号:S00271
应 用 注 释:A00060,A00061
替 代 符 号: S01454
形 状 类 别:直线
功 能 类 别:S 把手动操作转换为信号
应 用 类 别:电路图
备　　　注:位置 2 不接通。

S00275

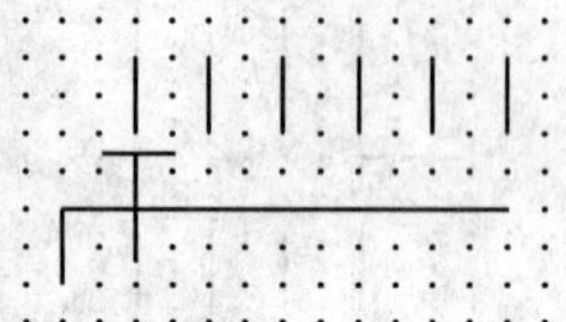

名　　　　称:带滑动片的多位开关
　　　　　　Multi-position switch, wiper
状　　　　态:废除—仅供参考
IEC发布日期:2001-07-01
IEC废除日期:2003-08-12
上版标准序号:GB/T 4728.7　07-11-09
关　键　词:触点,开关
采 用 符 号:S00270
应 用 注 释:A00061
替 代 符 号: S01454
形 状 类 别:直线
功 能 类 别:S 把手动操作转换为信号
应 用 类 别:电路图
备　　　　注:滑动片仅从一个位置滑向下一个位置时有跨接。

S00276

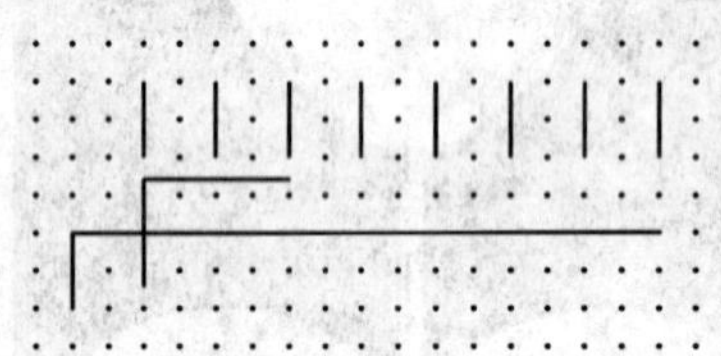

名　　　　称:滑动多个连续相邻触点的多位开关
　　　　　　Multi-position switch, wiping multiple consecutive contacts
状　　　　态:废除—仅供参考
IEC发布日期:2001-07-01
IEC废除日期:2003-08-12
上版标准序号:GB/T 4728.7　07-11-10
关　键　词:触点,开关
采 用 符 号:S00270
应 用 注 释:A00061
替 代 符 号: S01454
形 状 类 别:直线
功 能 类 别:S 把手动操作转换为信号
应 用 类 别:电路图
备　　　　注:在每一个位置上,滑动片跨接三个相邻端子。

S00277

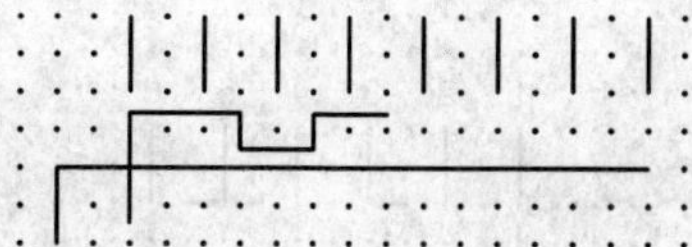

名　　　称:滑动多触点的多位开关

Multi-position switch,wiping multiple contacts

状　　　态:废除—仅供参考

IEC发布日期:2001-07-01

IEC废除日期:2003-08-12

上版标准序号:GB/T 4728.7　07-11-11

关　键　词:触点,开关

采 用 符 号:S00270

应 用 注 释:A00061

替 代 符 号:S01454

形 状 类 别:直线

功 能 类 别:S 把手动操作转换为信号

应 用 类 别:电路图

备　　　注:在每一个位置上,滑动片跨接三个不连续的端子,跳过中间一个端子。

S00278

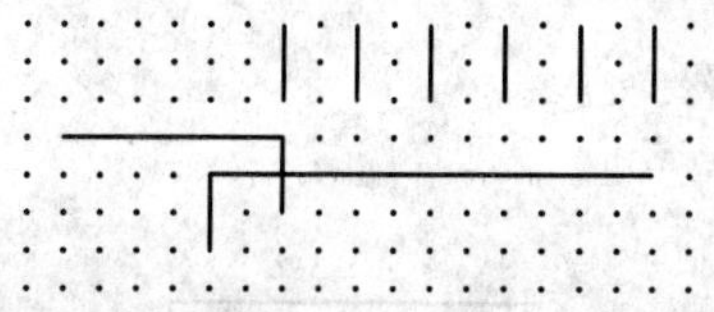

名　　　称:滑动累积触点的多位开关

Multi-position switch,wiping cumulative contacts

状　　　态:废除—仅供参考

IEC发布日期:2001-07-01

IEC废除日期:2002-03-23

上版标准序号:GB/T 4728.7　07-11-12

关　键　词:触点,开关

采 用 符 号:S00270

应 用 注 释:A00061

形 状 类 别:直线

功 能 类 别:S 把手动操作转换为信号

应 用 类 别:电路图

备　　　注:用于累积并联开关。由于技术过时而废除。

S00279

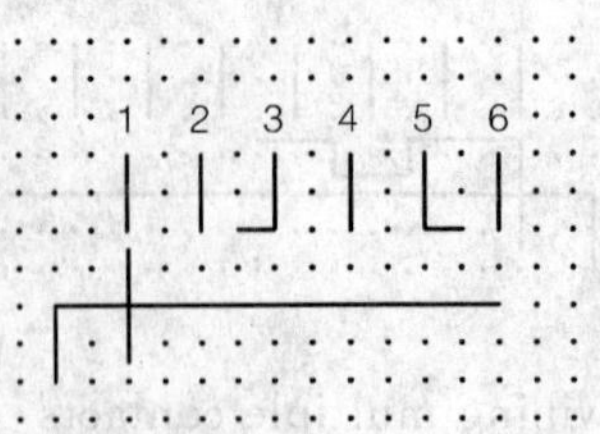

名　　　称:带提前/滞后断/合状态指示的多位开关
Multi-position switch,early/late break/make indicated
状　　　态:废除—仅供参考
IEC发布日期:2001-07-01
IEC废除日期:2002-03-23
上版标准序号:GB/T 4728.7　07-11-13
别　　　名:单极多位开关
关　键　词:触点,开关
采 用 符 号:S00239;S00240;S00270
应 用 注 释:A00061
形 状 类 别:直线
功 能 类 别:S 把手动操作转换为信号
应 用 类 别:电路图
备　　　注:当滑动片从位置 2 滑向位置 3 时,位置 3 的触点较其他触点提前接通。当滑动片从位置 5 滑向位置 6 时,位置 5 的触点较其他触点滞后断开。当滑动片反向滑动时,功能相反。由于技术过时而废除。

S00280

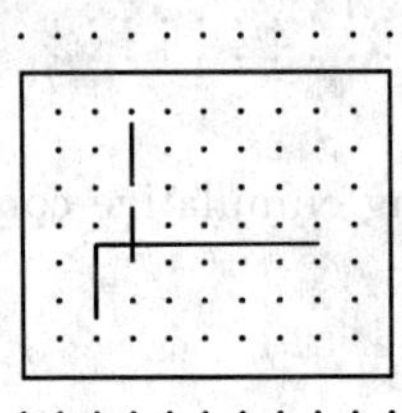

名　　　称:复合开关,一般符号
Complex switch,general symbol
状　　　态:废除—仅供参考
IEC发布日期:2001-07-01
IEC废除日期:2002-03-23
上版标准序号:GB/T 4728.7　07-12-01
关　键　词:复合开关,开关
用　　　于:S00281,S00282
应 用 注 释:A00086
形 状 类 别:直线,矩形
功 能 类 别:S 把手动操作转换为信号
应 用 类 别:电路图,接线图,功能图,框图

备　　注：由于技术过时而废除。

S00281

名　　称：复合开关，薄片式
Complex switch，wafer type

状　　态：废除—仅供参考

IEC发布日期：2001-07-01

IEC废除日期：2002-03-23

上版标准序号：GB/T 4728.7　07-12-02

关　键　词：复合开关，开关

采 用 符 号：S00280

应 用 注 释：A00252

形 状 类 别：字符，直线，矩形

功 能 类 别：S 把手动操作转换为信号

应 用 类 别：电路图，接线图，功能图，框图

备　　注：具有 A～F6 个端子的 18 位旋转薄片式开关，其结构如应用注释 A00252 所示。所示字符并非符号组成部分。由于技术过时而废除。

S00282

B
D
6
A
C
E

名　　称：鼓形旋转式复合开关
Complex switch，rotary drum type

状　　态：废除—仅供参考

IEC发布日期：2001-07-01

IEC废除日期：2002-03-23

上版标准序号：GB/T 4728.7　07-12-03

关　键　词：复合开关，开关

采 用 符 号：S00280

应 用 注 释：A00253

形 状 类 别:字符,直线,矩形
功 能 类 别:S 把手动操作转换为信号
应 用 类 别:电路图,接线图,功能图,框图
备 注:具有 5 个端子的 6 位鼓形旋转开关,其结构如应用注释 A00253 所示。所示字符并非符号组成部分,由于技术过时而废除。

S00283

名 称:开关
Switch
状 态:废除—仅供参考
IEC发布日期:1996-05
IEC废除日期:2001-07-01
上版标准序号:GB/T 4728.7 07-13-01
关 键 词:电力开关器件
替 代 符 号:S00227;S00228
形 状 类 别:直线
功 能 类 别:Q 受控切换或改变
应 用 类 别:电路图,接线图,功能图,框图

S00306

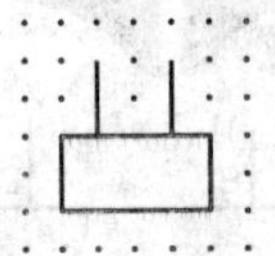

名 称:驱动器件,一般符号;继电器线圈,一般符号
Operating device,general symbol;Relay coil;general symbol
状 态:废除—仅供参考
IEC发布日期:2001-07-01
IEC废除日期:2003-08-12
上版标准序号:GB/T 4728.7 07-15-02
关 键 词:有或无继电器,驱动器件
形 式:形式 2
其 他 形 式:S00305
应 用 注 释:A00089
形 状 类 别:矩形
功 能 类 别:K 处理信号或信息
应 用 类 别:电路图,接线图,功能图,框图

S00308

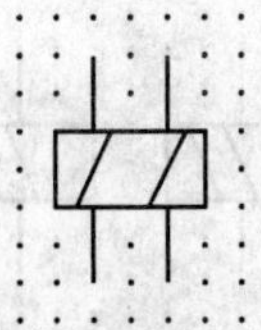

名　　　称:驱动器件;继电器线圈(组合表示法)
　　　　　Operating device;Relay coil (attached representation)
状　　　态:废除—仅供参考
IEC发布日期:2001-07-01
IEC废除日期:2003-08-12
上版标准序号:GB/T 4728.7　07-15-04
关　键　词:有或无继电器,驱动器件
形　　　式:形式 2
其 他 形 式:S00306
采 用 符 号:S00305
形 状 类 别:直线,矩形
功 能 类 别:K 处理信号或信息
应 用 类 别:电路图,接线图,功能图,框图
备　　　注:具有两个独立绕组的驱动器件的组合表示法。

S00309

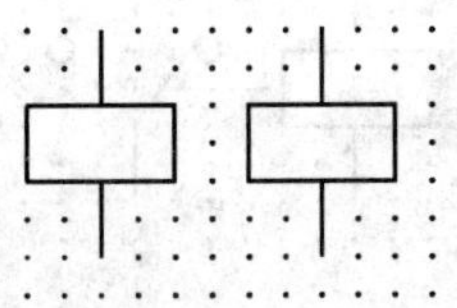

名　　　称:驱动器件;继电器线圈(分立表示法)
　　　　　Operating device;Relay coil (detached representation)
状　　　态:废除—仅供参考
IEC发布日期:2001-07-01
IEC废除日期:2003-08-12
上版标准序号:GB/T 4728.7　07-15-05
关　键　词:有或无继电器,驱动器件
形　　　式:形式 1
其 他 形 式:S00310
采 用 符 号:S00305
形 状 类 别:矩形
功 能 类 别:K 处理信号或信息
应 用 类 别:电路图,接线图,功能图,框图
备　　　注:具有两个独立绕组的驱动器件的分立表示法。

S00310

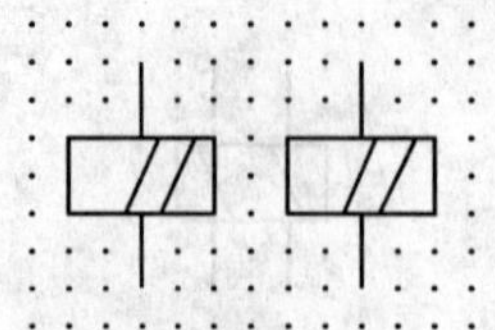

名　　　称:驱动器件;继电器线圈(分立表示法)

Operating device;Relay coil (detached representation)

状　　　态:废除—仅供参考

IEC发布日期:2001-07-01

IEC废除日期:2003-08-12

上版标准序号:GB/T 4728.7　07-15-06

关　键　词:有或无继电器,驱动器件

形　　　式:形式 2

其 他 形 式:S00309

采 用 符 号:S00305

形 状 类 别:直线,矩形

功 能 类 别:K 处理信号或信息

应 用 类 别:电路图,接线图,功能图,框图

备　　　注:具有两个独立绕组的驱动器件的分立表示法。

S00322

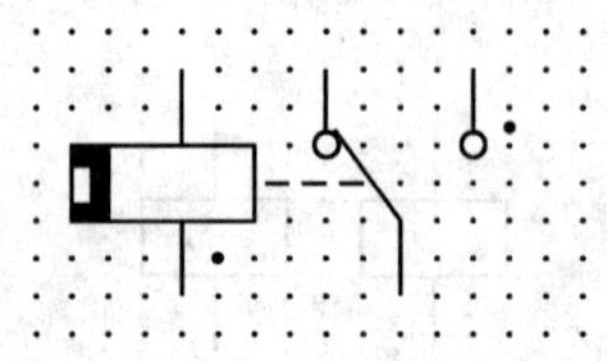

名　　　称:带稳定位置的极化继电器

Polarized relay,stable positions

状　　　态:废除—仅供参考

IEC发布日期:2001-07-01

IEC废除日期:2002-03-23

上版标准序号:GB/T 4728.7　07-15-18

关　键　词:有或无继电器,驱动器件

采 用 符 号:S00250;S00319

替 代 符 号: S01416

形 状 类 别:点,直线,矩形

功 能 类 别:K 处理信号或信息

应 用 类 别:电路图,接线图,功能图,框图

备　　　注:具有两个稳定位置。

S01367

名　　　称：惯性开关(突然减速而动作)
Inertia switch (operated by sudden deceleration)

状　　　态：废除—仅供参考

IEC废除日期：1996-05

上版标准序号：GB/T 4728.7　07-A1-01

关　键　词：触点，开关

形 状 类 别：点，直线

功 能 类 别：K 处理信号或信息

应 用 类 别：电路图

S01368

名　　　称：水银开关；液位开关
Mercury switch; Levelling switch

状　　　态：废除—仅供参考

IEC废除日期：1996-05

上版标准序号：GB/T 4728.7　07-A1-02

关　键　词：开关

形 状 类 别：描述，直线

功 能 类 别：K 处理信号或开关

应 用 类 别：电路图

备　　　注：示出三端。

S01369

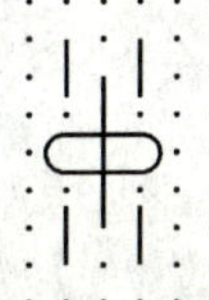

名　　　称：水银开关；液位开关
Mercury switch; Levelling switch

状　　　态：废除—仅供参考

IEC废除日期：1996-05

上版标准序号:GB/T 4728.7　07-A1-03
关　　键　　词:触点,开关
形 状 类 别:描述,直线
功 能 类 别:K 处理信号或开关
应 用 类 别:电路图
备　　　　注:示出四端。

S01370

名　　　　称:带自动释放的起动器
Starter with automatic release
状　　　　态:废除—仅供参考
IEC废除日期:1996-05
上版标准序号:GB/T 4728.7　07-A2-01
关　　键　　词:电动机起动器
形 状 类 别:等腰三角形,正方形
功 能 类 别:Q 受控切换或改变
应 用 类 别:电路图

S01371

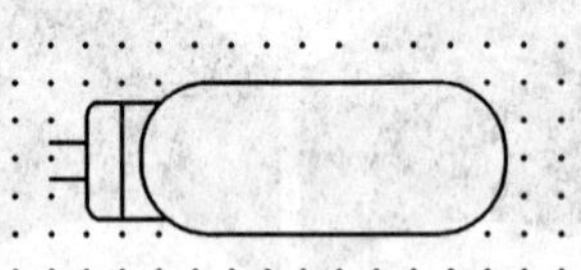

名　　　　称:灭火器
Fire-extinguisher
状　　　　态:废除—仅供参考
IEC废除日期:1996-05
上版标准序号:GB/T 4728.7　07-A3-01
关　　键　　词:灭火器
形 状 类 别:描述,椭圆
功 能 类 别:C 存储
应 用 类 别:电路图
备　　　　注:具有连接器的单头灭火器。

S01372

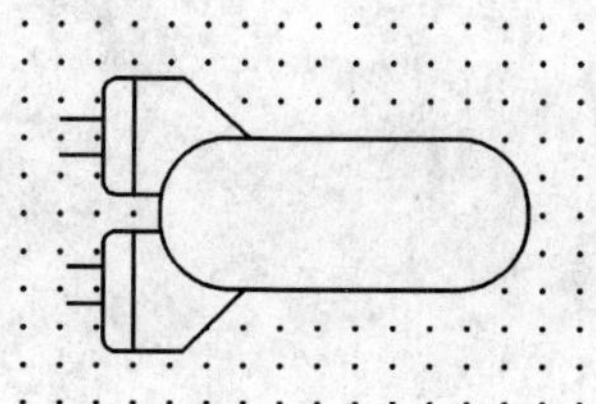

名　　　称:灭火器
　　　　　Fire-extinguisher
状　　　态:废除—仅供参考
IEC废除日期:1996-05
上版标准序号:GB/T 4728.7　07-A3-02
关　键　词:灭火器
形 状 类 别:描述，椭圆
功 能 类 别:C 存储
应 用 类 别:电路图
备　　　注:具有连接器的双头灭火器。

S01373

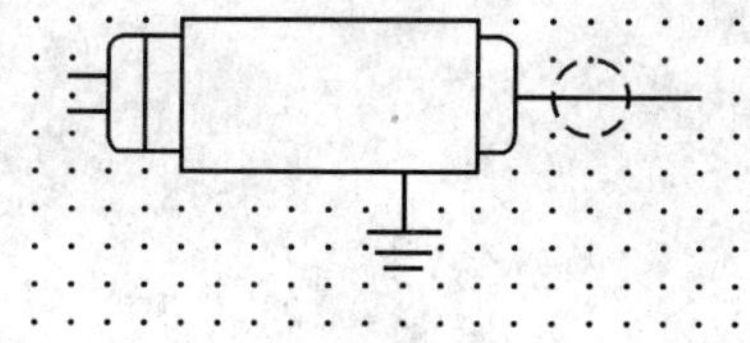

名　　　称:高能点火装置
　　　　　Ignition unit,high energy
状　　　态:废除—仅供参考
IEC废除日期:1996-05
上版标准序号:GB/T 4728.7　07-A4-01
关　键　词:感应器
形 状 类 别:描述
功 能 类 别:T 保持能量性质不变的能量变换
应 用 类 别:电路图

S01374

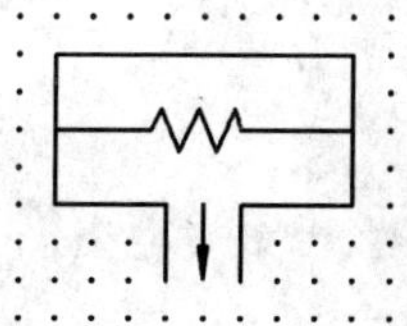

名　　　称:电气导火管点火器
　　　　　Squib igniter
状　　　态:废除—仅供参考

IEC废除日期:1996-05
上版标准序号:GB/T 4728.7　07-A4-02
关　　键　　词:电阻器
形 状 类 别:矩形
功 能 类 别:E 提供辐射能或热能
应 用 类 别:电路图

S01375

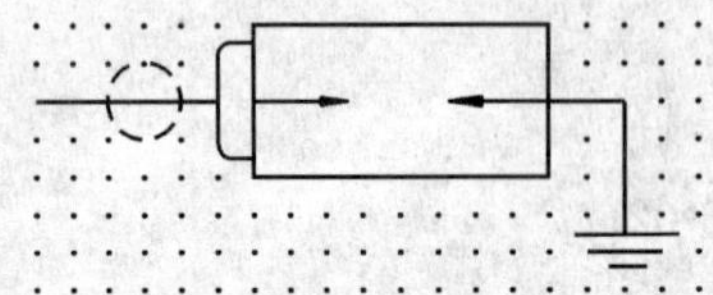

名　　　　　称:插头点火器
Igniter plug
状　　　　　态:废除—仅供参考
IEC废除日期:1996-05
上版标准序号:GB/T 4728.7　07-A4-03
关　　键　　词:火花间隙
形 状 类 别:箭头,矩形
功 能 类 别:E 提供辐射能或热能
应 用 类 别:电路图

S01376

名　　　　　称:线圈驱动的标志指示器
Coil-operated flag indicator
状　　　　　态:废除—仅供参考
IEC废除日期:1996-05
上版标准序号:GB/T 4728.7　07-A4-04
关　　键　　词:指示器
形 状 类 别:半圆,矩形
功 能 类 别:P 提供信息
应 用 类 别:电路图

应用注释

应用注释 A00060

表示节点的空心或实心的小圆，可以加到大多数符号里。示例见符号 S00228。

在有些符号里，表示节点的圆应当画出。示例见符号 S00231。

应用于：S00227，S00229，S00230，S00232，S00233，S00234，S00235，S00236，S00237，S00238，S00239，S00240，S00241，S00242，S00243，S00244，S00245，S00246，S00247，S00248，S00249，S00250，S00251，S00253，S00254，S00255，S00256，S00257，S00258，S00259，S00260，S00261，S00262，S00263，S00264，S00265，S00271，S00272，S00274，S00284，S00285，S00286，S00287，S00288，S00290，S00291，S00292，S00294，S00295

应用注释 A00061

关于开关的其他表示方法，如特别复杂的电子开关等，见 IEC 617-12 第 17A 和 29 章，以及 IEC 617-13 第 17 章。

应用于：S00218，S00219，S00220，S00221，S00222，S00223，S00224，S00225，S00226，S00227，S00228，S00229，S00230，S00231，S00232，S00233，S00234，S00235，S00236，S00237，S00238，S00239，S00240，S00241，S00242，S00243，S00244，S00245，S00246，S00247，S00248，S00249，S00250，S00251，S00252，S00253，S00254，S00255，S00256，S00257，S00258，S00259，S00260，S00261，S00262，S00263，S00264，S00265，S00267，S00268，S00269，S00270，S00271，S00272，S00273，S00274，S00275，S00276，S00277，S00278，S00279

应用注释 A00062

当不需要表示接触的操作方法，该限定符号可用在简单的触点符号上以表示位置开关。如情况复杂，需要表示出操作方法，则应使用 02-13-16 至 02-13-19 中的一个符号。

应用于：S00223

应用注释 A00063

当在两个方向都用机械操作触点时，此符号应加在触点符号的两边。

应用于：S00223

应用注释 A00064

该符号可用于指示自动返回。示例见 07-06-01。

应用于：S00224，S00249，S00251，S00252

应用注释 A00065

该符号不应当和限定符号 07-01-01、07-01-02、07-01-03 及 07-01-04 一起使用。在很多情况下，可使用符号 02-12-07。

应用于：S00224，S00249，S00251，S00252

应用注释 A00066

该符号可用于指示无自动返回功能。本规定实施时，它的使用应适当标注。

应用于：S00225，S00250，S00252

应用注释 A00067

该符号不应当和限定符号 07-01-01、07-01-02、07-01-03 及 07-01-04 一起使用。在很多情况下，可使用符号 02-12-08。

应用于：S00225，S00250，S00252

应用注释 A00068

该符号应用于指明一个机动装置的正向操作方向，在所示方向上是安全的或符合要求的。它表明该操作确保所有的触点都在启动装置的相应位置。

应用于：S00226

应用注释 A00069

如果触点表示连接，则该符号应适用于所有连接触点，除非另有说明（见符号 07-08-07）。

应用于：S00226

应用注释 A00070

见符号 02-12-05 和 02-12-06。对于吸合或释放操作，触点的闭合和断开是延时的。朝圆弧中心方向的运动是延时的（降落伞效应）。起延时作用的符号可绘在触点符号的旁边，这样最适合于应用和器件符号的布置。

应用于：S00243，S00244，S00245，S00246，S00247，S00248

应用注释 A00082

由于“推”或“拉”的操作器件一般具有自动返回，因此不需标明自动复位符号 S00150。

但在那些无自动返回的情况下，自锁符号 S00151 应予示出。

应用于：S00253，S00254，S00255，S00257，S00258，S00267，S00268，S00269，S00273，S00292，S00294，S00295

应用注释 A00083

旋转操作的器件一般没有自动返回，因此不必标明自锁符号 S00151。

但是如果存在自动返回，则应当标明自动复位符号 S00150。

应用于：S00253，S00256，S00267，S00268，S00269，S00273，S00292，S00294，S00295

应用注释 A00084

当一组触点中的一个或几个由具有正向断开操作的功能构成，则这些正向操作可能涉及：

——动断触点的断开（例如 S00262：位置开关和 S00258：应急制动开关）或动合触点的闭合（例如 S00257：报警开关）；

——或是所有的触点或是特定的个别触点（示例见 S00296）；

——对于同一触点不能同时断开和闭合。

应用于：S00259，S00260，S00261，S00262

应用注释 A00085

Θ可用动作温度代替。

应用于:S00263

应用注释 A00086

有多种方式可用来完成复合式开关的功能,如用旋转薄片开关、滑形开关、鼓形控制器、偏心控制接触的组件等。同样也有多种方式可在电路图上用符号表示开关的功能(见 IEC 61082-2)。

研究表明,目前还没有一种符号系统能在任何应用中都是最好的。应根据简图的图意和开关装置的复杂程度来选择所使用的图形符号系统。

因此,本节只是用符号表示复合式开关的一种可能的方式。为了便于理解,每个示例均附有符号所表示的器件的结构图。下述方法是用一般符号表示复合式开关,但是必须附带一个连接表以补充说明。下面是两个例子。

应用于:S00280

应用注释 A00087

特殊类型的起动器可以在一般符号内加上限定符号来表示。见符号 S00300、S00302 和 S00303。

应用于:S00297

应用注释 A00088

可标出起动步数。

应用于:S00298

应用注释 A00089

具有几个绕组的操作器件可由包含在内的适当数量的斜线来表示,见符号 S00308。

应用于:S00305,S00306

应用注释 A00090

极性圆点用于表示通过极化继电器绕组的电流方向和按照如下方式连接的动触点的运动之间的关系。当标有极点的绕组端子相对于另一个绕组端子是正极时,动触点朝着标有圆点的位置运动。

应用于:S00319

应用注释 A00091

星号应由表示器件参数的一个或多个字母或限定符号按照以下顺序代替:

——特性量和其变化方式;

——能量流动方向;

——整定范围;

——重整定比(复位比);

——延时作用;

——延时值。

应用于:S00327

应用注释 A00092

特性量的文字符号应和已有标准相一致,例如:IEC 60027 和 ISO 31。

应用于:S00327

应用注释 A00093

给出类似测量元件数量的数字可包括在此符号内,如 S00342 所示。

应用于:S00327

应用注释 A00094

该符号可作为整个器件的功能符号,或者仅表示器件的驱动元件。

应用于:S00327

应用注释 A00095

可指明操作方法。

应用于:S00355

应用注释 A00096

代表节点的小圆(见应用注释 A00060)不应加到本符号中。

应用于:S00376

应用注释 A00097

可加入适当的限定符号来表示静态开关的功能。见符号 S00229~S00247。

应用于:S00376

应用注释 A00098

可加入限定符号用以表示驱动元件的类型。

应用于:S00379

应用注释 A00099

a) 星号(*)可由耦合介质的符号代替或省略。

b) *X* 和 *Y* 可由表示相关数量的适当指示代替或省略。

c) 双平行斜线可由交叉线代替。

应用于:S00383

应用注释 A00247

表示联接系统的各个部分的虚线将用如下方式定位:

左边:从断开或闭合的操作机构。

右边:到相关联的主触点和辅助触点。

上或下:操作机构有一个主要的断开功能。

应用于:S00293

应用注释 A00251

有时原图与位置图同时列出便于表示每个开关位置的作用。也可用于表示操作器件运动的极限,如下图 A00251Example.pdf 所示。

位置图示例

操作器件(例如手轮)仅能从位置 1～4 之间来回转动

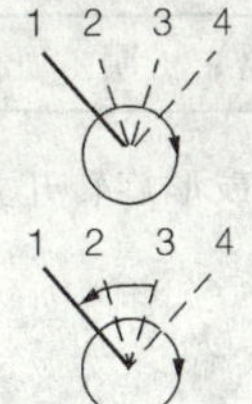

操作器件仅能按顺时针方向转动

操作器件按顺时针方向转动不受限制,但按逆时针方向旋转时只能从位置 3～1

应用于:S00272

应用注释 A00252

具有 A～F6 个端子的 18 位旋转薄片式开关,其结构如下图 A00252Example. pdf 所示(开关位于位置 1)。

序　号	图形符号	说　　明
07-12-02	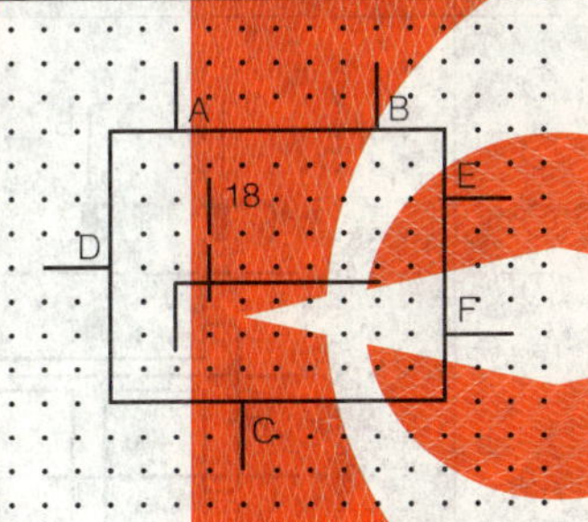 A' B 18 E D F C 连接表 端子的互相连接 位置 ABCDEF 1 2 3 4 5 6 7 8 9 10 11 12 13 14 15 16 17 18	例:具有 A～F6 个端子的 18 位旋转薄片式开关,其结构如下图所示(开关位于位置 1)。所示字符并非符号组成部分

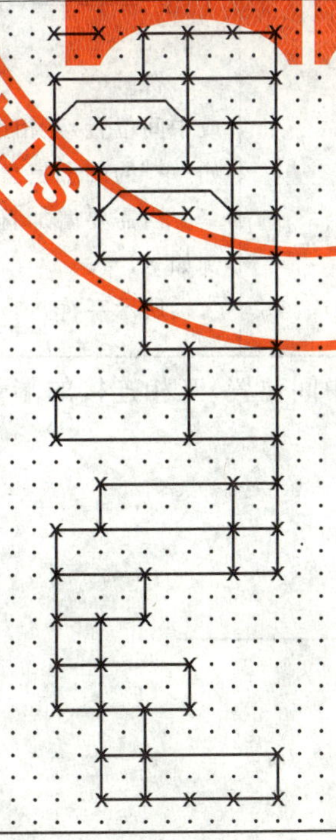

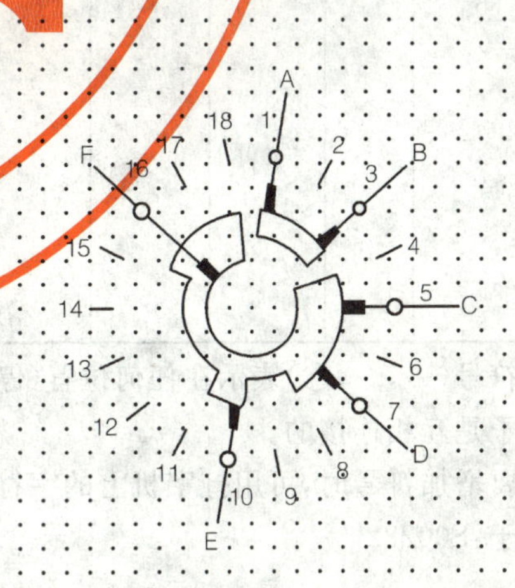

应用于：S00281

应用注释 A00253

具有 5 个端子的 6 位鼓形旋转开关，其结构如下图 A00253Example.pdf 所示。

<table>
<tr><th>序　号</th><th colspan="6">图形符号</th><th>说　　明</th></tr>
<tr><td rowspan="13">07-12-03</td><td colspan="6">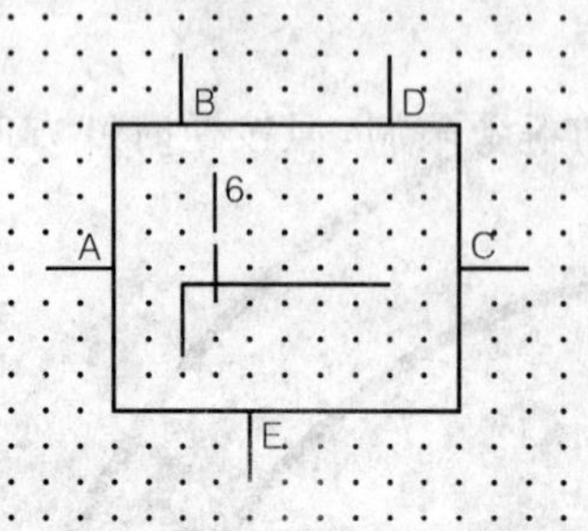
连接表</td><td rowspan="3">具有 5 个端子的 6 位鼓形旋转开关，其结构如下图所示：</td></tr>
<tr><td rowspan="2">位置</td><td colspan="5">端子的互相连接</td></tr>
<tr><td>A</td><td>B</td><td>C</td><td>D</td><td>E</td></tr>
<tr><td>1</td><td>＋</td><td></td><td>＋</td><td>○</td><td>○</td><td rowspan="10">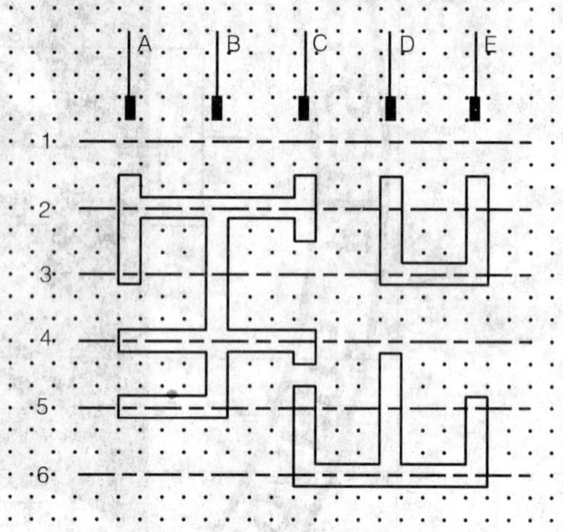
符号(＋，－，○)表示在任何位置(停止位置或中间位置)互相连接的端子，即有相同符号，例如“＋”的端子是互相连接的；
当需要增加符号时，可用打字机上的字符，例如 X，＝；
所示字符并非符号组成部分</td></tr>
<tr><td>2</td><td>＋</td><td>＋</td><td>＋</td><td>○</td><td>○</td></tr>
<tr><td></td><td>＋</td><td>＋</td><td>＋</td><td>○</td><td>○</td></tr>
<tr><td>3</td><td>＋</td><td>＋</td><td></td><td>○</td><td>○</td></tr>
<tr><td></td><td></td><td>＋</td><td></td><td></td><td></td></tr>
<tr><td>4</td><td>＋</td><td>＋</td><td>＋</td><td></td><td></td></tr>
<tr><td></td><td></td><td>＋</td><td>＋</td><td>—</td><td></td></tr>
<tr><td>5</td><td>＋</td><td>＋</td><td>—</td><td>—</td><td>—</td></tr>
<tr><td></td><td></td><td></td><td>—</td><td>—</td><td>—</td></tr>
<tr><td>6</td><td></td><td></td><td>—</td><td>—</td><td>—</td></tr>
</table>

符号(＋，－，○)表示在任何位置(停止位置或中间位置)互相连接的端子，即有相同符号，例如“＋”的端子是互相连接的。

当需要增加符号时，可用打字机上的字符。例如 X，＝。

应用于：S00282

ICS 29.020
K 04

中华人民共和国国家标准

GB/T 4728.8—2008/IEC 60617database
代替 GB/T 4728.8—2000

电气简图用图形符号
第8部分:测量仪表、灯和信号器件

Graphical symbols for diagrams—
Part 8:Measuring instruments,lamps and signaling devices

(IEC 60617database,IDT)

2008-05-28 发布　　2009-01-01 实施

中华人民共和国国家质量监督检验检疫总局
中国国家标准化管理委员会　发布

前言

GB/T 4728《电气简图用图形符号》分为13个部分：

——第1部分：一般要求；

——第2部分：符号要素、限定符号和其他常用符号；

——第3部分：导体和连接件；

——第4部分：基本无源元件；

——第5部分：半导体管和电子管；

——第6部分：电能的发生与转换；

——第7部分：开关、控制和保护器件；

——第8部分：测量仪表、灯和信号器件；

——第9部分：电信：交换和外围设备；

——第10部分：电信：传输；

——第11部分：建筑安装平面布置图；

——第12部分：二进制逻辑元件；

——第13部分：模拟元件。

本部分为GB/T 4728的第8部分，等同采用IEC 60617database《电气简图用图形符号》数据库标准(IEC 60617_Snapshot_2007-08-03英文版)。

本部分代替GB/T 4728.8—2000《电气简图用图形符号　第8部分：测量仪表、灯和信号器件》。同GB/T 4728.8—2000相比，有如下变化：

——增加了新符号S01417；

——废除了11个符号：S00953(08-06-02)、S00955(08-06-04)、S00957(08-06-06)、S00958(08-07-01)、S00962(08-09-02)、S00963(08-09-03)、S00964(08-09-04)、S00969(08-10-05)、S00970(08-10-05)、S00971(08-10-08)、S00974(08-10-12)；

——根据IEC 60617数据库标准，各符号列出的信息较旧版增加了多项内容。

本部分符号中的"所替代的符号"项是指当前符号为标准符号，被该标准符号所代替的符号。本部分符号中的"替代符号"项是指当前符号废止，代替该废止符号的符号。

本部分由全国电气信息结构、文件编制和图形符号标准化技术委员会提出并归口。

本部分主要起草单位：机械科学研究总院中机生产力促进中心。

本部分参加起草单位：国电华北电力设计院工程有限公司、中国航空综合技术研究所、中国船舶工业综合技术经济研究院、中国航天科工集团二院、中国电子工业标准化所、邮电工业标准化所、中国电力企业联合会、中国航空工业规划设计研究院、五洲工程设计研究院、中国纺织工业设计院、中国航天科工集团二院23所、上海电器科学研究所、许昌继电器研究所、中国兵器工业第205研究所等。

本部分主要起草人：郭汀、高惠民、沈兵、武晶、李旭亮、徐云驰、武冰梅、谭泳、于明、陈泽毅、王素英、李道本、李萍、季慧玉、李志勇、高永梅、刘维娜。

本部分所代替标准历次发布情况为：

——GB/T 4728.8—1984；

——GB/T 4728.8—2000。

电气简图用图形符号
第8部分:测量仪表、灯和信号器件

S00910

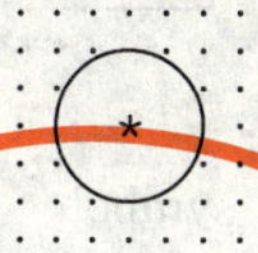

名　　称:指示仪表,一般符号
Indicating instrument,general symbol
状　　态:标准
IEC发布日期:2001-07-01
上版标准序号:GB/T 4728.8　08-01-01
别　　名:仪表
关　键　词:指示仪表,仪表,测量仪器
用　　于:S01426,S01428,S01427,S00924,S00916,S00927,S00925,S00921,S00917,S00914,S00913,S00920,S00922,S00923,S00915,S00918,S00919,S00926,S01843
应用注释:A00144,A00145,A00146,A00147
形状类别:圆
功能类别:P 提供信息
应用类别:电路图,接线图,功能图,安装简图,概略图
备　　注:星号根据应用注释 A00144 而被取代。

S00911

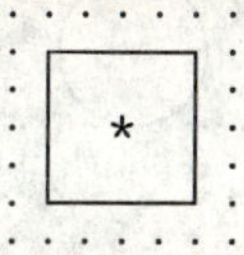

名　　称:记录仪表,一般符号
Recording instrument,general symbol
状　　态:标准
IEC发布日期:2001-07-01
上版标准序号:GB/T 4728.8　08-01-02
别　　名:仪表
关　键　词:仪表,测量仪器,记录仪表
用　　于:S00928,S00929,S00930
应用注释:A00144,A00145,A00146,A00147
形状类别:正方形
功能类别:P 提供信息
应用类别:电路图,接线图,功能图,安装简图,概略图

备　　　注:星号根据应用注释 A00144 而被取代。

S00912

名　　　称:积算仪表,一般符号
Integrating instrument,general symbol
状　　　态:标准
IEC发布日期:2001-07-01
上版标准序号:GB/T 4728.8　08-01-03
别　　　名:能量仪表
关　键　词:仪表,积算仪表,测量仪表
用　　　于:S00935,S00940,S00942,S00931,S00937,S00944,S00932,S00939,S00936,S00941,S00934,S00943,S00945,S00938,S00933
应 用 注 释:A00144,A00145,A00146,A00147,A00148
形 状 类 别:矩形
功 能 类 别:P 提供信息
应 用 类 别:电路图,接线图,功能图,安装简图,概略图
备　　　注:星号根据应用注释 A00144 而被取代。

S00913

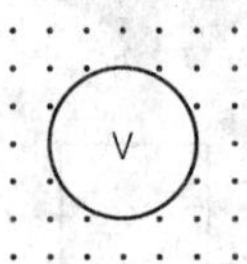

名　　　称:电压表
Voltmeter
状　　　态:标准
IEC发布日期:2001-07-01
上版标准序号:GB/T 4728.8　08-02-01
关　键　词:指示仪表,仪表,测量仪表,电压表
用　　　于:S01429,S01843
采 用 符 号:S00910
应 用 注 释:A00145
形 状 类 别:字符,圆
功 能 类 别:P 提供信息
应 用 类 别:电路图,接线图,功能图,概略图

S00914

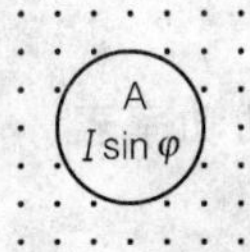

名　　　称:无功电流表

Reactive current ammeter

状　　　态:标准

IEC发布日期:2001-07-01

上版标准序号:GB/T 4728.8　08-02-02

关　键　词:指示仪表,仪表,测量仪表,电流计

采 用 符 号:S00910

应 用 注 释:A00145

形 状 类 别:字符,圆

功 能 类 别:P 提供信息

应 用 类 别:电路图,接线图,功能图,安装简图,概略图

S00915

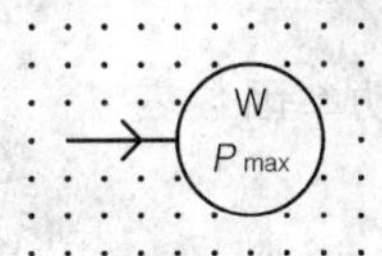

名　　　称:最大需量指示器

Maximum demand indicator

状　　　态:标准

IEC发布日期:2001-07-01

上版标准序号:GB/T 4728.8　08-02-03

关　键　词:指示仪表,指示器,仪表,最大需量,测量仪表

采 用 符 号:S00910

应 用 注 释:A00145

形 状 类 别:字符,圆

功 能 类 别:P 提供信息

应 用 类 别:电路图,接线图,功能图,安装简图,概略图

备　　　注:被积算仪表激励

S00916

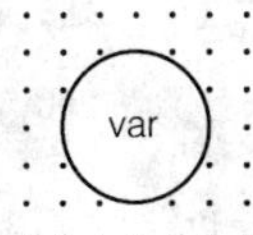

名　　　称:无功功率表

Varmeter

状　　　态:标准
IEC发布日期:2001-07-01
上版标准序号:GB/T 4728.8　08-02-04
关　键　词:指示仪表,仪表,测量仪表,无功功率表
采 用 符 号:S00910
应 用 注 释:A00145
形 状 类 别:字符,圆
功 能 类 别:P 提供信息
应 用 类 别:电路图,接线图,功能图,概略图

S00917

cosφ

名　　　称:功率因数表
　　　　　Power-factor meter
状　　　态:标准
IEC发布日期:2001-07-01
上版标准序号:GB/T 4728.8　08-02-05
关　键　词:指示仪表,仪表,测量仪表,功率因数表
采 用 符 号:S00910
应 用 注 释:A00145
形 状 类 别:字符,圆
功 能 类 别:P 提供信息
应 用 类 别:电路图,接线图,功能图,安装简图,概略图

S00918

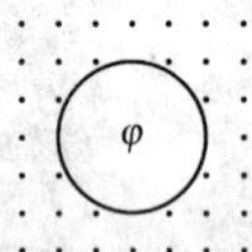

名　　　称:相位表
　　　　　Phase meter
状　　　态:标准
IEC发布日期:2001-07-01
上版标准序号:GB/T 4728.8　08-02-06
关　键　词:指示仪表,仪表,测量仪表,相位表
采 用 符 号:S00910
应 用 注 释:A00145
形 状 类 别:字符,圆
功 能 类 别:P 提供信息
应 用 类 别:电路图,接线图,功能图,概略图

S00919

名　　　　称:频率计

Frequency meter

状　　　　态:标准

IEC发布日期:2001-07-01

上版标准序号:GB/T 4728.8　08-02-07

关　键　词:频率计,指示仪表,仪表,测量仪表

采 用 符 号:S00910

应 用 注 释:A00145

形 状 类 别:字符,圆

功 能 类 别:P 提供信息

应 用 类 别:电路图,接线图,功能图,装配图,概略图

S00920

名　　　　称:同步指示器

Synchronoscope

状　　　　态:标准

IEC发布日期:2001-07-01

上版标准序号:GB/T 4728.8　08-02-08

关　键　词:指示仪表,仪表,测量仪表,同步指示器

采 用 符 号:S00910

应 用 注 释:A00144

形 状 类 别:箭头,圆

功 能 类 别:P 提供信息

应 用 类 别:电路图,接线图,功能图,概略图

S00921

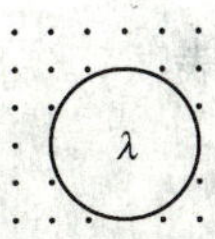

名　　　　称:波长计

Wavemeter

状　　　　态:标准

IEC发布日期:2001-07-01
上版标准序号:GB/T 4728.8　08-02-09
关　　键　　词:指示仪表,仪表,测量仪表,波长计
采 用 符 号:S00910
应 用 注 释:A00144
形 状 类 别:字符,圆
功 能 类 别:P 提供信息
应 用 类 别:电路图,接线图,功能表图,概略图

S00922

名　　　　称:示波器
Oscilloscope
状　　　　态:标准
IEC发布日期:2001-07-01
上版标准序号:GB/T 4728.8　08-02-10
关　　键　　词:指示仪表,仪表,测量仪表,示波器
采 用 符 号:S00910
应 用 注 释:A00144
形 状 类 别:圆,直线
功 能 类 别:P 提供信息
应 用 类 别:电路图,接线图,功能图,概略图

S00923

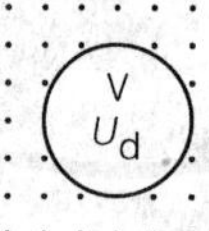

名　　　　称:差动式电压表
Differential voltmeter
状　　　　态:标准
IEC发布日期:2001-07-01
上版标准序号:GB/T 4728.8　08-02-11
关　　键　　词:指示仪表,仪表,测量仪表,电压表
采 用 符 号:S00910
应 用 注 释:A00144,A00145,A00146
形 状 类 别:字符,圆
功 能 类 别:P 提供信息
应 用 类 别:电路图,接线图,功能图,概略图

S00924

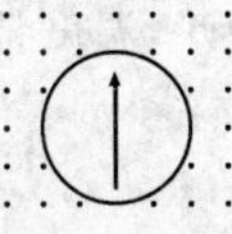

名　　　称:检流计
Galvanometer
状　　　态:标准
IEC发布日期:2001-07-01
上版标准序号:GB/T 4728.8　08-02-12
关　　键　　词:检流计,指示仪表,仪表,测量仪表
采 用 符 号:S00910
应 用 注 释:A00144、A00145
形 状 类 别:箭头,圆
功 能 类 别:P 提供信息
应 用 类 别:电路图,接线图,功能图,概略图

S00925

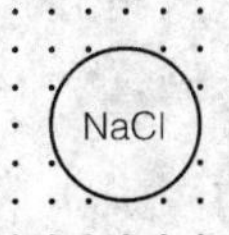

名　　　称:盐度计
Salinity meter
状　　　态:标准
IEC发布日期:2001-07-01
上版标准序号:GB/T 4728.8　08-02-13
关　　键　　词:指示仪表,仪表,测量仪表
采 用 符 号:S00910
应 用 注 释:A00144
形 状 类 别:字符,圆
功 能 类 别:P 提供信息
应 用 类 别:电路图,接线图,功能图,概略图

S00926

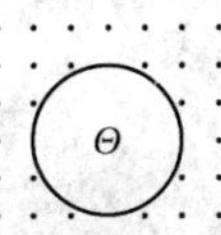

名　　　称:温度计;高温计
Thermometer;Pyrometer
状　　　态:标准

IEC发布日期:2001-07-01
上版标准序号:GB/T 4728.8　08-02-14
关　　键　　词:指示仪表,仪表,测量仪表,高温计,温度计
采　用　符　号:S00910
应　用　注　释:A00144,A00145
形　状　类　别:字符,圆
功　能　类　别:P 提供信息
应　用　类　别:电路图,接线图,功能图,概略图

S00927

名　　　　称:转速表
　　　　　　Tachometer
状　　　　态:标准
IEC发布日期:2001-07-01
上版标准序号:GB/T 4728.8　08-02-15
关　　键　　词:指示仪表,仪表,测量仪表,转速表
采　用　符　号:S00910
应　用　注　释:A00144
形　状　类　别:字符、圆
功　能　类　别:P 提供信息
应　用　类　别:电路图,接线图,功能图,概略图

S00928

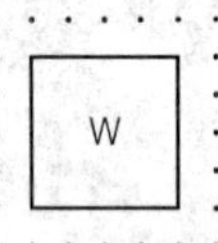

名　　　　称:记录式功率表
　　　　　　Recording wattmeter
状　　　　态:标准
IEC发布日期:2001-07-01
上版标准序号:GB/T 4728.8　08-03-01
关　　键　　词:仪表,测量仪表,记录仪表,功率表
采　用　符　号:S00911
应　用　注　释:A00144,A00145
形　状　类　别:字符,正方形
功　能　类　别:P 提供信息
应　用　类　别:电路图,接线图,功能图,概略图

S00929

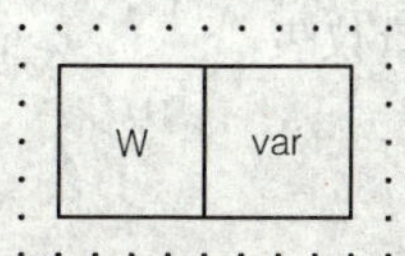

名　　　　称:组合式记录功率表和无功功率表

Combined recording wattmeter and varmeter

状　　　　态:标准

IEC发布日期:2001-07-01

上版标准序号:GB/T 4728.8　08-03-02

关　　键　　词:仪表,测量仪表,记录仪表,无功功率表,瓦特表

采　用　符　号:S00911

应　用　注　释:A00144,A00145,A00147

形　状　类　别:字符,正方形

功　能　类　别:P 提供信息

应　用　类　别:电路图,接线图,功能图,概略图

S00930

名　　　　称:录波器

Oscillograph

状　　　　态:标准

IEC发布日期:2001-07-01

上版标准序号:GB/T 4728.8　08-03-03

关　　键　　词:仪表,测量仪表,示波器,记录仪表

采　用　符　号:S00911

应　用　注　释:A00144

形　状　类　别:直线,正方形

功　能　类　别:P 提供信息

应　用　类　别:电路图,接线图,功能图,概略图

S00931

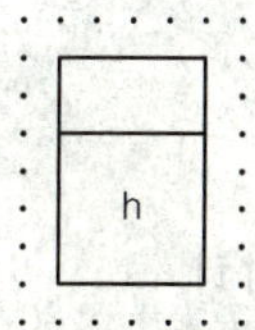

名　　　　称:小时计;计时器

Hour meter;Hour counter

状　　　　态:标准

IEC发布日期:2001-07-01
上版标准序号:GB/T 4728.8　08-04-01
关　　键　　词:小时计,仪表,积算仪表,测量仪表
采 用 符 号:S00912
应 用 注 释:A00144
形 状 类 别:字符,矩形,正方形
功 能 类 别:P 提供信息
应 用 类 别:电路图,接线图,功能图,概略图

S00932

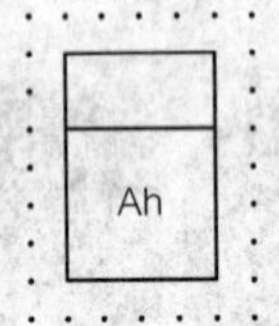

名　　　　称:安培小时计
　　　　　　Ampere-hour meter
状　　　　态:标准
IEC发布日期:2001-07-01
上版标准序号:GB/T 4728.8　08-04-02
关　　键　　词:安培小时计,仪表,积算仪表,测量仪表
采 用 符 号:S00912
应 用 注 释:A00144,A00145
形 状 类 别:字符,矩形,正方形
功 能 类 别:P 提供信息
应 用 类 别:电路图,接线图,功能图,概略图

S00933

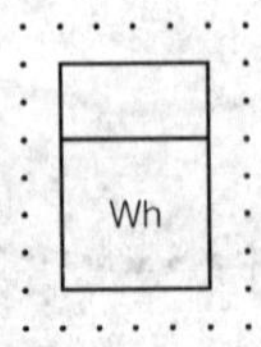

名　　　　称:电度表(瓦时计)
　　　　　　Watt-hour meter
状　　　　态:标准
IEC发布日期:2001-07-01
上版标准序号:GB/T 4728.8　08-04-03
关　　键　　词:仪表,积算仪表,测量仪表,瓦时计
采 用 符 号:S00912
应 用 注 释:A00144,A00145,A00148
形 状 类 别:字符,矩形,正方形

功 能 类 别:P 提供信息
应 用 类 别:电路图,接线图,功能图,概略图

S00934

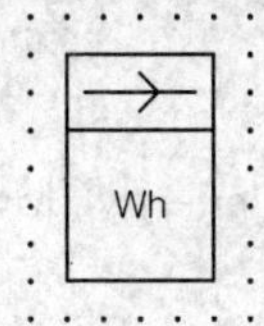

名　　　称:电度表,仅测量单向传输能量
Watt-hour meter,measuring energy transmitted in one direction only
状　　　态:标准
IEC发布日期:2001-07-01
上版标准序号:GB/T 4728.8　08-04-04
关　　键　词:仪表,积算仪表,测量仪表,瓦时计
采 用 符 号:S00099;S00912
应 用 注 释:A00144,A00145,A00148
形 状 类 别:箭头,字符,矩形,正方形
功 能 类 别:P 提供信息
应 用 类 别:电路图,接线图,功能图,概略图
备　　　注:仅测量单向传输的能量。

S00935

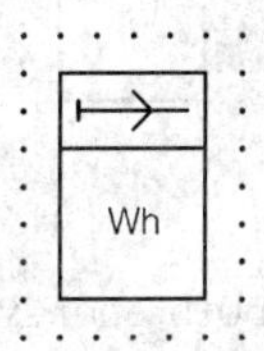

名　　　称:电度表,计算从母线流出的能量
Watt-hour meter,counting the energy flow from the busbars
状　　　态:标准
IEC发布日期:2001-07-01
上版标准序号:GB/T 4728.8　08-04-05
关　　键　词:仪表,积算仪表,测量仪表,瓦时计
采 用 符 号:S00104;S00912
应 用 注 释:A00144,A00145,A00148
形 状 类 别:箭头,字符,矩形,正方形
功 能 类 别:P 提供信息
应 用 类 别:电路图,接线图,功能图,概略图
备　　　注:计算从母线流出的能量。

S00936

名　　　　称:电度表,计算流入母线的能量

Watt-hour meter,counting the energy flow towards the busbars

状　　　　态:标准

IEC发布日期:2001-07-01

上版标准序号:GB/T 4728.8　08-04-06

关　键　词:仪表,积算仪表,测量仪表,瓦时计

采 用 符 号:S00105;S00912

应 用 注 释:A00144,A00145,A00148

形 状 类 别:箭头,字符,矩形,正方形

功 能 类 别:P 提供信息

应 用 类 别:电路图,接线图,功能图,概略图

备　　　　注:计算流入母线的能量。

S00937

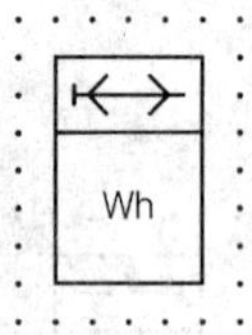

名　　　　称:电度表,计算双向流动能量

Watt-hour meter,counting in both energy flow directions

状　　　　态:标准

IEC发布日期:2001-07-01

上版标准序号:GB/T 4728.8　08-04-07

关　键　词:仪表,积算仪表,测量仪表,瓦时计

采 用 符 号:S00106;S00912

应 用 注 释:A00144,A00145,A00148

形 状 类 别:箭头,字符,矩形,正方形

功 能 类 别:P 提供信息

应 用 类 别:电路图,接线图,功能图,概略图

备　　　　注:流入或流出母线。

S00938

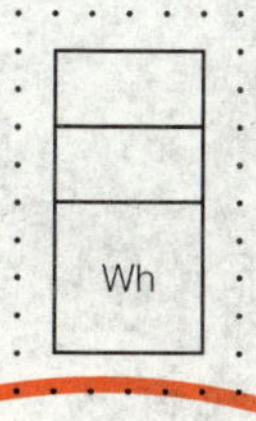

名　　　称:复费率电度表
Multi-rate watt-hour meter
状　　　态:标准
IEC发布日期:2001-07-01
上版标准序号:GB/T 4728.8 08-04-08
关　键　词:仪表,积算仪表,测量仪表,瓦时计
采 用 符 号:S00912
应 用 注 释:A00144,A00145,A00148
形 状 类 别:字符,矩形,正方形
功 能 类 别:P 提供信息
应 用 类 别:电路图,接线图,功能图,概略图
备　　　注:示出二费率。

S00939

名　　　称:超量电度表
Excess watt-hour meter
状　　　态:标准
IEC发布日期:2001-07-01
上版标准序号:GB/T 4728.8 08-04-09
关　键　词:仪表,积算仪表,测量仪表,瓦时计
采 用 符 号:S00912
应 用 注 释:A00144,A00145,A00148
形 状 类 别:字符,矩形,正方形
功 能 类 别:P 提供信息
应 用 类 别:电路图,功能图,安装简图,概略图

S00940

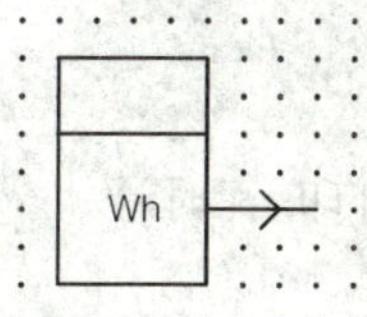

名　　　称:带发送器电度表
Watt-hour meter with transmitter
状　　　态:标准
IEC发布日期:2001-07-01
上版标准序号:GB/T 4728.8　08-04-10
关　键　词:仪表,积算仪表,测量仪表,瓦时计
采 用 符 号:S00099;S00912
应 用 注 释:A00144,A00145,A00148
形 状 类 别:字符,矩形,正方形
功 能 类 别:P 提供信息
应 用 类 别:电路图,接线图,功能图,概略图

S00941

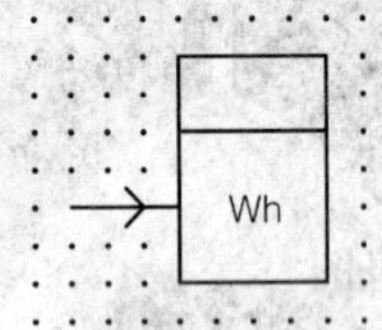

名　　　称:从动电度表(转发器)
Slave watt-hour meter (repeater)
状　　　态:标准
IEC发布日期:2001-07-01
上版标准序号:GB/T 4728.8　08-04-11
关　键　词:仪表,积算仪表,测量仪表,瓦时计
采 用 符 号:S00099;S00912
应 用 注 释:A00144,A00145,A00148
形 状 类 别:字符,矩形,正方形
功 能 类 别:P 提供信息
应 用 类 别:电路图,接线图,功能图,概略图

S00942

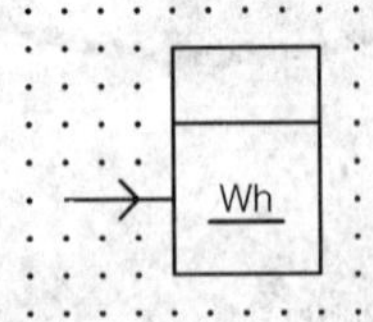

名　　　称:从动电度表(转发器)带有打印器件
Slave watt-hour meter (repeater) with printing device
状　　　态:标准
IEC发布日期:2001-07-01
上版标准序号:GB/T 4728.8　08-04-12
关　键　词:仪表,积算仪表,测量仪表,打印,瓦时计
采 用 符 号:S00099;S00138;S00912

应 用 注 释:A00144、A00146
形 状 类 别:字符,直线,矩形,正方形
功 能 类 别:P 提供信息
应 用 类 别:电路图、接线图

S00943

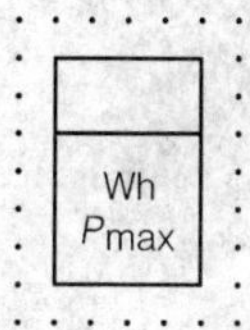

名　　　称:带最大需量指示器电度表
　　　　Watt-hour meter with maximum demand indicator
状　　　态:标准
IEC发布日期:2001-07-01
上版标准序号:GB/T 4728.8　08-04-13
关　键　词:指示器,仪表,积算仪表,测量仪表,瓦时计
采 用 符 号:S00912
应 用 注 释:A00144,A00145,A00146
形 状 类 别:字符,矩形,正方形
功 能 类 别:P 提供信息
应 用 类 别:电路图,接线图

S00944

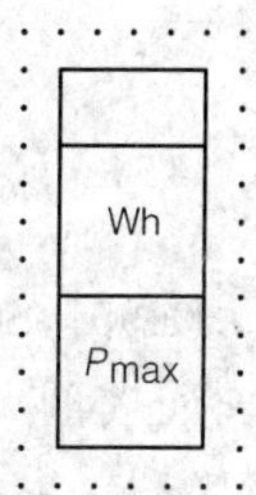

名　　　称:带最大需量记录器电度表
　　　　Watt-hour meter with maximum demand recorder
状　　　态:标准
IEC发布日期:2001-07-01
上版标准序号:GB/T 4728.8　08-04-14
关　键　词:仪表,积算仪表,测量仪表,记录仪表,瓦时计
采 用 符 号:S00912
应 用 注 释:A00145,A00146,A00147,A00148
形 状 类 别:字符,矩形,正方形
功 能 类 别:P 提供信息
应 用 类 别:电路图,接线图,功能图,概略图

S00945

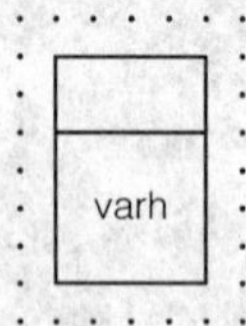

名　　　称:无功电度表
　　　　　Var-hour meter
状　　　态:标准
IEC发布日期:2001-07-01
上版标准序号:GB/T 4728.8　08-04-15
关　键　词:仪表,积算仪表,测量仪表,无功电度表
采 用 符 号:S00912
应 用 注 释:A00144,A00145,A00148
形 状 类 别:字符,矩形,正方形
功 能 类 别:P 提供信息
应 用 类 别:电路图,接线图,功能图,概略图

S00946

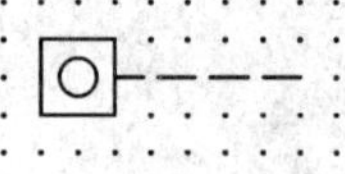

名　　　称:计数功能
　　　　　Counting function of a number of events
状　　　态:标准
IEC发布日期:2001-07-01
上版标准序号:GB/T 4728.8　08-05-01
关　键　词:计算器,测量仪表
用　　　于:S00196,S00949,S00948,S00947,S00951,S00950
形 状 类 别:正方形
功 能 类 别:功能要素或属性
应 用 类 别:概念要素或限定符号

S00947

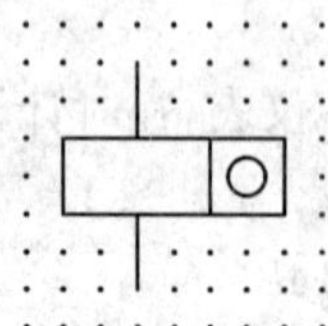

名　　　称:脉冲计
　　　　　Pulse counting device
状　　　态:标准
IEC发布日期:2001-07-01

上版标准序号:GB/T 4728.8　08-05-02
别　　　名:电动计数装置
关　键　词:计算器,测量仪表,脉冲计
用　　　于:S00949,S00948,S00950
应 用 注 释:S00946
形 状 类 别:矩形,正方形
功 能 类 别:P 提供信息
应 用 类 别:电路图,接线图

S00948

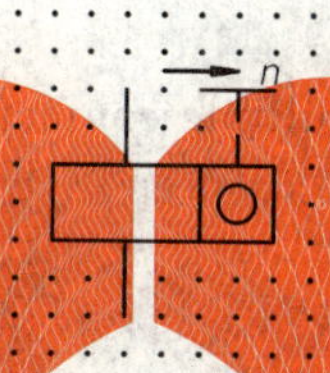

名　　　称:手动预置 n 的脉冲计
Pulse counting device,manually pre-set to n
状　　　态:标准
IEC发布日期:2001-07-01
上版标准序号:GB/T 4728.8　08-05-03
别　　　名:手动预置脉冲计
关　键　词:计算器,测量仪表,脉冲计
采 用 符 号:S00093;S00167;S00946;S00947
形 状 类 别:直线,矩形,正方形
功 能 类 别:P 提供信息
应 用 类 别:电路图,接线图
备　　　注:示出预置 n(n=0 则重新设定)

S00949

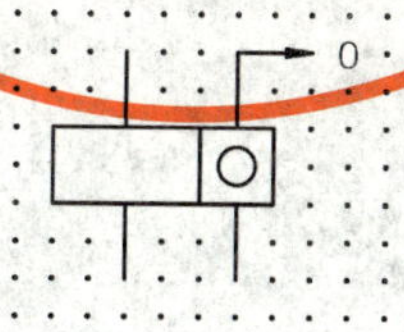

名　　　称:电动复零脉冲计
Pulse counting device,electrically reset to 0
状　　　态:标准
IEC发布日期:2001-07-01
上版标准序号:GB/T 4728.8　08-05-04
关　键　词:计算器,测量仪表,脉冲计
采 用 符 号:S00093;S00946;S00947

形 状 类 别:矩形,正方形

功 能 类 别:P 提供信息

应 用 类 别:电路图,接线图

S00950

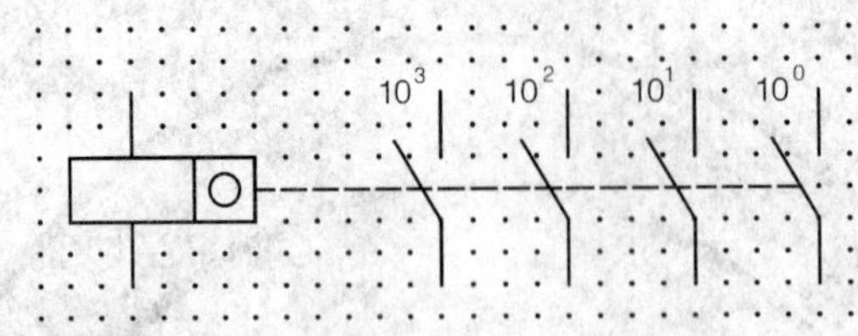

名　　　称:带有多触点的脉冲计

Pulse counting device with multiple contacts

状　　　态:标准

IEC发布日期:2001-07-01

上版标准序号:GB/T 4728.8　08-05-05

关　　键　词:计算器,测量仪表,脉冲计

采 用 符 号:S00227;S00946;S00947

形 状 类 别:直线,矩形,正方形

功 能 类 别:P 提供信息

应 用 类 别:电路图,接线图

备　　　注:计数器每记录 1 次、10 次、100 次、1 000 次,相应触点闭合一次。

S00951

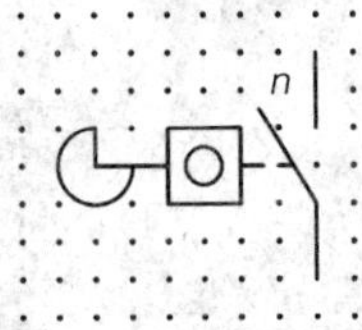

名　　　称:凸轮驱动计数器件

Counting device,cam driven

状　　　态:标准

IEC发布日期:2001-07-01

上版标准序号:GB/T 4728.8　08-05-06

关　　键　词:计算器,测量仪表

采 用 符 号:S00182;S00227;S00946

形 状 类 别:圆弧,直线,矩形,正方形

功 能 类 别:P 提供信息

应 用 类 别:电路图,接线图

备　　　注:每 n 次触点闭合一次。

S00952

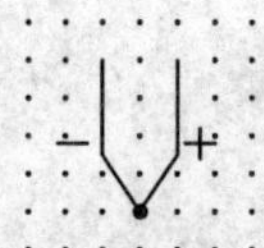

名　　　称:热电偶

Thermocouple

状　　　态:标准

IEC发布日期:2001-07-01

上版标准序号:GB/T 4728.8　08-06-01

关　键　词:温度传感器,热电偶

其 他 形 式:S00953

用　　　于:S00955,S00954,S00957,S00903,S00904,S00956,S00905

采 用 符 号:S00016;S00077;S00078

所替代的符号:S00953

形 状 类 别:直线

功 能 类 别:B 将变量转换成信号

应 用 类 别:电路图,接线图

备　　　注:示出极性符号。

S00954

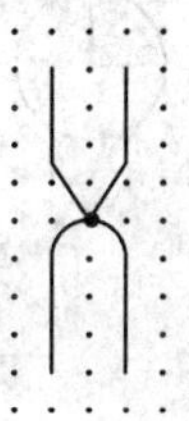

名　　　称:带有非绝缘加热元件的热电偶

Thermocouple with non-insulated heating element

状　　　态:标准

IEC发布日期:2001-07-01

上版标准序号:GB/T 4728.8　08-06-03

关　键　词:热电偶

其 他 形 式:S00955

采 用 符 号:S00698;S00952

所替代的符号:S00955

形 状 类 别:半圆,直线

功 能 类 别:B 将变量转换成信号

应 用 类 别:电路图,功能图

备　　　注:符号 S00699 代替符号 S00698 表示加热元件。

S00956

名　　　　称:带有绝缘加热元件的热电偶
　　　　　Thermocouple with insulated heating element
状　　　　态:标准
IEC发布日期:2001-07-01
上版标准序号:GB/T 4728.8　08-06-05
关　键　词:热电偶
其 他 形 式:S00957
采 用 符 号:S00698;S00952
所替代的符号:S00957
形 状 类 别:圆弧,直线
功 能 类 别:B 将变量转换成信号
应 用 类 别:电路图,功能图
备　　　　注:符号 S00699 代替符号 S00698 表示加热元件。

S00959

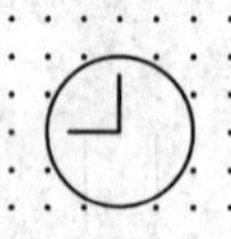

名　　　　称:时钟,一般符号
　　　　　Clock,general symbol
状　　　　态:标准
IEC发布日期:2001-07-01
上版标准序号:GB/T 4728.8　08-08-01
别　　　　名:子钟
关　键　词:钟
用　　　　于:S00193,S01237,S00479,S00961,S00495,S00960
形 状 类 别:圆
功 能 类 别:P 提供信息
应 用 类 别:电路图,功能图

S00960

名　　称:母钟
　　　　Master clock
状　　态:标准
IEC发布日期:2001-07-01
上版标准序号:GB/T 4728.8　08-08-02
关　键　词:钟
其 他 形 式:S00959
形 状 类 别:圆,直线
功 能 类 别:P 提供信息
应 用 类 别:电路图,接线图,功能图,安装简图,概略图

S00961

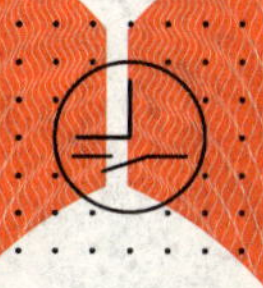

名　　称:带有触点的时钟
　　　　Clock with contact
状　　态:标准
IEC发布日期:2001-07-01
上版标准序号:GB/T 4728.8　08-08-03
关　键　词:钟
其 他 形 式:S00227、S00959
形 状 类 别:圆,直线
功 能 类 别:P 提供信息
应 用 类 别:电路图,接线图,功能图,安装简图,概略图

S00965

名　　称:灯,一般符号
　　　　Lamp,general symbol
状　　态:标准
IEC发布日期:2001-07-01
上版标准序号:GB/T 4728.8　08-10-01
别　　名:信号灯,一般符号
关　键　词:室内安装,灯,照明供电点及配件,信号灯,信号器件
用　　于:S00975,S00487,S00476,S00966,S00467
应 用 注 释:A00174
所替代的符号:S00483
形 状 类 别:圆

功 能 类 别:E 提供辐射能或热能;P 提供信息
应 用 类 别:电路图,接线图,功能图,安装简图

S00966

名　　　称:闪光型信号灯
Signal lamp,flashing type
状　　　态:标准
IEC发布日期:2001-07-01
上版标准序号:GB/T 4728.8　08-10-02
关　键　词:信号灯、信号器件
其 他 形 式:S00132,S00965
应 用 注 释:A00174
形 状 类 别:圆
功 能 类 别:P 提供信息
应 用 类 别:电路图,接线图,功能图

S00967

名　　　称:机电型指示器;信号元件
Indicator,electromechanical;annunciator element
状　　　态:标准
IEC发布日期:2001-07-01
上版标准序号:GB/T 4728.8　08-10-03
关　键　词:信号器件
形 状 类 别:圆,直线
功 能 类 别:P 提供信息
应 用 类 别:电路图,接线图,功能图

S00968

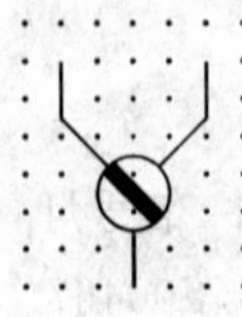

名　　　称:机电型位置指示器
Electromechanical position indicator
状　　　态:标准

IEC发布日期:2001-07-01

上版标准序号:GB/T 4728.8　08-10-04

关　　键　　词:位置指示器,信号器件

形 状 类 别:圆

功 能 类 别:P 提供信息

应 用 类 别:电路图,接线图,功能图

备　　　　注:示出具有一个断开位置和两个工作位置。

S00972

名　　　　称:报警器

Siren

状　　　　态:标准

IEC发布日期:2001-07-01

上版标准序号:GB/T 4728.8　08-10-09

关　　键　　词:指示器,信号器件,报警器

形 状 类 别:直角三角形

功 能 类 别:P 提供信息

应 用 类 别:电路图,接线图,功能图

S00973

名　　　　称:蜂鸣器

buzzer

状　　　　态:标准

IEC发布日期:2001-07-01

上版标准序号:GB/T 4728.8　08-10-10

关　　键　　词:蜂鸣器,指示器,信号器件

所替代的符号:S01385

形 状 类 别:半圆

功 能 类 别:P 提供信息

应 用 类 别:电路图,接线图,功能图

S00975

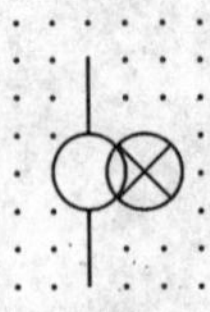

名　　　称:由内置变压器供电的信号灯

Signaling lamp energized by a built-in transformer

状　　　态:标准

IEC发布日期:2001-07-01

上版标准序号:GB/T 4728.8　08-10-13

关　键　词:指示灯,信号灯,信号器件

采 用 符 号:S00841;S00965

形 状 类 别:圆

功 能 类 别:P 提供信息

应 用 类 别:电路图,接线图,功能图

S01417

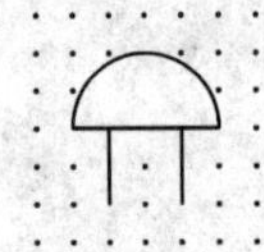

名　　　称:音响信号装置,一般符号

Acoustic signalling device,general symbol

状　　　态:标准

IEC发布日期:2003-01-24

别　　　名:电喇叭,电铃,单击电铃,电动汽笛

关　键　词:电铃,电喇叭,指示器,信号装置,电动汽笛

所替代的符号:S00969,S00970,S00971,S00974

形 状 类 别:半圆,直线

功 能 类 别:P 提供信息

应 用 类 别:电路图,接线图,功能图,安装简图,概略图

废除——仅供参考的符号

S00953

名　　　称:热电偶

Thermocouple

状　　　态:废除——仅供参考

IEC发布日期:2001-07-01

IEC废除日期:2002-03-23

上版标准序号:GB/T 4728.8　08-06-02
关　　键　词:温度传感器,热电偶
形　　　　式:旧的形式
其 他 形 式:S00952
替 代 符 号:S00952
形 状 类 别:直线
功 能 类 别:B 将变量转换成信号
应 用 类 别:电路图,接线图
备　　　　注:示出极性指示,其负极用粗线表示。

S00955

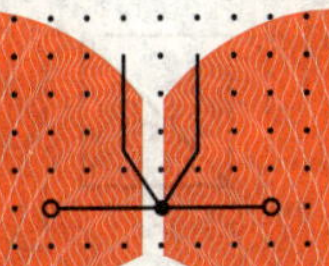

名　　　　称:带有非绝缘加热元件的热电偶
Thermocouple with non-insulated heating element
状　　　　态:废除——仅供参考
IEC发布日期:2001-07-01
IEC废除日期:2002-03-23
上版标准序号:GB/T 4728.8　08-06-04
关　　键　词:热电偶
形　　　　式:旧的形式
其 他 形 式:S00954
采 用 符 号:S00017;S00698;S00952
替 代 符 号:S00954
形 状 类 别:直线
功 能 类 别:B 将变量转换成信号
应 用 类 别:电路图,功能图
备　　　　注:符号 S00699 代替符号 S00698 表示加热元件。

S00957

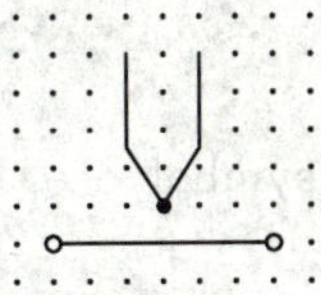

名　　　　称:带有绝缘加热元件的热电偶
Thermocouple with insulated heating element
状　　　　态:废除——仅供参考
IEC发布日期:2001-07-01
IEC废除日期:2002-03-23
上版标准序号:GB/T 4728.8　08-06-06

关　　键　　词:热电偶
形　　　　　式:旧的形式
其 他 形 式:S00956
采 用 符 号:S00017;S00698;S00952
替 代 符 号:S00956
形 状 类 别:圆,直线
功 能 类 别:B 将变量转换成信号
应 用 类 别:电路图,功能图
备　　　　　注:符号 S00699 代替符号 S00698 表示加热元件。

S00958

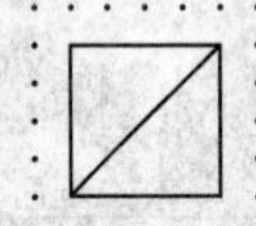

名　　　　　称:信号变换器,一般符号
　　　　　　　Signal translator,general symbol
状　　　　　态:废除——仅供参考
IEC发布日期:2001-07-01
IEC废除日期:2002-03-23
上版标准序号:GB/T 4728.8　08-07-01
关　　键　　词:信号变换器,遥感器件
用　　　　　于:S01377,S01378
采 用 符 号:S00213
替 代 符 号:S00213
形 状 类 别:正方形
功 能 类 别:K 处理信号或信息
应 用 类 别:电路图,接线图,功能图

S00962

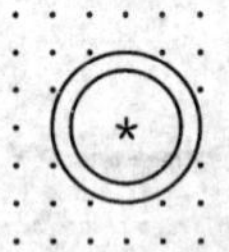

名　　　　　称:同步器件,一般符号
　　　　　　　Synchronous device,general symbol
状　　　　　态:废除——仅供参考
IEC发布日期:2001-07-01
IEC废除日期:2003-01-24
上版标准序号:GB/T 4728.8　08-09-02
关　　键　　词:仪表,测量仪表
用　　　　　于:S00963
形 状 类 别:圆

功 能 类 别:B 将变量转变为信号
应 用 类 别:电路图,接线图,功能图
备　　　注:因不用而废除。

S00963

名　　　称:力矩发动机
　　　　　Torque transmitter
状　　　态:废除——仅供参考
IEC发布日期:2001-07-01
IEC废除日期:2003-01-24
上版标准序号:GB/T 4728.8　08-09-03
关　键　词:仪表,测量仪表
用　　　于:S00962
应 用 注 释:A00173
形 状 类 别:字符,圆
功 能 类 别:B 将变量转变为信号
应 用 类 别:电路图,接线图,功能图
备　　　注:因不用而废除。

S00964

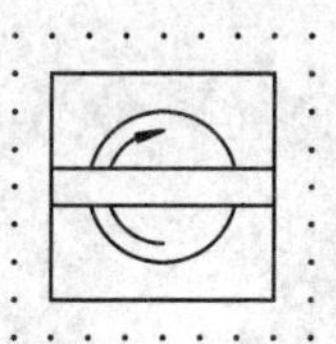

名　　　称:陀螺仪
　　　　　Gyro
状　　　态:废除——仅供参考
IEC发布日期:2001-07-01
IEC废除日期:2003-01-24
上版标准序号:GB/T 4728.8　08-09-04
关　键　词:陀螺仪,仪表,测量仪表
用　　　于:S00095
形 状 类 别:箭头,圆,矩形
功 能 类 别:B 将变量转变为信号
应 用 类 别:电路图,功能图
备　　　注:因不用而废除。

S00969

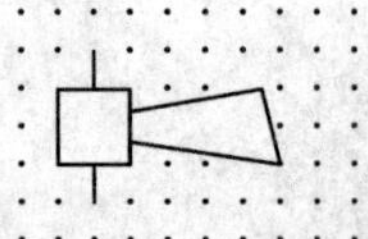

名　　　称:电喇叭
　　　　Horn
状　　　态:废除——仅供参考
IEC发布日期:2001-07-01
IEC废除日期:2003-01-24
上版标准序号:GB/T 4728.8　08-10-05
关　键　词:喇叭,信号器件
替 代 符 号:S01417
形 状 类 别:描述,矩形
功 能 类 别:P 提供信息
应 用 类 别:电路图,接线图,功能图

S00970

名　　　称:铃
　　　　Bell
状　　　态:废除——仅供参考
IEC发布日期:2001-07-01
IEC废除日期:2003-01-24
上版标准序号:GB/T 4728.8　08-10-06
关　键　词:铃,指示器,信号器件
用　　　于:S00971
所替代的符号:S01384
替 代 符 号:S01417
形 状 类 别:半圆
功 能 类 别:P 提供信息
应 用 类 别:电路图,接线图,功能图

S00971

名　　　称:单击电铃

Single-stroke bell
状　　　态:废除——仅供参考
IEC发布日期:2001-07-01
IEC废除日期:2003-01-24
上版标准序号:GB/T 4728.8　08-10-08
关　键　词:铃,指示器,信号器件
采 用 符 号:S00970
替 代 符 号:S01417
形 状 类 别:半圆、直线
功 能 类 别:P 提供信息
应 用 类 别:电路图,接线图,功能图

S00974

名　　　称:电动汽笛
Whistle, electrically operated
状　　　态:废除——仅供参考
IEC发布日期:2001-07-01
IEC废除日期:2003-01-24
上版标准序号:GB/T 4728.8　08-10-12
关　键　词:指示器,信号器件,汽笛
替 代 符 号:S01417
形 状 类 别:描述
功 能 类 别:P 提供信息
应 用 类 别:电路图,接线图,功能图

S01377

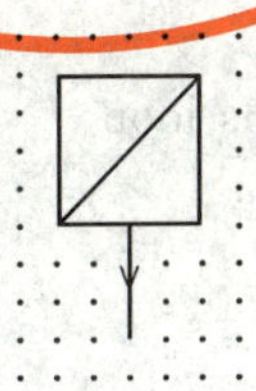

名　　　称:遥测发送器
Telemetering transmitter
状　　　态:废除——仅供参考
IEC废除日期:1996-05
上版标准序号:GB/T 4728.8　08-A1-01
别　　　名:发送器

关　　键　　词:发送器

采　用　符　号:S00001;S00099;S00958

形　状　类　别:矩形

功　能　类　别:K 处理信号或信息

应　用　类　别:电路图,接线图

备　　　　　注:该符号已被取消。它是符号 S00958 与 S00001 和 S00099 组合的应用。

S01378

名　　　　　称:遥测接收器

Telemetering receiver

状　　　　　态:废除——仅供参考

IEC废除日期:1996-05

上版标准序号:GB/T 4728.8　08-A1-02

关　　键　　词:接收器

采　用　符　号:S00001;S00099;S00958

形　状　类　别:矩形

功　能　类　别:K 处理信号或信息

应　用　类　别:电路图、接线图

备　　　　　注:该符号已被取消。它是符号 S00958 与 S00001 和 S00099 组合的应用。

S01379

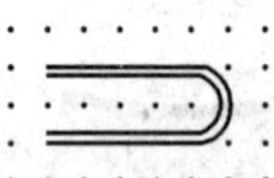

名　　　　　称:连续循环温度传感器

Temperature sensor,continuous loop

状　　　　　态:废除——仅供参考

IEC废除日期:1996-05

上版标准序号:GB/T 4728.8　08-A2-01

别　　　　　名:火警探测器

关　　键　　词:温度传感器

形　状　类　别:直线

功　能　类　别:B 将变量转变为信号

应　用　类　别:电路图,接线图

S01380

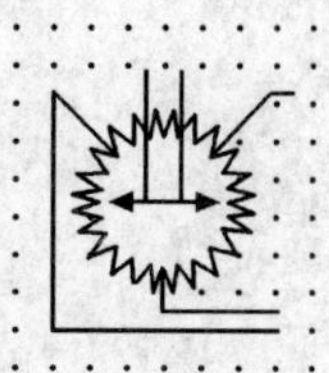

名　　　称：角位置或压力变送器
Angular position transmitter；pressure transmitter
状　　　态：废除——仅供参考
IEC废除日期：1996-05
上版标准序号：GB/T 4728.8　08-A2-02
关　键　词：角位置发送器，压力变送器
形状类别：圆，直线
功能类别：K 处理信号或信息
应用类别：电路图，接线图
备　　　注：狄森型(直流型)

S01381

名　　　称：角位置或压力指示器
Angular position indicator；Pressure indicator
状　　　态：废除——仅供参考
IEC废除日期：1996-05
上版标准序号：GB/T 4728.8　08-A2-03
关　键　词：角位置指示器，压力指示器
形状类别：圆
功能类别：P 提供信息
应用类别：电路图，接线图
备　　　注：狄森型(直流型)

S01382

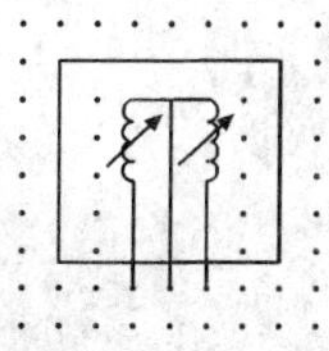

名　　　称：角位置或压力变送器
Angular position transmitter；Pressure transmitter
状　　　态：废除——仅供参考
IEC废除日期：1996-05

上版标准序号:GB/T 4728.8　08-A2-04
关　　键　　词:角位置发送器,压力变送器
形 状 类 别:矩形
功 能 类 别:K 处理信号或信息
应 用 类 别:电路图、接线图
备　　　　注:电感型

S01383

名　　　　称:角位置或压力指示器
Angular position indicator;Pressure indicator
状　　　　态:废除——仅供参考
IEC废除日期:1996-05
上版标准序号:GB/T 4728.8　08-A2-05
关　　键　　词:角位置指示器,压力指示器
形 状 类 别:圆
功 能 类 别:P 提供信息
应 用 类 别:电路图,接线图
备　　　　注:电感型。

S01384

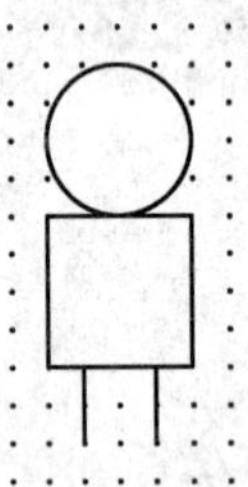

名　　　　称:电铃
Bell
状　　　　态:废除——仅供参考
IEC废除日期:1996-05
上版标准序号:GB/T 4728.8　08-A3-01
关　　键　　词:指示仪表
替 代 符 号:S00970
形 状 类 别:圆,矩形
功 能 类 别:P 提供信息
应 用 类 别:电路图,接线图

S01385

名　　　称:蜂鸣器
　　　　　Buzzer
状　　　态:废除——仅供参考
IEC废除日期:1996-05
上版标准序号:GB/T 4728.8　08-A3-02
关　键　词:指示仪表
替 代 符 号:S00973
形 状 类 别:矩形
功 能 类 别:P 提供信息
应 用 类 别:电路图,接线图
图 形 限 制:旧形式。由 S00973 代替。

应用注释

应用注释 A00144

符号内的星号应由下列之一代替：

——被测量量的单位的文字符号或倍数、约数(见示例 S00913 和 S00919)；

——被测量的文字符号(见示例 S00917 和 S00918)；

——化学分子式(见示例 S00925)；

——图形符号(见示例 S00920)。

使用的符号或者分子式都应根据仪表所显示的相关信息，而不管获得信息的方法。

应用于：S00910，S00911，S00912，S00920，S00921，S00922，S00923，S00924，S00925，S00926，S00927，S00928，S00929，S00930，S00931，S00932，S00933，S00934，S00935，S00936，S00937，S00938，S00939，S00940，S00941，S00942，S00943，S00945

应用注释 A00145

被测量的量和单位的文字符号应从 IEC 60027："电子技术用文字符号"中选择。

如果 IEC 60027 或代表化学元素的文字符号都不适用，则可以使用其他文字符号，但要在简图或参考文件中加以说明。

应用于：S00910，S00911，S00912，S00913，S00914，S00915，S00916，S00917，S00918，S00919，S00923，S00924，S00926，S00928，S00929，S00932，S00933，S00934，S00935，S00936，S00937，S00938，S00939，S00940，S00941，S00943，S00944，S00945

应用注释 A00146

如果使用被测量量的单位的文字符号，则可能需要显示量的文字符号作为辅助信息，并表示在文字符号的下面(见示例 S00914)。

涉及被测量的辅助信息和任何必要的限定符号可以表示在量的文字符号下面。

应用于：S00910，S00911，S00912，S00923，S00942，S00943，S00944

应用注释 A00147

如果仪表指示或记录一个以上的量，则适当符号的轮廓应按水平或垂直方向排列整齐(见示例 S00929 和 S00944)。

应用于：S00910，S00911，S00912，S00929，S00944

应用注释 A00148

本符号也可用于表示从积算仪表传输重复读数的遥测仪表。示例见 S00941。

本符号可以和表示记录仪表的符号组合来表示组合仪表。示例见 S00944。

符号 S00099...S00106 可用于规定能量流的方向。示例见 S00934 和 S00937。

符号顶部矩形的数量表示复费率表所测的不同和量的数。示例见 S00939。

应用于：S00912，S00933，S00934，S00935，S00936，S00937，S00938，S00939，S00940，S00941，S00944，S00945

应用注释 A00173

对于特定的同步器件其星号必须用适当的字母代替。根据同步器件功能使用下列字母：

第一位字母——功能

C——控制式

T——转矩式

R——旋转变压器(解算器)

第二位字母——功能

D——差动

R——接收机

T——变压器

X——发送机

B——旋转定子绕组

在这些符号中,内圆表示转子,外圆表示定子或在一定情况下表示一个旋转的外绕组。

应用于:S00962,S00963

应用注释 A00174

如果需要指示颜色,则要在符号旁标出下列代码:

RD=红

YE=黄

GN=绿

BU=蓝

WH=白

如果需要指示灯的类型,则要在符号旁标出下列代码:

Ne=氖

Xe=氙

Na =钠气

Hg =汞

I =碘

IN=白炽

EL =电发光

ARC =弧光

FL =荧光

IR =红外线

UV =紫外线

LED =发光二极管

应用于:S00965,S00966

ICS 29.020
K 04

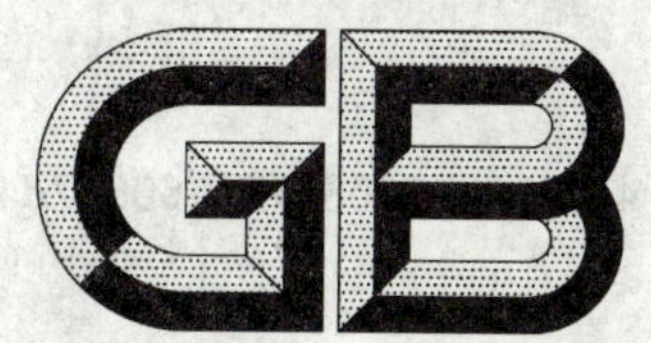

中华人民共和国国家标准

GB/T 4728.9—2008/IEC 60617database

代替 GB/T 4728.9—1999

电气简图用图形符号 第9部分:电信:交换和外围设备

Graphical symbols for diagrams—
Part 9:Telecommunications:Switching and peripheral equipment

(IEC 60617database,IDT)

2008-05-28 发布　　2009-01-01 实施

中华人民共和国国家质量监督检验检疫总局
中国国家标准化管理委员会　发布

前 言

GB/T 4728《电气简图用图形符号》分为13个部分：

——第1部分：一般要求；

——第2部分：符号要素、限定符号和其他常用符号；

——第3部分：导体和连接件；

——第4部分：基本无源元件；

——第5部分：半导体管和电子管；

——第6部分：电能的发生与转换；

——第7部分：开关、控制和保护器件；

——第8部分：测量仪表、灯和信号器件；

——第9部分：电信：交换和外围设备；

——第10部分：电信：传输；

——第11部分：建筑安装平面布置图；

——第12部分：二进制逻辑元件；

——第13部分：模拟元件。

本部分为GB/T 4728的第9部分，等同采用IEC 60617database《电气简图用图形符号》数据库标准(IEC 60617_Snapshot_2007-08-03英文版)。

本部分代替GB/T 4728.9—1999《电气简图用图形符号　第9部分：电信：交换和外围设备》。同GB/T 4728.9—1999相比，有如下变化：

——废除了21个符号：S00992(09-01-12)、S00993(09-01-13)、S01003(09-03-09)、S01020(09-05-04)、S01021(09-05-05)、S01022(09-05-06)、S01024(09-05-08)、S01026(09-05-10)、S01027(09-05-11)、S01031(09-06-03)、S01032(09-06-04)、S01034(09-06-06)、S01035(09-06-07)、S01036(09-06-08)、S01037(09-06-09)、S01038(09-07-01)、S01040(09-07-03)、S01041(09-07-04)、S01054(09-09-02)、S01057(09-09-05)、S01058(09-09-06)；

——根据IEC 60617数据库标准，各符号列出的信息较旧版增加了多项内容。

本部分符号中的“所替代的符号”项是指当前符号为标准符号，被该标准符号所代替的符号。本部分符号中的“替代符号”项是指当前符号废止，代替该废止符号的符号。

本部分由全国电气信息结构、文件编制和图形符号标准化技术委员会提出并归口。

本部分主要起草单位：机械科学研究院中机生产力促进中心。

本部分参加起草单位：国电华北电力设计院工程有限公司、邮电工业标准化所、中国航空综合技术研究所、中国船舶工业综合技术经济研究院、中国航天科工集团二院、中国电子工业标准化所、中国电力企业联合会、中国航空工业规划设计研究院、五洲工程设计研究院、中国纺织工业设计院、中国航天科工集团二院23所、上海电器科学研究所、许昌继电器研究所等。

本部分主要起草人：郭汀、高惠民、武冰梅、谭泳、沈兵、武晶、李旭亮、徐云驰、于明、陈泽毅、王素英、李道本、李萍、季慧玉、李志勇、高永梅。

本部分所代替标准历次发布情况为：

——GB/T 4728.9—1985；

——GB/T 4728.9—1999。

电气简图用图形符号
第9部分:电信:交换和外围设备

S00981

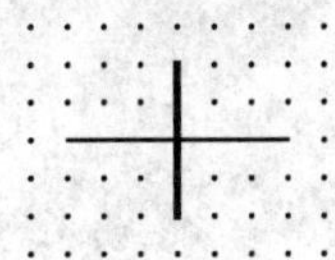

名　　称:连接级,一般符号
Connecting stage,general symbol
状　　态:标准
IEC发布日期:2001-07-01
上版标准序号:GB/T 4728.9　09-01-01
关　键　词:连接,交换
用　　于:S00991, S00992, S00993, S00989, S00982, S00987, S00990, S00986, S00984, S00994,S00988
应用注释:A00195,A00196,A00200
形状类别:直线
功能类别:X 连接
应用类别:电路图,接线图,功能图,概略图

S00982

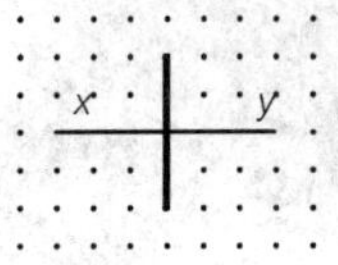

名　　称:有 x 条入线和 y 条出线的连接级
Connecting stage with x inlets and y outlets
状　　态:标准
IEC发布日期:2001-07-01
上版标准序号:GB/T 4728.9　09-01-02
关　键　词:连接,交换
用　　于:S00983
采用符号:S00981
应用注释:A00195,A00196,A00200
形状类别:直线
功能类别:X 连接
应用类别:电路图,接线图,功能图,概略图

S00983

名　　　　称:由 z 个分品线群构成的连接级

Connecting stage composed of z grading groups

状　　　　态:标准

IEC发布日期:2001-07-01

上版标准序号:GB/T 4728.9　09-01-03

关　键　词:连接,交换

采 用 符 号:S00982

应 用 注 释:A00195,A00196,A00200

形 状 类 别:直线

功 能 类 别:X 连接

应 用 类 别:电路图,接线图,功能图,概略图

符 号 限 制:每群包含 x 条入线和 y 条出线

S00984

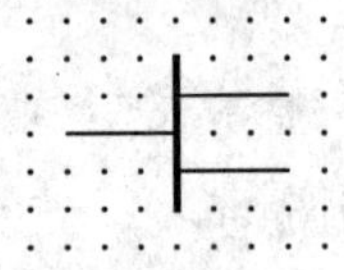

名　　　　称:有一群入线和两群出线的连接级

Connecting stage with one group of inlets and two groups of outlets

状　　　　态:标准

IEC发布日期:2001-07-01

上版标准序号:GB/T 4728.9　09-01-04

关　键　词:连接,交换

用　　　　于:S00991,S00985

采 用 符 号:S00981

应 用 注 释:A00195,A00196,A00200,A00201

形 状 类 别:直线

功 能 类 别:X 连接

应 用 类 别:电路图,接线图,功能图,概略图

S00985

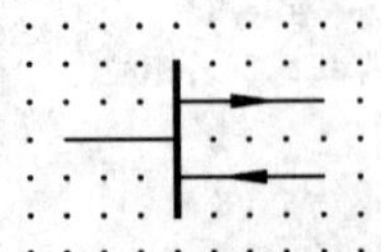

名　　　　称:相互连接一个双向中继线群和两个方向相反的单向中继线群的连接级

Connecting stage interconnecting one group of bothway trunks with two groups of unidirectional trunks of opposite sense

状　　　　态:标准

IEC发布日期:2001-07-01

上版标准序号:GB/T 4728.9　09-01-05

关　　键　　词:连接,交换

采 用 符 号:S00099;S00984

应 用 注 释:A00195,A00196,A00200

形 状 类 别:箭头,直线

功 能 类 别:X 连接

应 用 类 别:电路图,接线图,功能图,概略图

S00986

名　　　　称:标志级

Marking stage

状　　　　态:标准

IEC发布日期:2001-07-01

上版标准序号:GB/T 4728.9　09-01-06

关　　键　　词:交换,标志级

用　　　　于:S00992

采 用 符 号:S00981

应 用 注 释:A00195,A00197,A00202

形 状 类 别:圆点(点),直线

功 能 类 别:X 连接

应 用 类 别:电路图,接线图,功能图,概略图

备　　　　注:呼出经由一个连接级。

S00987

名　　　　称:经由几个连接级呼出的标志级

Marking stage-outgoing calls via several connecting stages

状　　　　态:标准

IEC发布日期:2001-07-01

上版标准序号:GB/T 4728.9　09-01-07

关　　键　　词:标志级,交换

采 用 符 号:S00981

应 用 注 释:A00195,A00197,A00202
形 状 类 别:圆点(点),直线
功 能 类 别:X 连接
应 用 类 别:电路图,接线图,功能图,概略图
备　　　注:符号用三个连接级来表示。

S00988

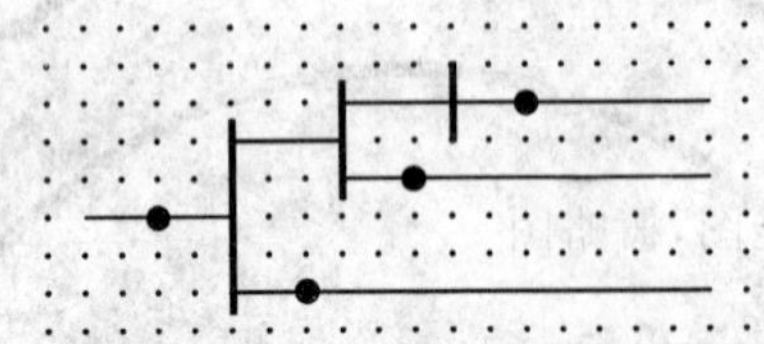

名　　　称:经由不同连接级呼出的混合标志级
Mixed marking stage-outgoing calls via different connecting stages
状　　　态:标准
IEC发布日期:2001-07-01
上版标准序号:GB/T 4728.9　09-01-08
关　键　词:标志级,交换
采 用 符 号:S00981
应 用 注 释:A00195,A00197,A00202
形 状 类 别:圆点(点),直线
功 能 类 别:X 连接
应 用 类 别:电路图,接线图,功能图,概略图
备　　　注:符号用经由一个、二个和三个连接级的呼出来表示。

S00989

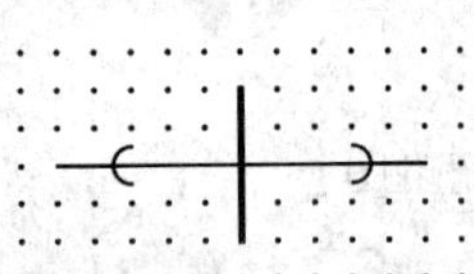

名　　　称:交换级
Switching stage
状　　　态:标准
IEC发布日期:2001-07-01
上版标准序号:GB/T 4728.9　09-01-09
关　键　词:交换级
用　　　于:S00993
采 用 符 号:S00981
应 用 注 释:A00195,A00198,A00203
形 状 类 别:半圆,直线
功 能 类 别:X 连接
应 用 类 别:电路图,接线图,功能图,概略图
备　　　注:符号用经由一个连接级的呼出来表示。

S00990

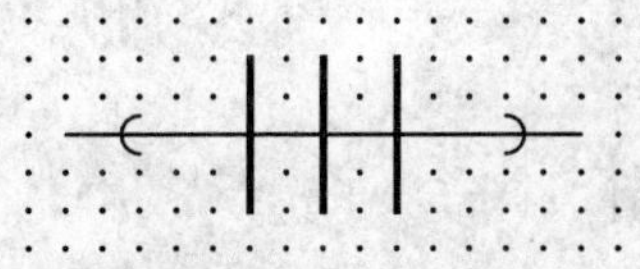

名　　　　称:经由几个连接级呼出的交换级

Switching stage-outgoing calls via several connecting stage

状　　　　态:标准

IEC发布日期:2001-07-01

上版标准序号:GB/T 4728.9　09-01-10

关　键　　词:交换级

采 用 符 号:S00981

应 用 注 释:A00195,A00198,A00203

形 状 类 别:半圆,直线

功 能 类 别:X 连接

应 用 类 别:电路图,接线图,功能图,概略图

符 号 限 制:符号用三个连接级来表示

S00991

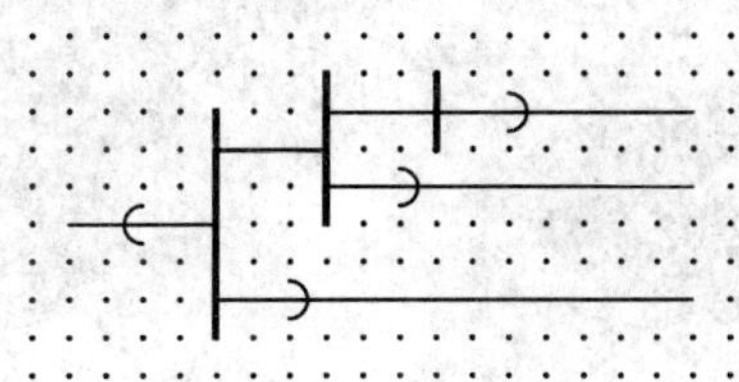

名　　　　称:经由不同连接级呼出的混合交换级

Mixed switching stage-outgoing calls via different connecting stages

状　　　　态:标准

IEC发布日期:2001-07-01

上版标准序号:GB/T 4728.9　09-01-11

关　键　　词:交换级

采 用 符 号:S00981;S00984

应 用 注 释:A00195,A00198,A00203

形 状 类 别:半圆,直线

功 能 类 别:X 连接

应 用 类 别:电路图,接线图,功能图,概略图

备　　　　注:符号用经由一个、二个和三个连接级的呼出来表示。

S00994

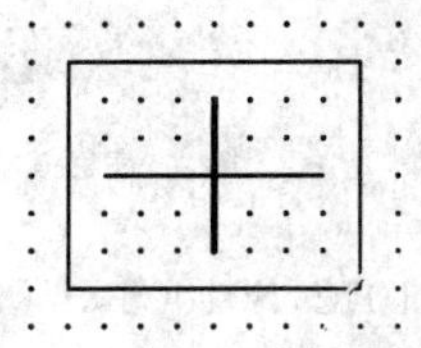

名　　　　称:自动交换设备
　　　　　　Automatic switching equipment
状　　　　态:标准
IEC发布日期:2001-07-01
上版标准序号:GB/T 4728.9　09-02-01
关　键　词:交换
采 用 符 号:S00060;S00981
应 用 注 释:A00205
形 状 类 别:直线,矩形
功 能 类 别:K 处理信号或信息
应 用 类 别:功能图,概略图

S00995

名　　　　称:人工交换台
　　　　　　Manual switchboard
状　　　　态:标准
IEC发布日期:2001-07-01
上版标准序号:GB/T 4728.9　09-02-02
关　键　词:交换
用　　　　于:S00993
应 用 注 释:A00205
形 状 类 别:描述
功 能 类 别:K 处理信号或信息
应 用 类 别:概略图

S00996

名　　　　称:非跨接式选线器弧刷
　　　　　　Selector wiper,non-bridging
状　　　　态:标准
IEC发布日期:2001-07-01
上版标准序号:GB/T 4728.9　09-03-01
关　键　词:选线器
其 他 形 式:S01005
用　　　　于:S01007,S01013,S01005,S01012,S01006,S00997,S01008

应 用 注 释:A00206
形 状 类 别:直线
功 能 类 别:K 处理信号或信息
应 用 类 别:电路图,接线图,功能图,概略图

S00997

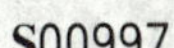

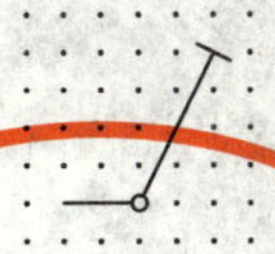

名　　　称:跨接式选线器弧刷
Selector wiper,bridging
状　　　态:标准
IEC发布日期:2001-07-01
上版标准序号:GB/T 4728.9　09-03-02
关　键　词:选线器
用　　　于:S01004
采 用 符 号:S00996
应 用 注 释:A00206
形 状 类 别:直线
功 能 类 别:K 处理信号或信息
应 用 类 别:电路图,接线图,功能图,概略图

S00998

名　　　称:单动作选线器的线弧或触排
Arc or bank of single-motion selector
状　　　态:标准
IEC发布日期:2001-07-01
上版标准序号:GB/T 4728.9　09-03-03
关　键　词:选线器
用　　　于:S01007,S01010,S00999,S01012,S01006,S01009,S01000
形 状 类 别:圆弧
功 能 类 别:K 处理信号或信息
应 用 类 别:电路图,接线图,功能图,概略图

S00999

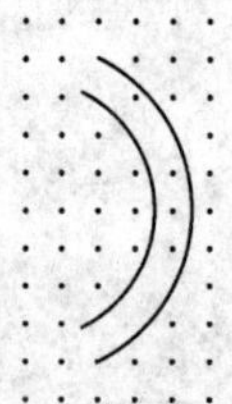

名　　　称:两级动作选线器的线弧或触排

Arc or bank of two-motion selector

状　　　态:标准

IEC发布日期:2001-07-01

上版标准序号:GB/T 4728.9　09-03-04

关　键　词:选线器

用　　　于:S01013,S01008

采 用 符 号:S00998

形 状 类 别:圆弧

功 能 类 别:K 处理信号或信息

应 用 类 别:电路图,接线图,功能图,概略图

S01000

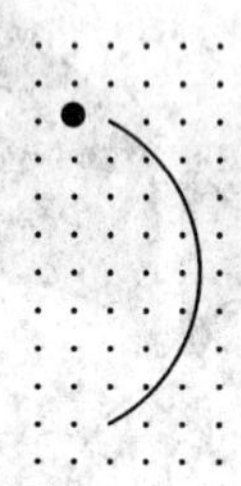

名　　　称:具有特定位置的选线器线弧

Selector arc with one special position

状　　　态:标准

IEC发布日期:2001-07-01

上版标准序号:GB/T 4728.9　09-03-05

关　键　词:选线器

采 用 符 号:S00998

形 状 类 别:圆弧

功 能 类 别:K 处理信号或信息

应 用 类 别:电路图,接线图,功能图,概略图

备　　　注:特定位置的一个实例是“原位”。

S01001

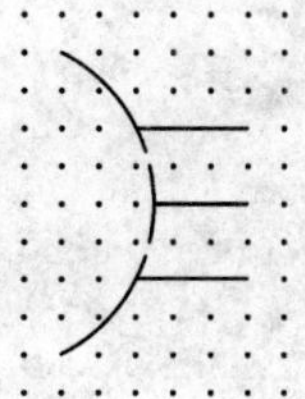

名　　　称:选线器触排或弧层
　　　Selector bank or level
状　　　态:标准
IEC发布日期:2001-07-01
上版标准序号:GB/T 4728.9　09-03-06
关　键　词:选线器
应 用 注 释:A00207
形 状 类 别:圆弧,直线
功 能 类 别:K 处理信号或信息
应 用 类 别:电路图,接线图,功能图,概略图
备　　　注:符号表示出线群或触点组。

S01002

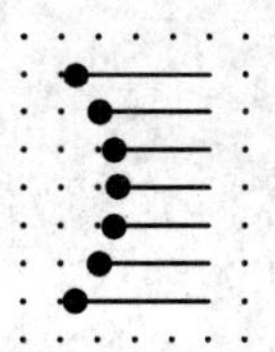

名　　　称:表示独立出线或触点的选线器弧层
　　　Selector level showing individual outlets or contacts
状　　　态:标准
IEC发布日期:2001-07-01
上版标准序号:GB/T 4728.9　09-03-07
关　键　词:选线器
用　　　于:S01005,S01004
应 用 注 释:A00208
形 状 类 别:圆点(点)
功 能 类 别:K 处理信号或信息
应 用 类 别:电路图,接线图,功能图,概略图

S01004

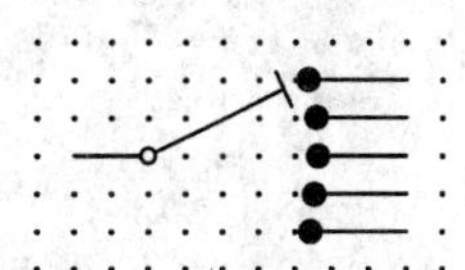

名　　　称:跨接式弧刷的选线器弧层

Selector level with bridging wiper
状　　　　态:标准
IEC发布日期:2001-07-01
上版标准序号:GB/T 4728.9　09-04-01
关　　键　词:选线器
采　用　符　号:S00997;S01002
形　状　类　别:圆点(点),直线
功　能　类　别:K 处理信号或信息
应　用　类　别:电路图,接线图,功能图,概略图

S01005

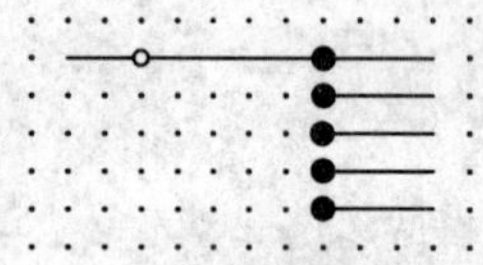

名　　　　称:非跨接式弧刷的选线器弧层
Selector level with non-bridging wiper
状　　　　态:标准
IEC发布日期:2001-07-01
上版标准序号:GB/T 4728.9　09-04-02
关　　键　词:选线器
采　用　符　号:S00996;S01002
形　状　类　别:圆点(点),直线
功　能　类　别:K 处理信号或信息
应　用　类　别:电路图,接线图,功能图,概略图

S01006

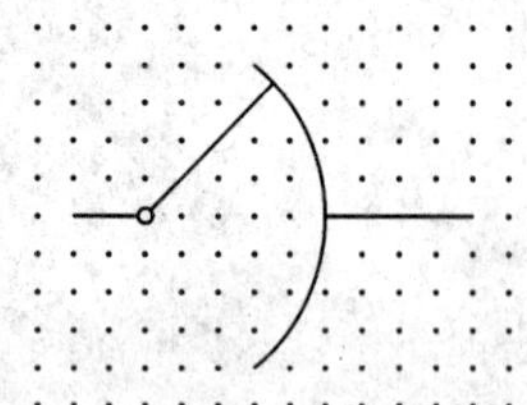

名　　　　称:单动作的不复位式选线器
Single-motion selector,non-homing
状　　　　态:标准
IEC发布日期:2001-07-01
上版标准序号:GB/T 4728.9　09-04-03
关　　键　词:选线器
用　　　　于:S01351,S01011
采　用　符　号:S00996;S00998
形　状　类　别:圆弧,直线
功　能　类　别:K 处理信号或信息
应　用　类　别:电路图,接线图,功能图,概略图

S01007

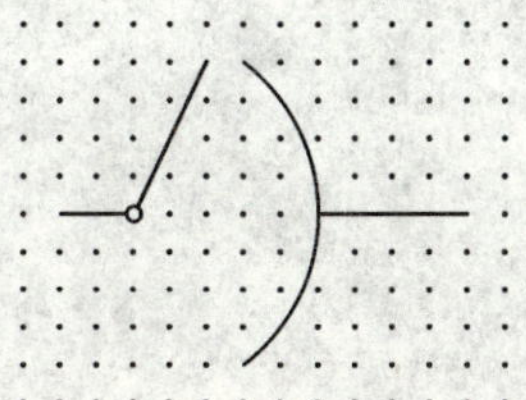

名　　　　称:单动作的复位式选线器

Single-motion selector, homing

状　　　　态:标准

IEC发布日期:2001-07-01

上版标准序号:GB/T 4728.9 09-04-04

关　键　词:选线器

采 用 符 号:S00996;S00998

形 状 类 别:圆弧,直线

功 能 类 别:K 处理信号或信息

应 用 类 别:电路图,接线图,功能图,概略图

S01008

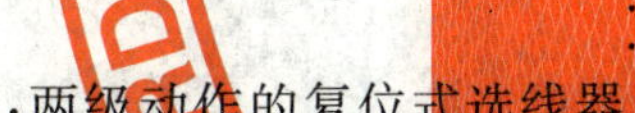

名　　　　称:两级动作的复位式选线器

Two-motion selector, homing

状　　　　态:标准

IEC发布日期:2001-07-01

上版标准序号:GB/T 4728.9 09-04-05

关　键　词:选线器

采 用 符 号:S00996;S00999

形 状 类 别:圆弧,直线

功 能 类 别:K 处理信号或信息

应 用 类 别:电路图,接线图,功能图,概略图

S01009

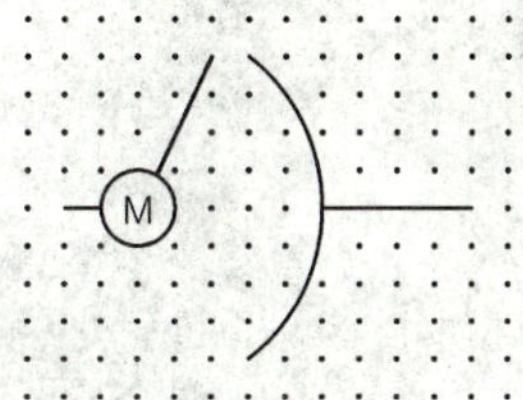

名　　　　称:电动机驱动的复位式选线器
　　　　　　Selector,motor driven,homing
状　　　　态:标准
IEC发布日期:2001-07-01
上版标准序号:GB/T 4728.9　09-04-06
关　键　词:选线器
采 用 符 号:S00819;S00998
形 状 类 别:圆弧,直线
功 能 类 别:K 处理信号或信息
应 用 类 别:电路图,接线图,功能图,概略图

S01010

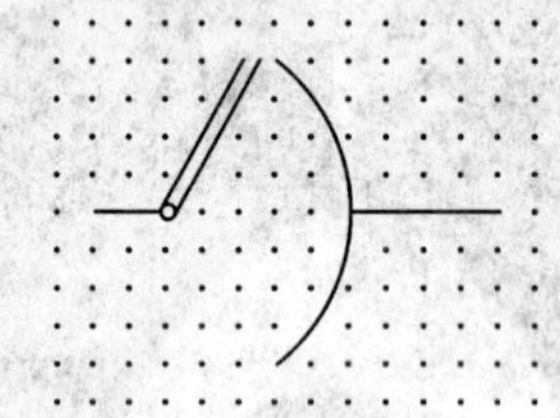

名　　　　称:用于四线转接的复位式选线器
　　　　　　Selector for four-wire switching,homing
状　　　　态:标准
IEC发布日期:2001-07-01
上版标准序号:GB/T 4728.9　09-04-07
关　键　词:选线器
采 用 符 号:S00998
形 状 类 别:圆弧,直线
功 能 类 别:K 处理信号或信息
应 用 类 别:电路图,接线图,功能图,概略图

S01011

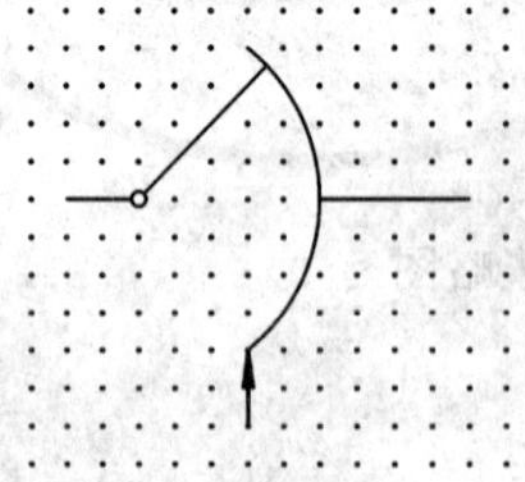

名　　　　称:已置位单动作选线器
　　　　　　Single-motion selector,set
状　　　　态:标准
IEC发布日期:2001-07-01
上版标准序号:GB/T 4728.9　09-04-08
关　键　词:选线器

采 用 符 号:S01006
形 状 类 别:箭头,圆弧,直线
功 能 类 别:K 处理信号或信息
应 用 类 别:电路图,接线图,功能图,概略图
备　　　注:选线器不复位并通过指定的触排触点来设置。

S01012

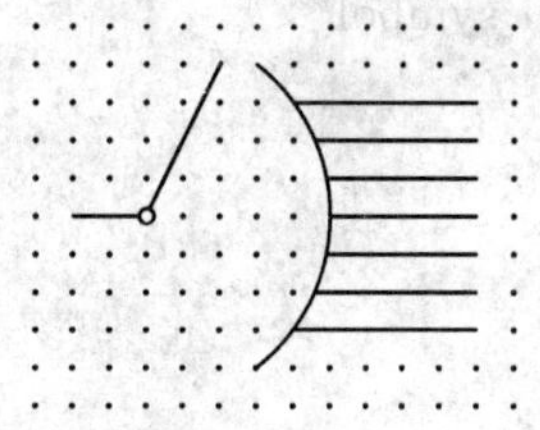

名　　　称:有单独出线的单动作复位式选线器
Single-motion homing selector with individual outlets
状　　　态:标准
IEC发布日期:2001-07-01
上版标准序号:GB/T 4728.9　09-04-09
关　 键　 词:选线器
采 用 符 号:S00996;S00998
形 状 类 别:圆弧,直线
功 能 类 别:K 处理信号或信息
应 用 类 别:电路图,接线图,功能图,概略图
备　　　注:单独出线也可以是出线群。

S01013

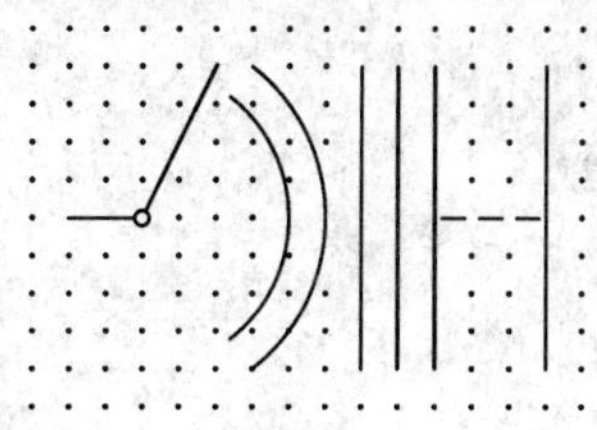

名　　　称:两级动作选线器及其弧层
Two-motion selector showing levels
状　　　态:标准
IEC发布日期:2001-07-01
上版标准序号:GB/T 4728.9　09-04-10
关　 键　 词:选线器
采 用 符 号:S00996;S00999
形 状 类 别:圆弧,直线
功 能 类 别:K 处理信号或信息
应 用 类 别:电路图,接线图,功能图,概略图、

S01014

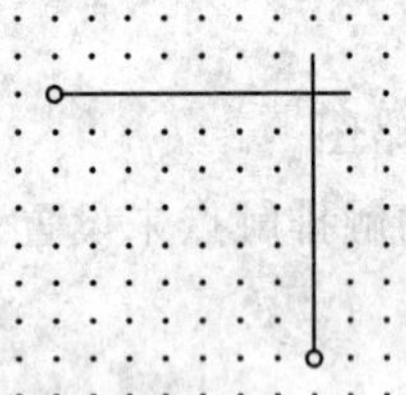

名　　　称:纵横接线器,一般符号
　　　　Crossbar selector,general symbol
状　　　态:标准
IEC发布日期:2001-07-01
上版标准序号:GB/T 4728.9　09-04-11
关　键　词:选线器
用　　　于:S01015
形 状 类 别:直线
功 能 类 别:K 处理信号或信息
应 用 类 别:电路图,接线图,功能图,概略图

S01015

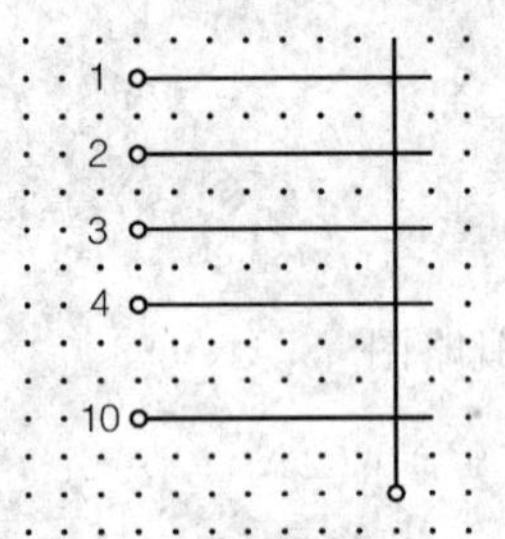

名　　　称:纵横接线器的一个接线单元
　　　　Crossbar selector,single connecting unit
状　　　态:标准
IEC发布日期:2001-07-01
上版标准序号:GB/T 4728.9　09-04-12
关　键　词:选线器
采 用 符 号:S01014
形 状 类 别:直线
功 能 类 别:K 处理信号或信息
应 用 类 别:电路图,接线图,功能图,概略图

S01016

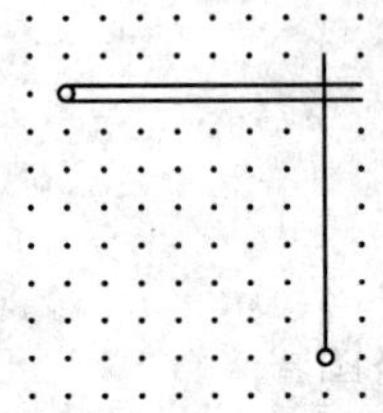

名　　　称:四线转接的纵横接线器
Crossbar selector,four-wire switching
状　　　态:标准
IEC发布日期:2001-07-01
上版标准序号:GB/T 4728.9　09-04-13
关　键　词:选线器
形 状 类 别:直线
功 能 类 别:K 处理信号或信息
应 用 类 别:电路图,接线图,功能图,概略图

S01017

名　　　称:电话机,一般符号
Telephone set,general symbol
状　　　态:标准
IEC发布日期:2001-07-01
上版标准序号:GB/T 4728.9　09-05-01
关　键　词:电话机
用　　　于:S01028, S01019, S01024, S01027, S01026, S01022, S01023, S01020, S01018, S01025,S01021
形 状 类 别:描述
功 能 类 别:K 处理信号或信息
应 用 类 别:安装简图,概略图

S01018

名　　　称:带电池的电话机
Telephone set with local battery
状　　　态:标准
IEC发布日期:2001-07-01
上版标准序号:GB/T 4728.9　09-05-02
关　键　词:电话机
采 用 符 号:S01017;S01342
形 状 类 别:描述
功 能 类 别:K 处理信号或信息
应 用 类 别:安装简图,概略图

S01019

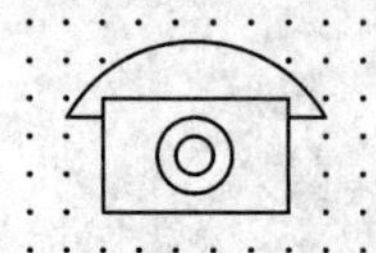

名　　　称:共电电话机

Telephone set,common battery

状　　　态:标准

IEC发布日期:2001-07-01

上版标准序号:GB/T 4728.9　09-05-03

关　键　词:电话机

采 用 符 号:S01017

形 状 类 别:描述

功 能 类 别:K 处理信号或信息

应 用 类 别:安装简图,概略图

S01023

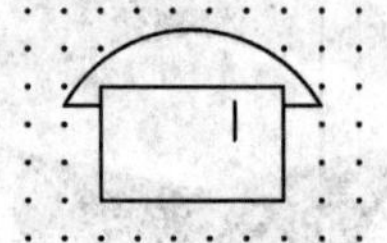

名　　　称:付费式电话机

Telephone set,paying

状　　　态:标准

IEC发布日期:2001-07-01

上版标准序号:GB/T 4728.9　09-05-07

关　键　词:电话机

采 用 符 号:S01017

形 状 类 别:描述

功 能 类 别:K 处理信号或信息

应 用 类 别:安装简图,概略图

S01025

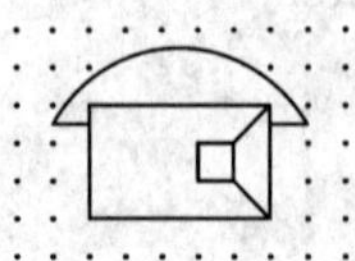

名　　　称:带扬声器的电话机

Telephone set with loudspeaker

状　　　态:标准

IEC发布日期:2001-07-01

上版标准序号:GB/T 4728.9　09-05-09

关　　键　　词:电话机
采　用　符　号:S01017;S01059
形　状　类　别:描述
功　能　类　别:K 处理信号或信息
应　用　类　别:安装简图,概略图

S01028

名　　　　　称:多线电话机
Telephone set for several lines
状　　　　　态:标准
IEC发布日期:2001-07-01
上版标准序号:GB/T 4728.9　09-05-12
关　　键　　词:电话机
采　用　符　号:S01017
应　用　注　释:A00211
形　状　类　别:描述
功　能　类　别:K 处理信号或信息
应　用　类　别:安装简图,概略图

S01029

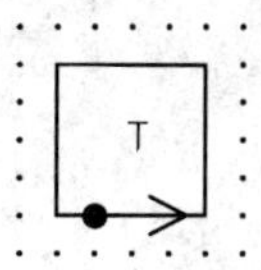

名　　　　　称:电信发送装置
Telecommunication transmitting apparatus
状　　　　　态:标准
IEC发布日期:2001-07-01
上版标准序号:GB/T 4728.9　09-06-01
关　　键　　词:电报,电信
采　用　符　号:S00059;S00102;S01081
应　用　注　释:A00212
形　状　类　别:箭头,字母,圆点(点),正方形
功　能　类　别:K 处理信号或信息
应　用　类　别:安装简图,概略图

S01030

名　　　　称:双向单工电信发送和接收装置
　　　　　Telecommunication transmitting and receiving apparatus,two-way simplex
状　　　　态:标准
IEC发布日期:2001-07-01
上版标准序号:GB/T 4728.9　09-06-02
关　　键　　词:电信,电报
采　用　符　号:S00059;S00101;S01081
应　用　注　释:A00212
形　状　类　别:箭头,字母,正方形
功　能　类　别:K 处理信号或信息
应　用　类　别:安装简图,概略图

S01033

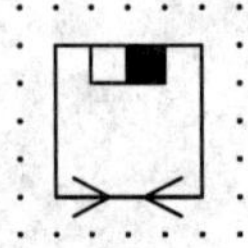

名　　　　称:用户传真
　　　　　Telefax
状　　　　态:标准
IEC发布日期:2001-07-01
上版标准序号:GB/T 4728.9　09-06-05
关　　键　　词:传真,收报机,用户传真
采　用　符　号:S00059;S00103;S00143
应　用　注　释:A00212
形　状　类　别:箭头,圆点(点),矩形,正方形
功　能　类　别:P 提供信息
应　用　类　别:安装简图,概略图

S01039

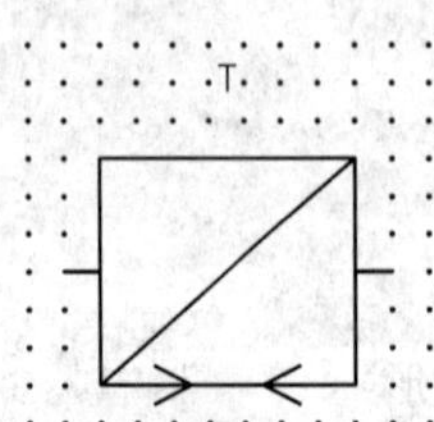

名　　　　称:双工电报转发器
　　　　　Telegraph repeater,duplex

状　　　　态:标准
IEC发布日期:2001-07-01
上版标准序号:GB/T 4728.9　09-07-02
关　　键　　词:转发器,电报
采　用　符　号:S00100;S00213;S01081
应　用　注　释:A00214
形　状　类　别:直线,正方形
功　能　类　别:K 处理信号或信息
应　用　类　别:电路图,功能图,概略图

S01042

名　　　　称:磁式标记
Magnetic type indication
状　　　　态:标准
IEC发布日期:2001-07-01
上版标准序号:GB/T 4728.9　09-08-01
关　　键　　词:磁
用　　　　于:S01076,S01072,S01067,S01069,S01068,S01071,S01070
应　用　注　释:A00215
形　状　类　别:圆弧
功　能　类　别:功能要素或属性
应　用　类　别:概念要素或限定符号

S01043

名　　　　称:动圈标记;带式标记
Moving coil indication;Ribbon type indication
状　　　　态:标准
IEC发布日期:2001-07-01
上版标准序号:GB/T 4728.9　09-08-02
关　　键　　词:线圈
应　用　注　释:A00215
形　状　类　别:半圆
功　能　类　别:功能要素或属性
应　用　类　别:概念要素或限定符号

S01044

名　　　　称:动铁式标记
　　　　　　Moving iron type indication
状　　　　态:标准
IEC发布日期:2001-07-01
上版标准序号:GB/T 4728.9　09-08-03
关　键　词:线圈
应 用 注 释:A00215
形 状 类 别:半圆,直线
功 能 类 别:功能要素或属性
应 用 类 别:概念要素或限定符号

S01045

名　　　　称:立体声式标记
　　　　　　Stereo type indication
状　　　　态:标准
IEC发布日期:2001-07-01
上版标准序号:GB/T 4728.9　09-08-04
关　键　词:立体声
用　　　　于:S01062
应 用 注 释:A00215
所替代的符号:S01387
形 状 类 别:圆弧,圆
功 能 类 别:功能要素或属性
应 用 类 别:概念要素或限定符号

S01046

名　　　　称:唱片式标记
　　　　　　Disc type indication
状　　　　态:标准
IEC发布日期:2001-07-01
上版标准序号:GB/T 4728.9　09-08-05
关　键　词:唱片

用　　　于:S01065,S01079,S01066
应 用 注 释:A00215
形 状 类 别:圆,直线
功 能 类 别:功能要素或属性
应 用 类 别:概念要素或限定符号

S01047

名　　　称:磁带式标记;软片式标记
　　　　Tape type indication;Film type indication
状　　　态:标准
IEC发布日期:2001-07-01
上版标准序号:GB/T 4728.9　09-08-06
关　键　词:软片,磁带
用　　　于:S01078
应 用 注 释:A00215
形 状 类 别:圆,直线
功 能 类 别:功能要素或属性
应 用 类 别:概念要素或限定符号

S01048

名　　　称:磁鼓式标记
　　　　Drum type indication
状　　　态:标准
IEC发布日期:2001-07-01
上版标准序号:GB/T 4728.9　09-08-07
关　键　词:磁鼓
用　　　于:S01076
应 用 注 释:A00215
形 状 类 别:描述
功 能 类 别:功能要素或属性
应 用 类 别:概念要素或限定符号

S01049

名　　　称:记录标记;播放标记
　　　　　Recording indication;Reproducing indication
状　　　态:标准
IEC发布日期:2001-07-01
上版标准序号:GB/T 4728.9　09-08-08
关　键　词:记录,播放
用　　　于:S01067,S01068,S01063,S01062
应 用 注 释:A00215,A00217
形 状 类 别:箭头
功 能 类 别:功能要素或属性
应 用 类 别:概念要素或限定符号

S01050

名　　　称:记录和播放标记
　　　　　Recording and reproducing indication
状　　　态:标准
IEC发布日期:2001-07-01
上版标准序号:GB/T 4728.9　09-08-09
关　键　词:记录,播放
用　　　于:S01076,S01072,S01071,S01060
形 状 类 别:箭头
功 能 类 别:功能要素或属性
应 用 类 别:概念要素或限定符号

S01051

名　　　称:消抹标记
　　　　　Erasing indication
状　　　态:标准
IEC发布日期:2001-07-01
上版标准序号:GB/T 4728.9　09-08-10
关　键　词:消抹
用　　　于:S01064,S01073,S01072,S01069,S01071,S01070
应 用 注 释:A00215
形 状 类 别:直线
功 能 类 别:功能要素或属性
应 用 类 别:概念要素或限定符号

S01052

名　　　称:声表面波(SAW)标记
Surface-acoustic-wave(SAW) indication
状　　　态:标准
IEC发布日期:2001-07-01
上版标准序号:GB/T 4728.9　09-08-11
关　键　词:声表面波
用　　　于:S01181,S01184,S01074,S01266,S01265,S01264
应用注释:A00215
形状类别:直线
功能类别:功能要素或属性
应用类别:概念要素或限定符号

S01053

名　　　称:传声器,一般符号
Microphone,general symbol
状　　　态:标准
IEC发布日期:2001-07-01
上版标准序号:GB/T 4728.9　09-09-01
关　键　词:传声器
用　　　于:S01055,S01054,S01058
应用注释:A00216
形状类别:圆,直线
功能类别:B 将输入变量转换为信号
应用类别:电路图,功能图

S01055

名　　　称:推挽式传声器
Microphone,push-pull
状　　　态:标准
IEC发布日期:2001-07-01
上版标准序号:GB/T 4728.9　09-09-03
关　键　词:传声器

采 用 符 号:S01053

应 用 注 释:A00216

形 状 类 别:圆,直线

功 能 类 别:B 将输入变量转换为信号

应 用 类 别:电路图,功能图

S01056

名　　　　称:受话器,一般符号

Earphone,general symbol

状　　　　态:标准

IEC发布日期:2001-07-01

上版标准序号:GB/T 4728.9　09-09-04

关　　键　　词:耳机

用　　　　于:S01057,S01058

应 用 注 释:A00216

形 状 类 别:直线,矩形

功 能 类 别:P 提供信息

应 用 类 别:电路图,功能图

S01059

名　　　　称:扬声器,一般符号

Loudspeaker,general symbol

状　　　　态:标准

IEC发布日期:2001-07-01

上版标准序号:GB/T 4728.9　09-09-07

关　　键　　词:扬声器

用　　　　于:S01060,S01025

应 用 注 释:A00216

形 状 类 别:描述,直线,矩形

功 能 类 别:P 提供信息

应 用 类 别:电路图,功能图

S01060

名　　　称:扬声-传声器
　　　　　Loudspeaker-microphone
状　　　态:标准
IEC发布日期:2001-07-01
上版标准序号:GB/T 4728.9　09-09-08
关　键　词:扬声器,传声器
用　　　于:S00497
采 用 符 号:S01050;S01059
应 用 注 释:A00216
形 状 类 别:箭头,描述,直线,矩形
功 能 类 别:B 将输入变量转换为信号,P 提供信息
应 用 类 别:电路图,功能图

S01061

名　　　称:换能头,一般符号
　　　　　Transducer head,general symbol
状　　　态:标准
IEC发布日期:2001-07-01
上版标准序号:GB/T 4728.9　09-09-09
关　键　词:变换器
用　　　于:S01064,S01078,S01067,S01069,S01065,S01071,S01063,S01062,S01075,S01079
应 用 注 释:A00216
形 状 类 别:直线
功 能 类 别:B 将输入变量转换为信号
应 用 类 别:电路图,功能图

S01062

名　　　称:唱针式立体声播放头
　　　　　Reproducing head,stereophonic,stylus operated
状　　　态:标准
IEC发布日期:2001-07-01

上版标准序号:GB/T 4728.9　09-09-10
关　键　词:变换器
采 用 符 号:S01045;S01049;S01061
应 用 注 释:A00216
形 状 类 别:箭头,圆弧,圆,直线
功 能 类 别:B 将输入变量转换为信号
应 用 类 别:电路图,功能图
备　　　注:播放包括读出和放音。

S01063

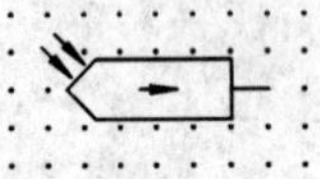

名　　　称:单声道光敏播放头
Light sensitive reproducing head,monophonic
状　　　态:标准
IEC发布日期:2001-07-01
上版标准序号:GB/T 4728.9　09-09-11
关　键　词:变换器
采 用 符 号:S00127;S01049;S01061
应 用 注 释:A00216
形 状 类 别:箭头,直线
功 能 类 别:B 将输入变量转换为信号
应 用 类 别:电路图,功能图

S01064

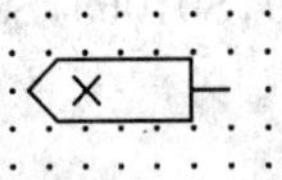

名　　　称:消抹头
Erasing head
状　　　态:标准
IEC发布日期:2001-07-01
上版标准序号:GB/T 4728.9　09-09-12
关　键　词:变换器
采 用 符 号:S01051;S01061
应 用 注 释:A00216
形 状 类 别:直线
功 能 类 别:K 处理信号或信息
应 用 类 别:电路图,功能图

S01065

名　　　称:磁头

Magnetic head

状　　　态:标准

IEC发布日期:2001-07-01

上版标准序号:GB/T 4728.9　09-09-13

关　键　词:变换器

形　　　式:完整形式

其 他 形 式:S01066

采 用 符 号:S01046;S01061

应 用 注 释:A00216,A00218

形 状 类 别:圆弧,直线

功 能 类 别:K 处理信号或信息

应 用 类 别:电路图,功能图

S01066

名　　　称:磁头

Magnetic head

状　　　态:标准

IEC发布日期:2001-07-01

上版标准序号:GB/T 4728.9　09-09-14

关　键　词:变换器

形　　　式:简化形式

其 他 形 式:S01065

采 用 符 号:S01046

应 用 注 释:A00216,A00218

形 状 类 别:圆弧,直线

功 能 类 别:K 处理信号或信息

应 用 类 别:电路图,功能图

S01067

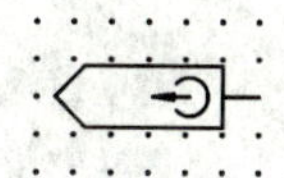

名　　　称:单声道写入磁头

Magnetic head for writing,monophonic

状　　　态:标准

IEC发布日期:2001-07-01
上版标准序号:GB/T 4728.9 09-09-15
关 键 词:变换器
形 式:完整形式
其 他 形 式:S01068
采 用 符 号:S01042;S01049;S01061
应 用 注 释:A00216
形 状 类 别:箭头,圆弧,直线
功 能 类 别:K 处理信号或信息
应 用 类 别:电路图,功能图

S01068

名 称:单声道写入磁头
Magnetic head for writing,monophonic
状 态:标准
IEC发布日期:2001-07-01
上版标准序号:GB/T 4728.9 09-09-16
关 键 词:变换器
形 式:简化形式
其 他 形 式:S01067
采 用 符 号:S01042;S01049
应 用 注 释:A00216
形 状 类 别:箭头,圆弧
功 能 类 别:K 处理信号或信息
应 用 类 别:电路图,功能图

S01069

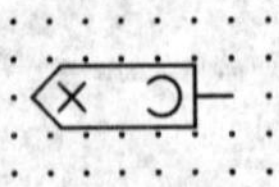

名 称:消磁磁头
Magnetic head for erasing
状 态:标准
IEC发布日期:2001-07-01
上版标准序号:GB/T 4728.9 09-09-17
关 键 词:变换器
形 式:完整形式
其 他 形 式:S01070

采 用 符 号:S01042;S01051;S01061

应 用 注 释:A00216

形 状 类 别:圆弧,直线

功 能 类 别:K 处理信号或信息

应 用 类 别:电路图,功能图

S01070

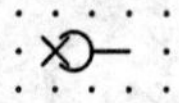

名 称:消磁磁头

Magnetic head for erasing

状 态:标准

IEC发布日期:2001-07-01

上版标准序号:GB/T 4728.9 09-09-18

关 键 词:变换器

形 式:简化形式

其 他 形 式:S01069

采 用 符 号:S01042;S01051

应 用 注 释:A00216

形 状 类 别:圆弧,直线

功 能 类 别:K 处理信号或信息

应 用 类 别:电路图,功能图

S01071

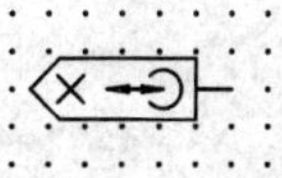

名 称:单声道写入、读出和消磁磁头

Magnetic head for writing,reading and erasing,monophonic

状 态:标准

IEC发布日期:2001-07-01

上版标准序号:GB/T 4728.9 09-09-19

关 键 词:变换器

形 式:完整形式

其 他 形 式:S01072

采 用 符 号:S01042;S01050;S01051;S01061

应 用 注 释:A00216

形 状 类 别:箭头,圆弧,直线

功 能 类 别:K 处理信号或信息

应 用 类 别:电路图,功能图

S01072

名　　　　称:单声道写入、读出和消磁磁头
　　　　　　Magnetic head for writing, reading and erasing, monophonic
状　　　　态:标准
IEC发布日期:2001-07-01
上版标准序号:GB/T 4728.9　09-09-20
关　　键　　词:变换器
形　　　　式:简化形式
其 他 形 式:S01071
采 用 符 号:S01042;S01050;S01051
应 用 注 释:A00216
形 状 类 别:箭头,圆弧,直线
功 能 类 别:K 处理信号或信息
应 用 类 别:电路图,功能图

S01073

名　　　　称:超声波收发信机;水听器
　　　　　　Ultrasound transmitter-receiver; Hydrophone
状　　　　态:标准
IEC发布日期:2001-07-01
上版标准序号:GB/T 4728.9　09-09-21
关　　键　　词:水听器,接收器,发送器
采 用 符 号:S01051
应 用 注 释:A00216
形 状 类 别:箭头,直线,正方形
功 能 类 别:K 处理信号或信息
应 用 类 别:电路图,功能图

S01074

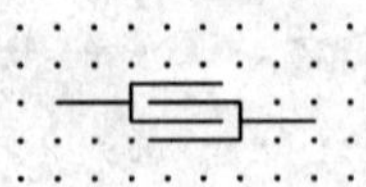

名　　　　称:声表面波(SAW)换能器
　　　　　　Surface-acoustic-wave(SAW) transducer
状　　　　态:标准
IEC发布日期:2001-07-01
上版标准序号:GB/T 4728.9　09-09-22

关 键 词:声表面波,变换器
采 用 符 号:S01052
应 用 注 释:A00216
形 状 类 别:直线
功 能 类 别:K 处理信号或信息
应 用 类 别:电路图,功能图

S01075

名 称:记录机,一般符号;播放机,一般符号
Recorder,general symbol;Reproducer,general symbol
状 态:标准
IEC发布日期:2001-07-01
上版标准序号:GB/T 4728.9 09-10-01
关 键 词:记录机,播放机
用 于:S01077
采 用 符 号:S00059;S01061
应 用 注 释:A00216,A00219
形 状 类 别:直线,正方形
功 能 类 别:K 处理信号或信息
应 用 类 别:电路图,功能图

S01076

名 称:磁鼓式录放机
Recorder and reproducer,magnetic drum type
状 态:标准
IEC发布日期:2001-07-01
上版标准序号:GB/T 4728.9 09-10-02
关 键 词:记录机,播放机
采 用 符 号:S00059;S01042;S01048;S01050
应 用 注 释:A00216
形 状 类 别:箭头,圆弧,描述,正方形

功 能 类 别:K 处理信号或信息

应 用 类 别:电路图,功能图

S01077

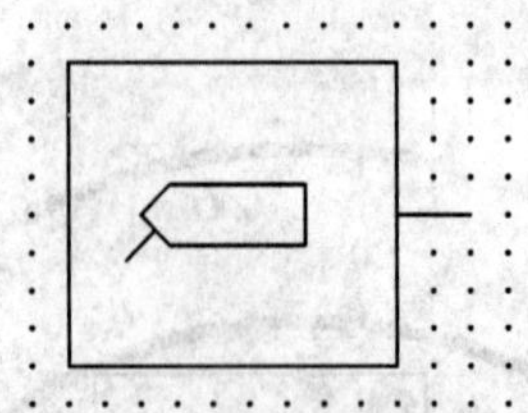

名　　　称:针式唱头播放机

Stylus-type reproducer

状　　　态:标准

IEC发布日期:2001-07-01

上版标准序号:GB/T 4728.9　09-10-03

关　键　词:播放机

采 用 符 号:S01075

应 用 注 释:A00216

形 状 类 别:直线,正方形

功 能 类 别:K 处理信号或信息

应 用 类 别:电路图,功能图

S01078

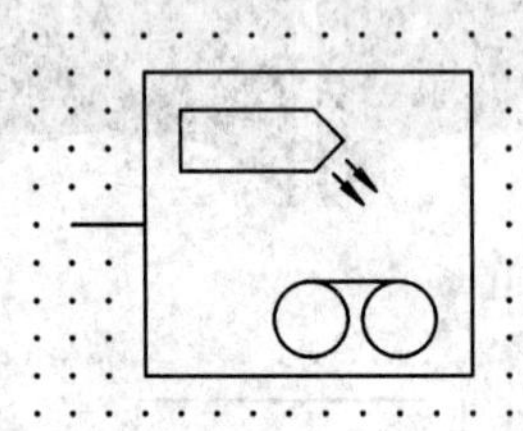

名　　　称:光文件式记录机

Optical file-type recorder

状　　　态:标准

IEC发布日期:2001-07-01

上版标准序号:GB/T 4728.9　09-10-04

关　键　词:记录机

采 用 符 号:S00059;S00127;S01047;S01061

应 用 注 释:A00216

形 状 类 别:箭头,圆,直线,正方形

功 能 类 别:K 处理信号或信息

应 用 类 别:电路图,功能图

S01079

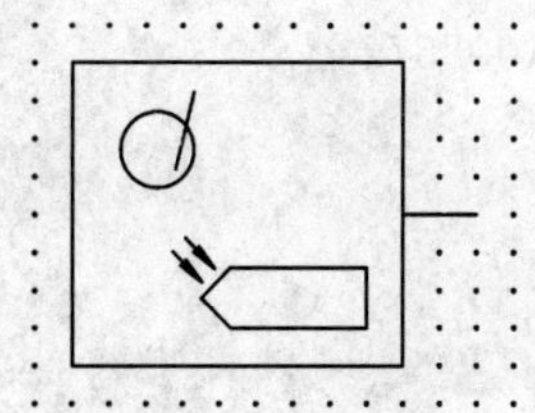

名　　　　称:光盘式播放机

　　　　　　Optical disc-type reproducer

状　　　　态:标准

IEC发布日期:2001-07-01

上版标准序号:GB/T 4728.9　09-10-05

关　　键　　词:播放机

采 用 符 号:S00059;S00127;S01046;S01061

应 用 注 释:A00216

形 状 类 别:箭头,圆,直线,正方形

功 能 类 别:K 处理信号或信息

应 用 类 别:电路图,功能图

废除——仅供参考的符号

S00992

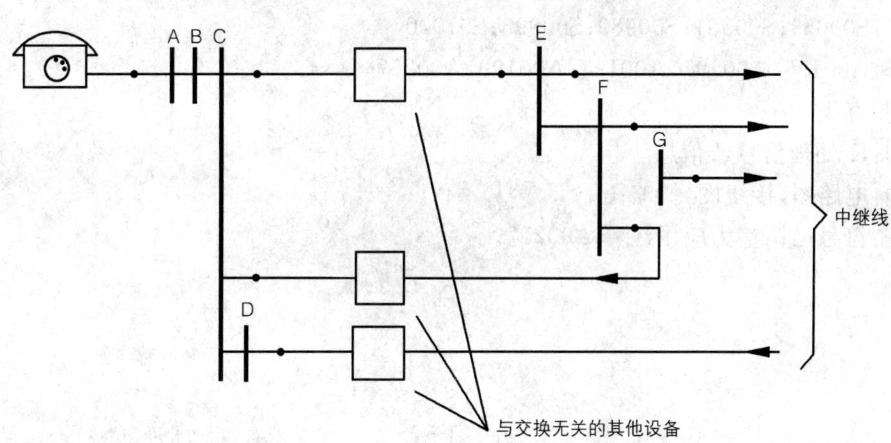

名　　　　称:交换系统中继图

　　　　　　Trunking diagram of a switching system

状　　　　态:废除——仅供参考

IEC发布日期:2001-07-01

IEC废除日期:2002-07-01

上版标准序号:GB/T 4728.9　09-01-12

关　　键　　词:交换

采 用 符 号:S00059;S00981;S00986;S01020

应 用 注 释:A00196,A00197,A00198,A00199,A00257

形 状 类 别:直线

功 能 类 别:K 处理信号或信息

应 用 类 别:电路图,接线图,概略图

备 注:符号已调整为应用注释 A00257。

S00993

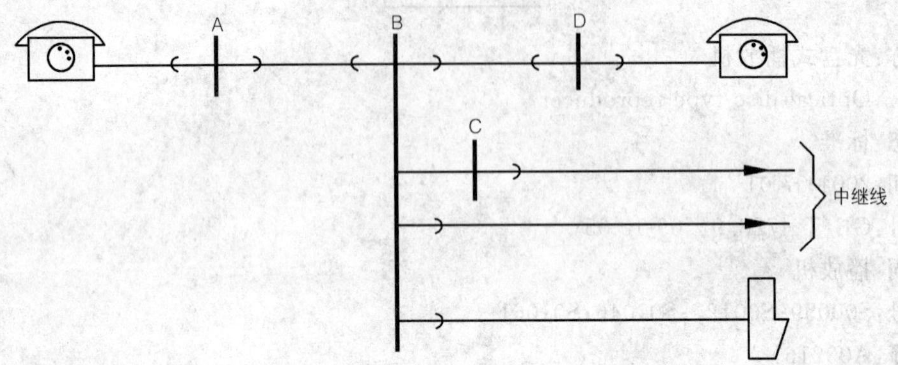

名 称:交换系统中继图

Trunking diagram of a switching system

状 态:废除——仅供参考

IEC发布日期:2001-07-01

IEC废除日期:2002-07-01

上版标准序号:GB/T 4728.9 09-01-13

关 键 词:交换

采 用 符 号:S00059;S00981;S00989;S00995;S01020

应 用 注 释:A00196,A00197,A00198,A00199,A00257

形 状 类 别:直线

功 能 类 别:K 处理信号或信息

应 用 类 别:电路图,接线图,概略图

备 注:符号已调整为应用注释 A00257。

S01003

名 称:选线器工作线圈

Operating coil of a selector

状 态:废除——仅供参考

IEC发布日期:2001-07-01

IEC废除日期:2002-07-01

上版标准序号:GB/T 4728.9 09-03-09

关 键 词:选线器

所替代的符号:S01386

替代符号:S00305
形 状 类 别:矩形
功 能 类 别:K 处理信号或信息
应 用 类 别:电路图,接线图,功能图,概略图

S01020

名　　　称:拨号盘式电话机
Telephone set with dial
状　　　态:废除——仅供参考
IEC发布日期:2001-07-01
IEC废除日期:2002-07-04
上版标准序号:GB/T 4728.9　09-05-04
关 键 词:电话机
用　　　于:S00992,S00993
采 用 符 号:S01017
应 用 注 释:A00209
形 状 类 别:描述
功 能 类 别:K 处理信号或信息
应 用 类 别:安装简图,概略图

S01021

名　　　称:按钮拨号式电话机
Telephone set with push-button dialing
状　　　态:废除——仅供参考
IEC发布日期:2001-07-01
IEC废除日期:2002-07-04
上版标准序号:GB/T 4728.9　09-05-05
关 键 词:电话机
采 用 符 号:S01017
形 状 类 别:描述
功 能 类 别:K 处理信号或信息
应 用 类 别:安装简图,概略图

S01022

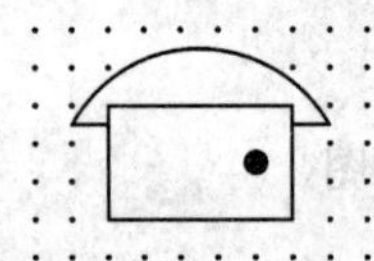

名　　　　称:特殊功能的按钮或按键电话机
Telephone set with push-buttons or keys for special purposes
状　　　　态:废除——仅供参考
IEC发布日期:2001-07-01
IEC废除日期:2002-07-04
上版标准序号:GB/T 4728.9　09-05-06
关　　键　　词:电话机
采　用　符　号:S01017
形　状　类　别:描述
功　能　类　别:K 处理信号或信息
应　用　类　别:安装简图,概略图
备　　　　注:按钮或按键不具备拨号或多线工作功能。

S01024

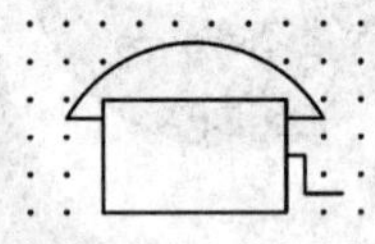

名　　　　称:带振铃发电机的电话机
Telephone set with ringing generator
状　　　　态:废除——仅供参考
IEC发布日期:2001-07-01
IEC废除日期:2002-07-04
上版标准序号:GB/T 4728.9　09-05-08
关　　键　　词:电话机
采　用　符　号:S00180;S01017
形　状　类　别:描述
功　能　类　别:K 处理信号或信息
应　用　类　别:安装简图,概略图
备　　　　注:铃流发生器可能是磁石式发电的。

S01026

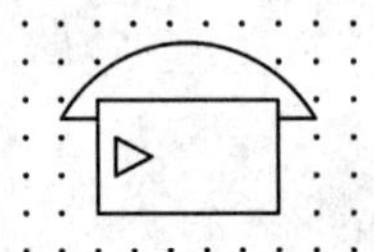

名　　　　称:带放大器的电话机

Telephone set with amplifier
状　　　态:废除——仅供参考
IEC发布日期:2001-07-01
IEC废除日期:2002-07-04
上版标准序号:GB/T 4728.9　09-05-10
关　　键　词:电话机
采 用 符 号:S01017;S01239
形 状 类 别:描述
功 能 类 别:K 处理信号或信息
应 用 类 别:安装简图,概略图

S01027

名　　　称:声能电话机
Telephone set,sound-powered
状　　　态:废除——仅供参考
IEC发布日期:2001-07-01
IEC废除日期:2002-07-04
上版标准序号:GB/T 4728.9　09-05-11
关　　键　词:电话机
采 用 符 号:S00210;S01017
形 状 类 别:描述
功 能 类 别:K 处理信号或信息
应 用 类 别:安装简图,概略图

S01031

名　　　称:纸带式电传打字机
Tape-printing receiver with keyboard transmitter
状　　　态:废除——仅供参考
IEC发布日期:2001-07-01
IEC废除日期:2002-07-04
上版标准序号:GB/T 4728.9　09-06-03
关　　键　词:电报
采 用 符 号:S00059;S00101;S00138;S00142

应 用 注 释:A00212
形 状 类 别:圆点(点),直线,正方形
功 能 类 别:K 处理信号或信息
应 用 类 别:安装简图,概略图

S01032

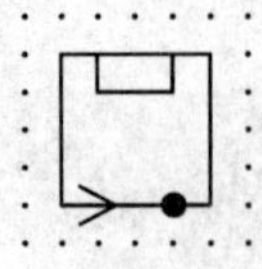

名　　　　称:纸页式收报机
Page-printing receiver
状　　　　态:废除——仅供参考
IEC发布日期:2001-07-01
IEC废除日期:2002-07-04
上版标准序号:GB/T 4728.9　09-06-04
关　键　词:电报
采 用 符 号:S00059;S00103;S00141
应 用 注 释:A00212
形 状 类 别:箭头,圆点(点),正方形
功 能 类 别:P 提供信息
应 用 类 别:安装简图,概略图

S01034

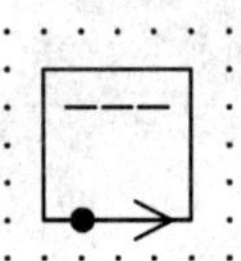

名　　　　称:凿孔纸带自动发报机
Automatic transmitter using perforated tape
状　　　　态:废除——仅供参考
IEC发布日期:2001-07-01
IEC废除日期:2002-07-04
上版标准序号:GB/T 4728.9　09-06-06
关　键　词:电报
采 用 符 号:S00059;S00102;S00139
应 用 注 释:A00212
形 状 类 别:箭头,圆点(点),直线,正方形
功 能 类 别:K 处理信号或信息
应 用 类 别:安装简图,概略图

S01035

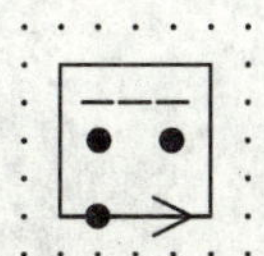

名　　　　称:键盘凿孔机

Keyboard perforator

状　　　　态:废除——仅供参考

IEC发布日期:2001-07-01

IEC废除日期:2002-07-04

上版标准序号:GB/T 4728.9 09-06-07

关　键　词:电报

采 用 符 号:S00059;S00102;S00139;S00142

应 用 注 释:A00212

形 状 类 别:箭头,圆点(点),直线,正方形

功 能 类 别:K 处理信号或信息

应 用 类 别:安装简图,概略图

S01036

名　　　　称:分开式复凿机和自动发报机

Separate reperforator and automatic transmitter

状　　　　态:废除——仅供参考

IEC发布日期:2001-07-01

IEC废除日期:2002-07-04

上版标准序号:GB/T 4728.9 09-06-08

关　键　词:电报

采 用 符 号:S00059;S00102;S00103;S00139

应 用 注 释:A00213

形 状 类 别:箭头,圆点(点),直线,正方形

功 能 类 别:K 处理信号或信息

应 用 类 别:安装简图,概略图

S01037

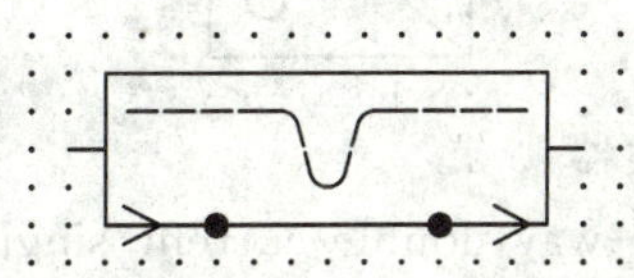

名　　　　称:组合式复凿机和自动发报机

Combined reperforator and automatic transmitter
状　　　　态:废除——仅供参考
IEC发布日期:2001-07-01
IEC废除日期:2002-07-04
上版标准序号:GB/T 4728.9　09-06-09
关　　键　　词:电报
采　用　符　号:S00059;S00102;S00103;S00139
应　用　注　释:A00212
形　状　类　别:箭头,圆点(点),直线,矩形
功　能　类　别:K 处理信号或信息
应　用　类　别:安装简图,概略图
备　　　　注:符号被表示为具有连续的纸带馈送。

S01038

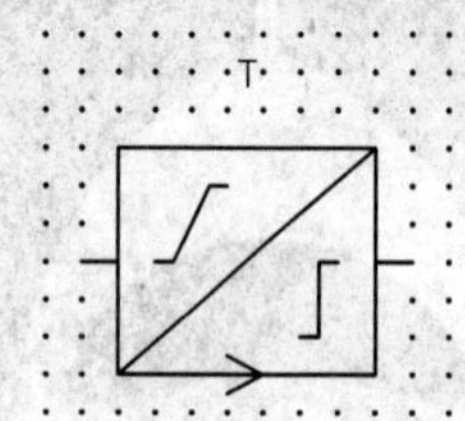

名　　　　称:再生式电报转发器
Telegraph repeater,regenerative
状　　　　态:废除——仅供参考
IEC发布日期:2001-07-01
IEC废除日期:2002-07-04
上版标准序号:GB/T 4728.9　09-07-01
关　　键　　词:转发器,电报
采　用　符　号:S00099;S00135;S00213;S01081
应　用　注　释:A00214
形　状　类　别:直线,正方形
功　能　类　别:K 处理信号或信息
应　用　类　别:电路图,功能图,概略图

S01040

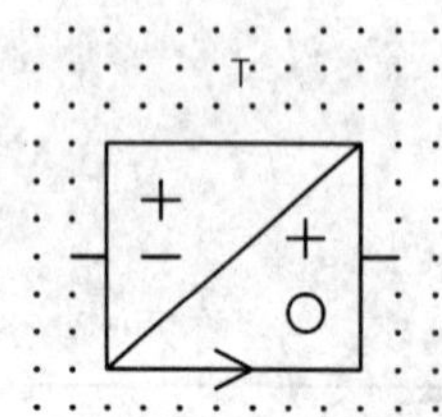

名　　　　称:单工双流-单流电报转发器
Telegraph repeater,one-way,double-current/single-current
状　　　　态:废除——仅供参考

IEC发布日期:2001-07-01
IEC废除日期:2002-07-04
上版标准序号:GB/T 4728.9　09-07-03
关　　键　　词:转发器,电报
采 用 符 号:S00099;S00213;S01081
应 用 注 释:A00214
形 状 类 别:直线,正方形
功 能 类 别:K 处理信号或信息
应 用 类 别:电路图,功能图,概略图

S01041

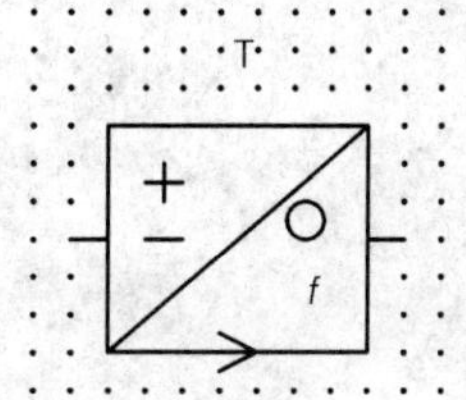

名　　　　称:双流-交流电报转发器
Telegraph repeater,double-current/alternating-current
状　　　　态:废除——仅供参考
IEC发布日期:2001-07-01
IEC废除日期:2002-07-04
上版标准序号:GB/T 4728.9　09-07-04
关　　键　　词:转发器,电报
采 用 符 号:S00099;S00213;S01081
应 用 注 释:A00214
形 状 类 别:直线,正方形
功 能 类 别:K 处理信号或信息
应 用 类 别:电路图,功能图,概略图

S01054

名　　　　称:静电式传声器;电容式传声器
Electrostatic microphone;Capacitor microphone
状　　　　态:废除——仅供参考
IEC发布日期:2001-07-01
IEC废除日期:2002-07-04
上版标准序号:GB/T 4728.9　09-09-02
关　　键　　词:传声器
采 用 符 号:S00567;S01053
应 用 注 释:A00216

形 状 类 别:圆,直线

功 能 类 别:B 将输入变量转换为信号

应 用 类 别:电路图,功能图

S01057

名　　　称:头戴受话器

Headset

状　　　态:废除——仅供参考

IEC发布日期:2001-07-01

IEC废除日期:2002-07-04

上版标准序号:GB/T 4728.9　09-09-05

关　键　词:耳机,头戴耳机-传声器

采 用 符 号:S01056

应 用 注 释:A00216

形 状 类 别:半圆,直线,矩形

功 能 类 别:P 提供信息

应 用 类 别:电路图,功能图

备　　　注:符号带单只耳机。

S01058

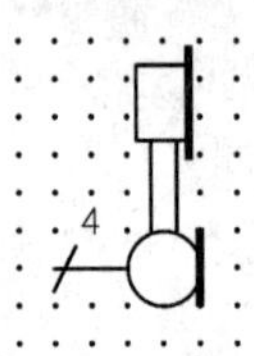

名　　　称:手持送受话器

Handset

状　　　态:废除——仅供参考

IEC发布日期:2001-07-01

IEC废除日期:2002-07-04

上版标准序号:GB/T 4728.9　09-09-06

关　键　词:耳机,传声器

采 用 符 号:S01053;S01056

应 用 注 释:A00216

形 状 类 别:圆,直线,矩形

功 能 类 别:B 将输入变量转换为信号,P 提供信息

应 用 类 别:电路图,功能图

备　　　注:符号带 4 线连接。

S01386

名　　　称:选线器工作线圈
Operating coil of a selector
状　　　态:废除——仅供参考
IEC废除日期:1996-05
上版标准序号:GB/T 4728.9　09-A1-01
关　键　词:传动装置
替代符号:S01003
形 状 类 别:矩形
功 能 类 别:M 提供机械能
应 用 类 别:电路图
符 号 限 制:旧符号,用符号 S01003 替代
备　　　注:本符号一般用粗线轮廓表示,以区别继电器工作线圈。

S01387

名　　　称:立体声式
Stereo type
状　　　态:废除——仅供参考
IEC废除日期:1996-05
上版标准序号:GB/T 4728.9　09-A2-01
关　键　词:立体声
替 代 符 号:S01045
形 状 类 别:箭头
功 能 类 别:功能要素或属性
应 用 类 别:概念要素或限定符号
符 号 限 制:旧符号,用符号 S01045 替代

S01388

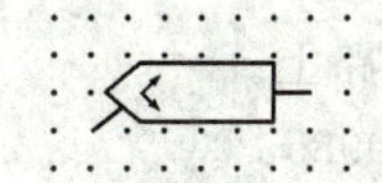

名　　　称:唱针式立体声头
Stylus operated stereophonic head
状　　　态:废除——仅供参考

IEC废除日期:1996-05
上版标准序号:GB/T 4728.9 09-A3-01
关 键 词:立体声
形 状 类 别:箭头,描述,矩形
功 能 类 别:B 将输入变量转换为信号
应 用 类 别:电路图
符 号 限 制:旧符号

应用注释

应用注释 A00195

该符号可用于表示交换系统,而不必考虑所用的设备类型。

应用于:S00981,S00982,S00983,S00984,S00985,S00986,S00987,S00988,S00989,S00990,S00991

应用注释 A00196

连接级:

是入线和出线的一种接线装置,在该装置中一条入线连接到一条出线仅用一个交换点。在一个连接级中任何时刻都可存在若干个连接。

应用于:S00981,S00982,S00983,S00984,S00985,S00992,S00993

应用注释 A00197

标志级:

在一个公共控制系统中,受一个标志过程控制的连接级序列。一个标志级可由一个或多个连接级组成。

应用于:S00986,S00987,S00988,S00992,S00993

应用注释 A00198

交换级:

共同完成一个预定的交换功能(如预选或路由选择)的连接级序列。

应用于:S00989,S00990,S00991,S00992,S00993

应用注释 A00199

信息高速通路群:

能进入一个信息高速通路的最多电路数。

应用于:S00992,S00993

应用注释 A00200

一边的电路可以一个一个单独接到另一边电路上。

应用于:S00981,S00982,S00983,S00984,S00985

应用注释 A00201

每群的入线数和出线数可用数字标在相关的线上。

应用于:S00984

应用注释 A00202

表示标志级的限定符号是圆点。标志级的圆点符号应当加在该标志级第一连接级的入线和最后连接级的出线上。

应用于:S00986,S00987,S00988

应用注释 A00203

表示交换级的限定符号是圆弧。标志级的圆点符号应加在该交换级第一连接级的入线和最后连接级的出线上。

应用于:S00989,S00990,S00991

应用注释 A00205

可以加一个适当的标记(如文字符号)表示特种设备的类型。

应用于:S00994,S00995

应用注释 A00206

表示绞接点的圆可以是空心的也可以是实心的。

应用于:S00996,S00997

应用注释 A00207

出线群或触点组可以排成直线,以代替排成圆弧。

应用于:S01001

应用注释 A00208

独立出线或触点可以排成直线,以代替排成圆弧。

应用于:S01002

应用注释 A00209

如果不会引起混淆,圆圈里的圆点可以省略。

应用于:S01020

应用注释 A00211

线可以是交换机线或分机线。

应用于:S01028

应用注释 A00212

该符号可用于表示局内成套的终端设备。

应用于:S01029,S01030,S01031,S01032,S01033,S01034,S01035,S01037

应用注释 A00213

如果撕断凿孔带一段一段地送入发报机,则方框间的虚线可以省略。

应用于:S01036

应用注释 A00214

“±”表示双向电流。

“+0”、“0+”、“-0”或“0-”表示单向电流。

“0f”表示交流电流。

引号内的记号标示在符号内,第一个符号在第二个符号之上,显示为上下叠合。

应用于:S01038,S01039,S01040,S01041

应用注释 A00215

该应用注释适用的符号是限定符号,这些限定符号专门用于使用应用注释 A00216 的符号。

应用于:S01042,S01043,S01044,S01045,S01046,S01047,S01048,S01049,S01051,S01052

应用注释 A00216

使用该说明的符号可被使用应用注释 A00215 的符号所限定。

应用注释 A00215 适用的符号专门构建可适用本说明的符号。

应用于:S01053,S01054,S01055,S01056,S01057,S01058,S01059,S01060,S01061,S01062,S01063,S01064,S01065,S01066,S01067,S01068,S01069,S01070,S01071,S01072,S01073,S01074,S01075,S01076,S01077,S01078,S01079

应用注释 A00217

箭头指示换能方向。

应用于:S01049

应用注释 A00218

n 应换成实际磁迹数目,如果 $n=1$ 时可以省略。

应用于:S01065,S01066

应用注释 A00219

如果使用了与应用注释 A00215 有关的限定符号,则表示换能头的限定符号可以省略。

应用于:S01075

应用注释 A00233

符号 S00001 用于表示一条线或其他各种电信电路。电路的用途可用字母表明,见符号 S01080～S01083。

应用于:S01080,S01081,S01082,S01083

应用注释 A00257

应用示例:交换系统中继图。

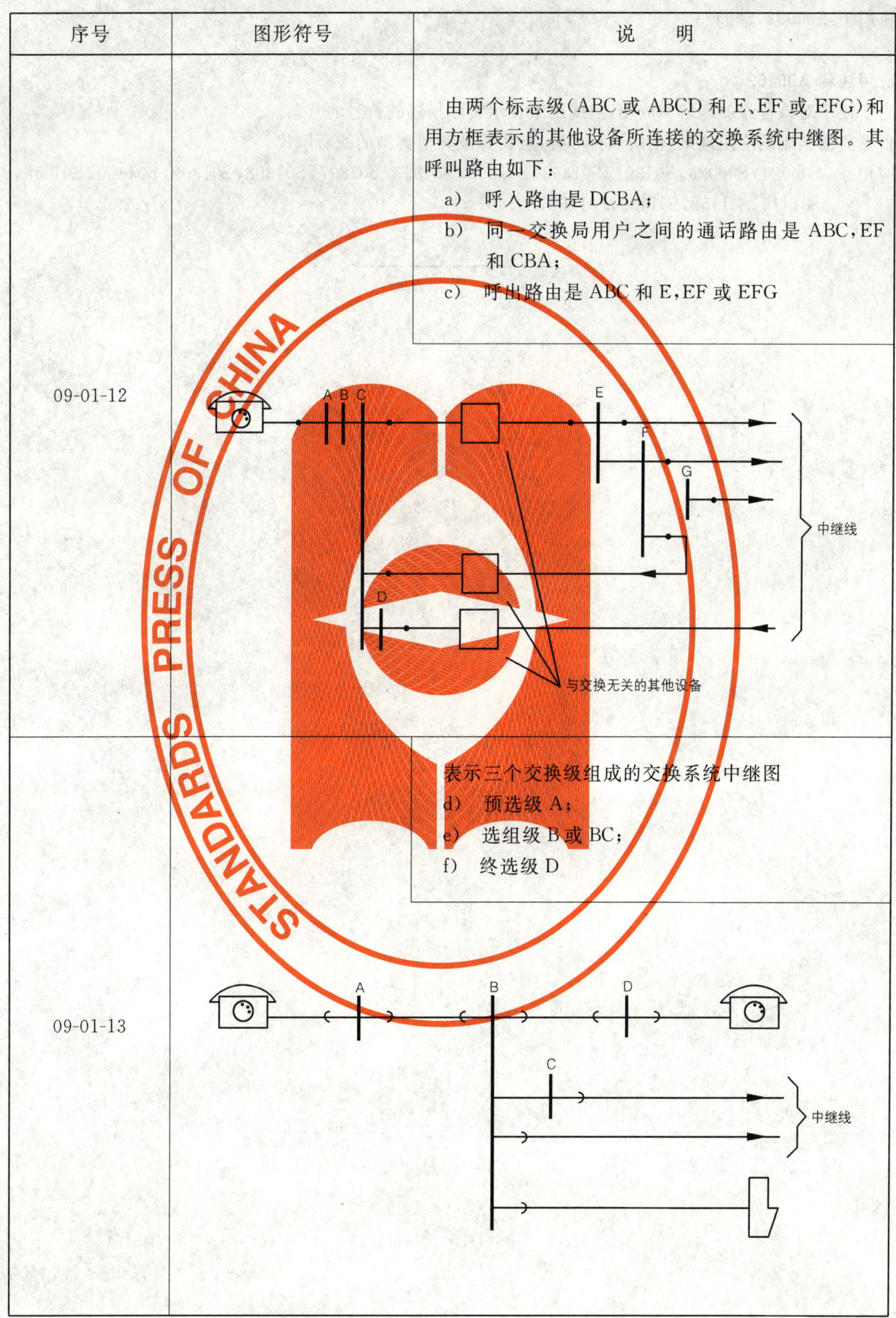

序号	图形符号	说　　明
09-01-12		由两个标志级(ABC 或 ABCD 和 E、EF 或 EFG)和用方框表示的其他设备所连接的交换系统中继图。其呼叫路由如下： a) 呼入路由是 DCBA； b) 同一交换局用户之间的通话路由是 ABC,EF 和 CBA； c) 呼出路由是 ABC 和 E,EF 或 EFG
09-01-13		表示三个交换级组成的交换系统中继图 d) 预选级 A； e) 选组级 B 或 BC； f) 终选级 D

应用于：S00992，S00993

应用注释 A00262

为了便于对该符号的理解和应用，点线用于表示实际描述的符号的背景。

根据简图编制的应用规则，使用该符号时，点线要被其他类型的线所取代。

应用于：S00024，S00026，S01391，S01392，S01393，S01396，S01397，S01398，S01399，S01400，S01414，S01415，S01458，S01459，S01460，S01461

ICS 29.020
K 04

中华人民共和国国家标准

GB/T 4728.10—2008/IEC 60617database
代替 GB/T 4728.10—1999

电气简图用图形符号
第 10 部分:电信:传输

Graphical symbols for diagrams—
Part 10:Telecommunications:Transmission

(IEC 60617database,IDT)

2008-05-28 发布　　2009-01-01 实施

中华人民共和国国家质量监督检验检疫总局
中国国家标准化管理委员会　发布

前　言

GB/T 4728《电气简图用图形符号》分为13个部分：

——第1部分：一般要求；

——第2部分：符号要素、限定符号和其他常用符号；

——第3部分：导体和连接件；

——第4部分：基本无源元件；

——第5部分：半导体管和电子管；

——第6部分：电能的发生与转换；

——第7部分：开关、控制和保护器件；

——第8部分：测量仪表、灯和信号器件；

——第9部分：电信：交换和外围设备；

——第10部分：电信：传输；

——第11部分：建筑安装平面布置图；

——第12部分：二进制逻辑元件；

——第13部分：模拟元件。

本部分为GB/T 4728的第10部分，等同采用IEC 60617database《电气简图用图形符号》数据库标准(IEC 60617_Snapshot_2007-08-03)英文版。

本部分代替GB/T 4728.10—1999《电气简图用图形符号　第10部分：电信：传输》。同GB/T 4728.10—1999相比，有如下变化：

——增加了1个新符号S01418；

——废除了48个符号：S01080(10-01-01)、S01081(10-01-02)、S01082(10-01-03)、S01083(10-01-04)、S01084(10-01-05)、S01085(10-01-06)、S01086(10-01-07)、S01087(10-02-01)、S01088(10-02-02)、S01089(10-02-03)、S01090(10-02-04)、S01091(10-02-05)、S01092(10-02-06)、S01093(10-02-07)、S01113(10-05-03)、S01117(10-05-07)、S01118(10-05-08)、S01129(10-06-05)、S01130(10-06-06)、S01131(10-06-07)、S01132(10-06-08)、S01134(10-06-10)、S01135(10-06-11)、S01145(10-07-08)、S01150(10-07-13)、S01151(10-07-14)、S01152(10-07-15)、S01167(10-08-12)、S01168(10-08-13)、S01230(10-13-06)、S01231(10-14-01)、S01241(10-15-03)、S01242(10-15-04)、S01243(10-15-05)、S01272(10-18-01)、S01273(10-18-02)、S01274(10-18-03)、S01275(10-18-04)、S01276(10-18-05)、S01277(10-18-06)、S01289(10-20-08)、S01290(10-20-09)、S01322(10-23-05)、S01324(10-23-07)、S01325(10-23-08)、S01329(10-24-04)、S01330(10-24-05)、S01331(10-24-06)；

——根据IEC 60617数据库标准，各符号列出的信息较旧版增加了多项内容。

本部分符号中的“所替代的符号”项是指当前符号为标准符号，被该标准符号所代替的符号。本部分符号中的“替代符号”项是指当前符号废止，代替该废止符号的符号。

本部分由全国电气信息结构、文件编制和图形符号标准化技术委员会提出并归口。

本部分主要起草单位：机械科学研究院中机生产力促进中心。

本部分参加起草单位：国电华北电力设计院工程有限公司、邮电工业标准化所、中国航空综合技术研究所、中国航天科工集团二院、中国电子工业标准化所、中国电力企业联合会、五洲工程设计研究院、中国纺织工业设计院、中国航空工业规划设计研究院、中国航天科工集团二院23所、中国船舶工业综合技术经济研究院、上海电器科学研究所、许昌继电器研究所等。

本部分主要起草人：郭汀、高惠民、武冰梅、谭泳、沈兵、李旭亮、徐云驰、于明、王素英、李道本、陈泽毅、李萍、武晶、季慧玉、李志勇、高永梅。

本部分所代替标准历次发布情况为：

——GB/T 4728.10—1985；

——GB/T 4728.10—1999。

电气简图用图形符号
第10部分：电信：传输

S01094

名　　称：平面极化
Plane polarization
状　　态：标准
IEC发布日期：2001-07-01
上版标准序号：GB/T 4728.10　10-03-01
关　键　词：天线，极化
用　　于：S01108，S01105
应用注释：A00235
形状类别：箭头
功能类别：功能要素或属性
应用类别：概念要素或限定符号

S01095

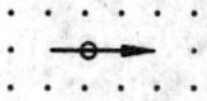

名　　称：圆极化
Circular polarization
状　　态：标准
IEC发布日期：2001-07-01
上版标准序号：GB/T 4728.10　10-03-02
关　键　词：天线，极化
用　　于：S01103
形状类别：箭头，圆
功能类别：功能要素或属性
应用类别：概念要素或限定符号

S01096

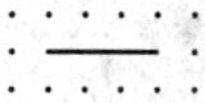

名　　称：方位角固定的辐射方向
Direction of radiation fixed in azimuth
状　　态：标准
IEC发布日期：2001-07-01
上版标准序号：GB/T 4728.10　10-03-03
关　键　词：天线
用　　于：S01108，S01097，S01109，S01100，S01105

形 状 类 别：直线
功 能 类 别：功能要素或属性
应 用 类 别：概念要素或限定符号

S01097

名　　　称：方位角可变的辐射方向
Direction of radiation variable in azimuth
状　　　态：标准
IEC发布日期：2001-07-01
上版标准序号：GB/T 4728.10　10-03-04
关　键　词：天线
用　　　于：S01104
采 用 符 号：S00081；S01096
形 状 类 别：箭头，直线
功 能 类 别：功能要素或属性
应 用 类 别：概念要素或限定符号

S01098

名　　　称：仰角固定的辐射方向
Direction of radiation fixed in elevation
状　　　态：标准
IEC发布日期：2001-07-01
上版标准序号：GB/T 4728.10　10-03-05
关　键　词：天线
用　　　于：S01099，S01109，S01100
形 状 类 别：直线
功 能 类 别：功能要素或属性
应 用 类 别：概念要素或限定符号

S01099

名　　　称：仰角可变的辐射方向
Direction of radiation variable in elevation
状　　　态：标准
IEC发布日期：2001-07-01
上版标准序号：GB/T 4728.10　10-03-06
关　键　词：天线

用　　　于：S01106
采 用 符 号：S00081；S01098
形 状 类 别：箭头，直线
功 能 类 别：功能要素或属性
应 用 类 别：概念要素或限定符号

S01100

名　　　称：方位角和仰角固定的辐射方向
Direction of radiation fixed in azimuth and elevation
状　　　态：标准
IEC发布日期：2001-07-01
上版标准序号：GB/T 4728.10　10-03-07
关　键　词：天线
采 用 符 号：S01096；S01098
形 状 类 别：直线
功 能 类 别：功能要素或属性
应 用 类 别：概念要素或限定符号

S01101

名　　　称：测向器；无线电信标
Direction finder；Radio beacon
状　　　态：标准
IEC发布日期：2001-07-01
上版标准序号：GB/T 4728.10　10-03-08
关　键　词：天线，信标
用　　　于：S01136，S01127，S01128，S01107
形 状 类 别：直线
功 能 类 别：功能要素或属性
应 用 类 别：概念要素或限定符号

S01102

名　　　称：天线，一般符号
Antenna，general symbol
状　　　态：标准
IEC发布日期：2001-07-01
上版标准序号：GB/T 4728.10　10-04-01

关　　键　　词：天线
用　　　　　于：S00428，S01110，S01108，S01103，S01134，S01085，S01106，S01109，S01104，S01114，S01125，S01107，S01105
应 用 注 释：A00236
形 状 类 别：直线
功 能 类 别：W 导引或输送
应 用 类 别：电路图，接线图，功能图，安装图，网络图，概略图

S01103

名　　　　　称：圆极化天线
Antenna with circular polarization
状　　　　　态：标准
IEC发布日期：2001-07-01
上版标准序号：GB/T 4728.10　10-04-02
关　　键　　词：天线，极化
采 用 符 号：S01095；S01102
形 状 类 别：箭头，直线
功 能 类 别：W 导引或输送
应 用 类 别：电路图，接线图，功能图，安装图，网络图，概略图

S01104

名　　　　　称：在方位角上辐射方向可变的天线
Antenna with direction of radiation variable in azimuth
状　　　　　态：标准
IEC发布日期：2001-07-01
上版标准序号：GB/T 4728.10　10-04-03
关　　键　　词：天线
采 用 符 号：S01097；S01102
形 状 类 别：箭头，直线
功 能 类 别：W 导引或输送
应 用 类 别：电路图，接线图，功能图，安装图，网络图，概略图

S01105

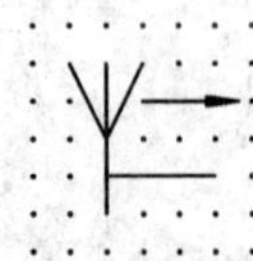

名　　称：方位角固定的水平极化定向天线
Directional antenna fixed in azimuth, horizontal polarization
状　　态：标准
IEC发布日期：2001-07-01
上版标准序号：GB/T 4728.10　10-04-04
关 键 词：天线
采 用 符 号：S01094；S01096；S01102
形 状 类 别：箭头，直线
功 能 类 别：W 导引或输送
应 用 类 别：电路图，接线图，功能图，安装图，网络图，概略图

S01106

名　　称：在仰角上辐射方向可变的天线
Antenna with direction of radiation variable in elevation
状　　态：标准
IEC发布日期：2001-07-01
上版标准序号：GB/T 4728.10　10-04-05
关 键 词：天线
采 用 符 号：S01099；S01102
形 状 类 别：箭头，直线
功 能 类 别：W 导引或输送
应 用 类 别：电路图，接线图，功能图，安装图，网络图，概略图

S01107

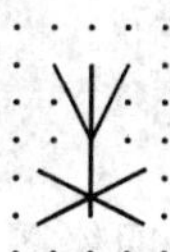

名　　称：测向天线
Direction finding antenna
状　　态：标准
IEC发布日期：2001-07-01
上版标准序号：GB/T 4728.10　10-04-06
别　　名：无线电测向天线；无线电信标
关 键 词：天线
采 用 符 号：S01101；S01102
形 状 类 别：直线
功 能 类 别：W 导引或输送
应 用 类 别：电路图，接线图，功能图，安装图，网络图，概略图

S01108

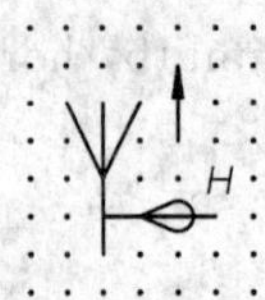

名　　　称：定向天线
　　　　　　Directional antenna
状　　　态：标准
IEC发布日期：2001-07-01
上版标准序号：GB/T 4728.10　10-04-07
关　键　词：天线
采 用 符 号：S01094；S01096；S01102
形 状 类 别：箭头，直线
功 能 类 别：W 导引或输送
应 用 类 别：电路图，接线图，功能图，安装图，网络图，概略图
备　　　注：方位角固定的垂直极化定向天线，附水平极坐标图。

S01109

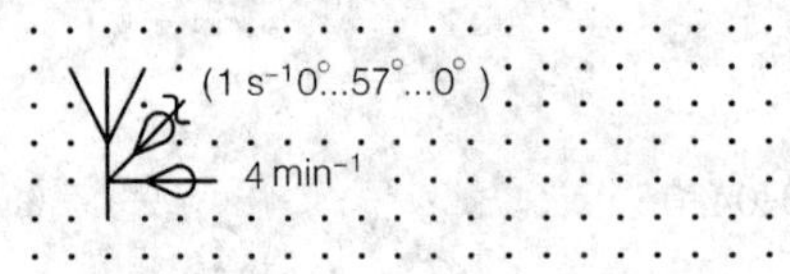

名　　　称：雷达天线
　　　　　　Radar antenna
状　　　态：标准
IEC发布日期：2001-07-01
上版标准序号：GB/T 4728.10　10-04-08
关　键　词：天线
采 用 符 号：S00098；S01096；S01098；S01102
形 状 类 别：箭头，直线
功 能 类 别：W 导引或输送
应 用 类 别：电路图，接线图，功能图，安装图，网络图，概略图
备　　　注：方位角每分钟转 4 周，仰角每秒由 0° ... 57° ... 0°交变 1 次的雷达天线。

S01110

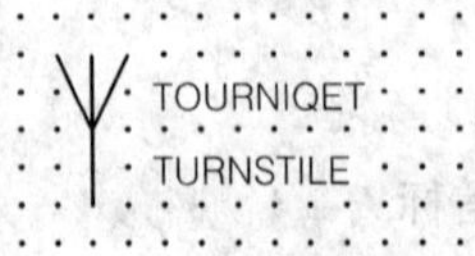

名　　　称：绕杆式天线
　　　　　　Antenna，turnstile
状　　　态：标准
IEC发布日期：2001-07-01
上版标准序号：GB/T 4728.10　10-04-09
关　键　词：天线

采 用 符 号：S01102
形 状 类 别：直线
功 能 类 别：W 导引或输送
应 用 类 别：电路图，接线图，功能图，安装图，网络图，概略图

S01111

名　　　称：环形天线；框形天线
Antenna，loop；Antenna，frame
状　　　态：标准
IEC发布日期：2001-07-01
上版标准序号：GB/T 4728.10　10-05-01
关　键　词：天线
形 状 类 别：直线
功 能 类 别：W 导引或输送
应 用 类 别：电路图，接线图，功能图，安装图，网络图，概略图

S01112

名　　　称：菱形天线
Antenna，rombic
状　　　态：标准
IEC发布日期：2001-07-01
上版标准序号：GB/T 4728.10　10-05-02
关　键　词：天线
采 用 符 号：S00555
形 状 类 别：直线，矩形
功 能 类 别：W 导引或输送
应 用 类 别：电路图，接线图，功能图，安装图，网络图，概略图
备　　　注：表示为用一个电阻终止。

S01114

名　　　称：磁杆天线
　　　　　　Antenna，magnetic rod
状　　　态：标准
IEC发布日期：2001-07-01
上版标准序号：GB/T 4728.10　10-05-04
别　　　名：铁氧体天线
关　键　词：天线
采 用 符 号：S00585；S01102
应 用 注 释：A00237
形 状 类 别：半圆，直线
功 能 类 别：W 导引或输送
应 用 类 别：电路图，接线图，功能图，安装图，网络图，概略图

S01115

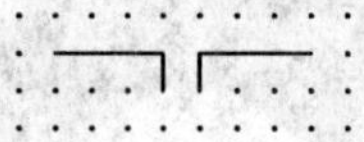

名　　　称：偶极子天线
　　　　　　Dipole
状　　　态：标准
IEC发布日期：2001-07-01
上版标准序号：GB/T 4728.10　10-05-05
关　键　词：天线
用　　　于：S01116
形 状 类 别：直线
功 能 类 别：W 导引或输送
应 用 类 别：电路图，接线图，功能图，安装图，网络图，概略图

S01116

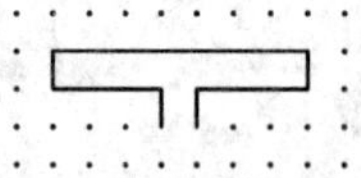

名　　　称：折叠偶极子天线
　　　　　　Dipole，folded
状　　　态：标准
IEC发布日期：2001-07-01
上版标准序号：GB/T 4728.10　10-05-06
关　键　词：天线
用　　　于：S01119，S01117
采 用 符 号：S01115
形 状 类 别：直线
功 能 类 别：W 导引或输送
应 用 类 别：电路图，接线图，功能图，安装图，网络图，概略图

S01119

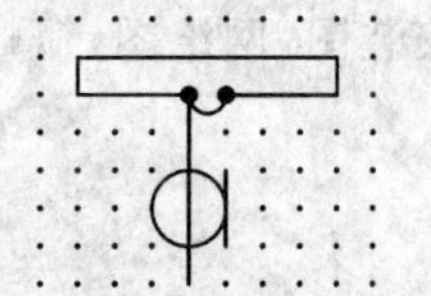

名　　　称：带平衡/不平衡变换器和馈线的折叠偶极子天线
Dipole，folded，with balun and feeder
状　　　态：标准
IEC发布日期：2001-07-01
上版标准序号：GB/T 4728.10　10-05-09
关　键　词：天线
采 用 符 号：S00011；S01116；S01418
形 状 类 别：圆，半圆，直线
功 能 类 别：W 导引或输送
应 用 类 别：电路图，接线图，功能图，安装图，网络图，概略图

S01120

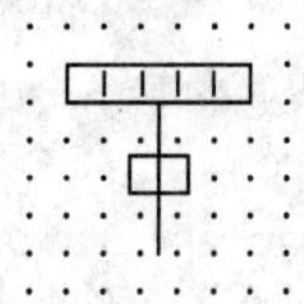

名　　　称：带馈线的隙缝天线
Antenna，slot type，with feeder
状　　　态：标准
IEC发布日期：2001-07-01
上版标准序号：GB/T 4728.10　10-05-10
关　键　词：天线
采 用 符 号：S01138
形 状 类 别：直线，矩形
功 能 类 别：W 导引或输送
应 用 类 别：电路图，接线图，功能图，安装图，网络图，概略图
备　　　注：表示为带矩形波导馈直线。

S01121

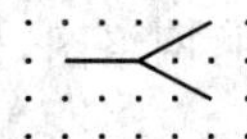

名　　　称：喇叭式天线
Antenna，horn type
状　　　态：标准
IEC发布日期：2001-07-01
上版标准序号：GB/T 4728.10　10-05-10
关　键　词：天线
用　　　于：S01122
形 状 类 别：直线

功 能 类 别：W 导引或输送
应 用 类 别：电路图，接线图，功能图，安装图，网络图，概略图

S01122

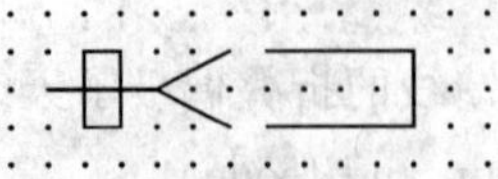

名　　　称：带喇叭馈源的盒形反射器
Reflector，cheese type，with horn feeder
状　　　态：标准
IEC发布日期：2001-07-01
上版标准序号：GB/T 4728.10　10-05-12
关　键　词：天线
采 用 符 号：S01121；S01138
形 状 类 别：直线，矩形
功 能 类 别：W 导引或输送
应 用 类 别：电路图，接线图，功能图，安装图，网络图，概略图
备　　　注：表示为带矩形波导馈直线。

S01123

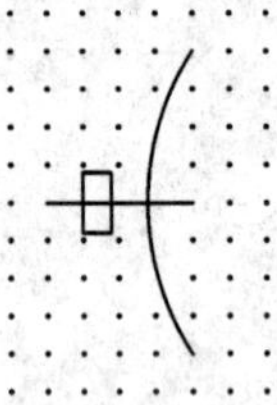

名　　　称：带馈线的抛物面天线
Antenna，parabolic，with feeder
状　　　态：标准
IEC发布日期：2001-07-01
上版标准序号：GB/T 4728.10　10-05-13
关　键　词：天线
采 用 符 号：S01138
形 状 类 别：圆弧，直线
功 能 类 别：W 导引或输送
应 用 类 别：电路图，接线图，功能图，安装图，网络图，概略图
备　　　注：表示为带矩形波导馈直线。

S01124

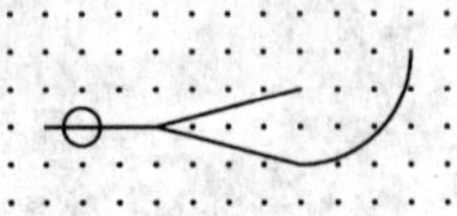

名　　　称：带反射器的喇叭式天线
Antenna with reflector，horn type
状　　　态：标准

IEC发布日期：2001-07-01
上版标准序号：GB/T 4728.10　10-05-14
关　　键　　词：天线
采　用　符　号：S01140
形　状　类　别：圆弧，圆，直线
功　能　类　别：W 导引或输送
应　用　类　别：电路图，接线图，功能图，安装图，网络图，概略图
备　　　　　注：表示为带圆波导馈直线。

S01125

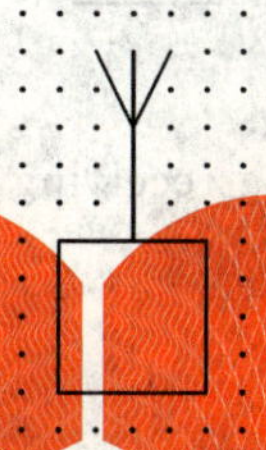

名　　　　　称：无线电台，一般符号
Radio station，general symbol
状　　　　　态：标准
IEC发布日期：2001-07-01
上版标准序号：GB/T 4728.10　10-06-01
关　　键　　词：无线电，台
用　　　　　于：S01126，S01129，S01127，S01128，S01131，S01137，S01130
采　用　符　号：S00059；S01102
应　用　注　释：A00220
形　状　类　别：直线，正方形
功　能　类　别：G 启动能量流
应　用　类　别：网络图，概略图

S01126

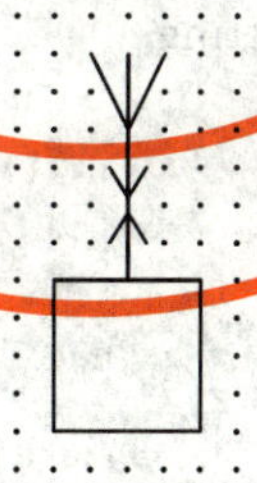

名　　　　　称：无线电收发电台
Radio station，transmitting and receiving
状　　　　　态：标准
IEC发布日期：2001-07-01
上版标准序号：GB/T 4728.10　10-06-02
关　　键　　词：无线电，台
采　用　符　号：S00100；S01125
形　状　类　别：箭头，直线，正方形

功 能 类 别：G 启动能量流
应 用 类 别：网络图，概略图
备 注：在同一天线上同时发射和接收。

S01127

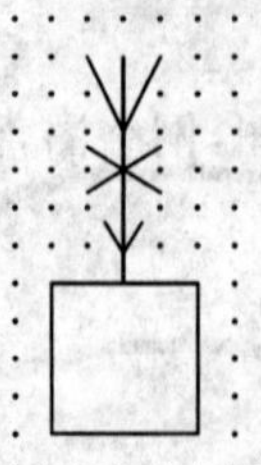

名 称：测向无线电接收电台
Radio station, direction finding receiving
状 态：标准
IEC发布日期：2001-07-01
上版标准序号：GB/T 4728.10 10-06-03
关 键 词：无线电，台
采 用 符 号：S00103；S01101；S01125
形 状 类 别：箭头，直线，正方形
类 别 功 能：G 启动能量流
应 用 类 别：网络图，概略图

S01128

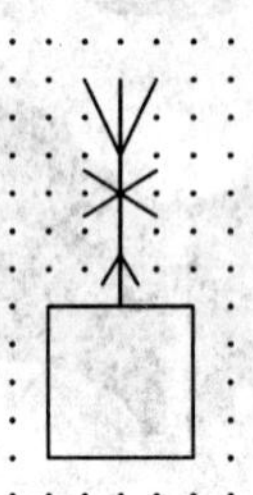

名 称：信标发射无线电台
Radio station, beacon transmitting
状 态：标准
IEC发布日期：2001-07-01
上版标准序号：GB/T 4728.10 10-06-04
关 键 词：无线电，台
采 用 符 号：S00102；S01101；S01125
形 状 类 别：箭头，直线，正方形
功 能 类 别：G 启动能量流
应 用 类 别：网络图，概略图

S01133

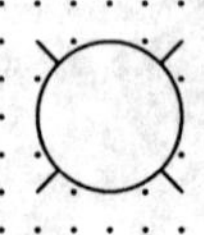

名　　　　称：空间站
　　　　　　　Space station
状　　　　态：标准
IEC发布日期：2001-07-01
上版标准序号：GB/T 4728.10　10-06-09
关　键　词：无线电，站
用　　　　于：S01136，S01134，S01135，S01137
采 用 符 号：S00061
形 状 类 别：圆，直线
功 能 类 别：K 处理信号或信息
应 用 类 别：网络图，概略图

S01136

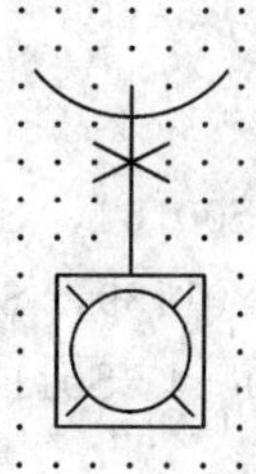

名　　　　称：跟踪空间站的地球站
　　　　　　　Earth station only for space station tracking
状　　　　态：标准
IEC发布日期：2001-07-01
上版标准序号：GB/T 4728.10　10-06-12
关　键　词：无线电，站
采 用 符 号：S00059；S01101；S01133
形 状 类 别：圆弧，圆，直线
功 能 类 别：K 处理信号或信息
应 用 类 别：网络图，概略图
备　　　　注：符号带有抛物面天线。

S01137

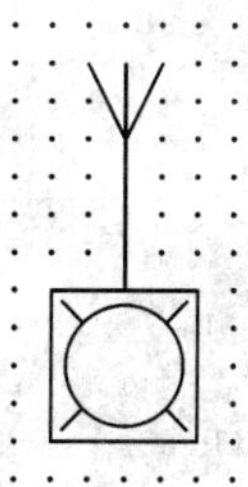

名　　　　称：与空间站通信的地球站
　　　　　　　Earth station for communication with a space station
状　　　　态：标准
IEC发布日期：2001-07-01
上版标准序号：GB/T 4728.10　10-06-13

关　　键　　词：无线电，站
采　用　符　号：S01125；S01133
形　状　类　别：圆，直线
功　能　类　别：K 处理信号或信息
应　用　类　别：网络图，概略图

S01138

名　　　　　称：矩形波导
　　　　　　　　Waveguide，rectangular
状　　　　　态：标准
IEC发布日期：2001-07-01
上版标准序号：GB/T 4728.10　10-07-01
关　　键　　词：波导
用　　　　　于：S00766，S01122，S01146，S00764，S00768，S00765，S01171，S00755，S00763，S00761，S00762，S00757，S01139，S01205，S00756，S00759，S00758，S01123，S00767，S00753，S00760，S00754，S01170，S01120
采　用　符　号：S00001
形　状　类　别：直线，矩形
功　能　类　别：W 输送
应　用　类　别：电路图，功能图，概略图

S01139

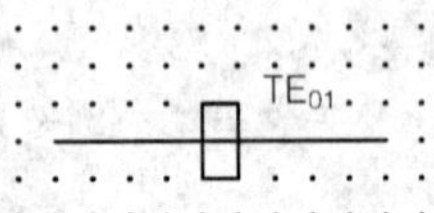

名　　　　　称：矩形波导
　　　　　　　　Waveguide，rectangular
状　　　　　态：标准
IEC发布日期：2001-07-01
上版标准序号：GB/T 4728.10　10-07-02
关　　键　　词：波导
采　用　符　号：S01138
形　状　类　别：字符，直线，矩形
功　能　类　别：W 输送
应　用　类　别：电路图，功能图，概略图
备　　　　　注：符号表示为在 TE01 模式下传播。

S01140

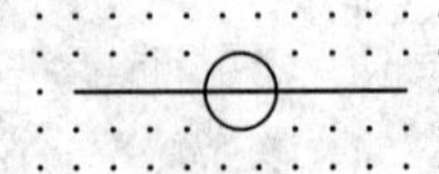

名　　　　　称：圆波导

Waveguide，circular
状　　　　态：标准
IEC发布日期：2001-07-01
上版标准序号：GB/T 4728.10　10-07-03
关　键　词：波导
用　　　　于：S01171，S01124，S01170
采 用 符 号：S00001
形 状 类 别：圆，直线
功 能 类 别：W 输送
应 用 类 别：电路图，功能图，概略图

S01141

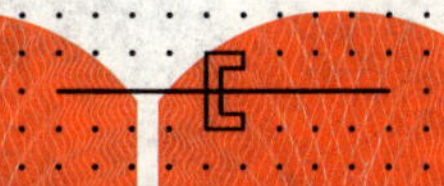

名　　　　称：脊形波导
Waveguide，ridged
状　　　　态：标准
IEC发布日期：2001-07-01
上版标准序号：GB/T 4728.10　10-07-04
关　键　词：波导
采 用 符 号：S00001
形 状 类 别：描述，直线
功 能 类 别：W 输送
应 用 类 别：电路图，功能图，概略图

S01142

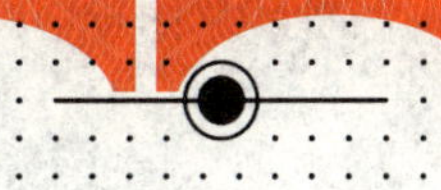

名　　　　称：同轴波导
Waveguide，coaxial
状　　　　态：标准
IEC发布日期：2001-07-01
上版标准序号：GB/T 4728.10　10-07-05
关　键　词：波导
用　　　　于：S00752，S00753，S00754
采 用 符 号：S00001
形 状 类 别：圆，圆点（点），直线
功 能 类 别：W 输送
应 用 类 别：电路图，功能图，概略图

S01143

名　　　　称：带状线
Stripline
状　　　　态：标准
IEC发布日期：2001-07-01
上版标准序号：GB/T 4728.10　10-07-06
关　键　词：波导
用　　　　于：S01144
采 用 符 号：S00001
形 状 类 别：圆点(点)，直线
功 能 类 别：W 输送
应 用 类 别：电路图，功能图，概略图
备　　　　注：带两个导体。

S01144

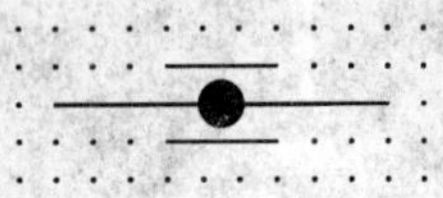

名　　　　称：带状线
Stripline
状　　　　态：标准
IEC发布日期：2001-07-01
上版标准序号：GB/T 4728.10　10-07-07
关　键　词：波导
采 用 符 号：S01143
形 状 类 别：圆点(点)，直线
功 能 类 别：W 输送
应 用 类 别：电路图，功能图，概略图
备　　　　注：带三个导体。

S01146

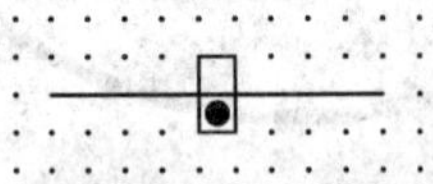

名　　　　称：充气矩形波导
Waveguide，rectangular，gas-filled
状　　　　态：标准
IEC发布日期：2001-07-01
上版标准序号：GB/T 4728.10　10-07-09
关　键　词：波导
采 用 符 号：S01138
形 状 类 别：圆点(点)，直线，矩形
功 能 类 别：W 输送
应 用 类 别：电路图，功能图，概略图

S01147

名　　　称：软波导

Waveguide, flexible

状　　　态：标准

IEC发布日期：2001-07-01

上版标准序号：GB/T 4728.10　10-07-10

关　键　词：波导

采 用 符 号：S00006

形 状 类 别：描述

功 能 类 别：W 输送

应 用 类 别：电路图，功能图，概略图

S01148

名　　　称：扭波导

Waveguide, twisted

状　　　态：标准

IEC发布日期：2001-07-01

上版标准序号：GB/T 4728.10　10-07-11

关　键　词：波导

采 用 符 号：S00001

形 状 类 别：直线

功 能 类 别：W 输送

应 用 类 别：电路图，功能图，概略图

S01149

名　　　称：模抑制

Mode suppression

状　　　态：标准

IEC发布日期：2001-07-01

上版标准序号：GB/T 4728.10　10-07-12

关　键　词：波导

用　　　于：S01174

采 用 符 号：S00001

应 用 注 释：A00221

形 状 类 别：直线

功 能 类 别：W 输送

应 用 类 别：电路图，功能图，概略图

S01153

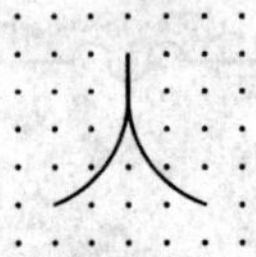

名　　　　称：谐振器
Resonator
状　　　　态：标准
IEC发布日期：2001-07-01
上版标准序号：GB/T 4728.10　10-07-16
关　键　词：谐振器
用　　　　于：S01265
形 状 类 别：圆弧
功 能 类 别：功能要素或属性
应 用 类 别：概念要素或限定符号

S01154

名　　　　称：全反射的反射器
Reflector，reflecting totally
状　　　　态：标准
IEC发布日期：2001-07-01
上版标准序号：GB/T 4728.10　10-07-17
关　键　词：反射器
用　　　　于：S01181，S01182，S01183
形 状 类 别：直线
功 能 类 别：功能要素或属性
应 用 类 别：概念要素或限定符号

S01155

名　　　　称：部分反射的反射器
Reflector，reflecting partially
状　　　　态：标准
IEC发布日期：2001-07-01
上版标准序号：GB/T 4728.10　10-07-18
关　键　词：反射器
用　　　　于：S01183
形 状 类 别：直线

功 能 类 别：功能要素或属性
应 用 类 别：概念要素或限定符号

S01156

名　　　称：不连续性双端口器件，一般符号
　　　　　　Discontinuity，two-port，general symbol
状　　　态：标准
IEC发布日期：2001-07-01
上版标准序号：GB/T 4728.10　10-08-01
关　键　词：端口器件
用　　　于：S01157，S01162，S01161
形 状 类 别：等边三角形
功 能 类 别：K 处理信号或信息
应 用 类 别：电路图，功能图
备　　　注：引入预期的波反射。

S01157

名　　　称：可调的匹配器件；不连续可调的匹配器件
　　　　　　Matching device，adjustable；Discontinuity，adjustable
状　　　态：标准
IEC发布日期：2001-07-01
上版标准序号：GB/T 4728.10　10-08-02
关　键　词：端口器件
用　　　于：S01159，S01158，S01160
采 用 符 号：S00081；S01156
形 状 类 别：箭头，等边三角形
功 能 类 别：K 处理信号或信息
应 用 类 别：电路图，功能图

S01158

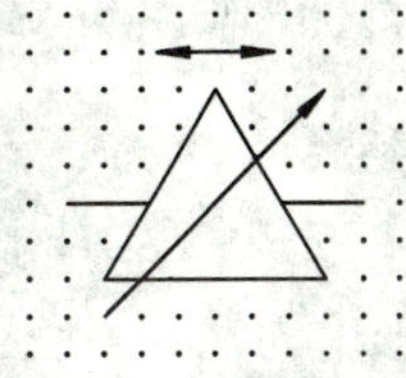

名　　　称：可调的滑动螺钉匹配器

Matching device, adjustable, slide screw

状　　　态：标准

IEC发布日期：2001-07-01

上版标准序号：GB/T 4728.10　10-08-03

别　　　名：调谐器

关　键　词：端口器件

采 用 符 号：S00094；S01157

形 状 类 别：箭头,等边三角形

功 能 类 别：K 处理信号或信息

应 用 类 别：电路图,功能图

S01159

名　　　称：可调的 *E-H* 匹配器

Matching device, adjustable, *E-H*

状　　　态：标准

IEC发布日期：2001-07-01

上版标准序号：GB/T 4728.10　10-08-04

别　　　名：调谐器

关　键　词：端口器件

采 用 符 号：S01157

形 状 类 别：箭头,字符,等边三角形

功 能 类 别：K 处理信号或信息

应 用 类 别：电路图,功能图

S01160

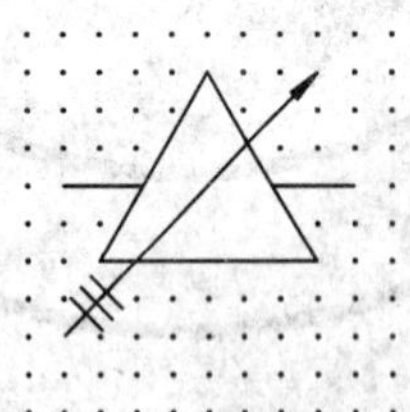

名　　　称：可调的多短柱匹配器

Matching device, adjustable, multi-stub

状　　　态：标准

IEC发布日期：2001-07-01

上版标准序号：GB/T 4728.10　10-08-05

别　　　名：调谐器

关　键　词：端口器件

采 用 符 号：S01157

形 状 类 别：箭头,等边三角形,直线

功 能 类 别：K 处理信号或信息
应 用 类 别：电路图，功能图
备　　　 注：符号带三个短柱。

S01161

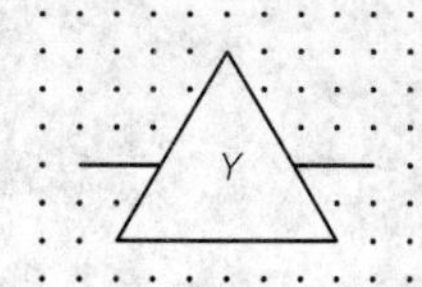

名　　　 称：与传输通路并联的不连续性器件
Discontinuity，in shunt with transmission path
状　　　 态：标准
IEC发布日期：2001-07-01
上版标准序号：GB/T 4728.10　10-08-06
关　键　 词：端口器件
用　　　 于：S01164，S01163
采 用 符 号：S01156
应 用 注 释：A00223
形 状 类 别：等边三角形
功 能 类 别：K 处理信号或信息
应 用 类 别：电路图，功能图

S01162

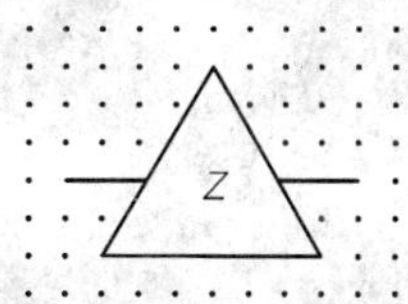

名　　　 称：与传输通路串联的不连续性器件
Discontinuity，in series with transmission path
状　　　 态：标准
IEC发布日期：2001-07-01
上版标准序号：GB/T 4728.10　10-08-07
关　键　 词：端口器件
用　　　 于：S01165
采 用 符 号：S01156
应 用 注 释：A00224
形 状 类 别：等边三角形
功 能 类 别：K 处理信号或信息
应 用 类 别：电路图，功能图

S01163

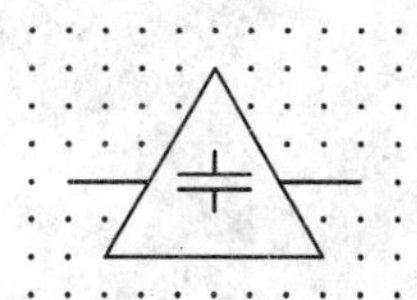

名　　　称：与传输通路并联的电容式不连续性器件
Discontinuity，capacitive，in shunt with the transmission path
状　　　态：标准
IEC发布日期：2001-07-01
上版标准序号：GB/T 4728.10　10-08-08
关　键　词：端口器件
采 用 符 号：S00567；S01161
形 状 类 别：等边三角形，直线
功 能 类 别：K 处理信号或信息
应 用 类 别：电路图，功能图

S01164

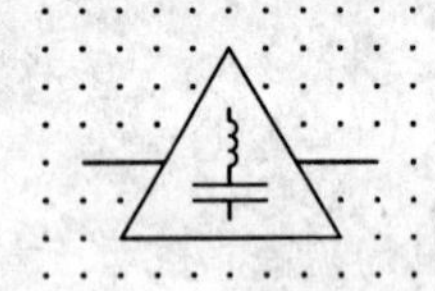

名　　　称：与传输通路并联的串联谐振式不连续性器件
Discontinuity，series resonant，in shunt with the transmission path
状　　　态：标准
IEC发布日期：2001-07-01
上版标准序号：GB/T 4728.10　10-08-09
关　键　词：端口器件
采 用 符 号：S00567；S00583；S01161
形 状 类 别：等边三角形，半圆，直线
功 能 类 别：K 处理信号或信息
应 用 类 别：电路图，功能图

S01165

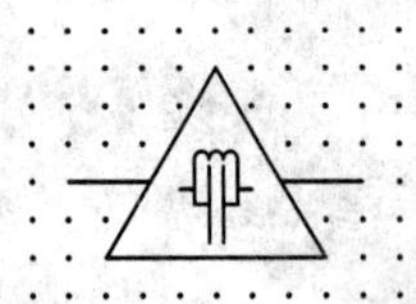

名　　　称：与传输通路串联的并联谐振式不连续性器件
Discontinuity，parallel resonant，in series with the transmission path
状　　　态：标准
IEC发布日期：2001-07-01
上版标准序号：GB/T 4728.10　10-08-10
关　键　词：端口器件
采 用 符 号：S00567；S00583；S01162
形 状 类 别：等边三角形，半圆，直线
功 能 类 别：K 处理信号或信息
应 用 类 别：电路图，功能图

S01166

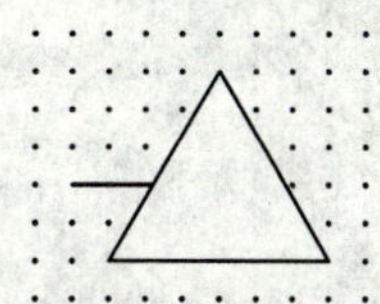

名　　　称：不连续性终端

Discontinuity，terminal

状　　　态：标准

IEC发布日期：2001-07-01

上版标准序号：GB/T 4728.10　10-08-11

关　键　词：端口器件

形 状 类 别：等边三角形

功 能 类 别：K 处理信号或信息

应 用 类 别：电路图，功能图

S01169

名　　　称：转换，一般符号

Transition，general symbol

状　　　态：标准

IEC发布日期：2001-07-01

上版标准序号：GB/T 4728.10　10-08-14

关　键　词：转换

用　　　于：S01171；S01170

应 用 注 释：A00225

形 状 类 别：直线

功 能 类 别：功能要素或属性

应 用 类 别：概念要素或限定符号

S01170

名　　　称：由圆波导转换成矩形波导

Transition，from circular to rectangular waveguide

状　　　态：标准

IEC发布日期：2001-07-01

上版标准序号：GB/T 4728.10　10-08-15

关　键　词：转换，波导

采 用 符 号：S01138；S01140；S01169

形 状 类 别：圆，直线，矩形

功 能 类 别：W 导引或输送，X 连接
应 用 类 别：电路图，接线图，功能图

S01171

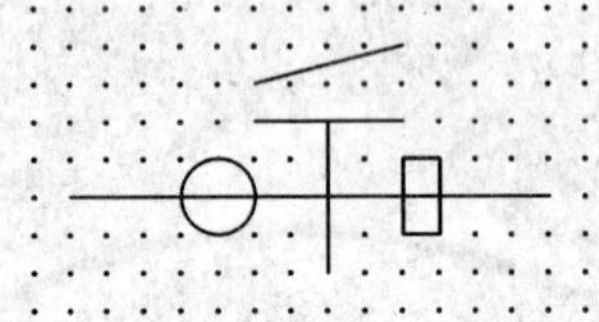

名　　　称：由圆波导逐渐转换成矩形波导
Transition, taper, from circular to rectangular waveguide
状　　　态：标准
IEC发布日期：2001-07-01
上版标准序号：GB/T 4728.10　10-08-16
关　键　词：转换，波导
采 用 符 号：S01138；S01140；S01169
形 状 类 别：圆，直线，矩形
功 能 类 别：W 导引或输送，X 连接
应 用 类 别：电路图，接线图，功能图

S01172

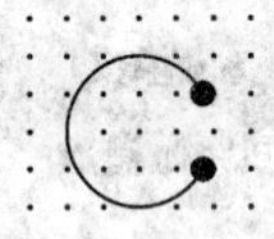

名　　　称：空腔谐振器
Cavity resonator
状　　　态：标准
IEC发布日期：2001-07-01
上版标准序号：GB/T 4728.10　10-08-17
关　键　词：谐振器
用　　　于：S00732，S00733，S00753，S00754
形 状 类 别：圆弧，圆点(点)
功 能 类 别：K 处理信号或信息
应 用 类 别：电路图，功能图

S01173

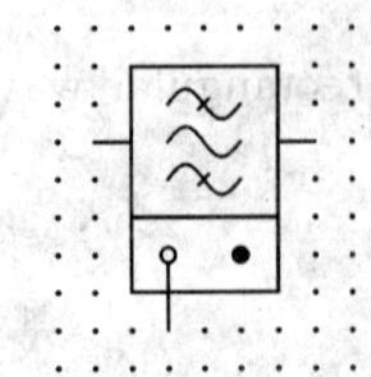

名　　　称：受气体放电控制的带通滤波器
Band-pass filter switched by gas discharge
状　　　态：标准

IEC发布日期：2001-07-01
上版标准序号：GB/T 4728.10　10-08-18
关　　键　　词：滤波器
采　用　符　号：S00075
形　状　类　别：描述，直线，矩形
功　能　类　别：K 处理信号或信息
应　用　类　别：电路图，功能图

S01174

名　　　　　称：模滤波器
Mode filter
状　　　　　态：标准
IEC发布日期：2001-07-01
上版标准序号：GB/T 4728.10　10-08-19
关　　键　　词：滤波器
采　用　符　号：S00059；S01149
应　用　注　释：A00221
形　状　类　别：直线，正方形
功　能　类　别：K 处理信号或信息
应　用　类　别：电路图，接线图，功能图

S01175

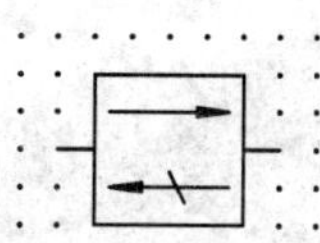

名　　　　　称：微波隔离器
Isolator for microwaves
状　　　　　态：标准
IEC发布日期：2001-07-01
上版标准序号：GB/T 4728.10　10-08-20
关　　键　　词：隔离器，微波器件
采　用　符　号：S00059；S00093
形　状　类　别：箭头，直线，正方形
功　能　类　别：K 处理信号或信息
应　用　类　别：电路图，功能图

S01176

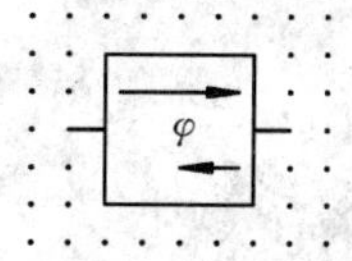

名　　　　称：定向相位转换器
　　　　　　　Directional phase changer
状　　　　态：标准
IEC发布日期：2001-07-01
上版标准序号：GB/T 4728.10　10-08-21
关　键　词：变换器，相位
用　　　　于：S01177
采　用　符　号：S00059；S00093
应　用　注　释：A00227
形　状　类　别：箭头，字符，正方形
功　能　类　别：K 处理信号或信息
应　用　类　别：电路图，功能图
备　　　　注：长箭头表示相位变更的传输方向。

S01177

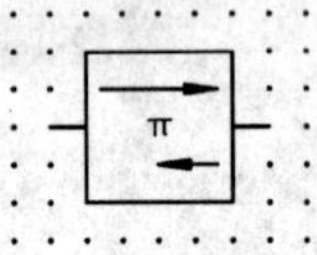

名　　　　称：回转器
　　　　　　　Gyrator
状　　　　态：标准
IEC发布日期：2001-07-01
上版标准序号：GB/T 4728.10　10-08-22
关　键　词：回转器
采　用　符　号：S00059；S00093；S01176
形　状　类　别：箭头，字符，矩形
功　能　类　别：K 处理信号或信息
应　用　类　别：电路图，接线图，功能图
备　　　　注：本符号是符号 S01176 的特例。

S01178

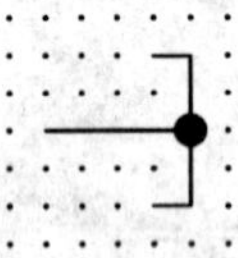

名　　　　称：短路终端
　　　　　　　Termination，short-circuit
状　　　　态：标准
IEC发布日期：2001-07-01
上版标准序号：GB/T 4728.10　10-08-23
关　键　词：短路，终端
形　状　类　别：圆点(点)，直线
功　能　类　别：R 限制或稳定
应　用　类　别：电路图，概略图

备　　　　注：圆点可选。

S01179

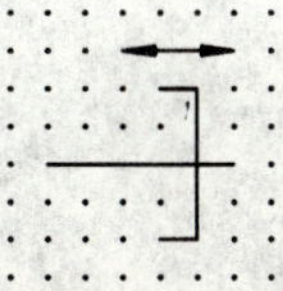

名　　　　称：滑动式短路终端
　　　　　　　Terminations, slided short circuit
状　　　　态：标准
IEC发布日期：2001-07-01
上版标准序号：GB/T 4728.10　10-08-24
关　键　词：短路,终端
用　　　　于：S00755
采　用　符　号：S00094
形　状　类　别：箭头,直线
功　能　类　别：R 限制
应　用　类　别：电路图,概略图

S01180

名　　　　称：匹配终端
　　　　　　　Termination, matched
状　　　　态：标准
IEC发布日期：2001-07-01
上版标准序号：GB/T 4728.10　10-08-25
关　键　词：终端
所替代的符号：S01389
形　状　类　别：直线,矩形
功　能　类　别：K 处理信号或信息,R 限制
应　用　类　别：电路图,功能图

S01181

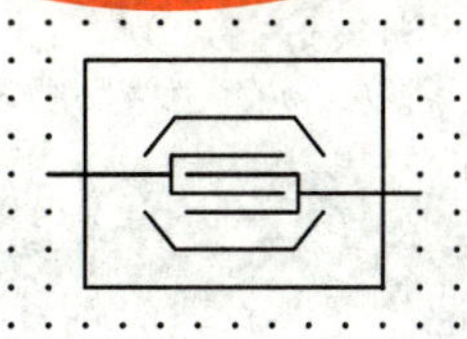

名　　　　称：单端口声表面波器件
　　　　　　　Surface-acoustic-wave (SAW) device, one-port
状　　　　态：标准
IEC发布日期：2001-07-01
上版标准序号：GB/T 4728.10　10-08-27
关　键　词：端口器件,声表面波

采 用 符 号：S00059；S01052；S01154
形 状 类 别：直线，矩形
功 能 类 别：K 处理信号或信息
应 用 类 别：电路图，功能图
备　　　注：符号带反射器。

S01182

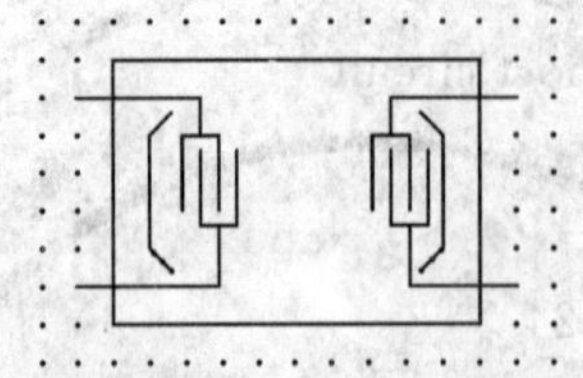

名　　　称：全反射双端口声表面波器件
Surface-acoustic-wave (SAW) device，two-port，reflecting totally
状　　　态：标准
IEC发布日期：2001-07-01
上版标准序号：GB/T 4728.10　10-08-28
关　键　词：端口器件，声表面波
采 用 符 号：S01154；S01184
形 状 类 别：直线，矩形
功 能 类 别：K 处理信号或信息
应 用 类 别：电路图，功能图
备　　　注：符号带两个反射器。

S01183

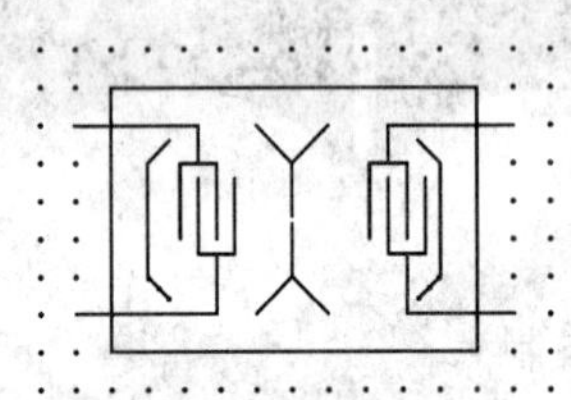

名　　　称：部分反射及全反射双端口声表面波器件
Surface-acoustic-wave (SAW) device，two-port，reflecting partially and totally
状　　　态：标准
IEC发布日期：2001-07-01
上版标准序号：GB/T 4728.10　10-08-29
关　键　词：端口器件，声表面波
采 用 符 号：S01154；S01155；S01184
形 状 类 别：直线，矩形
功 能 类 别：K 处理信号或信息
应 用 类 别：电路图，功能图
备　　　注：符号带一个全反射器和一个部分反射器。

S01184

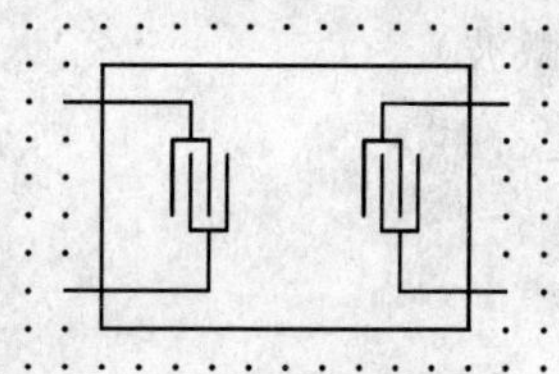

名　　　　称：双端口声表面波器件

Surface-acoustic-wave (SAW) device, two-port

状　　　　态：标准

IEC发布日期：2001-07-01

上版标准序号：GB/T 4728.10　10-08-30

关　　键　　词：端口器件,声表面波

用　　　　于：S01182，S01183

采 用 符 号：S00059；S01052

形 状 类 别：直线,矩形

功 能 类 别：K 处理信号或信息

应 用 类 别：电路图,功能图

S01185

名　　　　称：三端口连接

Three-port junction

状　　　　态：标准

IEC发布日期：2001-07-01

上版标准序号：GB/T 4728.10　10-09-01

关　　键　　词：微波器件,多端口器件(微波)

用　　　　于：S01187，S01186，S01188

采 用 符 号：S00001

应 用 注 释：A00136

形 状 类 别：直线

功 能 类 别：W 导引或输送,X 连接

应 用 类 别：电路图

S01186

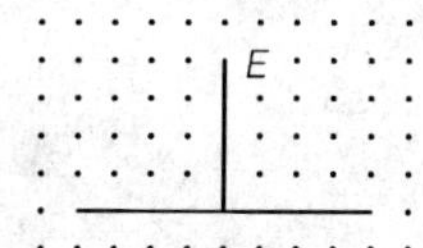

名　　　　称：三端口连接(串联 T 型,*E* 平面 T 连接)

Three-port junction (Series T, *E*-plane T)

状　　　　态：标准

IEC发布日期：2001-07-01

上版标准序号：GB/T 4728.10　10-09-02
关　　键　　词：微波器件，多端口器件(微波)
采　用　符　号：S01185
应　用　注　释：A00136
形　状　类　别：字符，直线
功　能　类　别：W 导引或输送，X 连接
应　用　类　别：电路图，接线图，功能图，概略图

S01187

名　　　　称：三端口连接(并联 T 型，*H* 平面 T 连接)
Three-port junction (Shunt T, *H*-plane T)
状　　　　态：标准
IEC发布日期：2001-07-01
上版标准序号：GB/T 4728.10　10-09-03
关　　键　　词：微波器件，多端口器件(微波)
采　用　符　号：S01185
应　用　注　释：A00136
形　状　类　别：字符，直线
功　能　类　别：W 导引或输送，X 连接
应　用　类　别：电路图

S01188

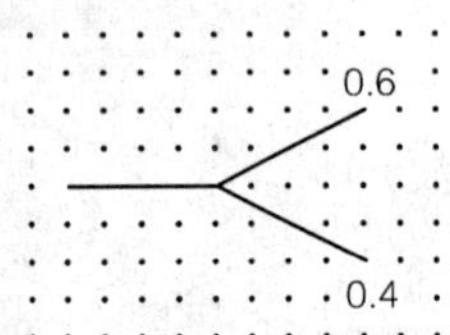

名　　　　称：三端口连接(功率分配器)
Three-port junction (power divider)
状　　　　态：标准
IEC发布日期：2001-07-01
上版标准序号：GB/T 4728.10　10-09-04
关　　键　　词：微波器件，多端口器件(微波)
采　用　符　号：S01185
应　用　注　释：A00136
形　状　类　别：字符，直线
功　能　类　别：W 导引，X 连接
应　用　类　别：电路图
备　　　　注：功率分配比为 6∶4。

S01189

名　　　称：四端口连接
Four-port junction
状　　　态：标准
IEC发布日期：2001-07-01
上版标准序号：GB/T 4728.10 10-09-05
关　键　词：微波器件，多端口器件（微波）
形　　　式：形式 1
其 他 形 式：S01190
用　　　于：S01191，S01192
应 用 注 释：A00136，A00137
形 状 类 别：直线，正方形
功 能 类 别：W 导引，X 连接
应 用 类 别：电路图

S01190

名　　　称：四端口连接
Four-port junction
状　　　态：标准
IEC发布日期：2001-07-01
上版标准序号：GB/T 4728.10 10-09-06
关　键　词：微波器件，多端口器件（微波）
形　　　式：形式 2
其 他 形 式：S01189
用　　　于：S01194，S01193
应 用 注 释：A00136，A00137
形 状 类 别：等边三角形，直线
功 能 类 别：W 导引，X 连接
应 用 类 别：电路图

S01191

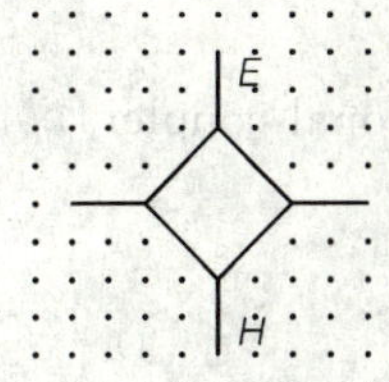

名　　　称：四端口连接(魔 T 混合连接)
Four-port junction (magic T hybrid junction)
状　　　态：标准
IEC发布日期：2001-07-01
上版标准序号：GB/T 4728.10　10-09-07
关　键　词：微波器件，多端口器件(微波)
形　　　式：形式 1
其 他 形 式：S01192
采 用 符 号：S01189
应 用 注 释：A00136，A00137
形 状 类 别：字符，直线，正方形
功 能 类 别：W 导引，X 连接
应 用 类 别：电路图

S01192

名　　　称：四端口连接(魔 T 混合连接)
Four-port junction (magic T hybrid junction)
状　　　态：标准
IEC发布日期：2001-07-01
上版标准序号：GB/T 4728.10　10-09-08
关　键　词：微波器件，多端口器件(微波)
形　　　式：形式 1 的简化
其 他 形 式：S01191
采 用 符 号：S01189
应 用 注 释：A00136，A00137
形 状 类 别：字符，圆点(点)，直线
功 能 类 别：W 导引，X 连接
应 用 类 别：电路图

S01193

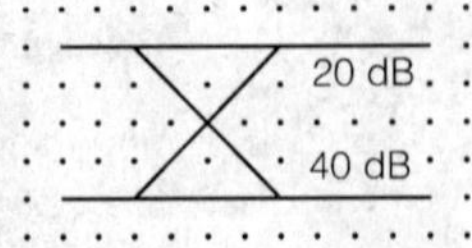

名　　　称：四端口连接；定向耦合器
Four-port junction; Directional coupler
状　　　态：标准
IEC发布日期：2001-07-01
上版标准序号：GB/T 4728.10　10-09-09

关　　键　　词：微波器件，多端口器件（微波）
形　　　　式：形式 2
采 用 符 号：S01190
应 用 注 释：A00136，A00137
形 状 类 别：字符，等边三角形，直线
功 能 类 别：W 导引，X 连接
应 用 类 别：电路图
备　　　　注：上面数值表示耦合损耗，下面数值表示方向性。

S01194

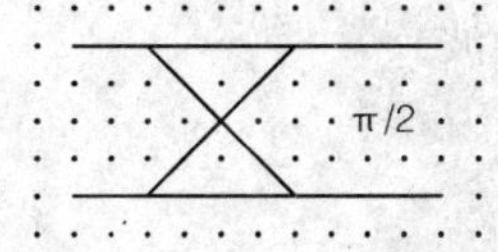

名　　　　称：四端口连接；正交混合连接
Four-port junction；Quadrature hybrid junction
状　　　　态：标准
IEC发布日期：2001-07-01
上版标准序号：GB/T 4728.10　10-09-10
关　　键　　词：微波器件，多端口器件（微波）
形　　　　式：形式 2
采 用 符 号：S01190
应 用 注 释：A00136，A00137
形 状 类 别：字符，等边三角形，直线
功 能 类 别：W 导引，X 连接
应 用 类 别：电路图

S01195

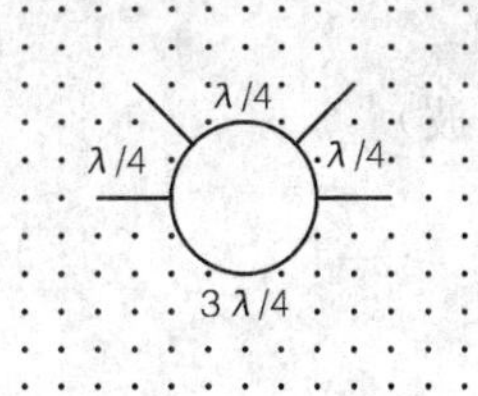

名　　　　称：混合环连接
Hybrid ring junction
状　　　　态：标准
IEC发布日期：2001-07-01
上版标准序号：GB/T 4728.10　10-09-11
关　　键　　词：微波器件，多端口器件（微波）
应 用 注 释：A00136
形 状 类 别：字符，圆
功 能 类 别：W 导引，X 连接
应 用 类 别：电路图

S01196

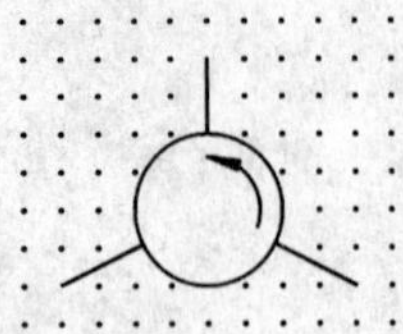

名　　　称：三端口环行器
Circulator，three-port
状　　　态：标准
IEC发布日期：2001-07-01
上版标准序号：GB/T 4728.10　10-09-12
关　键　词：微波器件，多端口器件（微波）
采用符号：S00095
应用注释：A00136
形状类别：箭头，圆
功能类别：W 导引，X 连接
应用类别：电路图

S01197

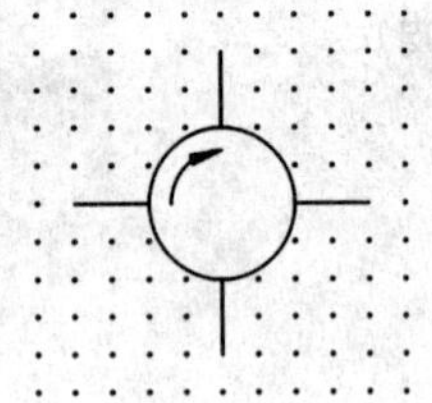

名　　　称：四端口环行器
Circulator，four-port
状　　　态：标准
IEC发布日期：2001-07-01
上版标准序号：GB/T 4728.10　10-09-13
关　键　词：微波器件，多端口器件（微波）
用　　　于：S01198
采用符号：S00095
形状类别：箭头，圆
功能类别：W 导引，X 连接
应用类别：电路图

S01198

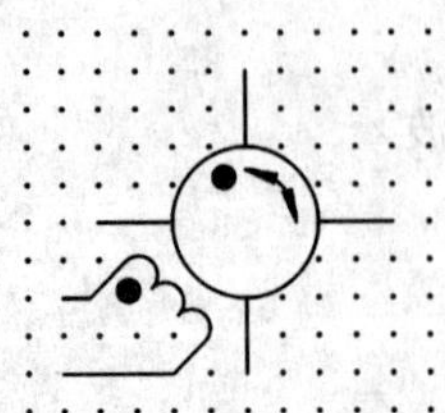

名　　　称：四端口可逆环行器
Circulator，four-port，with reversible direction of circulation

状　　　态：标准
IEC发布日期：2001-07-01
上版标准序号：GB/T 4728.10　10-09-14
关　　键　　词：微波器件，多端口器件（微波）
采　用　符　号：S00096；S00583；S01197
形　状　类　别：箭头，圆，半圆
功　能　类　别：W导引，X连接
应　用　类　别：电路图
备　　　注：电流从线圈上有黑点的一端进入，使能量在环行器里按有黑点的箭头方向流动。

S01199

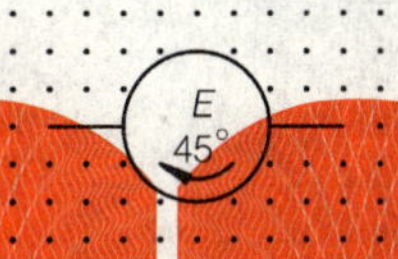

名　　　称：电场极化旋转器
Field-polarization rotator
状　　　态：标准
IEC发布日期：2001-07-01
上版标准序号：GB/T 4728.10　10-09-15
关　　键　　词：微波器件，多端口器件（微波）
采　用　符　号：S00095
形　状　类　别：箭头，字符，圆
功　能　类　别：W导引，X连接
应　用　类　别：电路图
备　　　注：表示45°的电场极化旋转器。当从信号传输方向看时，箭头指示电场旋转方向。

S01200

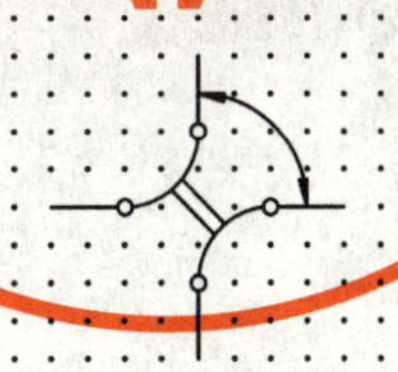

名　　　称：两步位微波开关（每步90°）
Two-position microwave switch (90° step)
状　　　态：标准
IEC发布日期：2001-07-01
上版标准序号：GB/T 4728.10　10-09-16
关　　键　　词：微波器件，多端口器件（微波）
采　用　符　号：S00017；S00096；S00147
形　状　类　别：箭头，圆弧
功　能　类　别：W导引，X连接
应　用　类　别：电路图

S01201

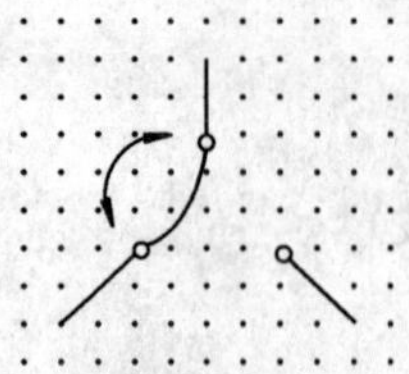

名　　　称：三步位微波开关（每步 120°）
Three-position microwave switch (120° step)
状　　　态：标准
IEC发布日期：2001-07-01
上版标准序号：GB/T 4728.10　10-09-17
关　键　词：微波器件，多端口器件（微波）
采 用 符 号：S00017；S00096
形 状 类 别：箭头，直线
功 能 类 别：W 导引，X 连接
应 用 类 别：电路图

S01202

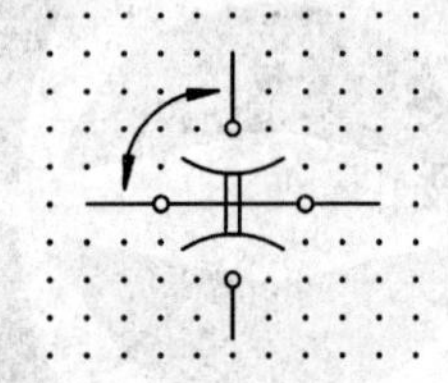

名　　　称：四步位微波开关（每步 45°）
Four-position microwave switch (45° step)
状　　　态：标准
IEC发布日期：2001-07-01
上版标准序号：GB/T 4728.10　10-09-18
关　键　词：微波器件，多端口器件（微波）
采 用 符 号：S00017；S00096；S00147
形 状 类 别：箭头，圆弧
功 能 类 别：W 导引，X 连接
应 用 类 别：电路图

S01203

名　　　称：未指定类型的耦合器（或馈源），一般符号
Coupler (or feed) type unspecified, general symbol
状　　　态：标准
IEC发布日期：2001-07-01
上版标准序号：GB/T 4728.10　10-10-01

关　　键　　词：耦合器，微波器件
用　　　　　于：S00752，S01209，S01207，S01204，S01210，S01205，S00754
形 状 类 别：直线
功 能 类 别：W 导引，X 连接
应 用 类 别：电路图

S01204

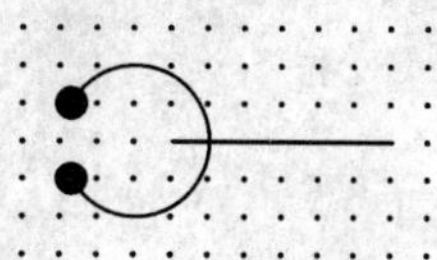

名　　　　　称：接向空腔谐振器的耦合器
　　　　　　　Coupler to a cavity resonator
状　　　　　态：标准
IEC发布日期：2001-07-01
上版标准序号：GB/T 4728.10　10-10-02
关　　键　　词：耦合器，微波器件
用　　　　　于：S00752，S00754
采 用 符 号：S01203
形 状 类 别：圆弧，圆点（点），直线
功 能 类 别：W 导引或输送，X 连接
应 用 类 别：电路图

S01205

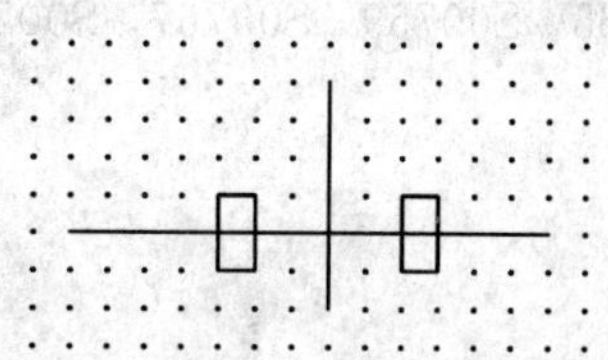

名　　　　　称：接向矩形波导的耦合器
　　　　　　　Coupler to a rectangular waveguide
状　　　　　态：标准
IEC发布日期：2001-07-01
上版标准序号：GB/T 4728.10　10-10-03
关　　键　　词：耦合器，微波器件
采 用 符 号：S01138；S01203
形 状 类 别：直线，矩形
功 能 类 别：W 导引或输送，X 连接
应 用 类 别：电路图

S01206

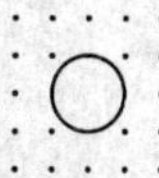

名　　　　　称：窗（孔）耦合器，一般符号

Window (aperture) coupler, general symbol
状　　　态：标准
IEC发布日期：2001-07-01
上版标准序号：GB/T 4728.10　10-10-04
关　键　词：耦合器，微波器件
用　　　于：S01207，S01208
形状类别：圆
功能类别：W 导引或输送，X 连接
应用类别：电路图

S01207

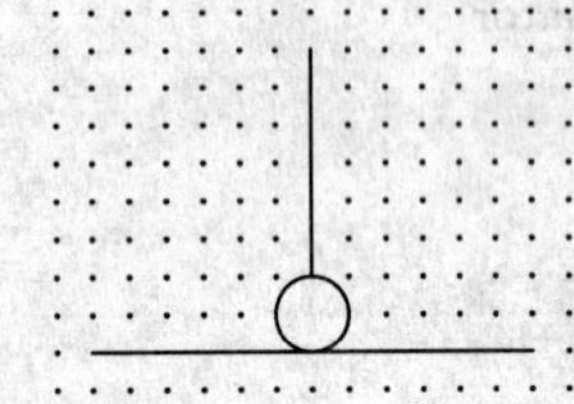

名　　　称：连接头上的窗(孔)耦合器
Window (aperture) coupler at a junction
状　　　态：标准
IEC发布日期：2001-07-01
上版标准序号：GB/T 4728.10　10-10-05
关　键　词：耦合器
用　　　于：S00763，S00761，S00765，S00759，S00767，S00753
采用符号：S01203；S01206
形状类别：圆，直线
功能类别：W 导引或输送，X 连接
应用类别：电路图

S01208

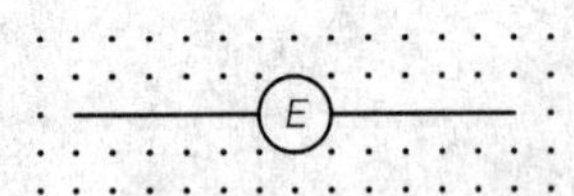

名　　　称：*E* 平面窗(孔)耦合器
E-plane window (aperture) coupler
状　　　态：标准
IEC发布日期：2001-07-01
上版标准序号：GB/T 4728.10　10-10-06
关　键　词：耦合器，微波器件
采用符号：S01206
形状类别：圆
功能类别：W 导引或输送，X 连接
应用类别：电路图

S01209

名　　　称：环状耦合器
Loop coupler
状　　　态：标准
IEC发布日期：2001-07-01
上版标准序号：GB/T 4728.10　10-10-07
关　键　词：耦合器，微波器件
用　　　于：S00751，S01211，S00737，S00753
采 用 符 号：S01203
形 状 类 别：圆点(点)，半圆
功 能 类 别：W 导引或输送，X 连接
应 用 类 别：电路图

S01210

名　　　称：探针耦合器
Probe coupler
状　　　态：标准
IEC发布日期：2001-07-01
上版标准序号：GB/T 4728.10　10-10-08
关　键　词：耦合器，微波器件，探针
采 用 符 号：S01203
形 状 类 别：圆点(点)，直线
功 能 类 别：W 导引或输送，X 连接
应 用 类 别：电路图

S01211

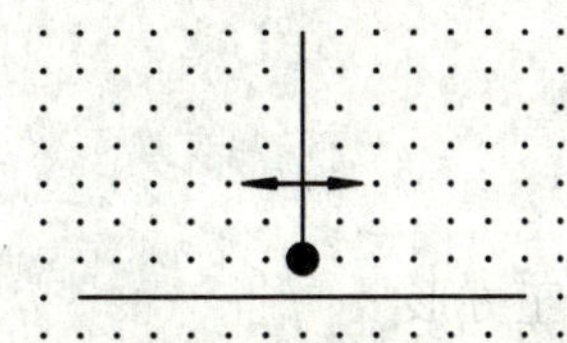

名　　　称：与传输通道耦合的滑动探针
Sliding probe coupled to a transmission path
状　　　态：标准
IEC发布日期：2001-07-01
上版标准序号：GB/T 4728.10　10-10-09

关　　键　　词：耦合器，微波器件，探针
采 用 符 号：S00094；S01209
形 状 类 别：箭头，圆点（点），直线
功 能 类 别：W 导引或输送，X 连接
应 用 类 别：电路图

S01212

名　　　　称：微波激射器，一般符号
Maser, general symbol
状　　　　态：标准
IEC发布日期：2001-07-01
上版标准序号：GB/T 4728.10　10-11-01
关　　键　　词：微波激射器
用　　　　于：S01213
应 用 注 释：A00138
形 状 类 别：箭头，直线，正方形
功 能 类 别：E 提供辐射能
应 用 类 别：电路图，功能图，概略图

S01213

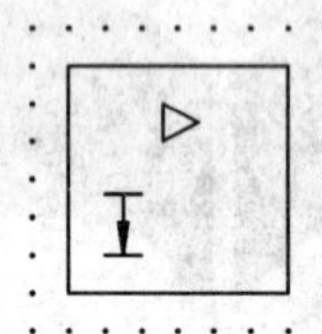

名　　　　称：用作放大器的微波激射器
Maser used as an amplifier
状　　　　态：标准
IEC发布日期：2001-07-01
上版标准序号：GB/T 4728.10　10-11-02
别　　　　名：放大器
关　　键　　词：放大器，微波激射器
采 用 符 号：S01212；S01239
应 用 注 释：A00138
形 状 类 别：箭头，等边三角形，直线，正方形
功 能 类 别：E 提供辐射能，K 处理信号，T 保持能量性质不变的能量变换
应 用 类 别：电路图，功能图，概略图

S01214

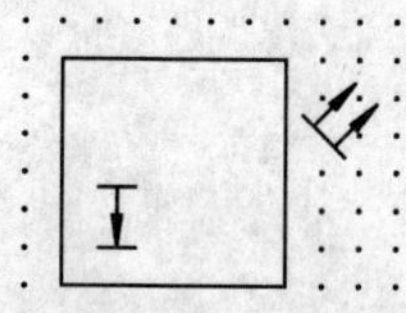

名　　　　称：激光器(光量子放大器)，一般符号
　　　　　　Laser (optical maser), general symbol
状　　　　态：标准
IEC发布日期：2001-07-01
上版标准序号：GB/T 4728.10　10-11-03
关　键　词：激光器
用　　　　于：S01217，S01215，S01216
采 用 符 号：S00128
应 用 注 释：A00138
形 状 类 别：箭头，直线，正方形
功 能 类 别：E 提供辐射能，G 启动能量流，T 保持能量性质不变的能量变换
应 用 类 别：电路图，功能图，概略图

S01215

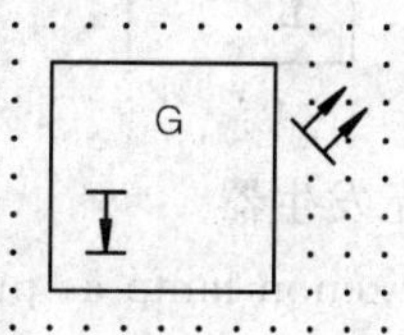

名　　　　称：激光发生器
　　　　　　Laser used as a generator
状　　　　态：标准
IEC发布日期：2001-07-01
上版标准序号：GB/T 4728.10　10-11-04
关　键　词：发生器，激光器
用　　　　于：S01217，S01216
采 用 符 号：S00128；S00899；S01214；S01225
应 用 注 释：A00138
形 状 类 别：箭头，字符，直线，正方形
功 能 类 别：E 提供辐射能，G 启动能量流
应 用 类 别：电路图，功能图，概略图

S01216

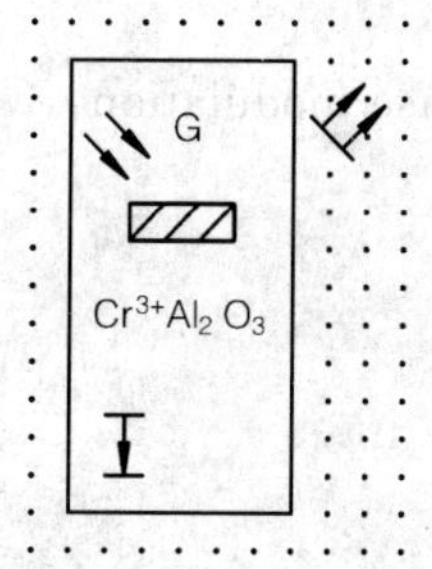

名　　称：红宝石激光发生器
Ruby laser generator
状　　态：标准
IEC发布日期：2001-07-01
上版标准序号：GB/T 4728.10　10-11-05
关　键　词：发生器，激光器
采 用 符 号：S00114；S00127；S00899；S01214；S01215；S01225
应 用 注 释：A00040，A00138
形 状 类 别：箭头，字符，直线，矩形，正方形
功 能 类 别：E 提供辐射能，G 启动能量流
应 用 类 别：电路图，功能图，概略图

S01217

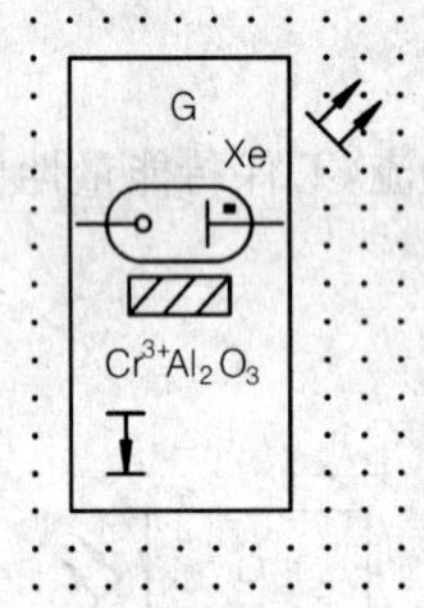

名　　称：用氙灯作泵源的红宝石激光发生器
Ruby laser generator with xenon lamp as pumping source
状　　态：标准
IEC发布日期：2001-07-01
上版标准序号：GB/T 4728.10　10-11-06
关　键　词：发生器，激光器
采 用 符 号：S00114；S00769；S00899；S01214；S01215；S01225
应 用 注 释：A00040，A00138
形 状 类 别：箭头，字符，直线，椭圆，矩形，正方形
功 能 类 别：E 提供辐射能，G 启动能量流
应 用 类 别：电路图，功能图，概略图

S01218

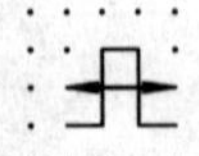

名　　称：脉冲位置或脉冲相位调制
Pulse-position or pulse-phase modulation
状　　态：标准
IEC发布日期：2001-07-01
上版标准序号：GB/T 4728.10　10-12-01
关　键　词：脉冲调制类型
采 用 符 号：S00094；S00132

形 状 类 别：箭头，描述
功 能 类 别：功能要素或属性
应 用 类 别：概念要素或限定符号

S01219

名　　　　称：脉冲频率调制
　　　　　　　Pulse-frequency modulation
状　　　　态：标准
IEC发布日期：2001-07-01
上版标准序号：GB/T 4728.10　10-12-02
关　键　词：脉冲调制类型
采 用 符 号：S00132；S01403
形 状 类 别：描述
功 能 类 别：功能要素或属性
应 用 类 别：概念要素或限定符号

S01220

名　　　　称：脉冲幅度调制
　　　　　　　Pulse-amplitude modulation
状　　　　态：标准
IEC发布日期：2001-07-01
上版标准序号：GB/T 4728.10　10-12-03
关　键　词：脉冲调制类型
采 用 符 号：S00094；S00132
形 状 类 别：箭头，描述
功 能 类 别：功能要素或属性
应 用 类 别：概念要素或限定符号

S01221

名　　　　称：脉冲间隔调制
　　　　　　　Pulse-interval modulation
状　　　　态：标准
IEC发布日期：2001-07-01
上版标准序号：GB/T 4728.10　10-12-04
关　键　词：脉冲调制类型
采 用 符 号：S00094；S00132

形 状 类 别：箭头，叙述波形
功 能 类 别：功能要素或属性
应 用 类 别：概念要素或限定符号

S01222

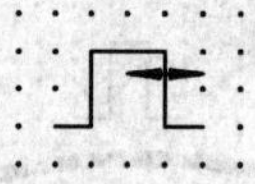

名　　　称：脉冲宽度调制
Pulse-duration modulation
状　　　态：标准
IEC发布日期：2001-07-01
上版标准序号：GB/T 4728.10　10-12-05
关　键　词：脉冲调制类型
其 他 形 式：S00094
用　　　于：S01412
采 用 符 号：S00094；S00132
形 状 类 别：箭头，描述
功 能 类 别：功能要素或属性
应 用 类 别：概念要素或限定符号

S01223

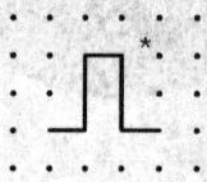

名　　　称：脉冲编码调制
Pulse-code modulation
状　　　态：标准
IEC发布日期：2001-07-01
上版标准序号：GB/T 4728.10　10-12-06
关　键　词：脉冲编码调制，脉冲调制类型
用　　　于：S01280，S01224
采 用 符 号：S00132
应 用 注 释：A00141
形 状 类 别：字符，描述
功 能 类 别：功能要素或属性
应 用 类 别：概念要素或限定符号

S01224

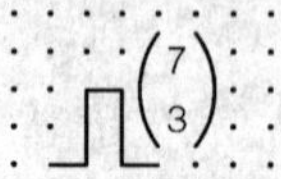

名　　　称：7 中选 3 编码的脉冲编码调制
Pule-code modulation in 3-out-of-7 code
状　　　态：标准

IEC发布日期：2001-07-01
上版标准序号：GB/T 4728.10　10-12-07
关　　键　　词：脉冲调制类型
采　用　符　号：S01223
应　用　注　释：A00141
形　状　类　别：字符，描述
功　能　类　别：功能要素或属性
应　用　类　别：概念要素或限定符号

S01225

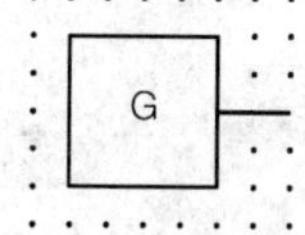

名　　　　称：信号发生器，一般符号
Signal generator, general symbol
状　　　　态：标准
IEC发布日期：2001-07-01
上版标准序号：GB/T 4728.10　10-13-01
别　　　　名：波形发生器
关　　键　　词：信号发生器，波形发生器
用　　　　于：S01425，S01678，S01230，S01229，S01227，S01217，S01226，S01215，S01216，S01228
采　用　符　号：S00059
应　用　注　释：A00013
形　状　类　别：字符，正方形
功　能　类　别：G 启动能量流
应　用　类　别：电路图，功能图，概略图

S01226

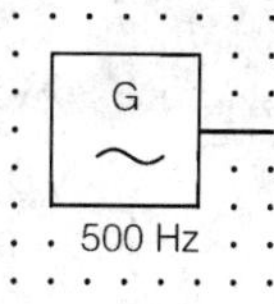

名　　　　称：500 Hz 正弦波发生器
Sine-wave generator, 500 Hz
状　　　　态：标准
IEC发布日期：2001-07-01
上版标准序号：GB/T 4728.10　10-13-02
关　　键　　词：信号发生器，波形发生器
采　用　符　号：S00899；S01225；S01403
形　状　类　别：字符，描述，正方形
功　能　类　别：G 启动能量流，K 处理信号或信息
应　用　类　别：电路图，功能图，概略图

S01227

名　　　称：500 Hz 锯齿波发生器
Saw-tooth generator，500 Hz
状　　　态：标准
IEC发布日期：2001-07-01
上版标准序号：GB/T 4728.10　10-13-03
关　键　词：信号发生器，波形发生器
采 用 符 号：S00137；S01225
形 状 类 别：字符，描述，直线，正方形
功 能 类 别：G 启动能量流，K 处理信号或信息
应 用 类 别：电路图，接线图，功能图，概略图

S01228

名　　　称：脉冲发生器
Pulse generator
状　　　态：标准
IEC发布日期：2001-07-01
上版标准序号：GB/T 4728.10　10-13-04
关　键　词：脉冲发生器，信号发生器，波形发生器
用　　　于：S01280
采 用 符 号：S00132；S01225
形 状 类 别：字符，描述，正方形
功 能 类 别：G 启动能量流，K 处理信号或信息
应 用 类 别：电路图，功能图，概略图

S01229

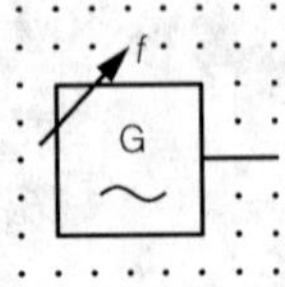

名　　　称：频率可调的正弦波发生器
Sine-wave generator with adjustable frequency
状　　　态：标准
IEC发布日期：2001-07-01
上版标准序号：GB/T 4728.10　10-13-05
关　键　词：信号发生器，波形发生器

采 用 符 号：S00081；S01225；S01403
形 状 类 别：箭头，字符，描述，矩形
功 能 类 别：G 启动能量流，K 处理信号或信息
应 用 类 别：电路图，功能图，概略图

S01232

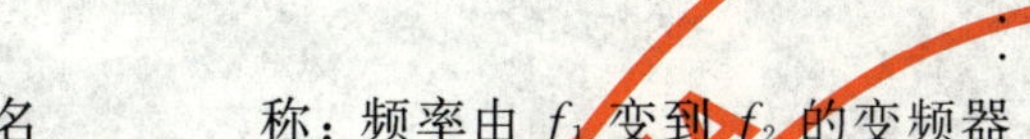

名 称：频率由 f_1 变到 f_2 的变频器
Frequency converter, changing from f_1 to f_2
状 态：标准
IEC发布日期：2001-07-01
上版标准序号：GB/T 4728.10 10-14-02
关 键 词：变换器
采 用 符 号：S00213
应 用 注 释：A00143
形 状 类 别：字符，直线，正方形
功 能 类 别：K 处理信号或信息
应 用 类 别：电路图，功能图，概略图

S01233

名 称：倍频器
Frequency multiplier
状 态：标准
IEC发布日期：2001-07-01
上版标准序号：GB/T 4728.10 10-14-03
关 键 词：变换器
采 用 符 号：S00213
应 用 注 释：A00142
形 状 类 别：字符，直线，正方形
功 能 类 别：K 处理信号或信息
应 用 类 别：电路图，功能图，概略图

S01234

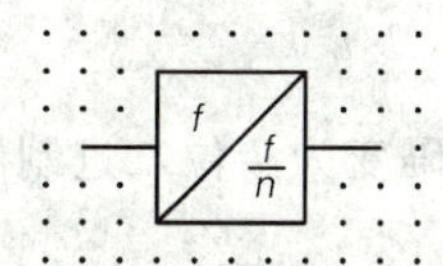

名　　　称：分频器

Frequency divider

状　　　态：标准

IEC发布日期：2001-07-01

上版标准序号：GB/T 4728.10　10-14-04

关　键　词：变换器

采 用 符 号：S00213

应 用 注 释：A00140

形 状 类 别：字符，直线，正方形

功 能 类 别：K 处理信号或信息

应 用 类 别：电路图，功能图，概略图

S01235

名　　　称：脉冲倒相器

Pulse inverter

状　　　态：标准

IEC发布日期：2001-07-01

上版标准序号：GB/T 4728.10　10-14-05

关　键　词：变换器

采 用 符 号：S00132；S00133；S00213

形 状 类 别：描述，直线，正方形

功 能 类 别：K 处理信号或信息

应 用 类 别：电路图，功能图，概略图

S01236

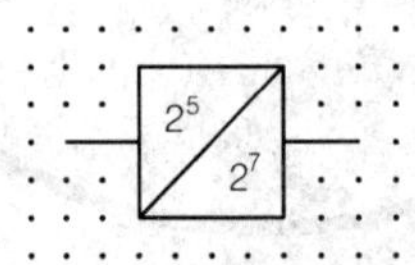

名　　　称：二进制码变换器

Code converter of binary code

状　　　态：标准

IEC发布日期：2001-07-01

上版标准序号：GB/T 4728.10　10-14-06

关　键　词：变换器

采 用 符 号：S00213

形 状 类 别：字符，直线，正方形

功 能 类 别：K 处理信号或信息

应 用 类 别：电路图，功能图，概略图

备　　　注：码型变换器，由 5 位二进制码变为 7 位二进制码。

S01237

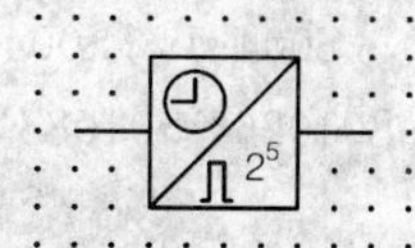

名　　　称：用5位二进制码给出时钟时间的变换器
　　　　　　Converter giving clock-time indication in five-digit binary code
状　　　态：标准
IEC发布日期：2001-07-01
上版标准序号：GB/T 4728.10　10-14-07
关　键　词：变换器
采 用 符 号：S00132；S00213；S00959
形 状 类 别：字符，描述，直线，正方形
功 能 类 别：K 处理信号或信息
应 用 类 别：电路图，功能图，概略图

S01238

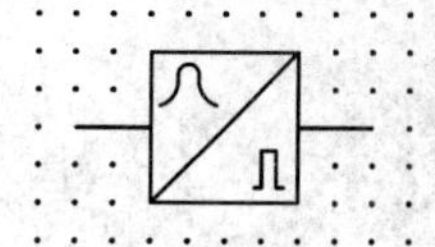

名　　　称：脉冲再生器
　　　　　　Pulse regenerator
状　　　态：标准
IEC发布日期：2001-07-01
上版标准序号：GB/T 4728.10　10-14-08
关　键　词：变换器
采 用 符 号：S00132；S00213
形 状 类 别：描述，直线，正方形
功 能 类 别：K 处理信号或信息
应 用 类 别：电路图，功能图，概略图

S01239

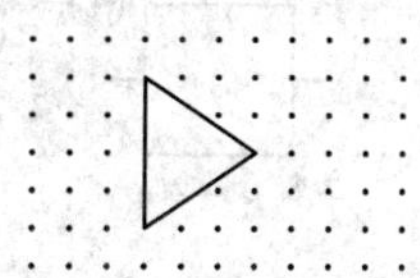

名　　　称：放大器，一般符号
　　　　　　Amplifier，general symbol
状　　　态：标准
IEC发布日期：2001-07-01
上版标准序号：GB/T 4728.10　10-15-01
别　　　名：中继器，一般符号
关　键　词：放大器，中继器
形　　　式：形式1

其 他 形 式：S01240；S01781
用　　　于：S00420，S00428，S00432，S00431，S00429，S00430，S00433，S01213，S01087，S01243，S01241，S01242，S01026，S01088，S01089，S01092，S01091
采 用 符 号：S01457
应 用 注 释：A00238，A00351
形 状 类 别：等边三角形
功 能 类 别：K 处理信号或信息
应 用 类 别：电路图，接线图，功能图，概略图

S01240

名　　　称：放大器，一般符号
Amplifier，general symbol
状　　　态：标准
IEC发布日期：2001-07-01
上版标准序号：GB/T 4728.10　10-15-02
别　　　名：中继器，一般符号
关　键　词：放大器，中继器
形　　　式：形式 2
其 他 形 式：S01239；S01781
用　　　于：S00092，S01683
采 用 符 号：S01457
应 用 注 释：A00238
形 状 类 别：等边三角形，正方形
功 能 类 别：K 处理信号或信息
应 用 类 别：电路图，接线图，功能图，安装图，网络图，概略图

S01244

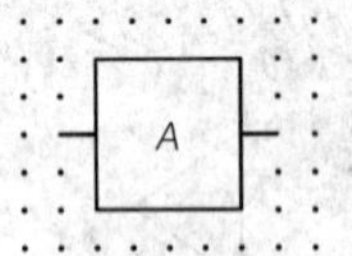

名　　　称：固定衰减器
Attenuator，fixed loss
状　　　态：标准
IEC发布日期：2001-07-01
上版标准序号：GB/T 4728.10　10-16-01
关　键　词：衰减器，网络
其 他 形 式：S00442
用　　　于：S01331，S01245
采 用 符 号：S00059

所替代的符号：S01167；S01168
形 状 类 别：字符，正方形
功 能 类 别：K 处理信号或信息，R 限制或稳定能量
应 用 类 别：电路图，接线图，功能图，概略图

S01245

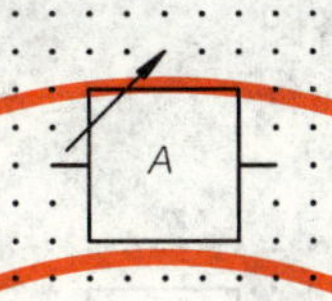

名　　　　称：可变衰减器
Attenuator，variable loss
状　　　　态：标准
IEC发布日期：2001-07-01
上版标准序号：GB/T 4728.10　10-16-02
关　　键　　词：衰减器，网络
采 用 符 号：S00081；S01244
形 状 类 别：箭头，字符，正方形
功 能 类 别：K 处理信号或信息，R 限制或稳定能量
应 用 类 别：电路图，接线图，功能图，概略图

S01246

名　　　　称：滤波器，一般符号
Filter，general symbol
状　　　　态：标准
IEC发布日期：2001-07-01
上版标准序号：GB/T 4728.10　10-16-03
关　　键　　词：滤波器，网络
用　　　　于：S01249，S01250，S01247，S01248，S01264
形 状 类 别：描述，正方形
功 能 类 别：K 处理信号或信息，R 限制或稳定能量
应 用 类 别：电路图，接线图，功能图，概略图

S01247

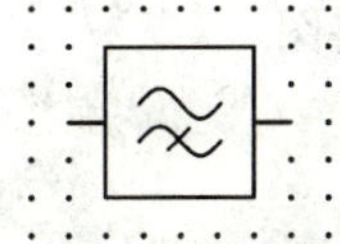

名　　　　称：高通滤波器
High-pass filter
状　　　　态：标准

IEC发布日期：2001-07-01
上版标准序号：GB/T 4728.10　10-16-04
关　　键　词：滤波器，网络
采 用 符 号：S01246
形 状 类 别：描述，正方形
功 能 类 别：K 处理信号或信息，R 限制或稳定能量
应 用 类 别：电路图，接线图，功能图，概略图

S01248

名　　　　称：低通滤波器
　　　　　　　Low-pass filter
状　　　　态：标准
IEC发布日期：2001-07-01
上版标准序号：GB/T 4728.10　10-16-05
关　　键　词：滤波器，网络
采 用 符 号：S01246
形 状 类 别：描述，直线，正方形
功 能 类 别：K 处理信号或信息，R 限制或稳定能量
应 用 类 别：电路图，接线图，功能图，概略图

S01249

名　　　　称：带通滤波器
　　　　　　　Band-pass filter
状　　　　态：标准
IEC发布日期：2001-07-01
上版标准序号：GB/T 4728.10　10-16-06
关　　键　词：滤波器，网络
用　　　　于：S01429
采 用 符 号：S01246
形 状 类 别：描述，正方形
功 能 类 别：K 处理信号或信息，R 限制或稳定能量
应 用 类 别：电路图，接线图，功能图，概略图

S01250

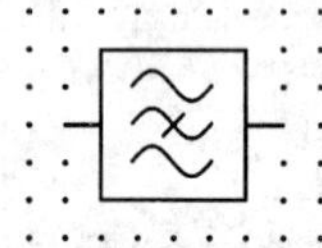

名　　　　称：带阻滤波器

Band-stop filter

状　　　　态：标准

IEC发布日期：2001-07-01

上版标准序号：GB/T 4728.10　10-16-07

关　　键　　词：滤波器，网络

采　用　符　号：S01246

形　状　类　别：描述，正方形

功　能　类　别：K 处理信号或信息，R 限制或稳定能量

应　用　类　别：电路图，接线图，功能图，概略图

S01251

名　　　　称：高频预加重装置

Device for pre-emphasis of higher frequencies

状　　　　态：标准

IEC发布日期：2001-07-01

上版标准序号：GB/T 4728.10　10-16-08

关　　键　　词：网络

采　用　符　号：S00099

形　状　类　别：描述，正方形

功　能　类　别：K 处理信号或信息

应　用　类　别：电路图，接线图，功能图，概略图

S01252

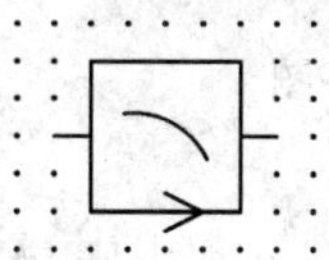

名　　　　称：高频去加重装置

Device for de-emphasis of higher frequencies

状　　　　态：标准

IEC发布日期：2001-07-01

上版标准序号：GB/T 4728.10　10-16-09

关　　键　　词：网络

采　用　符　号：S00099

形　状　类　别：箭头，描述，正方形

功　能　类　别：K 处理信号或信息

应　用　类　别：电路图，接线图，功能图，概略图

S01253

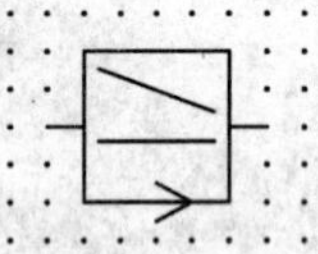

名　　　　称：压缩器
Compressor
状　　　　态：标准
IEC发布日期：2001-07-01
上版标准序号：GB/T 4728.10　10-16-10
关　键　词：网络
采 用 符 号：S00099
形 状 类 别：箭头，直线，正方形
功 能 类 别：K 处理信号或信息
应 用 类 别：电路图，接线图，功能图，概略图

S01254

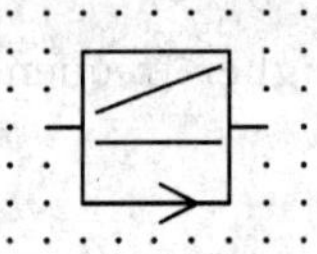

名　　　　称：扩展器
Expander
状　　　　态：标准
IEC发布日期：2001-07-01
上版标准序号：GB/T 4728.10　10-16-11
关　键　词：网络
采 用 符 号：S00099
形 状 类 别：箭头，直线，正方形
功 能 类 别：K 处理信号或信息
应 用 类 别：电路图，接线图，功能图，概略图

S01255

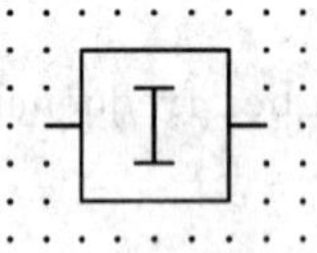

名　　　　称：仿真线
Artificial line
状　　　　态：标准
IEC发布日期：2001-07-01
上版标准序号：GB/T 4728.10　10-16-12
关　键　词：网络
形 状 类 别：直线，正方形
功 能 类 别：K 处理信号或信息

应 用 类 别：电路图，接线图，功能图，概略图

S01256

名　　　称：变相网络

Phase-changing network

状　　　态：标准

IEC发布日期：2001-07-01

上版标准序号：GB/T 4728.10　10-16-13

关　键　词：网络

应 用 注 释：A00241

形 状 类 别：字符，正方形

功 能 类 别：K 处理信号或信息

应 用 类 别：电路图，接线图，功能图，概略图

S01257

名　　　称：失真校正器，一般符号

Distortion corrector, general symbol

状　　　态：标准

IEC发布日期：2001-07-01

上版标准序号：GB/T 4728.10　10-16-14

关　键　词：网络

用　　　于：S01259，S01260，S01258

采 用 符 号：S00135

形 状 类 别：直线，正方形

功 能 类 别：K 处理信号或信息

应 用 类 别：电路图，接线图，功能图，概略图

S01258

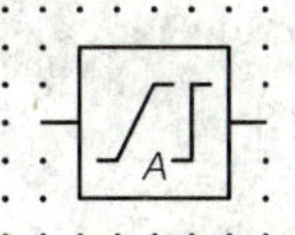

名　　　称：衰减均衡器

Attenuation equalizer

状　　　态：标准

IEC发布日期：2001-07-01

上版标准序号：GB/T 4728.10　10-16-15

关　键　词：衰减器，网络
采 用 符 号：S01257
形 状 类 别：字符，描述，正方形
功 能 类 别：K 处理信号或信息
应 用 类 别：电路图，接线图，功能图，概略图

S01259

名　　　称：相位失真校正器
Phase distortion corrector
状　　　态：标准
IEC发布日期：2001-07-01
上版标准序号：GB/T 4728.10　10-16-16
关　键　词：网络
采 用 符 号：S01257
应 用 注 释：A00244
形 状 类 别：字符，正方形
功 能 类 别：K 处理信号或信息
应 用 类 别：电路图，接线图，功能图，概略图

S01260

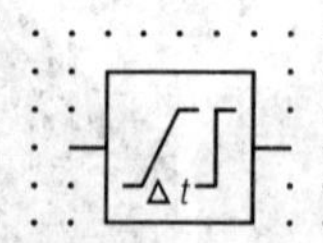

名　　　称：延时失真校正器；延时均衡器
Delay distortion corrector；Delay equalizer
状　　　态：标准
IEC发布日期：2001-07-01
上版标准序号：GB/T 4728.10　10-16-17
关　键　词：网络
采 用 符 号：S01257
形 状 类 别：字符，正方形
功 能 类 别：K 处理信号或信息
应 用 类 别：电路图，接线图，功能图，概略图

S01261

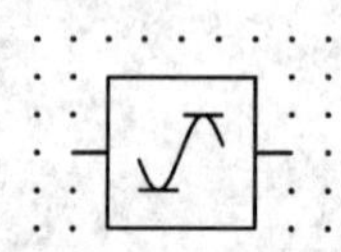

名　　　称：无失真限幅器

Amplitude limiter without distortion
状　　　态：标准
IEC发布日期：2001-07-01
上版标准序号：GB/T 4728.10　10-16-18
关　键　词：网络
形 状 类 别：描述，正方形
功 能 类 别：K 处理信号或信息
应 用 类 别：电路图，接线图，功能图，概略图

S01262

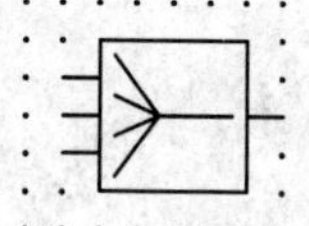

名　　　称：混合网络
Mixing network
状　　　态：标准
IEC发布日期：2001-07-01
上版标准序号：GB/T 4728.10　10-16-19
关　键　词：网络
形 状 类 别：直线，正方形
功 能 类 别：K 处理信号或信息
应 用 类 别：电路图，接线图，功能图，概略图

S01263

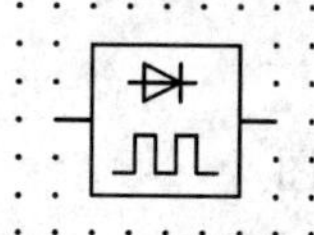

名　　　称：电子斩波器
Electronic chopping device
状　　　态：标准
IEC发布日期：2001-07-01
上版标准序号：GB/T 4728.10　10-16-20
别　　　名：斩波器
关　键　词：斩波器、网络
采 用 符 号：S00132；S00641
形 状 类 别：直线，正方形
功 能 类 别：K 处理信号或信息
应 用 类 别：电路图，接线图，功能图，概略图

S01264

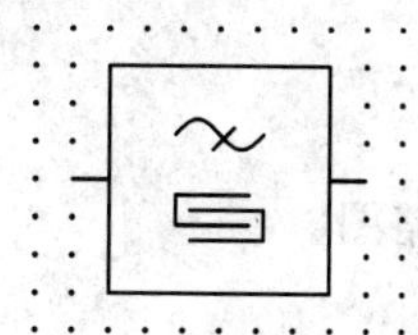

名　　称：声表面波滤波器
Surface acoustic wave (SAW) filter
状　　态：标准
IEC发布日期：2001-07-01
上版标准序号：GB/T 4728.10　10-16-21
关　键　词：滤波器，网络
采 用 符 号：S01052；S01246
形 状 类 别：描述，直线，正方形
功 能 类 别：K 处理信号或信息
应 用 类 别：电路图，接线图，功能图，概略图

S01265

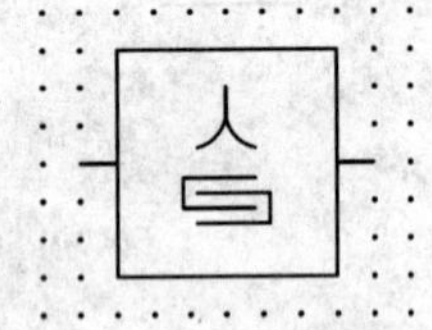

名　　称：声表面波谐振器
Surface acoustic wave (SAW) resonator
状　　态：标准
IEC发布日期：2001-07-01
上版标准序号：GB/T 4728.10　10-16-22
关　键　词：滤波器，网络
采 用 符 号：S01052；S01153
形 状 类 别：描述，直线，正方形
功 能 类 别：K 处理信号或信息
应 用 类 别：电路图，接线图，功能图，概略图

S01266

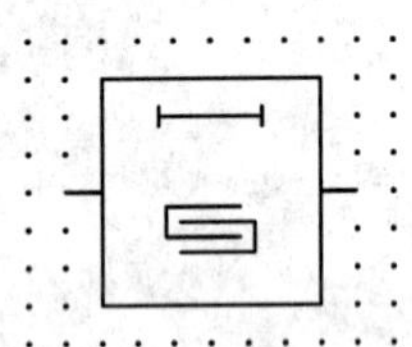

名　　称：声表面波延迟线
Surface acoustic wave (SAW) delay line
状　　态：标准
IEC发布日期：2001-07-01
上版标准序号：GB/T 4728.10　10-16-23
关　键　词：延迟线，网络
采 用 符 号：S00124；S01052
形 状 类 别：描述，直线，正方形
功 能 类 别：K 处理信号或信息
应 用 类 别：电路图，接线图，功能图，概略图

S01267

名　　　称：削波器
Clipper
状　　　态：标准
IEC发布日期：2001-07-01
上版标准序号：GB/T 4728.10　10-17-01
关　键　词：限幅器
用　　　于：S01271，S01269，S01268，S01270
应用注释：A00245
形状类别：直线，正方形
功能类别：K 处理信号或信息
应用类别：电路图，接线图，功能图，概略图

S01268

名　　　称：基区限幅器；阈限器件
Base limiter；Threshold device
状　　　态：标准
IEC发布日期：2001-07-01
上版标准序号：GB/T 4728.10　10-17-02
关　键　词：限幅器
采用符号：S01267
形状类别：直线，正方形
功能类别：K 处理信号或信息
应用类别：电路图，接线图，功能图，概略图

S01269

名　　　称：阈值可预置的基区限幅器；阈值可预置的阈限器件
Base limiter with preset of the threshold adjustment；Threshold device with preset adjustment of the threshold
状　　　态：标准
IEC发布日期：2001-07-01
上版标准序号：GB/T 4728.10　10-17-03
关　键　词：限幅器

采 用 符 号：S01267
形 状 类 别：直线，正方形
功 能 类 别：K 处理信号或信息
应 用 类 别：电路图，接线图，功能图，概略图

S01270

名　　　称：正峰值削波器
Positive peak clipper
状　　　态：标准
IEC发布日期：2001-07-01
上版标准序号：GB/T 4728.10　10-17-04
关　键　词：限幅器
采 用 符 号：S01267
形 状 类 别：直线，正方形
功 能 类 别：K 处理信号或信息
应 用 类 别：电路图，接线图，功能图，概略图

S01271

名　　　称：负峰值削波器
Negative peak clipper
状　　　态：标准
IEC发布日期：2001-07-01
上版标准序号：GB/T 4728.10　10-17-05
关　键　词：限幅器
采 用 符 号：S01267
形 状 类 别：直线，正方形
功 能 类 别：K 处理信号或信息
应 用 类 别：电路图，接线图，功能图，概略图

S01278

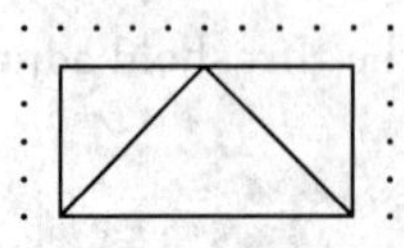

名　　　称：调制器，一般符号；解调器，一般符号；鉴别器，一般符号
Modulator, general symbol; Demodulator, general symbol; Discriminator, general symbol

状　　　态：标准
IEC发布日期：2001-07-01
上版标准序号：GB/T 4728.10　10-19-01
关　　键　词：解调器，鉴别器，调制器
用　　　　于：S01280，S01279，S01281
采 用 符 号：S00214
应 用 注 释：A00246
形 状 类 别：直线，矩形
功 能 类 别：K 处理信号或信息
应 用 类 别：电路图，接线图，功能图，概略图

S01279

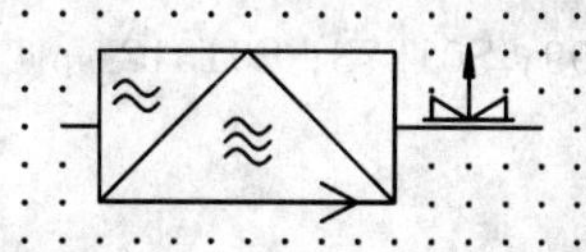

名　　　称：双边带输出的调制器
Modulator, double sideband output
状　　　态：标准
IEC发布日期：2001-07-01
上版标准序号：GB/T 4728.10　10-19-02
关　　键　词：调制器
采 用 符 号：S00074；S00075；S00099；S01278；S01308
形 状 类 别：箭头，直线，矩形
功 能 类 别：K 处理信号或信息
应 用 类 别：电路图，接线图，功能图，概略图

S01280

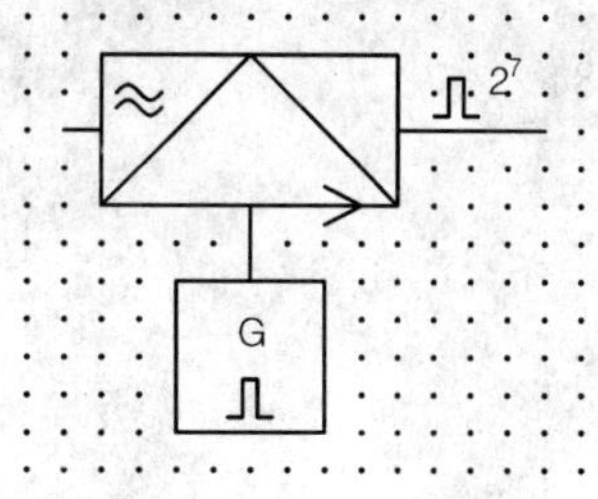

名　　　称：脉冲编码调制器
Pulse code modulator
状　　　态：标准
IEC发布日期：2001-07-01
上版标准序号：GB/T 4728.10　10-19-03
关　　键　词：调制器
采 用 符 号：S00074；S00099；S01223；S01228；S01278
形 状 类 别：描述，直线，矩形
功 能 类 别：K 处理信号或信息
应 用 类 别：电路图，接线图，功能图，概略图

备　　　注：带有7位二进制码输出。

S01281

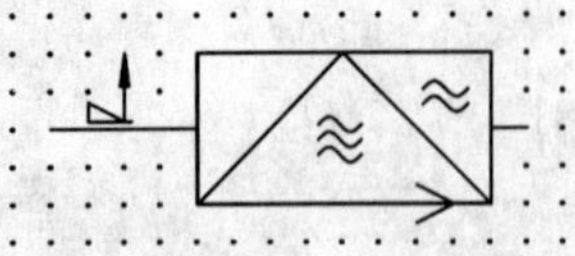

名　　　称：单边带解调器
Demodulator，single sideband
状　　　态：标准
IEC发布日期：2001-07-01
上版标准序号：GB/T 4728.10　10-19-04
关　键　词：解调器
采 用 符 号：S00074；S00075；S00099；S01278；S01312
形 状 类 别：描述，矩形
功 能 类 别：K 处理信号
应 用 类 别：电路图，接线图，功能图，概略图
备　　　注：抑制载频放大，输出为音频的单边带解调器。

S01282

名　　　称：聚集功能
Concentrating function
状　　　态：标准
IEC发布日期：2001-07-01
上版标准序号：GB/T 4728.10　10-20-01
关　键　词：集线器
用　　　于：S00512，S01285，S01284
形 状 类 别：梯形
功 能 类 别：功能要素或属性
应 用 类 别：概念要素或限定符号
备　　　注：聚集功能从左到右。

S01283

名　　　称：扩展功能
Expanding function
状　　　态：标准
IEC发布日期：2001-07-01
上版标准序号：GB/T 4728.10　10-20-02
关　键　词：集线器

用　　　　于：S00512
形 状 类 别：梯形
功 能 类 别：功能要素或属性
应 用 类 别：概念要素或限定符号
备　　　　注：扩展功能从左到右。

S01284

名　　　　称：集线器
Concentrator
状　　　　态：标准
IEC发布日期：2001-07-01
上版标准序号：GB/T 4728.10　10-20-03
关　键　词：集线器
形　　　　式：形式 1
其 他 形 式：S01285
采 用 符 号：S01282
形 状 类 别：字符，矩形，梯形
功 能 类 别：K 处理信号或信息
应 用 类 别：电路图，接线图，功能图，概略图
备　　　　注：具有 m 条输入电路和 n 条输出电路的集线器。

S01285

名　　　　称：集线器
Concentrator
状　　　　态：标准
IEC发布日期：2001-07-01
上版标准序号：GB/T 4728.10　10-20-04
关　键　词：集线器
形　　　　式：形式 2
其 他 形 式：S01284
采 用 符 号：S00003；S01282
形 状 类 别：字符，梯形
功 能 类 别：K 处理信号或信息
应 用 类 别：电路图，接线图，功能图，概略图
备　　　　注：具有 m 条输入电路和 n 条输出电路的集线器。

S01286

MUX

名　　　称：多路复用功能
　　　　　　Multiplexing function
状　　　态：标准
IEC发布日期：2001-07-01
上版标准序号：GB/T 4728.10　10-20-05
关　键　词：复用器
用　　　于：S01289
形 状 类 别：字符
功 能 类 别：功能要素或属性
应 用 类 别：概念要素或限定符号

S01287

DX

名　　　称：多路分路功能
　　　　　　Demultiplexing function
状　　　态：标准
IEC发布日期：2001-07-01
上版标准序号：GB/T 4728.10　10-20-06
关　键　词：复用器
形 状 类 别：字符
功 能 类 别：功能要素或属性
应 用 类 别：概念要素或限定符号
备　　　注：如引起混淆，DX可由DMUX代替。

S01288

MULDEX

名　　　称：多路复用和多路分路功能
　　　　　　Multiplexing and demultiplexing function
状　　　态：标准
IEC发布日期：2001-07-01
上版标准序号：GB/T 4728.10　10-20-07
关　键　词：复用器
用　　　于：S01290
形 状 类 别：字符
功 能 类 别：功能要素或属性
应 用 类 别：概念要素或限定符号

S01291

名　　称：载频

Carrier frequency

状　　态：标准

IEC发布日期：2001-07-01

上版标准序号：GB/T 4728.10　10-21-01

关　键　词：频谱

用　　于：S01311，S01308，S01310，S01309，S01315

应用注释：A00149，A00185

形状类别：箭头，字符，直线

功能类别：功能要素或属性

应用类别：概念要素或限定符号

S01292

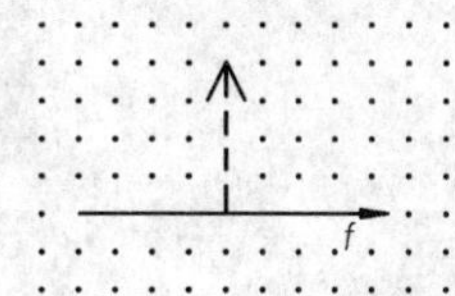

名　　称：抑制载频

Suppressed-carrier frequency

状　　态：标准

IEC发布日期：2001-07-01

上版标准序号：GB/T 4728.10　10-21-02

关　键　词：频谱

用　　于：S01312，S01314

应用注释：A00149

形状类别：箭头，直线

功能类别：功能要素或属性

应用类别：概念要素或限定符号

S01293

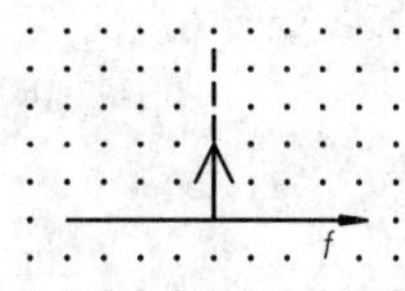

名　　称：减幅载频

Reduced-carrier frequency

状　　态：标准

IEC发布日期：2001-07-01

上版标准序号：GB/T 4728.10　10-21-03

关　键　词：频谱
用　　　于：S01313
应 用 注 释：A00149
形 状 类 别：箭头，直线
功 能 类 别：功能要素或属性
应 用 类 别：概念要素或限定符号

S01294

名　　　称：导频
Pilot frequency
状　　　态：标准
IEC发布日期：2001-07-01
上版标准序号：GB/T 4728.10　10-21-04
关　键　词：频谱
用　　　于：S01317，S01295
应 用 注 释：A00149，A00187
形 状 类 别：箭头，直线
功 能 类 别：功能要素或属性
应 用 类 别：概念要素或限定符号

S01295

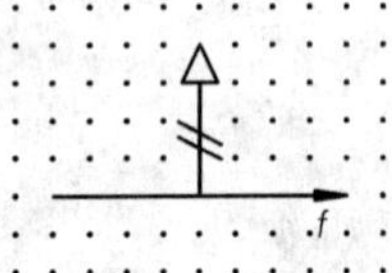

名　　　称：导频；超群导频
Pilot frequency；Supergroup pilot frequency
状　　　态：标准
IEC发布日期：2001-07-01
上版标准序号：GB/T 4728.10　10-21-05
关　键　词：频谱
采 用 符 号：S01294
形 状 类 别：箭头
功 能 类 别：功能要素或属性
应 用 类 别：概念要素或限定符号

S01296

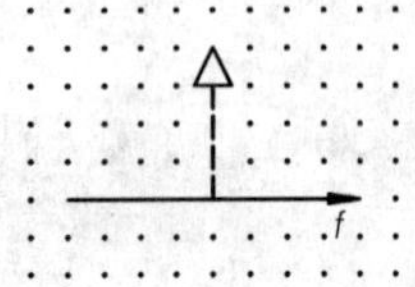

名　　　称：抑制导频
Suppressed pilot frequency
状　　　态：标准
IEC发布日期：2001-07-01
上版标准序号：GB/T 4728.10　10-21-06
关　键　词：频谱
应 用 注 释：A00149
形 状 类 别：箭头
功 能 类 别：功能要素或属性
应 用 类 别：概念要素或限定符号

S01297

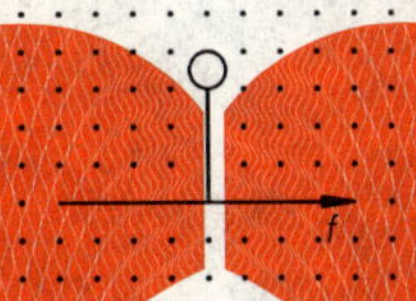

名　　　称：附加测试频率
Additional measuring frequency
状　　　态：标准
IEC发布日期：2001-07-01
上版标准序号：GB/T 4728.10　10-21-07
关　键　词：频谱
应 用 注 释：A00149
形 状 类 别：箭头,圆
功 能 类 别：功能要素或属性
应 用 类 别：概念要素或限定符号

S01298

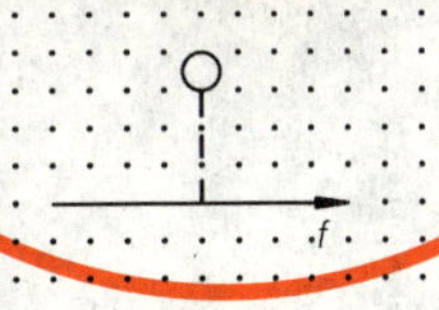

名　　　称：(根据需要)附加测试频率
Additional measuring frequency (on request)
状　　　态：标准
IEC发布日期：2001-07-01
上版标准序号：GB/T 4728.10　10-21-08
关　键　词：频谱
应 用 注 释：A00149
形 状 类 别：箭头,圆
功 能 类 别：功能要素或属性
应 用 类 别：概念要素或限定符号
备　　　注：需要发送或测试时附加的测试频率。

S01299

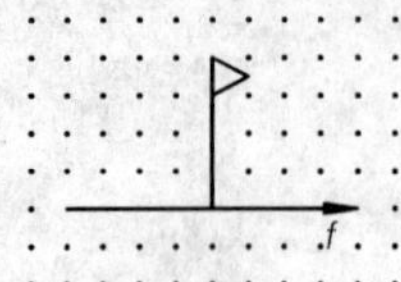

名　　　称：信号频率
　　　　　　Signalling frequency
状　　　态：标准
IEC发布日期：2001-07-01
上版标准序号：GB/T 4728.10　10-21-09
关　键　词：频谱
应 用 注 释：A00149
形 状 类 别：箭头
功 能 类 别：功能要素或属性
应 用 类 别：概念要素或限定符号

S01300

名　　　称：频带，一般符号
　　　　　　Frequency band，general symbol
状　　　态：标准
IEC发布日期：2001-07-01
上版标准序号：GB/T 4728.10　10-21-10
关　键　词：频谱
用　　　于：S01310，S01309，S01301，S01302
应 用 注 释：A00149，A00188
形 状 类 别：矩形
功 能 类 别：功能要素或属性
应 用 类 别：概念要素或限定符号

S01301

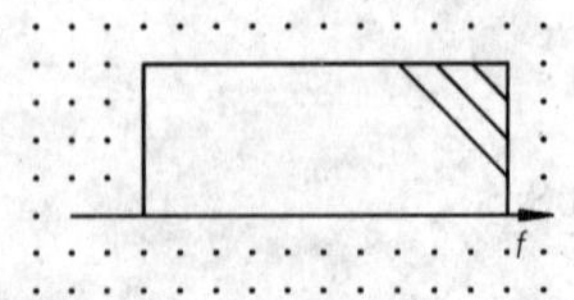

名　　　称：频带(主群)
　　　　　　Frequency band，mastergroup
状　　　态：标准
IEC发布日期：2001-07-01
上版标准序号：GB/T 4728.10　10-21-11
关　键　词：频谱

采 用 符 号：S01300
应 用 注 释：A00149，A00188
形 状 类 别：直线，矩形
功 能 类 别：功能要素或属性
应 用 类 别：概念要素或限定符号

S01302

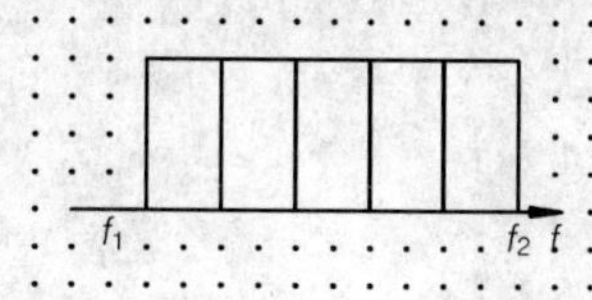

名　　　称：频带
Band of frequencies
状　　　态：标准
IEC发布日期：2001-07-01
上版标准序号：GB/T 4728.10　10-21-12
关　键　词：频谱
用　　　于：S01317
采 用 符 号：S01300
应 用 注 释：A00149，A00188
形 状 类 别：直线，矩形
功 能 类 别：功能要素或属性
应 用 类 别：概念要素或限定符号
备　　　注：表示为将 f_1 到 f_2 的频带分为 5 个通路或群等。

S01303

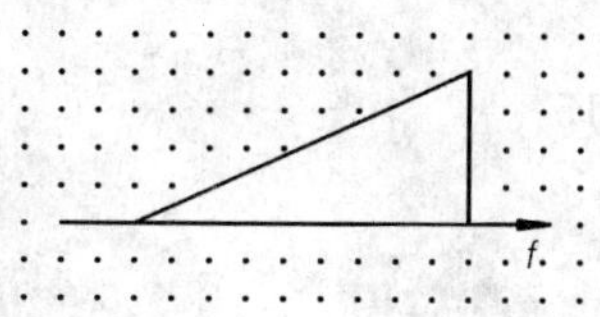

名　　　称：上升频带
Erect band of frequencies
状　　　态：标准
IEC发布日期：2001-07-01
上版标准序号：GB/T 4728.10　10-21-13
关　键　词：频谱
用　　　于：S01311，S01308，S01310，S01304，S01307，S01314，S01305，S01313，S01316，S01315
应 用 注 释：A00149，A00162
形 状 类 别：直角三角形
功 能 类 别：功能要素或属性
应 用 类 别：概念要素或限定符号

S01304

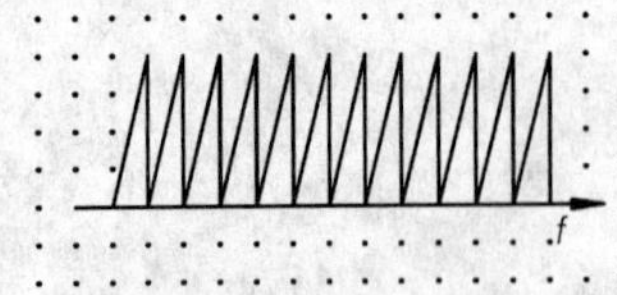

名　　　　称：一组多个通路的上升频带
Erect band of frequencies, a group of several channels
状　　　　态：标准
IEC发布日期：2001-07-01
上版标准序号：GB/T 4728.10　10-21-14
关　键　词：频谱
其 他 形 式：S01305
采 用 符 号：S01303
应 用 注 释：A00149，A00162
形 状 类 别：直角三角形
功 能 类 别：功能要素或属性
应 用 类 别：概念要素或限定符号
备　　　　注：表示为由一组 12 个上升通路组成的频带。

S01305

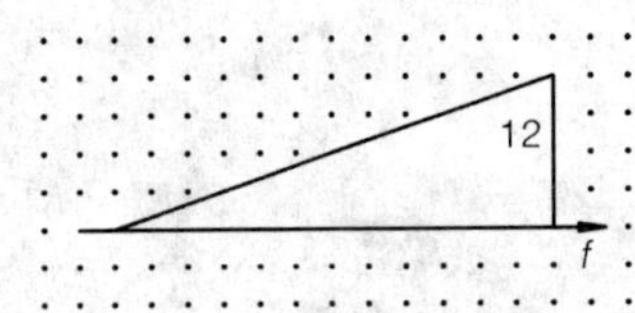

名　　　　称：一组多个通路的上升频带
Erect band of frequencies, a group of several channels
状　　　　态：标准
IEC发布日期：2001-07-01
上版标准序号：GB/T 4728.10　10-21-15
关　键　词：频谱
形　　　　式：简化形式
其 他 形 式：S01304
采 用 符 号：S01303
应 用 注 释：A00149，A00162
形 状 类 别：字符，直角三角形
功 能 类 别：功能要素或属性
应 用 类 别：概念要素或限定符号
备　　　　注：表示为由一组 12 个上升通路组成的频带。

S01306

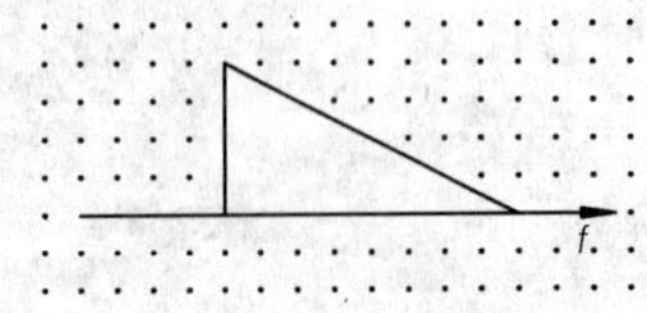

名　　　　称：下降频带
　　　　　　Inverted band of frequencies
状　　　　态：标准
IEC发布日期：2001-07-01
上版标准序号：GB/T 4728.10　10-21-16
关　键　词：频谱
用　　　　于：S01312，S01311，S01308，S01310，S01307，S01314，S01316，S01315
应 用 注 释：A00149，A00162
形 状 类 别：字符，直角三角形
功 能 类 别：功能要素或属性
应 用 类 别：概念要素或限定符号

S01307

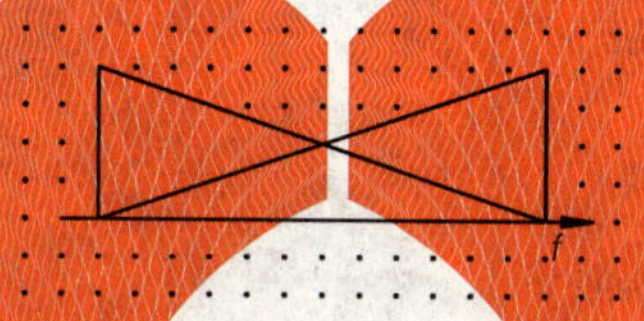

名　　　　称：混合通路频带
　　　　　　Band of mixed channels
状　　　　态：标准
IEC发布日期：2001-07-01
上版标准序号：GB/T 4728.10　10-21-17
关　键　词：频谱
采 用 符 号：S01303，S01306
应 用 注 释：A00149
形 状 类 别：直角三角形
功 能 类 别：功能要素或属性
应 用 类 别：概念要素或限定符号
备　　　　注：一些为上升频带，其余的为下降频带的混合通路频带、混合群路频带等。

S01308

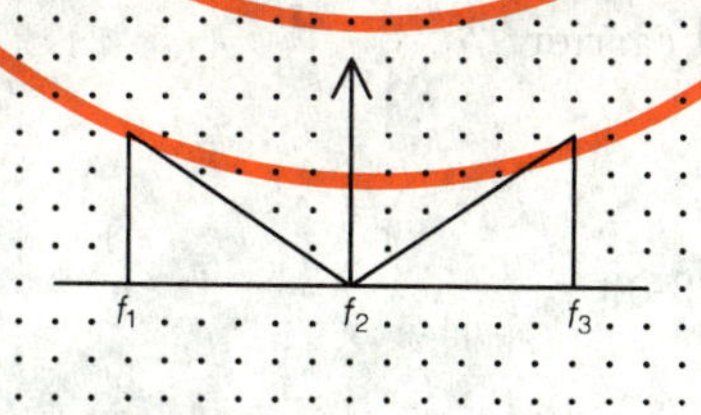

名　　　　称：调幅载波
　　　　　　Amplitude-modulated carrier
状　　　　态：标准
IEC发布日期：2001-07-01
上版标准序号：GB/T 4728.10　10-22-01
关　键　词：频谱
用　　　　于：S01279

采 用 符 号：S01291；S01303；S01306

形 状 类 别：箭头，直角三角形

功 能 类 别：功能要素或属性

应 用 类 别：概念要素或限定符号

备 注：表示双边带调幅载波。

S01309

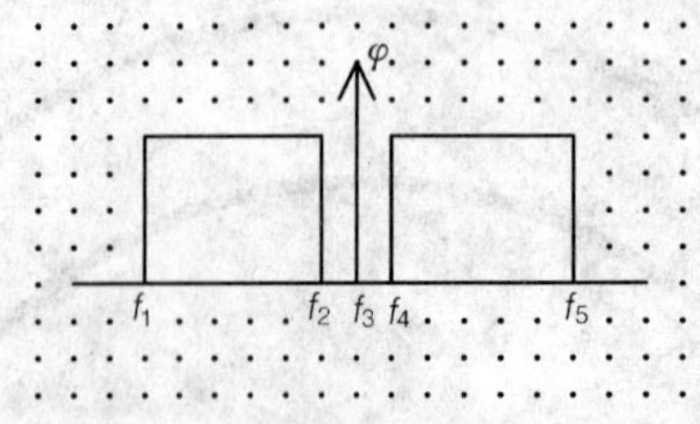

名 称：调相载波

Phase modulated carrier

状 态：标准

IEC发布日期：2001-07-01

上版标准序号：GB/T 4728.10　10-22-02

关 键 词：频谱

采 用 符 号：S01291；S01300

应 用 注 释：A00190

形 状 类 别：箭头，字符，矩形

功 能 类 别：功能要素或属性

应 用 类 别：概念要素或限定符号

S01310

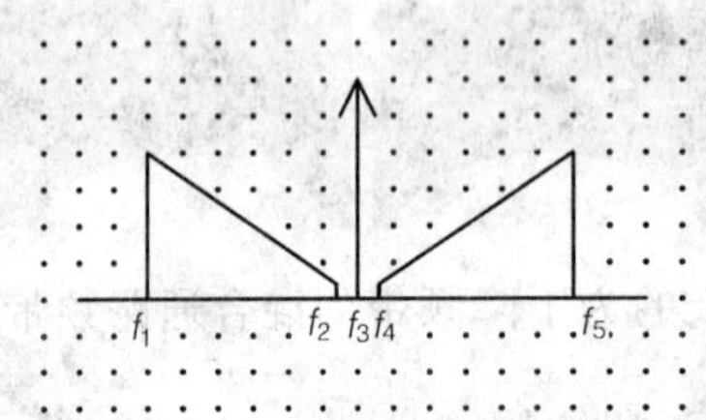

名 称：调幅载波

Amplitude-modulated carrier

状 态：标准

IEC发布日期：2001-07-01

上版标准序号：GB/T 4728.10　10-22-03

关 键 词：频谱

采 用 符 号：S01291；S01300；S01303；S01306

形 状 类 别：箭头，字符

功 能 类 别：功能要素或属性

应 用 类 别：概念要素或限定符号

备 注：双边带调幅载波，不传送调制频率的低频。

S01311

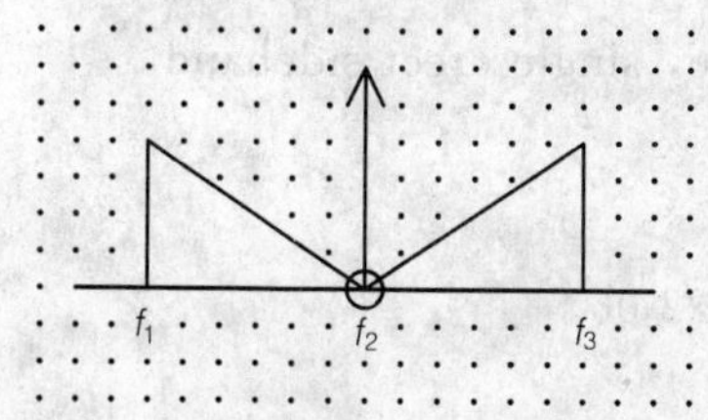

名　　　　称：调幅载波

Amplitude-modulated carrier

状　　　　态：标准

IEC发布日期：2001-07-01

上版标准序号：GB/T 4728.10　10-22-04

关　键　词：频谱

用　　　　于：S01315

采 用 符 号：S01291；S01303；S01306

形 状 类 别：箭头，圆，直角三角形

功 能 类 别：功能要素或属性

应 用 类 别：概念要素或限定符号

备　　　　注：双边带调幅载波，频率低至零频的原调制频率均发送。

S01312

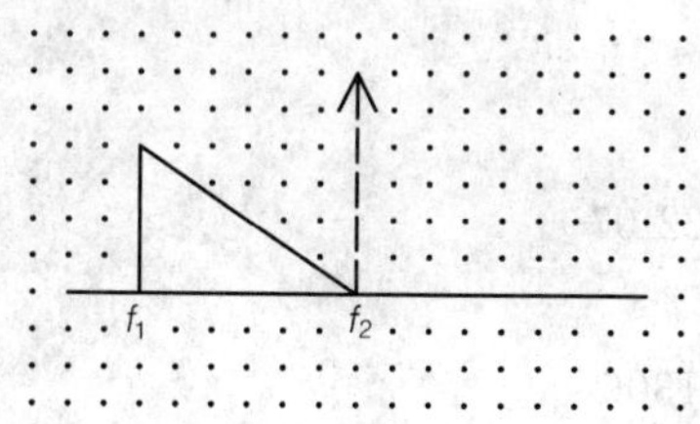

名　　　　称：抑制载波的单边带

Single-sideband, suppressed carrier

状　　　　态：标准

IEC发布日期：2001-07-01

上版标准序号：GB/T 4728.10　10-22-05

关　键　词：频谱

用　　　　于：S01281

采 用 符 号：S01292；S01306

形 状 类 别：箭头，直角三角形

功 能 类 别：功能要素或属性

应 用 类 别：概念要素或限定符号

S01313

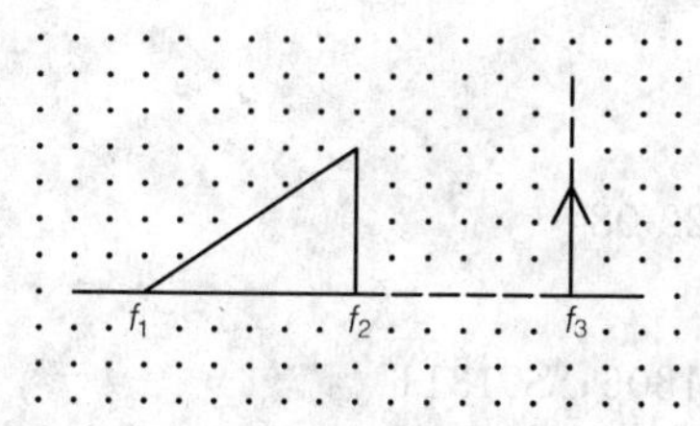

名　　称：上升单边带减幅载波
　　　　　Reduced-carrier wave，single erect sideband
状　　态：标准
IEC发布日期：2001-07-01
上版标准序号：GB/T 4728.10　10-22-06
关　键　词：频谱
采 用 符 号：S01293；S01303
形 状 类 别：箭头，直角三角形
功 能 类 别：功能要素或属性
应 用 类 别：概念要素或限定符号
备　　注：低上升单边带减幅载波。

S01314

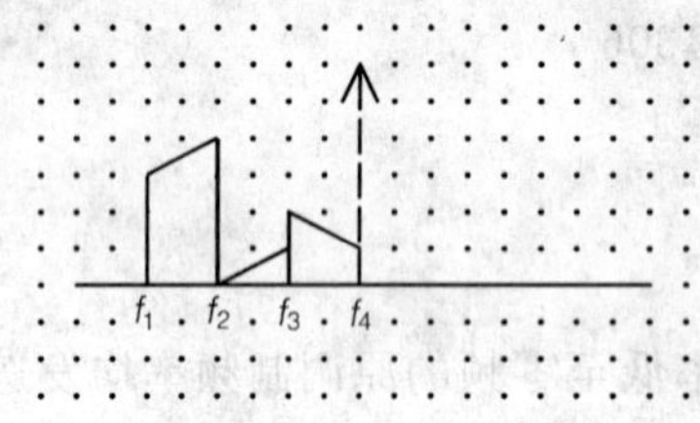

名　　称：倒频抑制载波
　　　　　Suppressed-carrier，scrambled
状　　态：标准
IEC发布日期：2001-07-01
上版标准序号：GB/T 4728.10　10-22-07
关　键　词：频谱
采 用 符 号：S01292；S01303；S01306
形 状 类 别：箭头，直角三角形
功 能 类 别：功能要素或属性
应 用 类 别：概念要素或限定符号
备　　注：因保密而倒频的单边带抑制载波。

S01315

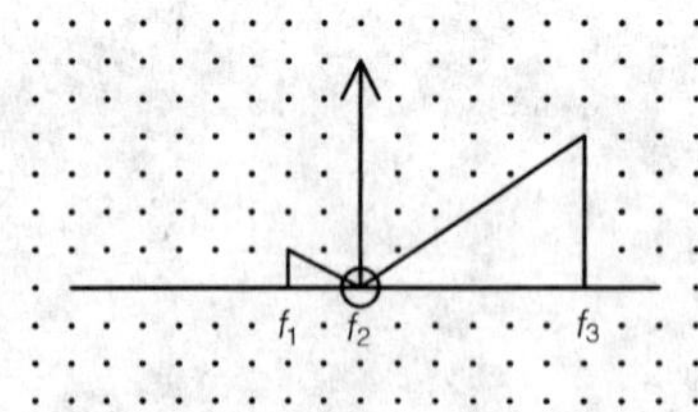

名　　称：调幅载波
　　　　　Amplitude-modulated carrier
状　　态：标准
IEC发布日期：2001-07-01
上版标准序号：GB/T 4728.10　10-22-08
关　键　词：频谱
采 用 符 号：S01291；S01303；S01306；S01311

形 状 类 别：箭头，圆，直角三角形

功 能 类 别：功能要素或属性

应 用 类 别：概念要素或限定符号

备　　　注：上边带和残留下边带的调幅载波，原调制频率至零均发送。

S01316

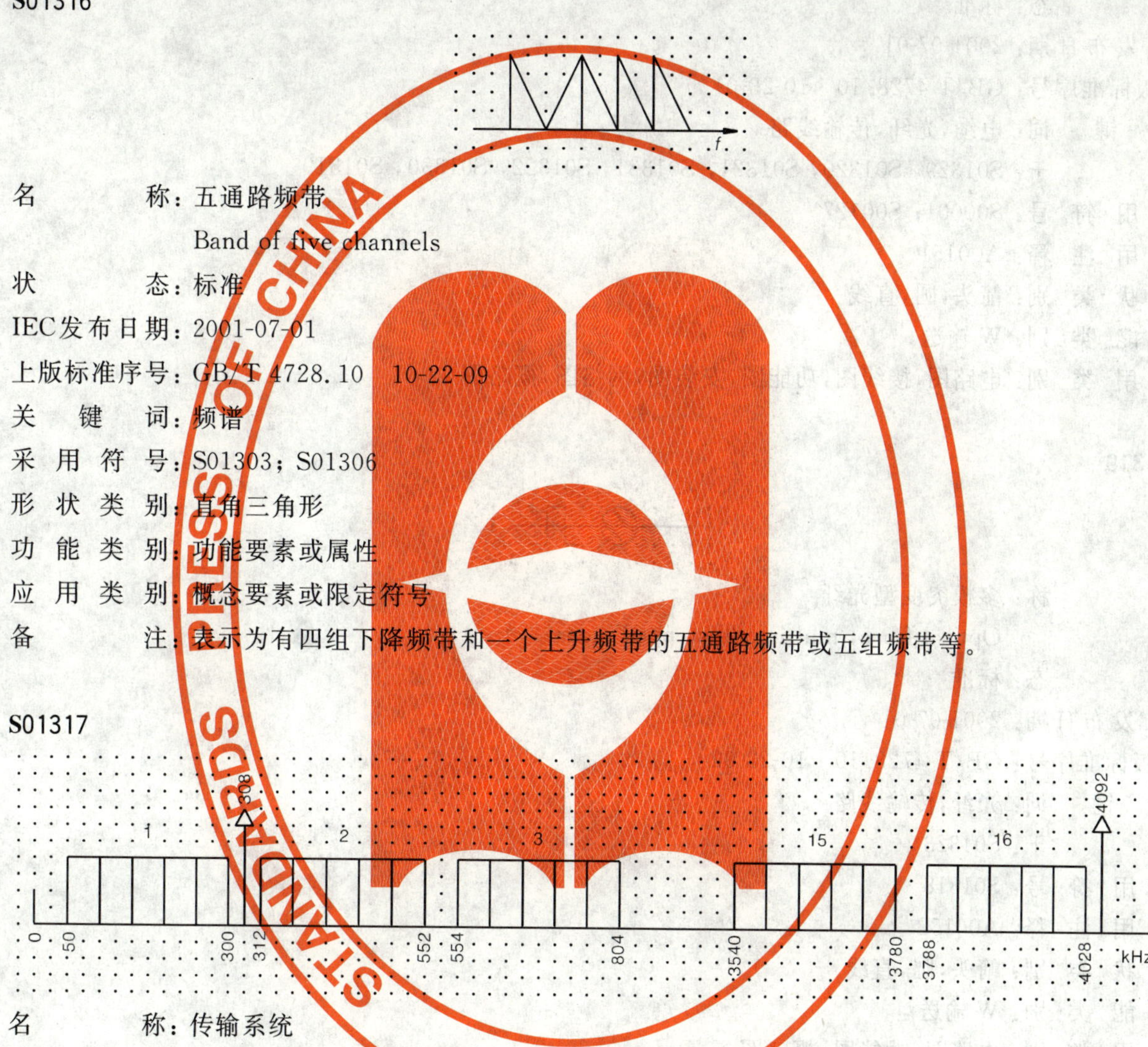

名　　　称：五通路频带

Band of five channels

状　　　态：标准

IEC发布日期：2001-07-01

上版标准序号：GB/T 4728.10　10-22-09

关　键　词：频谱

采 用 符 号：S01303；S01306

形 状 类 别：直角三角形

功 能 类 别：功能要素或属性

应 用 类 别：概念要素或限定符号

备　　　注：表示为有四组下降频带和一个上升频带的五通路频带或五组频带等。

S01317

名　　　称：传输系统

Transmission system

状　　　态：标准

IEC发布日期：2001-07-01

上版标准序号：GB/T 4728.10　10-22-10

关　键　词：频谱

采 用 符 号：S01294；S01302

形 状 类 别：字符，等边三角形，矩形

功 能 类 别：功能要素或属性

应 用 类 别：概念要素或限定符号

备　　　注：表示超群和导频的 4 MHz 传输系统。

S01318

名　　　称：光纤，一般符号；光缆，一般符号
Optical fibre, general symbol; Optical fibre cable, general symbol
状　　　态：标准
IEC发布日期：2001-07-01
上版标准序号：GB/T 4728.10　10-23-01
关　键　词：电缆，光纤，传输线路
用　　　于：S01329，S01320，S01321，S01331，S01322，S01330，S01319
采用符号：S00001；S00127
应用注释：A00151
形状类别：箭头，圆，直线
功能类别：W 输送
应用类别：电路图，接线图，功能图，安装图，网络图，概略图

S01319

名　　　称：多模突变型光纤
Optical fibre, multimode stepped index
状　　　态：标准
IEC发布日期：2001-07-01
上版标准序号：GB/T 4728.10　10-23-02
关　键　词：光纤，传输线路
用　　　于：S01323
采用符号：S01318
应用注释：A00152
形状类别：箭头，圆，直线
功能类别：W 输送
应用类别：电路图，功能图，概略图

S01320

名　　　称：单模突变型光纤
Optical fibre, single mode stepped index
状　　　态：标准
IEC发布日期：2001-07-01
上版标准序号：GB/T 4728.10　10-23-03
关　键　词：光纤，传输线路
采用符号：S01318

应 用 注 释：A00152
形 状 类 别：箭头，圆，直线
功 能 类 别：W 输送
应 用 类 别：电路图，接线图，功能图，概略图

S01321

名　　　称：渐变型光纤
　　　　　　Optical fibre, graded index
状　　　态：标准
IEC发布日期：2001-07-01
上版标准序号：GB/T 4728.10　10-23-04
关　键　词：光纤，传输线路
采 用 符 号：S01318
应 用 注 释：A00152
形 状 类 别：箭头，圆，直线
功 能 类 别：W 输送
应 用 类 别：电路图，接线图，功能图，概略图

S01323

名　　　称：示出尺寸数据的光缆(示例)
　　　　　　Optical fibre cable with dimensional data (example)
状　　　态：标准
IEC发布日期：2001-07-01
上版标准序号：GB/T 4728.10　10-23-06
关　键　词：电缆，光纤，传输线路
用　　　于：S01324
采 用 符 号：S00003；S01319；S01322
应 用 注 释：A00153，A00154
形 状 类 别：箭头，圆，直线
功 能 类 别：W 输送
应 用 类 别：电路图，接线图，功能图，安装图，网络图，概略图
备　　　注：具有 20 根多模突变型光纤的光缆，每根光纤的纤芯直径为 150 μm，包层直径为 300 μm。

S01326

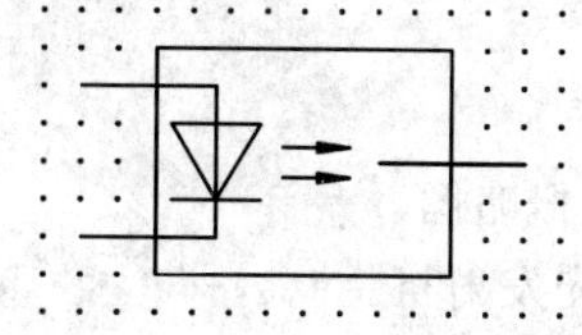

名　　　　称：光发射机

Guided light transmitter

状　　　　态：标准

IEC发布日期：2001-07-01

上版标准序号：GB/T 4728.10　10-24-01

关　键　词：光纤，传输装置，发射机

采 用 符 号：S00060；S00127；S00641

形 状 类 别：箭头，等边三角形，矩形

功 能 类 别：B 变量转换为信号，E 提供辐射能

应 用 类 别：电路图，接线图，功能图，概略图

S01327

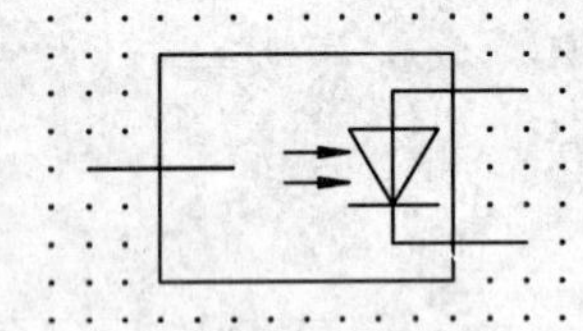

名　　　　称：光接收机

Guided light receiver

状　　　　态：标准

IEC发布日期：2001-07-01

上版标准序号：GB/T 4728.10　10-24-02

关　键　词：光纤，接收机，传输装置

采 用 符 号：S00060；S00127；S00641

形 状 类 别：箭头，等边三角形，直线，矩形

功 能 类 别：B 变量转换为信号

应 用 类 别：电路图，接线图，功能图，概略图

S01328

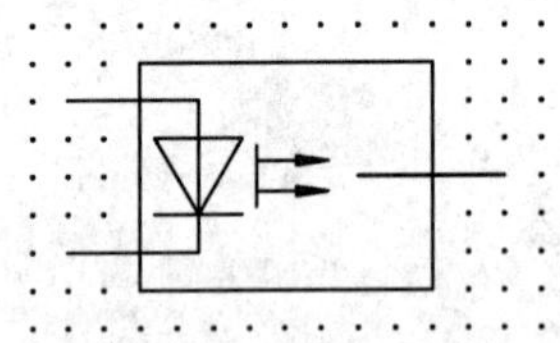

名　　　　称：相干光发射机

Guided light transmitter，coherent light

状　　　　态：标准

IEC发布日期：2001-07-01

上版标准序号：GB/T 4728.10　10-24-03

关　键　词：相干光，光纤，激光，传输装置，发射机

采 用 符 号：S00060；S00128；S00641

形 状 类 别：箭头，等边三角形，矩形

功 能 类 别：E 提供辐射能

应 用 类 别：电路图，接线图，功能图，概略图

备　　　　注：采用激光二极管的相干光发射机。

S01332

名　　　称：扰模器
Mode scrambler
状　　　态：标准
IEC发布日期：2001-07-01
上版标准序号：GB/T 4728.10　10-24-07
关　键　词：光纤，传输装置
形状类别：箭头，矩形，正方形
功能类别：T保持能量性质不变的能量变换
应用类别：电路图，接线图，功能图，概略图

S01333

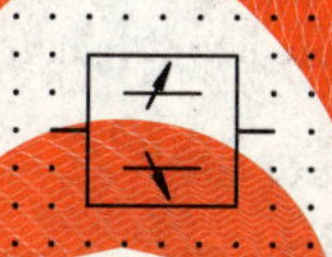

名　　　称：包层模消除器
Cladding mode stripper
状　　　态：标准
IEC发布日期：2001-07-01
上版标准序号：GB/T 4728.10　10-24-08
关　键　词：光纤，传输装置
形状类别：箭头，直线，正方形
功能类别：T保持能量性质不变的能量变换
应用类别：电路图，接线图，功能图，概略图

S01334

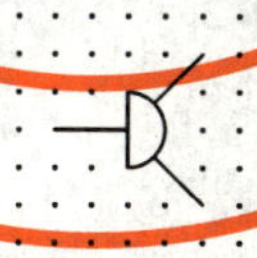

名　　　称：分配器，一般符号
Splitter, general symbol
状　　　态：标准
IEC发布日期：2001-07-01
上版标准序号：GB/T 4728.10　10-24-09
别　　　名：两路分配器
关　键　词：有线声、像传输，连接器，光纤，分路器，传输装置
用　　　于：S00435，S01335
应用注释：A00157
所替代的符号：S00434

形 状 类 别：半圆
功 能 类 别：W 导引或输送，X 连接
应 用 类 别：电路图，接线图，功能图，安装图，概略图
备　　　　注：表示两路分配器。

S01335

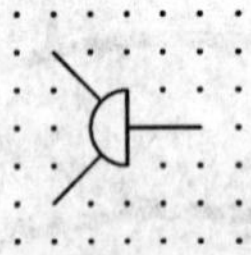

名　　　　称：混合器，一般符号
　　　　　　Combiner，general symbol
状　　　　态：标准
IEC发布日期：2001-07-01
上版标准序号：GB/T 4728.10　10-24-10
关　　键　词：连接器，光纤，传输装置
采 用 符 号：S01334
应 用 注 释：A00157
形 状 类 别：半圆
功 能 类 别：X 连接
应 用 类 别：电路图，接线图，功能图，安装图，概略图
备　　　　注：表示两路混合器，信息流从左到右。

S01336

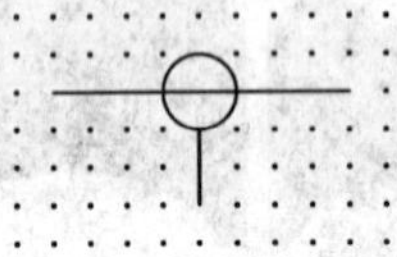

名　　　　称：信号分支，一般符号
　　　　　　Tap-off，general symbol
状　　　　态：标准
IEC发布日期：2001-07-01
上版标准序号：GB/T 4728.10　10-24-11
别　　　　名：用户信号分支
关　　键　词：有线声、像传输，连接器，光纤，信号分支，传输装置
采 用 符 号：S00001
应 用 注 释：A00103，A00104
所替代的符号：S00437
形 状 类 别：圆
功 能 类 别：X 连接
应 用 类 别：电路图，接线图，功能图，安装图，概略图
备　　　　注：表示一个信号分支。

S01337

名　　　称：熔接式分支
Fused tap
状　　　态：标准
IEC发布日期：2001-07-01
上版标准序号：GB/T 4728.10　10-24-12
别　　　名：熔接式耦合器
关　键　词：连接器，光纤，传输装置
应 用 注 释：A00158，A00159
形 状 类 别：圆，描述
功 能 类 别：X 连接
应 用 类 别：电路图，接线图，功能图，安装图，概略图
备　　　注：一路信号分成两路的熔接式分支。

S01338

名　　　称：熔接式星形耦合器，透射型
Fused star coupler，transmissive type
状　　　态：标准
IEC发布日期：2001-07-01
上版标准序号：GB/T 4728.10　10-24-13
关　键　词：光纤，传输装置，连接器
形 状 类 别：圆
功 能 类 别：X 连接
应 用 类 别：电路图，接线图，功能图，安装图，概略图
备　　　注：此类型的星形耦合器中每一个输入与所有输出相连通，不同的输入之间是隔离的。

S01339

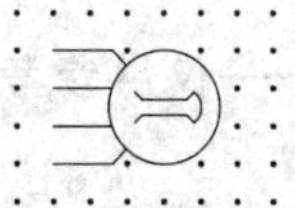

名　　　称：熔接式星形耦合器，反射型
Fused star coupler，reflective type
状　　　态：标准
IEC发布日期：2001-07-01
上版标准序号：GB/T 4728.10　10-24-14
关　键　词：光纤，传输装置，连接器
形 状 类 别：圆
功 能 类 别：X 连接

应 用 类 别：电路图，接线图，功能图，安装图，概略图

备 注：此类型的星形耦合器中每个端口都是双向的，可在同一时刻用于输入和输出，每个端口馈给其他任一端口。

S01340

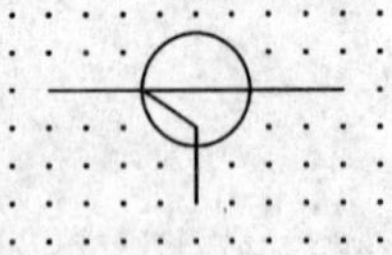

名 称：定向耦合器，一般符号

Directional coupler, general symbol

状 态：标准

IEC发布日期：2001-07-01

上版标准序号：GB/T 4728.10 10-24-15

关 键 词：有线声、像传输，连接器，耦合器，光纤，传输装置

所替代的符号：S00436

形 状 类 别：圆

功 能 类 别：W 导引或输送，X 连接

应 用 类 别：电路图，接线图，功能图，安装图，概略图

S01418

名 称：平衡单元；平衡/不平衡变换器

Balancing unit; Balun

状 态：标准

IEC发布日期：2002-07-01

关 键 词：天线

用 于：S01119

所替代的符号：S01118

形 状 类 别：圆弧，圆（点）

功 能 类 别：W 导引或输送

应 用 类 别：电路图，接线图，功能图，安装图，概略图

废除——仅供参考的符号

S01080

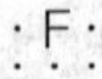

F

名 称：电话

Telephony

状 态：废除——仅供参考

IEC发布日期：2001-07-01

IEC废除日期：2002-07-05

上版标准序号：GB/T 4728.10 10-01-01

关　　键　　词：电话，传输
用　　　　　于：S01084，S01085
采 用 符 号：S00001
应 用 注 释：A00233
形 状 类 别：字符
功 能 类 别：功能要素或属性
应 用 类 别：概念要素或限定符号
备　　　　　注：被修改后的应用注释 A00109 替代。

S01081

T

名　　　　　称：电报和数据传输
Telegraphy and transmission of data
状　　　　　态：废除——仅供参考
IEC发布日期：2001-07-01
IEC废除日期：2002-07-05
上版标准序号：GB/T 4728.10　10-01-02
关　　键　　词：传输，电报
用　　　　　于：S01030，S01039，S01038，S01040，S01041，S01029
采 用 符 号：S00001
应 用 注 释：A00233
形 状 类 别：字符
功 能 类 别：功能要素或属性
应 用 类 别：概念要素或限定符号
备　　　　　注：被修改后的应用注释 A00109 替代。

S01082

V

名　　　　　称：视频通路；电视
Video channel; Television
状　　　　　态：废除——仅供参考
IEC发布日期：2001-07-01
IEC废除日期：2002-07-05
上版标准序号：GB/T 4728.10　10-01-03
关　　键　　词：传输，视频
用　　　　　于：S01093，S01085
采 用 符 号：S00001
应 用 注 释：A00233
形 状 类 别：字符
功 能 类 别：功能要素或属性
应 用 类 别：概念要素或限定符号
备　　　　　注：被修改后的应用注释 A00109 替代。

S01083

S

名　　称：声道
Sound channel
状　　态：废除——仅供参考
IEC发布日期：2001-07-01
IEC废除日期：2002-07-05
上版标准序号：GB/T 4728.10　10-01-04
关 键 词：声音，传输
用　　于：S01085
采用符号：S00001
应用注释：A00233
形状类别：字符
功能类别：功能要素或属性
应用类别：概念要素或限定符号
备　　注：电视和无线电广播中的声道。被修改后的应用注释 A00109 替代。

S01084

F

名　　称：电话线路；电话电路
Telephone line; Telephone circuit
状　　态：废除——仅供参考
IEC发布日期：2001-07-01
IEC废除日期：2002-07-05
上版标准序号：GB/T 4728.10　10-01-05
关 键 词：电话，传输
用　　于：S01085
采用符号：S00001；S01080
应用注释：A00234
形状类别：字符，直线
功能类别：W 导引或输送
应用类别：电路图，接线图，功能图，安装图，网络图，概略图
备　　注：表示电话电路。被修改后的应用注释 A00109 替代。

S01085

V+S+F

名　　称：无线电电路
Radio link
状　　态：废除——仅供参考
IEC发布日期：2001-07-01
IEC废除日期：2002-07-05

上版标准序号：GB/T 4728.10　10-01-06
关　　键　词：链路，传输线路
用　　　　于：S01080；S01082；S01083；S01084；S01102
形 状 类 别：字符，直线
功 能 类 别：W 导引或输送
应 用 类 别：电路图，接线图，功能图，安装图，网络图，概略图
备　　　　注：表示传输电视（图像及声音）和电话的无线电链路。被修改后的应用注释 A00109 替代。

S01086

名　　　　称：加感传输线路；加感线路
Coil-loaded transmission line; Inductively loaded line
状　　　　态：废除——仅供参考
IEC发布日期：2001-07-01
IEC废除日期：2002-07-05
上版标准序号：GB/T 4728.10　10-01-07
关　　键　词：线圈，线路，传输线路
采 用 符 号：S00001；S00583
形 状 类 别：半圆，直线
功 能 类 别：W 导引或输送
应 用 类 别：电路图，接线图，功能图，安装图，网络图，概略图
备　　　　注：被修改后的应用注释 A00109 替代。

S01087

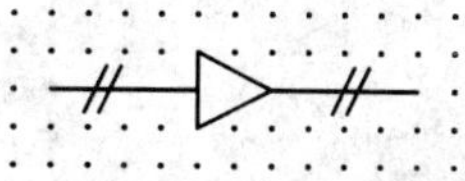

名　　　　称：单向放大二线传输电路
Transmission circuit with unidirectional amplification, two wires
状　　　　态：废除——仅供参考
IEC发布日期：2001-07-01
IEC废除日期：2002-07-05
上版标准序号：GB/T 4728.10　10-02-01
关　　键　词：放大器，线路，传输线路
用　　　　于：S01090
采 用 符 号：S00002；S01239
形 状 类 别：等边三角形，直线
功 能 类 别：W 导引或输送
应 用 类 别：电路图，接线图，功能图，安装图，网络图
备　　　　注：因废除而取消。

S01088

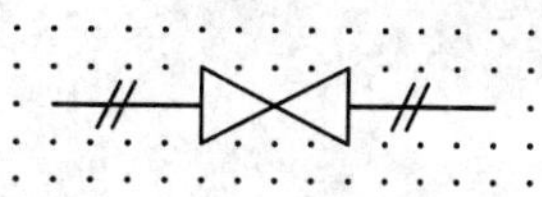

名　　称：双向放大二线传输电路
Transmission circuit with both-way amplification，two wires
状　　态：废除——仅供参考
IEC发布日期：2001-07-01
IEC废除日期：2002-07-05
上版标准序号：GB/T 4728.10　10-02-02
关　键　词：放大器，线路，传输线路
采用符号：S00002；S01239
形状类别：等边三角形，直线
功能类别：W 导引或输送
应用类别：电路图，接线图，功能图，安装图，网络图，概略图
备　　注：因废除而取消。

S01089

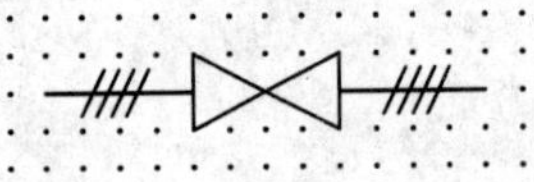

名　　称：双向放大四线传输电路
Transmission circuit with both-way amplification，four wires
状　　态：废除——仅供参考
IEC发布日期：2001-07-01
IEC废除日期：2002-07-05
上版标准序号：GB/T 4728.10　10-02-03
关　键　词：放大器，线路，传输线路
形　　式：形式 1
其他形式：S01090
采用符号：S00002；S01239
形状类别：等边三角形，直线
功能类别：W 导引或输送
应用类别：电路图，接线图，功能图，安装图，网络图，概略图
备　　注：因废除而取消。

S01090

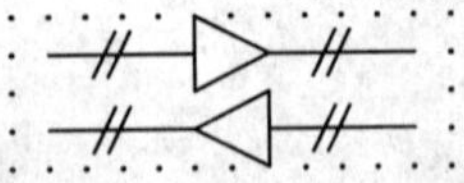

名　　称：双向放大四线传输电路
Transmission circuit with both-way amplification，four wires
状　　态：废除——仅供参考
IEC发布日期：2001-07-01
IEC废除日期：2002-07-05
上版标准序号：GB/T 4728.10　10-02-04
关　键　词：放大器，线路，传输
形　　式：形式 2

其 他 形 式：S01089
采 用 符 号：S01087
形 状 类 别：等边三角形
功 能 类 别：W 导引或输送
应 用 类 别：电路图，接线图，功能图，安装图，网络图，概略图
备　　　注：因废除而取消。

S01091

名　　　称：频率分开的四线传输电路
Transmission circuit with frequency separation，four wires
状　　　态：废除——仅供参考
IEC发布日期：2001-07-01
IEC废除日期：2002-07-05
上版标准序号：GB/T 4728.10　10-02-05
关　键　词：放大器，线路，传输
采 用 符 号：S00002；S01239
形 状 类 别：等边三角形，直线
功 能 类 别：W 导引或输送
应 用 类 别：电路图，接线图，功能图，安装图，网络图，概略图
备　　　注：因废除而取消。

S01092

名　　　称：具有双向终端放大和回波抑制的四线传输电路
Transmission circuit with both-way terminals amplification with echo suppression, four wires
状　　　态：废除——仅供参考
IEC发布日期：2001-07-01
IEC废除日期：2002-07-05
上版标准序号：GB/T 4728.10　10-02-06
关　键　词：放大器，回波抑制，线路，传输
形　　　式：形式 1
其 他 形 式：S01093
采 用 符 号：S00003；S01239
形 状 类 别：箭头，等边三角形，直线

功 能 类 别：W 导引或输送
应 用 类 别：电路图，接线图，功能图，安装图，网络图，概略图
备　　　 注：因废除而取消。

S01093

名　　　 称：具有双向终端放大和回波抑制的四线传输电路
Transmission circuit with both-way terminals amplification with echo suppression, four wires
状　　　 态：废除——仅供参考
IEC发布日期：2001-07-01
IEC废除日期：2002-07-05
上版标准序号：GB/T 4728.10　10-02-07
关　 键　 词：放大器，回波抑制，线路，传输
形　　　 式：形式 2
其 他 形 式：S01092
采 用 符 号：S00002；S01082
形 状 类 别：箭头，等边三角形，直线
功 能 类 别：W 导引或输送
应 用 类 别：电路图，接线图，功能图，安装图，网络图，概略图
备　　　 注：因废除而取消。

S01113

名　　　 称：地网
Counterpoise
状　　　 态：废除——仅供参考
IEC发布日期：2001-07-01
IEC废除日期：2002-07-05
上版标准序号：GB/T 4728.10　10-05-03
关　 键　 词：天线
形 状 类 别：直线
功 能 类 别：W 导引或输送
应 用 类 别：电路图，接线图，功能图，安装图，网络图，概略图

S01117

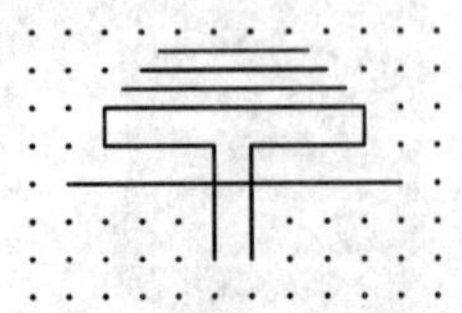

名　　　称：带有引向器和反射器的折叠偶极子天线
Dipole，folded with directors and reflectors
状　　　态：废除——仅供参考
IEC发布日期：2001-07-01
IEC废除日期：2002-07-05
上版标准序号：GB/T 4728.10　10-05-07
关　键　词：天线
采 用 符 号：S01116
形 状 类 别：直线
功 能 类 别：W 导引或输送
应 用 类 别：电路图，接线图，功能图，安装图，网络图，概略图
备　　　注：表示为带有三个导向器和一个反射器。

S01118

名　　　称：平衡单元；平衡/不平衡变换器
Balancing unit；Balun
状　　　态：废除——仅供参考
IEC发布日期：2001-07-01
IEC废除日期：2002-07-01
上版标准序号：GB/T 4728.10　10-05-08
关　键　词：天线
替 代 符 号：S01418
形 状 类 别：圆点(点)，半圆，直线
功 能 类 别：W 导引或输送
应 用 类 别：电路图，接线图，功能图，安装图，网络图，概略图

S01129

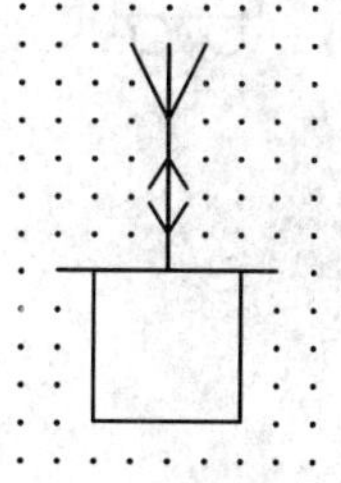

名　　　称：便携式电台
Radio station，portable
状　　　态：废除——仅供参考
IEC发布日期：2001-07-01
IEC废除日期：2002-07-05
上版标准序号：GB/T 4728.10　10-06-05
关　键　词：无线电，台
采 用 符 号：S00101；S01125

形 状 类 别：箭头，直线，正方形
功 能 类 别：G 启动能量流
应 用 类 别：网络图，概略图
备　　　 注：在同一天线上交替地发射和接收。

S01130

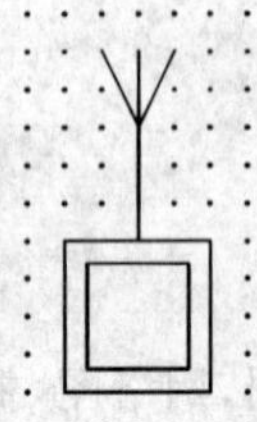

名　　　 称：无线电控制台
Radio station，controlling
状　　　 态：废除——仅供参考
IEC发布日期：2001-07-01
IEC废除日期：2002-07-05
上版标准序号：GB/T 4728.10　10-06-06
关　 键　 词：无线电，台
采 用 符 号：S00059；S01125
形 状 类 别：直线，正方形
功 能 类 别：G 启动能量流
应 用 类 别：网络图，概略图

S01131

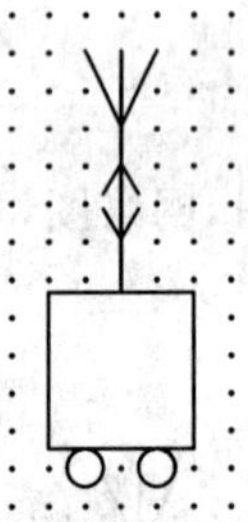

名　　　 称：移动无线电台
Radio station，mobile
状　　　 态：废除——仅供参考
IEC发布日期：2001-07-01
IEC废除日期：2002-07-05
上版标准序号：GB/T 4728.10　10-06-07
关　 键　 词：无线电，台
采 用 符 号：S00101；S01125
形 状 类 别：箭头，圆，直线，正方形
功 能 类 别：G 启动能量流
应 用 类 别：网络图，概略图
备　　　 注：在同一天线上交替地发射和接收。

S01132

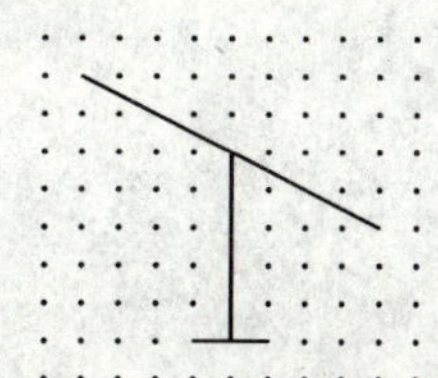

名　　　称：无源接力站，一般符号
Passive relay station，general symbol
状　　　态：废除——仅供参考
IEC发布日期：2001-07-01
IEC废除日期：2002-07-05
上版标准序号：GB/T 4728.10　10-06-08
关　键　词：无线电，站
用　　　于：S01135
形 状 类 别：直线
功 能 类 别：K 处理信号或信息
应 用 类 别：网络图，概略图

S01134

名　　　称：有源空间站
Space station，active
状　　　态：废除——仅供参考
IEC发布日期：2001-07-01
IEC废除日期：2002-07-05
上版标准序号：GB/T 4728.10　10-06-10
关　键　词：无线电，空间，站
采 用 符 号：S01102；S01133
形 状 类 别：圆，直线
功 能 类 别：K 处理信号或信息
应 用 类 别：网络图，概略图

S01135

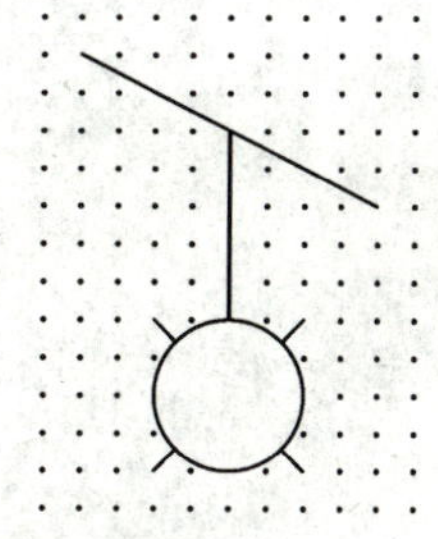

名　　　称：无源空间站
Space station，passive
状　　　态：废除——仅供参考
IEC发布日期：2001-07-01
IEC废除日期：2002-07-05
上版标准序号：GB/T 4728.10　10-06-11
关　键　词：无线电，站
采 用 符 号：S01132；S01133
形 状 类 别：圆，直线
功 能 类 别：K 处理信号或信息
应 用 类 别：网络图，概略图

S01145

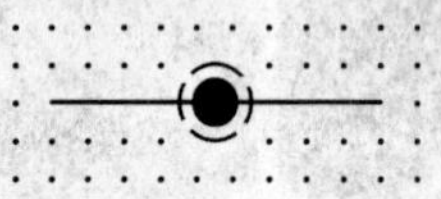

名　　　称：高博线
Goubau line
状　　　态：废除——仅供参考
IEC发布日期：2001-07-01
IEC废除日期：2002-07-05
上版标准序号：GB/T 4728.10　10-07-08
别　　　名：外包固体介质的单芯传输线
关　键　词：波导
采 用 符 号：S00001
形 状 类 别：圆，直线
功 能 类 别：W 输送
应 用 类 别：电路图，功能图，概略图

S01150

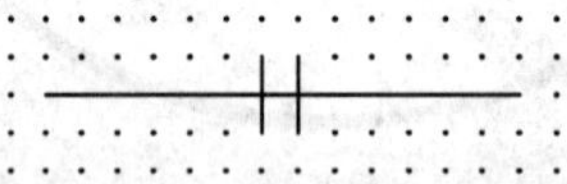

名　　　称：对称波导连接器
Waveguide，symmetrical connectors
状　　　态：废除——仅供参考
IEC发布日期：2001-07-01
IEC废除日期：2002-07-05
上版标准序号：GB/T 4728.10　10-07-13
关　键　词：波导
用　　　于：S01152
采 用 符 号：S00001
形 状 类 别：直线
功 能 类 别：W 输送

应 用 类 别：电路图，功能图，概略图

S01151

名　　　称：不对称波导连接器

Waveguide，asymmetric connectors

状　　　态：废除——仅供参考

IEC发布日期：2001-07-01

IEC废除日期：2002-07-05

上版标准序号：GB/T 4728.10　10-07-14

关　键　词：波导

采 用 符 号：S00001

应 用 注 释：A00222

形 状 类 别：直线

功 能 类 别：W 输送

应 用 类 别：电路图，功能图，概略图

S01152

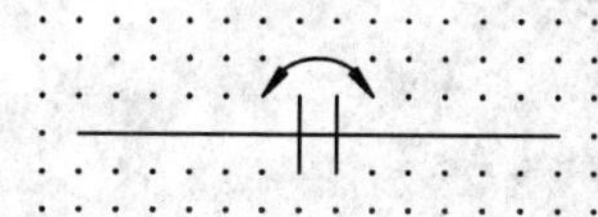

名　　　称：带对称连接器的可旋转接头

Rotatable joint，symmetrical connectors

状　　　态：废除——仅供参考

IEC发布日期：2001-07-01

IEC废除日期：2002-07-05

上版标准序号：GB/T 4728.10　10-07-15

关　键　词：接头，波导

采 用 符 号：S00096；S01150

形 状 类 别：箭头，直线

功 能 类 别：W 输送

应 用 类 别：电路图，功能图，概略图

S01167

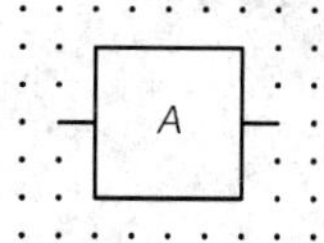

名　　　称：衰减器

Attenuator

状　　　态：废除——仅供参考

IEC发布日期：2001-07-01

IEC废除日期：2002-07-01

上版标准序号：GB/T 4728.10　10-08-12
关　　键　　词：衰减器
形　　　　　式：其他形式
其 他 形 式：S01168
采 用 符 号：S00059
替 代 符 号：S01244
形 状 类 别：字符，矩形
功 能 类 别：K 处理信号或信息，R 限制或稳定
应 用 类 别：电路图，功能图

S01168

名　　　　　称：衰减器
Attenuator
状　　　　　态：废除——仅供参考
IEC发布日期：2001-07-01
IEC废除日期：2002-07-05
上版标准序号：GB/T 4728.10　10-08-13
关　　键　　词：衰减器
形　　　　　式：其他形式
其 他 形 式：S01244
替 代 符 号：S00442；S01244
形 状 类 别：直线
功 能 类 别：K 处理信号或信息，R 限制或稳定
应 用 类 别：电路图，功能图

S01230

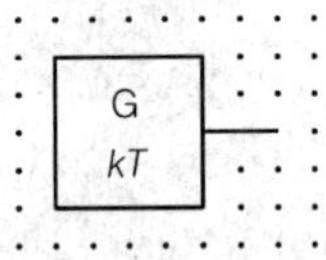

G
kT

名　　　　　称：噪声发生器
Noise generator
状　　　　　态：废除——仅供参考
IEC发布日期：2001-07-01
IEC废除日期：2002-07-05
上版标准序号：GB/T 4728.10　10-13-06
关　　键　　词：信号发生器
采 用 符 号：S01225
形 状 类 别：字符，正方形
功 能 类 别：G 启动能量流，K 处理信号或信息
应 用 类 别：电路图，功能图，概略图

备　　　注：k——玻尔兹曼常数，T——绝对温度。

S01231

名　　　称：变换器，一般符号
Converter，general symbol
状　　　态：废除——仅供参考
IEC发布日期：2001-07-01
IEC废除日期：2002-01-27
上版标准序号：GB/T 4728.10　10-14-01
关　键　词：变换器
用　　　于：S01740
采 用 符 号：S00213
替 代 符 号：S00213
形 状 类 别：直线，正方形
功 能 类 别：K 处理信号或信息
应 用 类 别：电路图，功能图，概略图
备　　　注：被符号 S00213 代替。

S01241

名　　　称：外部可调放大器
Amplifier with external adjustability
状　　　态：废除——仅供参考
IEC发布日期：2001-07-01
IEC废除日期：2002-08-04
上版标准序号：GB/T 4728.10　10-15-03
关　键　词：放大器
采 用 符 号：S00081；S01239
应 用 注 释：A00239
形 状 类 别：箭头，等边三角形
功 能 类 别：K 处理信号或信息
应 用 类 别：电路图，接线图，功能图，概略图

S01242

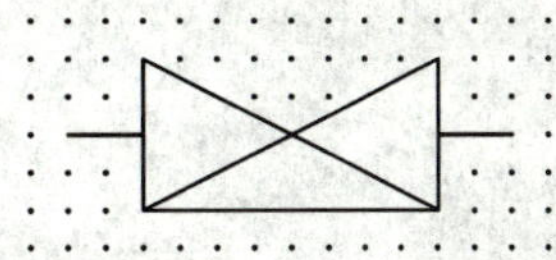

名　　　称：负阻抗双向放大器
Amplifier，both ways，with negative impedance
状　　　态：废除——仅供参考
IEC发布日期：2001-07-01
IEC废除日期：2002-08-04
上版标准序号：GB/T 4728.10　10-15-04
关　键　词：放大器
采 用 符 号：S01239
形 状 类 别：等边三角形，直线
功 能 类 别：K 处理信号或信息
应 用 类 别：电路图，接线图，功能图，概略图

S01243

名　　　称：带旁路的放大器
Amplifier with by-pass
状　　　态：废除——仅供参考
IEC发布日期：2001-07-01
IEC废除日期：2002-08-04
上版标准序号：GB/T 4728.10　10-15-05
关　键　词：放大器
采 用 符 号：S01239
形 状 类 别：圆弧，等边三角形
功 能 类 别：K 处理信号或信息
应 用 类 别：电路图，接线图，功能图，概略图
备　　　注：放大器带有传送信号和/或供电的旁路。

S01272

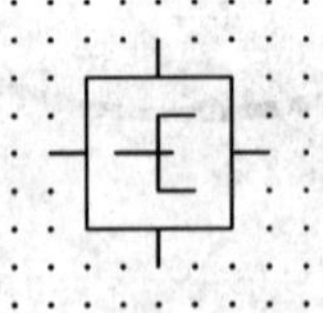

名　　　称：终端装置
Terminating set
状　　　态：废除——仅供参考
IEC发布日期：2001-07-01
IEC废除日期：2002-07-05
上版标准序号：GB/T 4728.10　10-18-01
关　键　词：混合线圈，终端装置
形 状 类 别：直线，正方形

功 能 类 别：K 处理信号或信息
应 用 类 别：电路图，接线图，功能图，概略图

S01273

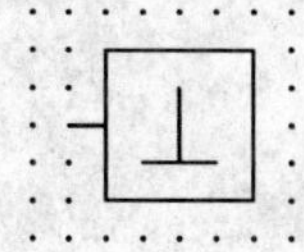

名　　　称：平衡网络
Balancing network
状　　　态：废除——仅供参考
IEC发布日期：2001-07-01
IEC废除日期：2002-07-05
上版标准序号：GB/T 4728.10　10-18-02
关　键　词：混合线圈，终端装置
用　　　于：S01276
形 状 类 别：直线，正方形
功 能 类 别：K 处理信号或信息
应 用 类 别：电路图，接线图，功能图，概略图

S01274

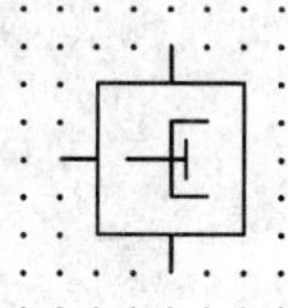

名　　　称：具有平衡网络的终端装置
Terminating set with balancing network
状　　　态：废除——仅供参考
IEC发布日期：2001-07-01
IEC废除日期：2002-07-05
上版标准序号：GB/T 4728.10　10-18-03
关　键　词：混合线圈，终端装置
用　　　于：S01277
形 状 类 别：直线，正方形
功 能 类 别：K 处理信号或信息
应 用 类 别：电路图，接线图，功能图，概略图

S01275

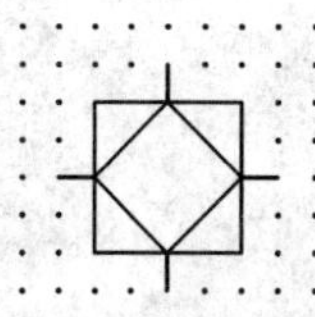

名　　　称：混合线圈
Hybrid transformer

状　　　态：废除——仅供参考
IEC发布日期：2001-07-01
IEC废除日期：2002-07-05
上版标准序号：GB/T 4728.10　10-18-04
关　键　词：混合线圈，终端装置
形 状 类 别：直线，正方形
功 能 类 别：K 处理信号或信息
应 用 类 别：电路图，接线图，功能图，概略图

S01276

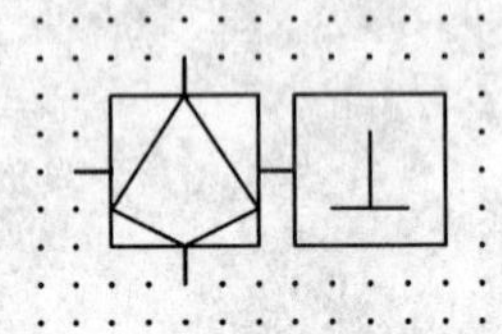

名　　　称：不对称（斜的）混合线圈
Asymmetric (skew) hybrid transformer
状　　　态：废除——仅供参考
IEC发布日期：2001-07-01
IEC废除日期：2002-07-05
上版标准序号：GB/T 4728.10　10-18-05
关　键　词：混合线圈，终端装置
采 用 符 号：S01273
形 状 类 别：直线，正方形
功 能 类 别：K 处理信号或信息
应 用 类 别：电路图，接线图，功能图，概略图
备　　　注：符号中带有平衡网络。

S01277

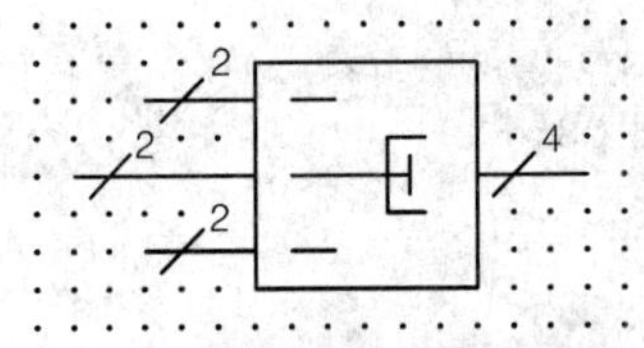

名　　　称：终端器件（复杂）
Termination device (complex)
状　　　态：废除——仅供参考
IEC发布日期：2001-07-01
IEC废除日期：2002-07-05
上版标准序号：GB/T 4728.10　10-18-06
关　键　词：混合线圈，终端装置
采 用 符 号：S00003；S01274
形 状 类 别：直线，正方形
功 能 类 别：K 处理信号
应 用 类 别：电路图，接线图，功能图，概略图

备　　　注：根据所接收控制信号将四线电路接至二线或四线电路的设备。

S01289

名　　　称：具有模/数转换功能的多路复用设备
Multiplexer with analog/digital conversion
状　　　态：废除——仅供参考
IEC发布日期：2001-07-01
IEC废除日期：2002-07-05
上版标准序号：GB/T 4728.10　10-20-08
关　键　词：复用器
采　用　符　号：S00216；S00217；S01286
形　状　类　别：字符，正方形
功　能　类　别：K 处理信号或信息
应　用　类　别：电路图，接线图，功能图，概略图

S01290

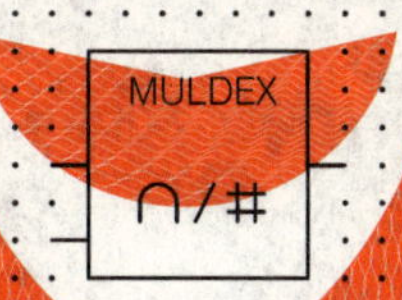

名　　　称：具有模/数转换功能的多路复用和多路分离设备
Multiplexer/demultiplexer with analog/digital conversion
状　　　态：废除——仅供参考
IEC发布日期：2001-07-01
IEC废除日期：2002-07-05
上版标准序号：GB/T 4728.10　10-20-09
关　键　词：复用器
采　用　符　号：S00214；S00216；S00217；S01288
形　状　类　别：字符，正方形
功　能　类　别：K 处理信号或信息
应　用　类　别：电路图，接线图，功能图，概略图

S01322

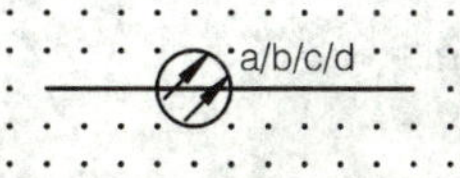

名　　　称：示出尺寸数据的光缆
Optical fibre cable with dimentional data
状　　　态：废除——仅供参考
IEC发布日期：2001-07-01

IEC废除日期：2002-08-04
上版标准序号：GB/T 4728.10　10-23-05
关　键　词：电缆，光纤，传输线路
用　　　于：S01323
采 用 符 号：S01318
应 用 注 释：A00153
形 状 类 别：箭头，圆，直线
功 能 类 别：W 输送
应 用 类 别：电路图，接线图，功能图，安装图，网络图，概略图

S01324

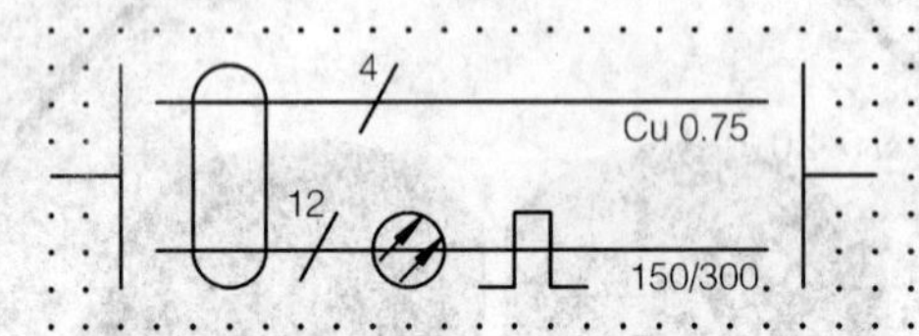

名　　　称：复合缆
Composite cable
状　　　态：废除——仅供参考
IEC发布日期：2001-07-01
IEC废除日期：2002-08-04
上版标准序号：GB/T 4728.10　10-23-07
关　键　词：电缆，光纤，传输线路
采 用 符 号：S00003；S00009；S01323
应 用 注 释：A00153，A00154
形 状 类 别：箭头，圆，直线
功 能 类 别：W 输送
应 用 类 别：电路图，接线图，功能图，安装图，网络图，概略图
备　　　注：由铜导体和光纤组成复合缆的一个实例。

S01325

名　　　称：永久接头
Permanent joint
状　　　态：废除——仅供参考
IEC发布日期：2001-07-01
IEC废除日期：2002-08-04
上版标准序号：GB/T 4728.10　10-23-08
关　键　词：连接，光纤，接头，传输线路
采 用 符 号：S00016
形 状 类 别：圆，直线
功 能 类 别：X 连接
应 用 类 别：电路图，接线图，安装图

S01329

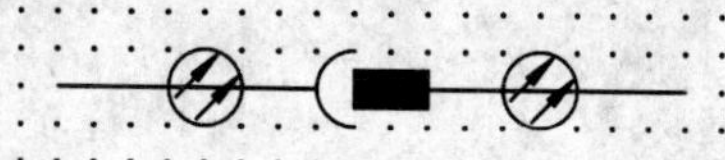

名　　　称：光连接器(插头-插座)

Optical connection(female - male)

状　　　态：废除——仅供参考

IEC发布日期：2001-07-01

IEC废除日期：2002-08-04

上版标准序号：GB/T 4728.10　10-24-04

关　键　词：连接器，光纤，插头，插座

采　用　符　号：S00031；S00032；S00033；S01318

形　状　类　别：半圆，矩形

功　能　类　别：X 连接

应　用　类　别：电路图，接线图，功能图，概略图

S01330

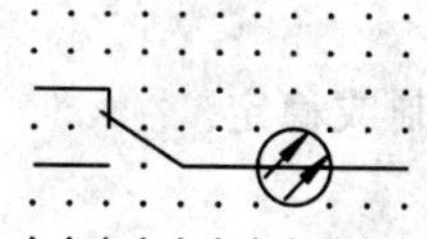

名　　　称：光纤光路中的转换接点

Change-over contact in optical fibre circuit

状　　　态：废除——仅供参考

IEC发布日期：2001-07-01

IEC废除日期：2002-08-04

上版标准序号：GB/T 4728.10　10-24-05

关　键　词：接点，光纤，传输装置

采　用　符　号：S00230；S01318

形　状　类　别：箭头，圆，直线

功　能　类　别：K 处理信号或信息，X 连接

应　用　类　别：电路图，功能图，概略图

S01331

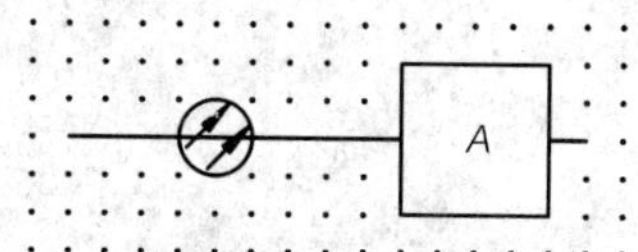

名　　　称：光衰减器

Optical attenuator

状　　　态：废除——仅供参考

IEC发布日期：2001-07-01

IEC废除日期：2002-08-04

上版标准序号：GB/T 4728.10　10-24-06

关　键　词：衰减器，光纤，传输装置

采 用 符 号：S01244；S01318
形 状 类 别：箭头，圆，正方形
功 能 类 别：R 限制或稳定
应 用 类 别：电路图，接线图，功能图，概略图

S01389

名　　　称：匹配终端
Matched termination
状　　　态：废除——仅供参考
IEC废除日期：1996-05
上版标准序号：GB/T 4728.10　10-A1-01
关　键　词：终端
采 用 符 号：S01355
替 代 符 号：S01180
形 状 类 别：直线
功 能 类 别：E 提供辐射能或热能，R 限制或稳定
应 用 类 别：电路图
符 号 限 制：旧形式，用符号 S01180 代替。

应用注释

应用注释 A00013

符号轮廓内应填入或加上适当的符号或代号以表示物件的类别。
应用于：S00059，S00060，S00061，S01225

应用注释 A00040

材料类型可用化学符号或下面给出的某个限定符号来表示。
这些符号已经绘制在矩形中，但当这些符号和其他符号组合使用时矩形可省略。
如有必要，可使用 ISO 128 中给出的材料符号。
应用于：S00113，S00114，S00115，S00116，S00117，S00118，S00119，S01216，S01217

应用注释 A00103

圆内的线可用代号代替。
应用于：S00437，S01336

应用注释 A00104

若不产生混淆，则表示用户馈线支路的线可省略。
应用于：S00437，S01336

应用注释 A00136

可标明耦合型式、功率分配比、反射系数等。各端口间的角度可根据需要绘制。

应用于:S01185，S01186，S01187，S01188，S01189，S01190，S01191，S01192，S01193，S01194，S01195，S01196

应用注释 A00137

该符号一般是表示由一个端口送入的功率只传到与它直接连接的两个端口,然后传送出去。

应用于:S01189，S01190，S01191，S01192，S01193，S01194

应用注释 A00138

由两平行线之间加一个垂直向下的箭头组成的符号,表示从一个能级转变到一个较低的能级。该符号应当绘制在方框的左下角。把符号 S00127 放置在适当的材料符号上表示光激励,见 S00113…S00119。应用示例见符号 S01216。

应用于:S01212，S01213，S01214，S01215，S01216，S01217

应用注释 A00140

f 和 f/n 可由输入和输出频率数值代替。

应用于:S01234

应用注释 A00141

星号应由具体的编码代替。

应用于:S01223，S01224

应用注释 A00143

f_1 和 f_2 可由输入和输出频率数值代替。

应用于:S01232

应用注释 A00149

频谱在简图中由表示频率的水平坐标线上的一些符号表示。这些符号表示各个频率和频带在传输系统中的作用,以及它们在频谱中的相对位置。

应用于:S01291，S01292，S01293，S01294，S01296，S01297，S01298，S01299，S01300，S01301，S01302，S01303，S01304，S01305，S01306，S01307

应用注释 A00151

可使用符号 S00128 表示传播的是相干光。如果不会引起混淆,则可以把表示光波导的符号要素(圆圈内的 S00127 或 S00128)省略。

应用于:S01318

应用注释 A00152

为了避免和信号波形混淆,应在表示光波导的符号要素旁边加上光折射率的标记符号。

应用于:S01319，S01320，S01321

应用注释 A00153

指示光纤直径应从内向外,例如:

a=纤芯直径;

b=包层直径；
c=第一涂层直径；
d=护套直径。
应用于：S01322，S01323，S01324

应用注释 A00154

当一条线表示一组光纤时，可在单线上添加与光纤数相同的短线或者加一根短线另外标出光纤数字。
应用于：S01323，S01324

应用注释 A00157

如果对应混合器的信息流方向，则符号 S01334 也可用于表示混合器。见符号 S01335。
应用于：S01334，S01335

应用注释 A00158

如果不会产生混淆，则可省略圆。
应用于：S01337

应用注释 A00159

如果对应熔接式耦合器的信息流方向，则该符号也可用于表示熔接式耦合器。
应用于：S01337

应用注释 A00162

此符号不表明所使用的带宽是多少。
如果均为上升频带，则此符号可用于表示一个通路、一个群路或者一组通路、一组群路等。
应用于：S01303，S01304，S01305，S01306

应用注释 A00185

当用该符号表示调频或调相的载波时，应加上 f 或"φ"。示例见符号 S01309。
如果不会引起混淆，垂直线上表示载波的箭头(及频率轴的箭头)可以省略。
应用于：S01291

应用注释 A00187

对于频分多路传输系统导频所属群的层次，如基群、超群、主群及超主群，可分别用 1、2、3 或 4 条短斜线表示。
应用于：S01294

应用注释 A00188

如果要指出某一频带是上升还是下降，可用符号 S01303 或 S01306。
表示频带在传输系统中群的层次可按照符号 S01294 的规则用短斜线来表示。
应用于：S01300，S01301，S01302

应用注释 A00190

对调频用 f 代替"φ"。

应用于:S01309

应用注释 A00220

符号 S00102 或 S00103 用于表示无线电台的发射或接收,应用示例见符号 S01126～S01130。

应用于:S01125

应用注释 A00221

星号应用抑制模式的标记来代替。

应用于:S01149,S01174

应用注释 A00222

不管连接器是何种型式,连接点处线条不能中断。

应用于:S01151

应用注释 A00223

Y 可用适当的集总参数电路符号来代替。

应用于:S01161

应用注释 A00224

Z 可用适当的集总参数电路符号来代替。

应用于:S01162

应用注释 A00225

可加注适当的符号表示转换的方式。

应用于:S01169

应用注释 A00227

φ 可以用 β 代替。

应用于:S01176

应用注释 A00233

符号 S00001 用于表示一条线或其他各种电信电路。电路的用途可用字母表明,见符号 S01080～S01083。

应用于:S01080,S01081,S01082,S01083

应用注释 A00234

虚线可表示无线电链路和任何电路的无线电路段。

天线符号 S01102 可以加在无线电路终端点。

应用于:S01084

应用注释 A00235

表示水平(垂直)极化时,箭头应和天线符号的主杆线垂直(水平)。

应用于:S01094

应用注释 A00236

符号 S01102 可用于表示任何类型天线或天线阵。符号的主杆线可表示包括单根导体的任何型式的对称馈线或非对称馈线。

天线的极坐标图主瓣的一般形状图样可在天线符号旁边标出。

数字和字母符号的补充标记，可采用日内瓦国际电信联盟(ITU)公布的《无线电规则》的规定。

名称或标记可以交替地写在天线的一般符号旁边。

应用于：S01102

应用注释 A00237

如果不会引起混淆，可省略天线的一般符号(S01102)。

应用于：S01114

应用注释 A00238

三角形指向传输方向。

应用于：S01239，S01240，S01457

应用注释 A00239

调节量可在箭头旁标出。

应用于：S01241

应用注释 A00241

如果不发生混淆，“φ”可以用 β 代替。

应用于：S01256

应用注释 A00244

若需要表示“φ”的时间导数均衡，可用“$\dot{\varphi}$”代替“φ”。

应用于：S01259

应用注释 A00245

表示限幅器的具体作用有两种方法。

第一种方法是在符号 S01267 的输入和输出线旁标注相应的波形符号。

第二种方法是在一个矩形内画出该器件的输入/输出特性派生来的限定符号，其派生方法如下：

a） 删去坐标，而用一条短垂线标出坐标原点和 y 轴的位置。

b） 方框内的原点位置符号应置于能使限定符号占据最大利用度的面积。

见符号 S01268～S01271。

应用于：S01267

应用注释 A00246

符号 S01278 的使用如下所述：

左侧表示调制或已调制信号输入。

右侧表示已调制或已解调的信号输出。

底侧表示所需载波的输入。

限定符号可置于图形符号之内或之外。

应用注释 A00351

下列符号应该按本部分内描述或示出的在输入、输出和它们出现的要素框上标明方向，即当信号流方向相反时，这些符号及其相关的终端线应该被反映出。

S01239 (10-15-01)	放大器，一般符号
S01466 (12-07-01)	逻辑非，示于输入端
S01467 (12-07-02)	逻辑非，输出端
S01468 (12-07-03)	极性指示符，输入端
S01469 (12-07-04)	极性指示符，输出端
S01470 (12-07-05)	极性指示符，从右向左输入端
S01471 (12-07-06)	极性指示符，从右向左输出端
S01472 (12-07-07)	动态输入
S01473 (12-07-08)	逻辑非动态输入
S01474 (12-07-09)	有极性指示符的动态输入
S01475 (12-08-01)	内部连接
S01477 (12-08-03)	动态特征内部连接
S01478 (12-08-04)	有逻辑非和动态特性的内部连接
S01479 (12-08-05)	内部输入(左边)
S01480 (12-08-05A)	内部输入(右边)
S01481 (12-08-06)	内部输出(右边)
S01482 (12-08-07)	内部输出(左边)
S01499 (12-09-08A)	具有特殊放大作用的输出
S01500 (12-09-08B)	具有特殊放大作用的输入
S01516 (12-09-24)	多位输入的位组合
S01517 (12-09-25)	多位输出位组合
S01540 (12-09-47)	输入侧的线组合
S01541 (12-09-48)	输出侧的线组合

应用于：S01239，S01466，S01467，S01468，S01469，S01470，S01471，S01472，S01473，S01474，S01475，S01477，S01478，S01479，S01480，S01481，S01482，S01499，S01500，S01516，S01517，S01540，S01541